全国中等职业学校电工类专业通用教材
全国技工院校电工类专业通用教材（中级技能层级）

电子技术基础

（第六版）

人力资源社会保障部教材办公室　组织编写

中国劳动社会保障出版社

简介

本书主要内容包括半导体二极管、半导体三极管及放大电路、集成运算放大器及其应用、正弦波振荡电路、直流稳压电源、门电路及组合逻辑电路、触发器及时序逻辑电路、晶闸管及其应用电路。

本书由郭赟任主编，苗小利、王帅军、李素敏、张坤平、魏志强、汤瑞参加编写；肖俊任主审。

图书在版编目（CIP）数据

电子技术基础 / 人力资源社会保障部教材办公室组织编写 . -- 6 版 . -- 北京：中国劳动社会保障出版社，2021

全国中等职业学校电工类专业通用教材　全国技工院校电工类专业通用教材 . 中级技能层级

ISBN 978-7-5167-4810-7

Ⅰ. ①电…　Ⅱ . ①人…　Ⅲ. ①电子技术 – 中等专业学校 – 教材　Ⅳ. ①TN

中国版本图书馆 CIP 数据核字（2021）第 163279 号

中国劳动社会保障出版社出版发行

（北京市惠新东街 1 号　邮政编码：100029）

*

三河市华骏印务包装有限公司印刷装订　新华书店经销

787 毫米 ×1092 毫米　16 开本　21.5 印张　410 千字

2021 年 11 月第 6 版　　2022 年 12 月第 3 次印刷

定价：49.00 元

营销中心电话：400-606-6496

出版社网址：http://www.class.com.cn

http://jg.class.com.cn

前　言

为了更好地适应全国技工院校电工类专业的教学要求，全面提升教学质量，人力资源社会保障部教材办公室组织有关学校的一线教师和行业、企业专家，在充分调研企业生产和学校教学情况、广泛听取教师使用反馈意见的基础上，吸收和借鉴各地技工院校教学改革的成功经验，对现有电工类专业通用教材进行了修订（新编）。

本次教材修订（新编）工作的重点主要体现在以下几个方面。

更新教材内容

◆ 根据企业岗位需求变化和教学实践，确定学生应具备的知识与能力结构，调整部分教材内容，增补开发教材，使教材的深度、难度、广度与实际需求相匹配。

◆ 根据相关专业领域的最新技术发展，推陈出新，补充新知识、新技术、新设备、新材料等方面的内容。

◆ 根据最新的国家标准、行业标准编写教材，保证教材的科学性和规范性。

◆ 根据一体化教学理念，提高实践性教学内容的比重，进一步强化理论知识与技能训练的有机结合，体现“做中学、学中做”的教学理念。

优化呈现形式

◆ 创新教材的呈现形式，尽可能使用图片、实物照片和表格等形式将知识点生动地展示出来，提高学生的学习兴趣，提升教学效果。

◆ 部分教材将传统黑白印刷升级为双色印刷和彩色印刷，提升学生的阅读体验。例如，《电工基础（第六版）》和《电子技术基础（第六版）》采用双色设计，使电路图、波形图的内涵清晰明了；《安全用电（第六版）》将图片进行彩色重绘，符合学生的认知习惯。

提升教学服务

为方便教师教学和学生学习，除全面配套开发习题册外，还提供二维码资源、电子教案、电子课件、习题参考答案等多种数字化教学资源。

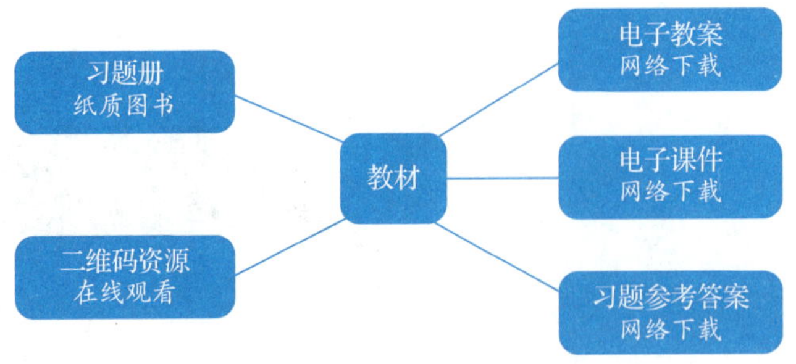

二维码资源——在部分教材中，针对重点、难点内容制作微视频，针对拓展学习内容制作电子阅读材料，使用移动设备扫描即可在线观看、阅读。

电子教案——结合教材内容编写教案，体现教学设计意图，为教师备课提供参考。

电子课件——依据教材内容制作电子课件，为教师教学提供帮助。

习题参考答案——提供教材中习题及配套习题册的参考答案，为教师指导学生练习提供方便。

电子教案、电子课件、习题参考答案均可通过中国技工教育网（http://jg.class.com.cn）下载使用。

致谢

本次教材的修订（新编）工作得到了辽宁、江苏、山东、河南、广西等省（自治区）人力资源社会保障厅及有关学校的大力支持，在此我们表示诚挚的谢意。

人力资源社会保障部教材办公室

2020 年 9 月

目 录

第一章　半导体二极管

第二章　半导体三极管及放大电路

第三章　集成运算放大器及其应用

第四章　正弦波振荡电路

第五章　直流稳压电源

第六章　门电路及组合逻辑电路

第七章　触发器及时序逻辑电路

第八章 晶闸管及其应用电路

第一章
半导体二极管

用半导体材料制成的半导体器件是20世纪中叶发展起来的新型电子器件。由于它具有体积小、质量轻、工作可靠、使用寿命长、耗电量小等优点，因而在电子技术中得到了广泛应用。

本章将介绍与半导体器件有关的基本知识及半导体二极管的结构、工作原理和特性。

§1-1 半导体的基本知识

学习目标

1. 了解半导体的导电特性。
2. 理解PN结正偏、反偏的含义。
3. 掌握PN结的单向导电性。

一、半导体的导电特性

物质按导电能力强弱不同可分为导体、半导体和绝缘体三大类。半导体的导电能力介于导体和绝缘体之间。目前，制造半导体器件用得最多的是硅和锗两种材料。由于硅和锗是原子规则排列的单晶体，因此用半导体材料制成的半导体管属于晶体管。

半导体具有不同于导体和绝缘体的导电特性，见表 1–1。

表 1–1　半导体的导电特性

半导体的导电特性	特性描述	应用
热敏特性	大多数半导体对温度都比较敏感，且随温度的升高导电能力增强，电阻减小	利用半导体的热敏特性可以制成各种热敏元器件，如热敏电阻器
光敏特性	许多半导体在受光照射后，导电能力会增强，电阻减小	利用半导体的光敏特性可制成各种光电元器件，如光敏电阻器、光电二极管、光电探测器等
掺杂特性	在纯净的半导体中掺入微量的某种杂质元素，半导体的导电能力会增强很多，电阻急剧减小	半导体二极管、半导体三极管都是利用掺杂特性制成的

纯净的半导体称为本征半导体，它的导电能力是很弱的。利用半导体的掺杂特性，可制成 P 型和 N 型两种杂质半导体。

二、PN 结及其单向导电性

1. PN 结

用特殊的工艺使 P 型半导体和 N 型半导体结合在一起，就会在交界处形成一个特殊薄层，该薄层称为“PN 结”，如图 1–1 所示。PN 结是制造半导体二极管、半导体三极管、场效应晶体管等各种半导体器件的基础。

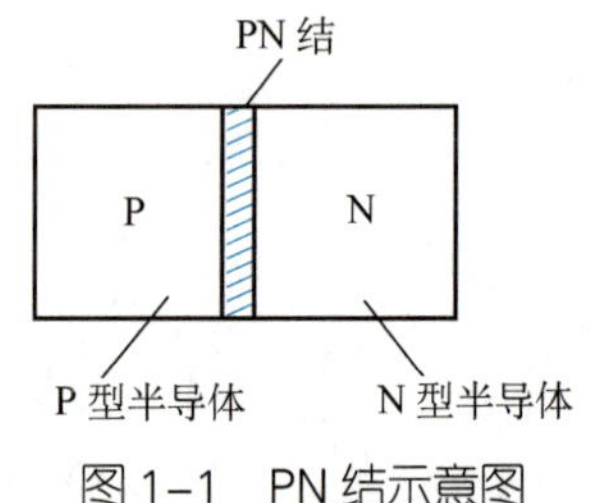

图 1–1　PN 结示意图

2. PN 结的单向导电性

实验

PN 结具有单向导电特性，这可以通过下面的实验来验证，实验电路如图 1–2 所示。其中 PN 结用一只具有一个 PN 结的半导体二极管来代替，HL 为指示灯泡，R 为电路的限流电阻，GB 为直流电源，S 为电路的开关。

（1）PN 结加正向电压——正向导通

如图 1–2a 所示，电源正极接 P 区，负极接 N 区，此时的外加电压称为“正向电压”，或称“正向偏置”，简称“正偏”。开关 S 闭合后指示灯泡 HL 亮，说明此时 PN 结电阻很小，像导体一样很容易导电，这种现象称为“正向导通”。

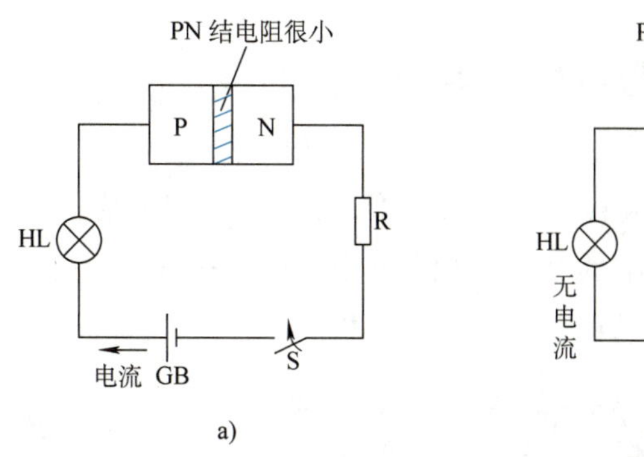

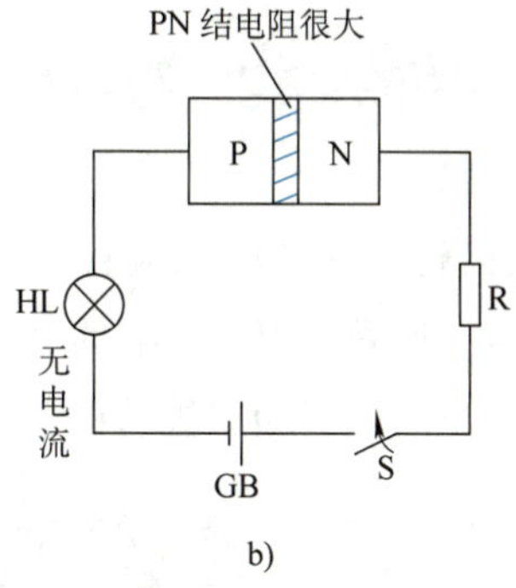

图 1–2 PN 结单向导电性实验电路图

a）PN 结加正向电压 b）PN 结加反向电压

（2）PN 结加反向电压——反向截止

把电源的正负极对调后如图 1–2b 所示。这时电源负极接 P 区，正极接 N 区，此时的外加电压称为“反向电压”，或称“反向偏置”，简称“反偏”。开关 S 闭合后指示灯泡 HL 不亮，说明此时 PN 结电阻很大，像绝缘体一样不能导电，这种现象称为“反向截止”。

由以上实验可知：PN 结加正向电压导通，加反向电压截止，这是 PN 结的重要特性——“单向导电性”。

§1–2 半导体二极管

学习目标

1. 了解二极管的结构、分类及型号。
2. 熟悉二极管的符号、特性和主要参数。
3. 了解发光二极管、光电二极管和变容二极管的作用及工作特点。
4. 能根据二极管电路判断二极管的工作状态。
5. 能根据二极管的外形识别其种类及引脚对应的极性。
6. 能正确识读二极管上标识的型号，了解该二极管的作用和用途。

一、二极管的结构、符号和分类

1. 结构和符号

半导体二极管又称晶体二极管，简称二极管，它由一个 PN 结、两个电极和管壳组成，如图 1–3a 所示。从 PN 结的 P 区引出的电极为二极管的正极，又称阳极；从 PN 结的 N 区引出的电极为二极管的负极，又称阴极。

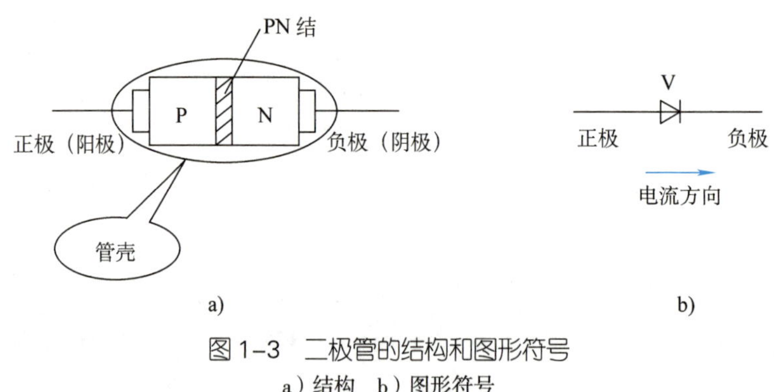

图 1–3　二极管的结构和图形符号

a）结构　b）图形符号

二极管的主要特性是单向导电性，其图形符号如图 1–3b 所示，文字符号用 V（或 VD）表示。图 1–3b 中箭头的方向表示二极管正向导通时电流的方向，正常工作时电流由正极流向负极。二极管是电子线路经常使用的器件，图 1–4 所示是几种常见二极管的外形图。

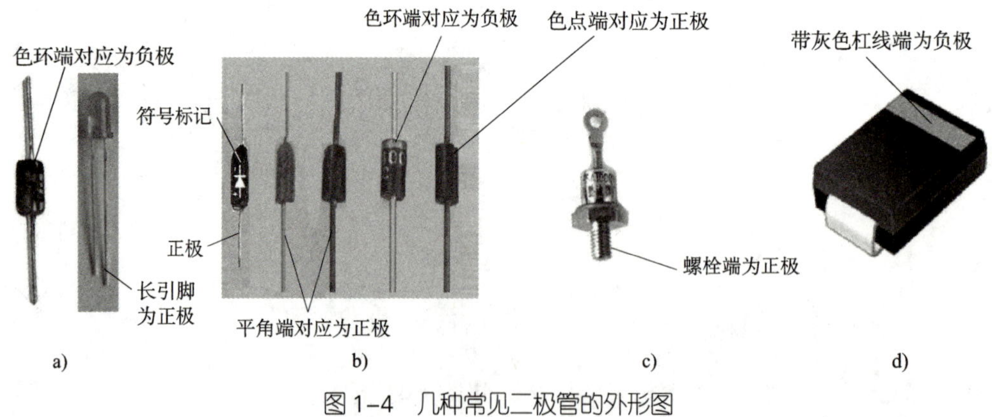

图 1–4　几种常见二极管的外形图

a）玻璃封装二极管　b）塑料封装二极管　c）金属封装二极管　d）贴片式二极管

2. 分类

二极管的分类方法有很多种，详见表 1–2。

表 1–2 二极管的种类

分类方法	种类	说明
按材料不同分	硅二极管	硅材料二极管，常用二极管
	锗二极管	锗材料二极管
按用途不同分	普通二极管	常用二极管
	整流二极管	主要用于整流
	稳压二极管	常用于直流电源
	开关二极管	专门用于开关的二极管，常用于数字电路
	发光二极管	能发出可见光，常用于指示信号
	光电二极管	对光有敏感作用的二极管
	变容二极管	常用于高频电路
按外壳封装的材料不同分	玻璃封装二极管	一般用于检波二极管
	塑料封装二极管	应用于多数二极管
	金属封装二极管	一般用于大功率整流二极管

知识拓展

半导体二极管的型号命名方法

按国家标准《半导体分立器件型号命名方法》（GB/T 249—2017）的规定，二极管的型号由五部分组成，各组成部分及其含义见表 1–3。

表 1–3 二极管型号的组成部分及其含义

第一部分（数字）		第二部分（拼音）		第三部分（拼音）		第四部分（数字）	第五部分（拼音）
电极数		材料和极性		类别		登记顺序号	规格号（表示反向峰值电压的档次）
符号	意义	符号	意义	符号	意义		
2	二极管	A	N 型，锗材料	P	小信号管		
		B	P 型，锗材料	W	电压调整管和电压基准管（稳压管）		
		C	N 型，硅材料	Z	整流管		
		D	P 型，硅材料	K	开关管		
		E	化合物或合金材料	C	变容管		
				L	整流堆		
				S	隧道管		
				T	闸流管		

常见二极管有 2AP7、2DZ54C 等，其含义如下：

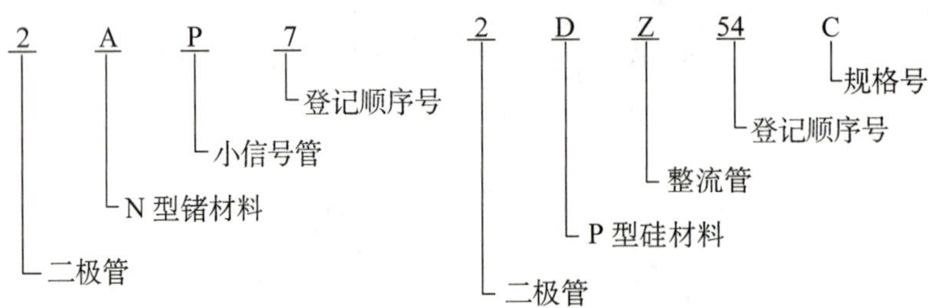

国外半导体二极管型号命名方法与我们国家不同。例如，凡以“1N”开头的二极管都是由美国制造或以美国专利在其他国家制造的产品；以“1S”开头的则为日本注册产品，其中数字“1”的含义为器件有 1 个 PN 结。后面数字为登记顺序号，不反映器件性能的任何特征，反映形成产品的时间先后，通常数字越大，产品越新，如 1N4001、1N4148、1N5408、1S1885 等。

二、二极管的伏安特性

为了直观地说明二极管的性质，通常用二极管两端的电压与通过二极管的电流之间的关系曲线，即二极管的伏安特性曲线来描述，如图 1–5 所示。

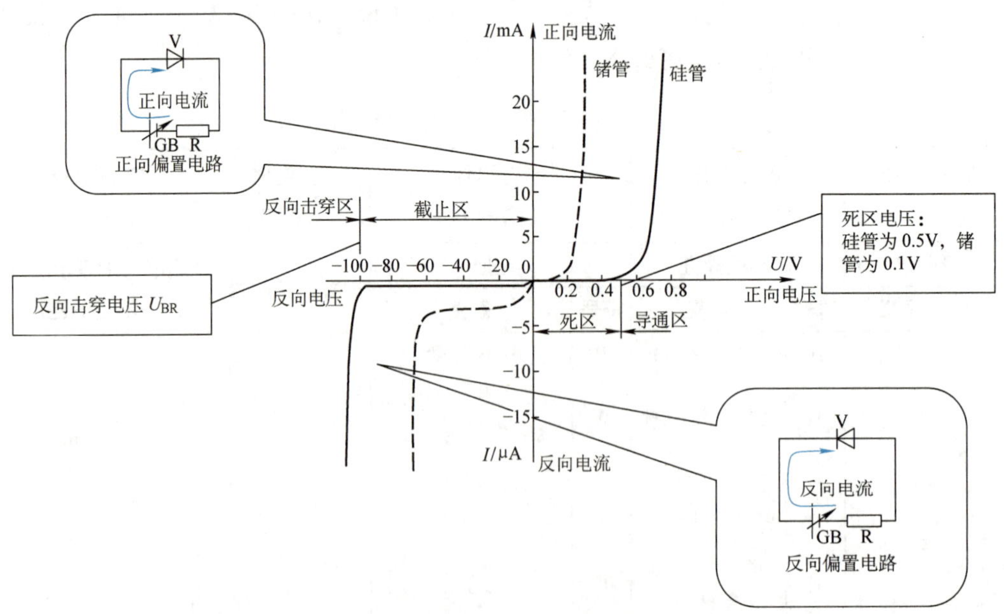

图 1–5　二极管的伏安特性曲线

在图 1–5 所示的坐标图中，位于第一象限的曲线表示二极管的正向特性，位于第三象限的曲线表示二极管的反向特性。

1. 正向特性

正向特性是指给二极管加正向电压（二极管正极接高电位，负极接低电位）时的特性。

当正向电压小于某一数值（该电压称为“死区电压”，硅管为0.5 V，锗管为0.1 V）时，通过二极管的电流很小，几乎为零。当正向电压超过死区电压时，电流随电压的升高而明显增加，此时二极管进入导通状态。二极管导通后，二极管两端的电压几乎不随电流的变化而变化，此时二极管两端的电压称为导通管压降，用 U_T 表示，硅管为 0.7 V，锗管为 0.3 V。

小提示

二极管正向电压未达到死区电压时，并不能导通，只有在正向电压达到或超过死区电压时，二极管才能导通。

2. 反向特性

反向特性是指给二极管加反向电压（二极管正极接低电位，负极接高电位）时的特性。

当反向电压小于某值（此电压称为反向击穿电压 U_{BR}）时，反向电流很小，并且几乎不随反向电压而变化，该反向电流称为反向饱和电流，简称“反向电流”，用 I_R 表示。通常硅管的反向电流在几微安以下，锗管的反向电流可达几百微安。在应用时，反向电流越小，二极管的热稳定性越好，质量越高。

当反向电压增加到反向击穿电压 U_{BR} 时，反向电流会急剧增大，这种现象称为“反向击穿”。反向击穿会破坏二极管的单向导电性，如果没有限流措施，二极管很可能因电流过大而损坏。

小提示

二极管反向电压小于反向击穿电压时二极管截止；当反向电压达到或超过反向击穿电压时，二极管反向击穿而损坏。

无论硅管还是锗管，即使工作在最大允许电流下，二极管两端的电压降一般也都在 0.7 V 以下，这是由二极管的特殊结构所决定的。所以，在使用二极管时，电路中应该串联限流电阻，以免因电流过大而损坏二极管。

不同材料、不同结构的二极管的伏安特性曲线虽有区别，但形状基本相似，都不是直线，故二极管是非线性元件。

【例 1–1】 二极管电路如图 1–6 所示，判断各电路中二极管 V 的工作状态，求二极管分别为硅管、锗管时的 U_{AB}。若二极管为理想管，则 U_{AB} 是多少？

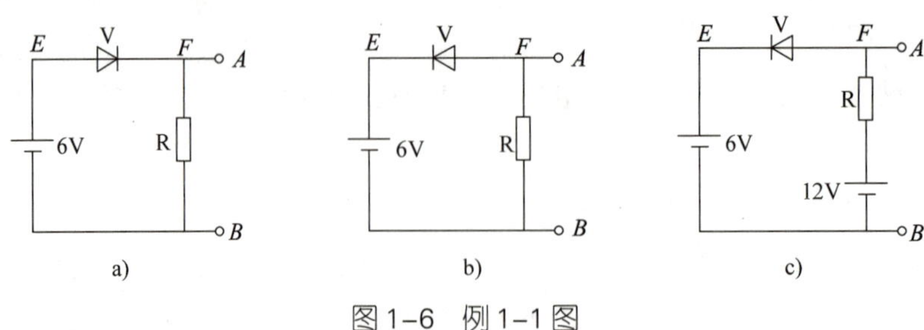

图 1-6　例 1-1 图

分析：首先分析二极管 V 在电路中的工作状态，然后再进行有关计算。判断二极管是否导通时，先分析所加电压是否是正向电压，再判断电压大小是否大于死区电压。两个条件中任意一个不满足，二极管均不能导通。

解：

（1）二极管为硅管

图 1-6a：设 B 点为参考点，假设断开二极管 V，因 V_E=6 V，V_F=0 V，二极管正极的电位大于负极的电位，且 U_{EF}=6 V>0.5 V，所以，二极管正偏导通，二极管两端的电压 U_V 为 0.7 V，U_{AB}=−0.7 V+6 V=5.3 V。

图 1-6b：设 B 点为参考点，假设断开二极管 V，因 V_E=6 V，V_F=0 V，二极管负极的电位大于正极的电位，二极管反偏截止，通过二极管的电流为零，所以 U_{AB}=U_R=0 V。

图 1-6c：设 B 点为参考点，假设断开二极管 V，因 V_E=6 V，V_F=12 V，二极管正极的电位大于负极的电位，且 U_{FE}=12 V−6 V=6 V>0.5 V，所以，二极管正偏导通，二极管两端的电压 U_V 为 0.7 V，U_{AB}=0.7 V+6 V=6.7 V。

（2）二极管为锗管

分析方法同上，但当二极管正偏导通时，二极管两端的电压 U_V 为 0.3 V。

图 1-6a：U_{AB}=−0.3 V+6 V=5.7 V；图 1-6b：U_{AB}=U_R=0 V；图 1-6c：U_{AB}=0.3 V+6 V=6.3 V。

（3）二极管为理想管

分析方法同上，但当二极管正偏导通时，二极管两端的电压 U_V 为 0 V。

则图 1-6a：U_{AB}=6 V；图 1-6b：U_{AB}=U_R=0 V；图 1-6c：U_{AB}=6 V。

三、二极管的主要参数

二极管的主要参数是选择和使用二极管的依据，为了保证二极管安全可靠地工作，选用二极管时主要考虑以下三个参数，见表 1-4。

表 1-4　二极管的主要参数

参数名称	符号	说明
最大整流电流	I_{FM}	长期运行时允许通过二极管的最大正向平均电流。正常工作时通过二极管的电流应小于 I_{FM}；否则，二极管可能会因过热而损坏

续表

参数名称	符号	说明
最高反向工作电压	U_{RM}	允许加在二极管两端反向电压的最大值（一般情况下 $U_{RM}=1/2U_{BR}$）。正常工作时二极管两端所加反向电压应小于 U_{RM}；否则，二极管有可能因反向击穿而损坏
反向电流	I_R	在规定的反向电压（$<U_{BR}$）和环境温度下的反向电流。此值越小，二极管的单向导电性能越好，工作越稳定。I_R 对温度很敏感，使用时应注意环境温度不宜过高

四、其他二极管

除上述介绍的普通二极管之外，还有多种具有特殊用途的二极管，见表 1–5。

表 1–5 常见的一些特殊用途二极管

名称	发光二极管（LED）	光电二极管	变容二极管
常见外形			
图形符号			
作用	将电能转换成光能	又称为光敏二极管，能将光信号转化为电信号	PN 结电容随反向电压的变化而变化
工作电压	正向电压	反向电压	反向电压
特性	在发光二极管两端加上正向电压，发光二极管导通并发光。发光二极管根据所用的发光材料不同，可以发出红、绿、黄、蓝、橙等不同颜色的光	它的管壳上开设有一个玻璃窗口，以便接收光线的照射。在光电二极管两端加上反向电压，无光线照射时，光电二极管不导通；当受到光线照射时，光电二极管导通。面积较大的光电二极管可制成光电池	变容二极管的 PN 结电容除与它本身的工艺有关外，还与外加反向电压有关。当反向电压升高时，PN 结电容减小；当反向电压降低时，PN 结电容增大

续表

应用	发光二极管具有亮度高、电压低、体积小、可靠性高、使用寿命长、响应速度快、颜色鲜艳等特点，常用来作为电路通、断及工作指示。其广泛用于仪表、仪器、计算机、电气设备的电源信号指示，音响设备调谐和电平指示，广告显示屏的文字、图形、符号显示等	光电二极管常用于可见光接收、红外光接收及光电转换的自动控制、报警、计数等设备	变容二极管常用在高频电路中，例如，用在高频收音机的自动频率控制电路中，通过改变其反向偏置电压来自动调节本机振荡频率；用在电视机调谐高频头的调谐电路中，通过改变反向偏置电压来选择电视频道

常见的还有开关二极管和稳压二极管，这两种特殊二极管将在后面章节中专门介绍。

技能训练 1　认识电子实训室

训练目标

1. 了解电子实训室的功能与电子实训台的配置。
2. 了解常用电子仪器的外形和用途。
3. 了解实训工作中的安全用电规则。

训练准备

电子实训台、万用表、晶体管毫伏表、示波器及电子装配工具。

训练内容

一、认识电子实训室的功能

电子实训室场景如图 1–7 所示。一般的电子实训室能完成模拟电子和数字电子技术的多个实训操作，也能完成多种类型新型电路的设计和调试。在电子实训室，可以认识和检测常用的电子元器件，掌握手工锡焊技能，掌握电子电路的组装工艺和技能，学会识读电子电路原理图和 PCB 图，学会处理电路安装与调试过程中出现的问题。

图 1–7　电子实训室场景

二、认识电子实训台

电子实训台如图 1–8 所示，它为电子实训提供了下面几种功能。

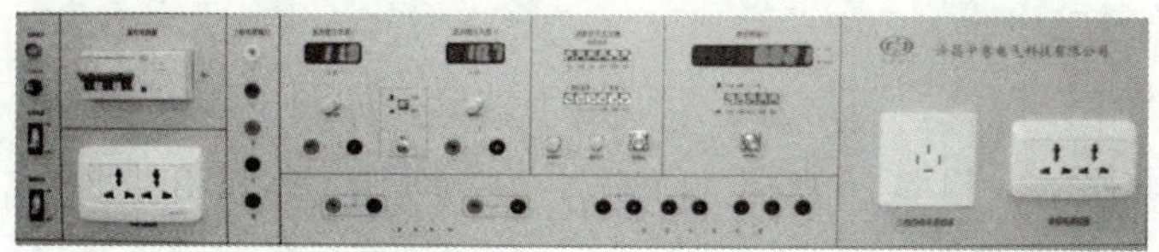

图 1–8　电子实训台

1. 直流稳压电源输出

直流稳压电源 Ⅰ：0 ~ 30 V/1.5 A 连续可调或固定输出，数字电压表指示输出电压；直流稳压电源 Ⅱ：0 ~ 30 V/1 A 连续可调或固定输出，数字电压表指示输出电压，如图 1–9 所示。两路固定直流稳压电源：+5 V/1 A 输出，如图 1–10 所示。

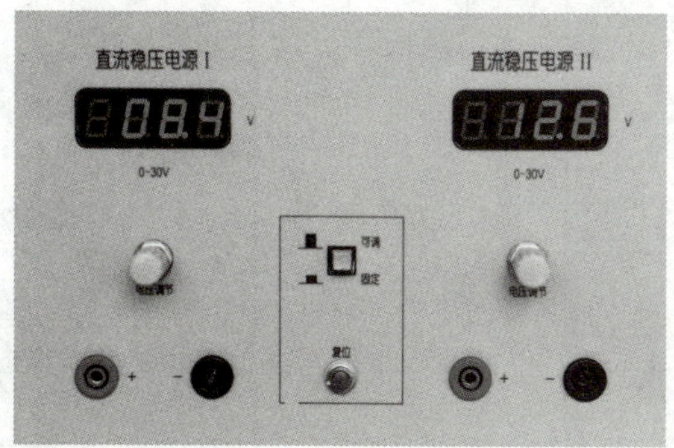

图 1–9　两路直流稳压电源

图 1-10　两路固定直流稳压电源

以上稳压电源均有过载和短路保护功能，并且有声响报警装置。过载或短路消除后，可按“保护复位”键恢复，或重新关闭电源再启动。

2．低压交流电源输出

有 12 V、24 V 和双 6 V 三组，可根据实际需要组合输出电压，如图 1-11 所示。

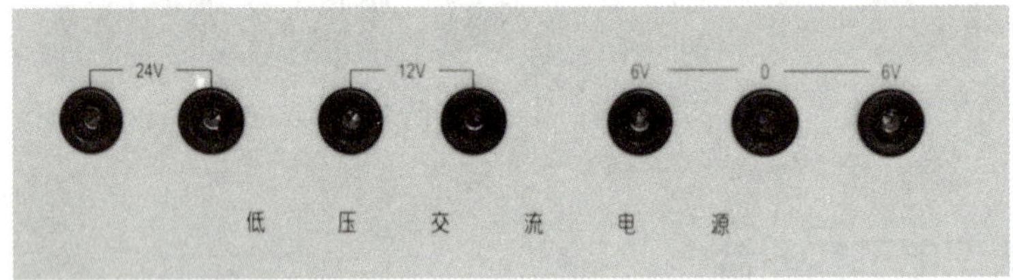

图 1-11　低压交流电源

3．函数信号发生器

主要用于产生正弦波、三角波、矩形波等波形，如图 1-12 所示。

（1）正弦波输出：频率 20 Hz ~ 2 MHz，分挡可调，幅度 0 ~ 10 V_{P-P} 连续可调。

（2）三角波输出：频率 20 Hz ~ 2 MHz，分挡可调，幅度 0 ~ 10 V_{P-P} 连续可调。

（3）矩形波输出：频率 20 Hz ~ 2 MHz，分挡可调，幅度 0 ~ 10 V_{P-P} 连续可调。

4．数字频率计

主要用于测量正弦波、矩形波、三角波和尖脉冲等周期信号的频率值。其扩展功能可以测量信号的周期和脉冲宽度，如图 1-13 所示。

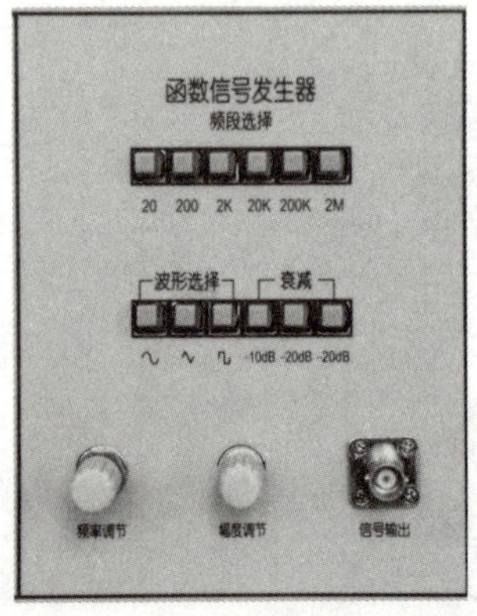

图 1-12　函数信号发生器

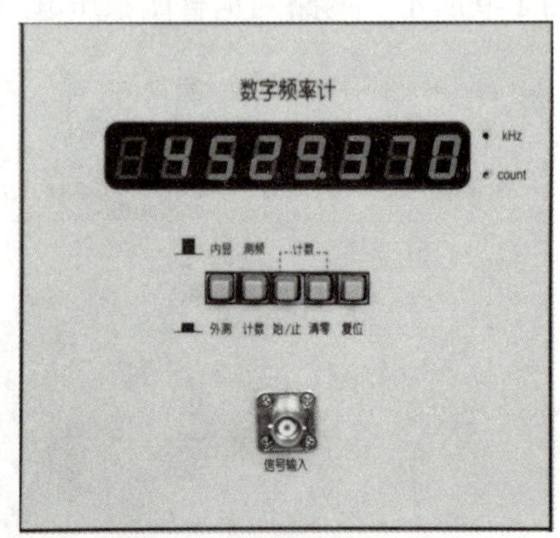

图 1-13　数字频率计

5. 电源插座

提供三相交流电源和单相交流电源输出。

6. 电源开关

除漏电保护器之外，仪器和照明采用两个开关分别进行控制。

三、认识万用表

万用表是用于测量电流、电压、电阻的常用仪器。一般使用 MY60 型数字式万用表或 MF-47 型指针式万用表。

1. 数字式万用表

MY60 型数字式万用表如图 1-14 所示，使用中要注意以下事项：

（1）使用时，应将量程选择开关拨至合适的挡位。对于有“ON/OFF”开关的数字式万用表应先将“ON/OFF”开关置于“ON”位置。

（2）不同项目的测量要及时准确地换挡，选择挡位要正确，切不可用测量电流或电阻的挡位去测量电压。

（3）如果无法预先估计被测电压或电流的大小，则应先拨至最高量程挡测量一次，再视情况逐渐把量程减小到合适位置。测量完毕，应将量程选择开关拨至“OFF”挡。如果长期不用，应将万用表内电池取出，以免电池腐蚀表内其他元器件。

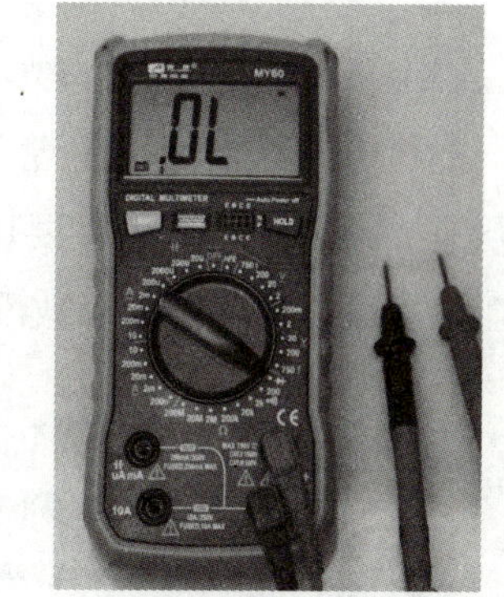

图 1-14 MY60 型数字式万用表

（4）满量程时，仪表仅显示“.OL”（某些数字式万用表显示“1”），其他位均消失，这时应选择更高的量程。

（5）测量电压时，应将数字式万用表与被测电路并联；测量电流时，应将数字式万用表与被测电路串联。测直流量时需要考虑正、负极，如果表笔接反，显示数字前出现“-”号。

（6）当误用交流电压挡去测量直流电压，或者误用直流电压挡去测量交流电压时，显示屏将显示“000”，或低位上的数字出现跳动。

（7）禁止在测量高电压（220 V 以上）或大电流（0.5 A 以上）时切换量程，以防止产生电弧，烧毁开关触点。

（8）当万用表的电池电量即将耗尽时，液晶显示器左上角会有电池符号显示电量不足。若仍进行测量，测量值会比实际值偏高。

2. 指针式万用表

MF-47 型指针式万用表如图 1-15 所示，使用中要注意以下事项：

（1）不同项目的测量要及时准确地换挡，选择挡位要正确，切不可用测量电流或电阻的挡位去测量电压。

（2）红表笔接“+”，黑表笔接“-”。测量电流时，万用表与被测电路串联；测量电压时，万用表与被测电路并联。

（3）万用表使用前应检查指针是否在零位上，如果指针不指零位，可调节表盖上的机械调零器，调至零位。

（4）万用表有多条标尺，一定要认清挡位对应的读数标尺。

（5）对不能预先估计的电流或电压值的测量，应先放在高量程挡位试测，然后再改换至合适的挡位测量。测量电流和电压时，量程选择应使指针在满刻度的 2/3 附近。测量电阻时，应使指针指向该挡中心电阻值附近，这样才能使测量准确。

（6）测量完毕，应将量程选择开关调到交流最高电压挡，以防止下次开始测量时不慎烧坏万用表。

四、认识晶体管毫伏表

晶体管毫伏表是一种常用的电子测量仪器，如图 1-16 所示为 DA-16B 型晶体管毫伏表。晶体管毫伏表主要用来测量正弦交流电压的有效值，当用它测量非正弦交流电压和直流电压时，其读数没有直接的意义。

图 1-15　MF-47 型指针式万用表

图 1-16　DA-16B 型晶体管毫伏表

晶体管毫伏表使用时要注意以下事项：

（1）接通电源后首先预热以保持工作稳定。

（2）进行电调零。将输入电缆短路，量程选择开关调至较灵敏挡位，调节调零旋钮使表的指针指到零位。

（3）测量前应将量程选择开关置于适当挡位。若测量未知量电压，则应将量程选择开关置于大量程挡，再逐步减小量程至适当挡位。表的指针以指示到 2/3 至满量程范围为宜。

五、认识示波器

示波器是一种用途十分广泛的电子测量仪器。利用示波器能观察各种不同信号幅度随时间变化的波形曲线，还可以用它测试各种不同的电量，如电压、电流、频率、相位差等。示波器分为模拟式示波器和数字式示波器两类。图 1-17a 所示为 UTD2102CEX 型数字式示波器及其面板各部件的作用。

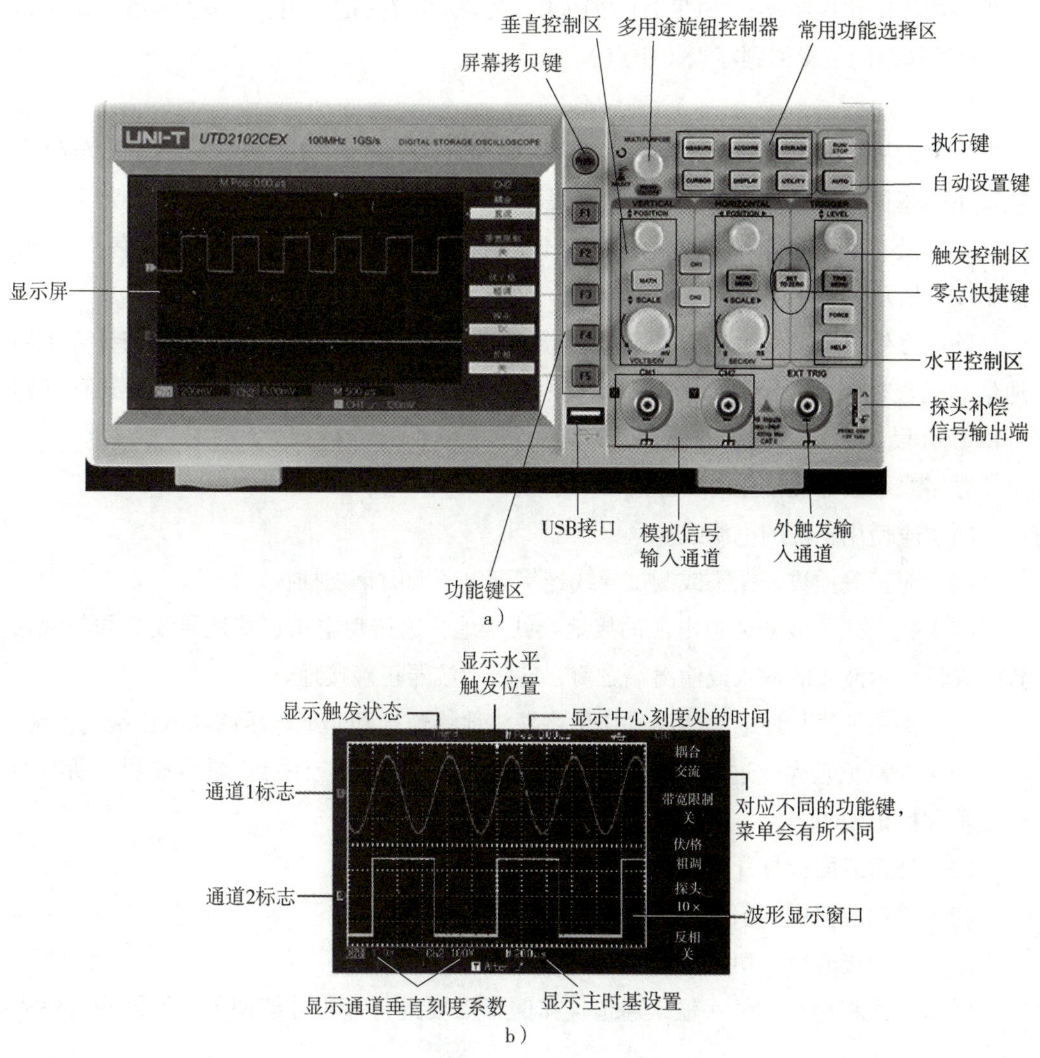

图 1-17 UTD2102CEX 型数字式示波器
a）面板 b）显示界面说明图

UTD2102CEX 型数字式示波器的面板分为左右两大部分，右侧为键盘区，左侧为示波器的显示区。

1．键盘区

键盘区主要分为五个区域，分别是垂直控制区、水平控制区、触发控制区、常用功能选择区和功能键区。最下面是接口部分，有 CH1 和 CH2 两个模拟信号输入通道接口和外触发输入通道接口，最右侧为探头补偿信号输出端。此外，还有多个按键，其中“RUN/STOP”键为执行键，用于开始和停止波形的采集；“AUTO”键为自动设置键，按下该键仪器显示适合的波形，可减少调整，便于测量；“MULTI PURPOSE”键为多用途旋钮控制器；“SET TO ZERO”键为零点快捷键，用于使垂直移位 / 水平移位 / 触发释抑的位置回到零点（中点）。

2．显示区

屏幕的中心位置是波形显示区，屏幕的下面显示通道 CH1 和 CH2 的垂直刻度系数及主时基设置等，屏幕的上面显示波形的触发状态、水平触发位置和中心刻度处的时间等，最右侧是菜单操作部分，对应不同的功能键（F1 ~ F5），菜单会有所不同。图 1–17b 所示为显示界面说明图。

除此之外，示波器上还有一个 USB 接口，可连接 U 盘和计算机，实现与计算机的通信和远程控制；“PrtSc”键为屏幕拷贝键，用于将当前运行界面以图形格式存储到外部 USB 设备中。

数字式示波器在使用时要注意以下事项：

（1）应使用正确的电源线。

（2）应正确插拔，探头或测试导线连接到电压源时请勿插拔。

（3）数字式示波器通过电源的接地导线接地，为避免电击，接地导线必须与地相连。在连接示波器的输入或输出端之前，应将示波器正确接地。

（4）探头地线与地电势相同，切勿将探头地线连接到非地电压或高电压端。

（5）为避免起火或过大电流的冲击，在连接示波器前应注意查看示波器上所有的额定值和标记说明。

（6）外盖或面板打开时，请勿开机运行。

（7）熔丝应使用本示波器指定的类型和额定指标。

（8）电源接通后，切勿接触外露的接头和元器件。

（9）初次将探头与任一输入通道连接时，需要进行探头补偿调节，使探头与输入通道相匹配。

六、认识常用电子装配工具

1．常用紧固工具

常用紧固工具有普通旋具、呆扳手、活扳手、套筒扳手等。其中，普通旋具有一字旋具和十字旋具两种。

2. 常用钳类工具

常用钳类工具有尖嘴钳、斜口钳、剥线钳和压线钳等，分别用于夹持导线或元器件的引线、切断导线和引线、剥掉导线上的绝缘层、制作排线的连接头等。

3. 常用焊接工具

常用焊接工具有内热式电烙铁、吸锡器和烙铁架等，用于将元器件焊接在电路板上或者从电路板上将元器件拆卸下来。

七、电子实训台常用仪器的使用

1. 直流稳压电源的输出调节与测量

用万用表监测直流稳压电源输出，调节直流稳压电源Ⅰ输出为 9 V，调节直流稳压电源Ⅱ输出为 12 V。

2. 函数信号发生器的输出调节与观察

调节函数信号发生器频率，使输出信号频率分别为 100 Hz、1 kHz、10 kHz，同时用示波器分别观察输出的正弦波、三角波、矩形波波形。

3. 函数信号发生器的输出调节与测量

调节函数信号发生器频率分别为 100 Hz、1 kHz、10 kHz、100 kHz，用晶体管毫伏表测量输出衰减分别为 0 dB、20 dB、40 dB 时正弦交流信号输出幅度的调节范围（测量函数信号发生器正弦波输出电压的最小值、最大值），并将数值填入表 1–6 中。

表 1–6 测量记录表

输出衰减/dB	100 Hz 时		1 kHz 时		10 kHz 时		100 kHz 时	
	最小电压	最大电压	最小电压	最大电压	最小电压	最大电压	最小电压	最大电压
0								
20								
40								

4. 数字频率计的使用

数字频率计设有测频与计数的功能。

（1）测信号的频率：从信号输入端输入被测信号，选择“测频 / 计数”控制键为测频工作方式、“内显 / 外测”控制键为外测方式，显示屏显示被测信号频率，同时“kHz”指示灯亮。

（2）计数：从信号输入端输入被测信号，选择“测频 / 计数”控制键为计数工作方式、“内显 / 外测”控制键为外测方式，显示屏显示被测信号累计计数值，“COUNT”

指示灯亮。利用“始 / 止”控制键可开始或停止计数，计数后需按下“清零”控制键清零后方能重新进行计数操作。

（3）测函数信号发生器输出信号的频率：选择“测频 / 计数”控制键为测频工作方式、“内显 / 外测”控制键为内显方式，显示屏显示函数信号发生器输出信号的频率。

八、学习电子实训室安全操作规程

通常情况下，人们可能认为电子产品的装配工作是“弱电”工作，但在实际装配工作中却总需与“强电”接触，比如电烙铁、电钻、电热风机和一些检测用的仪器设备大都需要接市电才能工作，因此安全用电也是电子实训中必须考虑的问题。在电子实训中要遵守安全用电规则，采取安全用电措施，保证人身及设备的安全。

（1）电子实训必须贯彻“安全第一”“预防为主”的原则，实训前必须穿好工作服和电工鞋。按规定的时间进入实训室，到达指定的工位。未经同意，不得私自调换工位。

（2）不得穿拖鞋进入实训室，不得携带食物、饮料等进入实训室，不得让无关人员进入实训室，不得在实训室内喧哗、打闹、随意走动，不得乱摸、乱动电气设备。

（3）实训室内的任何电气设备，未经验电，一般视为有电，不准用手触及。开关处设置警示牌，无电训练时，也应按有电操作规程进行。任何接、拆线都必须切断电源后方可进行。

（4）电类操作必须使用带绝缘柄的工具，并掌握正确的使用方法。

（5）使用电烙铁应检查是否绝缘，暂时不用时应放在烙铁架上。

（6）电气设备使用前要认真检查，如发现不安全情况，应停止使用并立即报告指导教师，以便及时采取措施；电气设备安装检修后，须经检验后方可使用。

（7）带电操作时指导教师必须在现场，未经指导教师同意，不得擅自带电进行操作。

（8）要爱护实训工具、仪器、电气设备和公共财物，凡在实训过程中损坏仪器设备者，应主动说明原因并接受检查，填写报废单或损坏情况报告表。

（9）凡因违反操作规程或擅自动用其他仪器设备造成损坏者，由事故人作出书面检查，视情节轻重进行赔偿，并给予批评或处分。

（10）保持实训室整洁，每次实训后要关闭所有电源开关，清理工作场所，做好设备清洁和日常维护工作，经指导教师同意后方可离开。

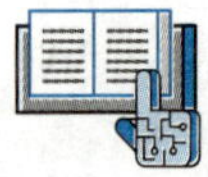

训练测评

对自己在本次训练中的综合表现进行评价。扫描右侧二维码可查看评价项目、内容及标准。

技能训练 2 发光二极管电平指示电路的安装与调试

训练目标

1. 掌握识别和检测电阻器、电容器、普通二极管及发光二极管的方法。

2. 掌握常用电子装配工具的使用方法。

3. 能结合电路原理图和印制电路板，找到对应元器件的安装位置。

4. 能按要求正确使用工具进行发光二极管电平指示电路的焊接和安装。

5. 能根据外观和测试结果判断电路是否满足工艺和性能要求，能判断电路是否存在故障，并顺利排除故障。

6. 能正确记录测试结果，及时总结测试和安装技巧。

7. 训练过程中能自觉遵守安全操作规范，训练结束后能自觉清理场地、归置物品。

训练准备

1. 仪器设备和工具准备

12 V 可调电源（交流或直流）、万用表（数字式或指针式）和常用电子装配工具等。

2. 元器件准备

训练所需元器件清单见表 1–7。

表 1–7 元器件清单

代号	名称	型号 / 规格	数量	代号	名称	型号 / 规格	数量
R1	碳膜电阻器	360 Ω	1	R5	碳膜电阻器	47 Ω	1
R2	碳膜电阻器	270 Ω	1	VD1 ~ VD6	二极管	1N60	6
R3	碳膜电阻器	180 Ω	1	C	电解电容器	100 μF/16 V	1
R4	碳膜电阻器	91 Ω	1	LED1 ~ LED5	发光二极管	红色，ϕ10 mm	5

训练内容

一、实训电路分析

如图 1–18 所示为发光二极管电平指示电路原理图。

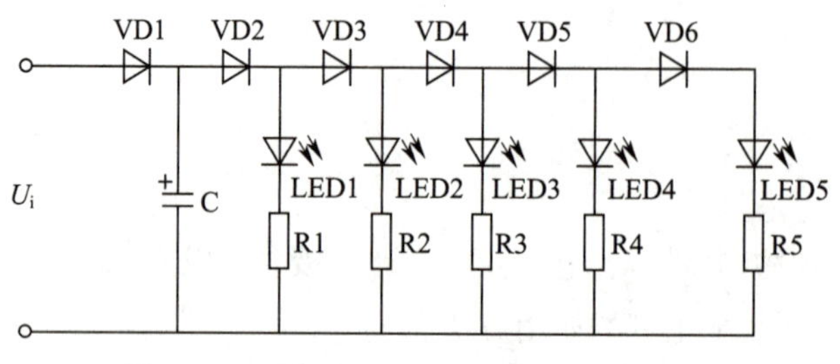

图 1–18 发光二极管电平指示电路原理图

二极管 VD1 与电解电容器 C 组成半波整流电容滤波电路（整流和滤波电路将在后续章节中介绍）。当输入端所加信号幅度由低往高变化时，发光二极管 LED1 ~ LED5 点亮个数依次增加。因此，可根据点亮二极管的个数，指示设备输出电平的高低。

二、元器件的识别与检测

1. 清点元器件

按表 1–7 核对元器件的数量、型号和规格，如有短缺、差错应及时补缺和更换。

2. 检测元器件的性能

用万用表对元器件进行检测，不符合质量要求的必须剔除并更换。

（1）电阻器的识别与检测

1）识读电阻器标称阻值。色环电阻是各种电子电路中应用最多的电子元件，根据色环数量不同一般分为四色环电阻和五色环电阻。每个色环所代表的含义各不相同，如图 1–19 所示。

四色环电阻的读数方法：

第一个色环：表示第一个有效数字。

第二个色环：表示第二个有效数字。

第三个色环：表示倍率。

第四个色环：表示允许偏差，即精度。

五色环电阻的读数方法：

第一个色环：表示第一个有效数字。

第二个色环：表示第二个有效数字。

第三个色环：表示第三个有效数字。

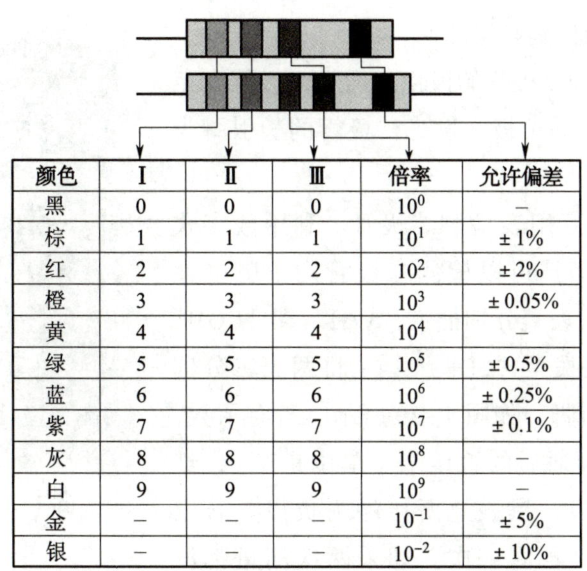

颜色	Ⅰ	Ⅱ	Ⅲ	倍率	允许偏差
黑	0	0	0	10^0	–
棕	1	1	1	10^1	± 1%
红	2	2	2	10^2	± 2%
橙	3	3	3	10^3	± 0.05%
黄	4	4	4	10^4	–
绿	5	5	5	10^5	± 0.5%
蓝	6	6	6	10^6	± 0.25%
紫	7	7	7	10^7	± 0.1%
灰	8	8	8	10^8	–
白	9	9	9	10^9	–
金	–	–	–	10^{-1}	± 5%
银	–	–	–	10^{-2}	± 10%

图 1–19　色环电阻各色环代表的含义

第四个色环：表示倍率。

第五个色环：表示允许偏差，即精度。

根据以上读数方法，识读电阻器的标称阻值，并把结果记录在表 1–8 中。

表 1–8　电阻器的读数及检测

代号	色环颜色				标称阻值	万用表挡位	实测阻值	质量好坏
	第 1 环	第 2 环	第 3 环	第 4 环				
R1								
R2								
R3								
R4								
R5								

2）用数字式万用表检测电阻器的实际阻值。红、黑表笔分别插入“V/Ω”和“COM”插孔，把转换开关拨至“Ω”挡合适的量程，将两表笔分别接被测元件的两引脚，读出的数值即为被测元件的阻值。若万用表的示数为“.OL”，表明被测元件的阻值超出所选量程的最大值，这时应选择更高量程。把检测结果填入表 1–8 中。

（2）二极管的识别与检测

1）从外观识别二极管的极性。通常二极管有色环的一端为二极管的负极，发光二极管的长引脚为二极管的正极。

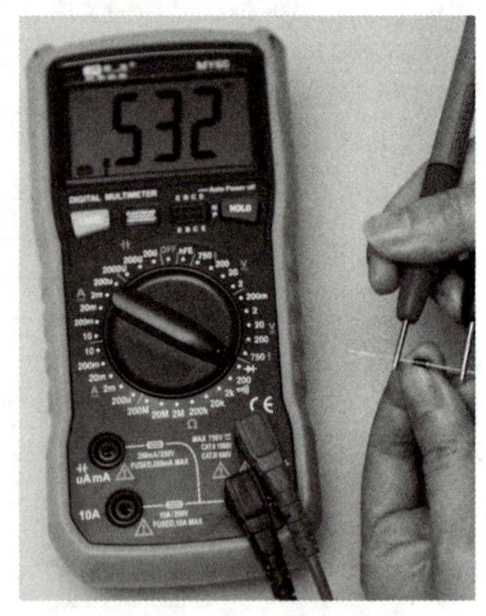

图 1–20　检测二极管

2）用数字式万用表检测二极管。利用数字式万用表的“ —▶|— ”挡可以检测二极管的引脚极性和质量。将红、黑表笔分别插入“V/Ω”和“COM”插孔，把转换开关拨至“ —▶|— ”挡，将两表笔分别接被测元件的两引脚，如图 1–20 所示。若有示数，则示数为二极管导通后的管压降（单位是 V），红表笔所接端为正极，黑表笔所接端为负极。若没有示数，则反过来再测一次。如果两次测量都没有示数，则表示此二极管已经损坏。如果是发光二极管，且二极管正常，则可以看到微弱的亮光。

把实际检测结果记录在表 1–9 中。

表 1–9　二极管的检测

代号	VD1	VD2	VD3	VD4	VD5	VD6	LED1	LED2	LED3	LED4	LED5
检测结果											

想一想

可以用数字式万用表的电阻挡来检测二极管的引脚极性及质量吗？为什么？

3）用指针式万用表检测二极管。利用指针式万用表检测二极管是通过测量二极管正、反向电阻来判断二极管的引脚极性及质量的。测小功率二极管时，一般用 R×1 k 挡或 R×100 挡进行测试，不允许用 R×1 挡和 R×10 k 挡进行测量，否则会造成被测二极管损坏。测发光二极管时，使用 R×10 k 挡。

想一想

为什么不能用指针式万用表的 R×1 挡和 R×10 k 挡测量小功率二极管的正、反向电阻？

选择好挡位后，将两表笔短接调零，如图 1–21 所示，具体测试方法见表 1–10。

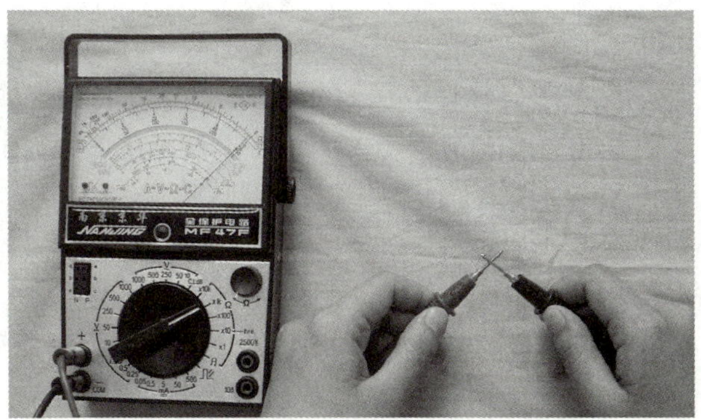

图 1–21 指针式万用表的欧姆调零

小提示

指针式万用表的黑表笔接表内电池的正极，红表笔接表内电池的负极，不可与表面板上的“+”“–”接线端混淆。

表 1–10 二极管的测试方法

<table>
<tr><th>测试项目</th><th>测试方法</th><th>判断说明</th></tr>
<tr><td>正向电阻</td><td>指针摆动较大，正向电阻较小
红表笔接二极管负极
黑表笔接二极管正极</td><td rowspan="2">（1）好坏的判断
正、反向电阻：
相差很大——二极管为好管，且相差越大越好
都很大——二极管内部开路
均为零——二极管内部已击穿
相差不大——二极管质量不好，不能使用
（2）极性的判断
若测得的阻值为几百欧姆至几千欧姆，则黑表笔接的是二极管正极，红表笔接的是二极管负极
（3）硅管、锗管的区分
测试二极管的正向电阻值，可根据表头指针的偏转角度来进行判断
若指针指示：
刻度中间偏右一点——硅管
靠近 0 的位置——锗管</td></tr>
<tr><td>反向电阻</td><td>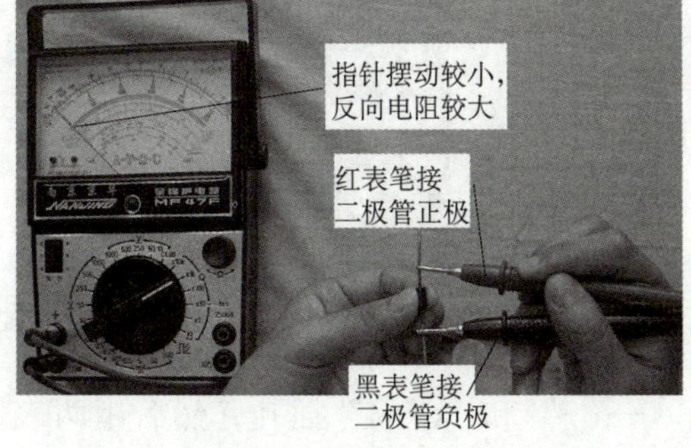
</td></tr>
</table>

小提示

由于二极管正向特性曲线起始端的非线性，PN 结的正向电阻是随外加电压的变化而变化的，所以同一只二极管用不同的电阻挡测得的正向电阻值是不一样的。

（3）电解电容器的识别与检测

1）从外观识别电解电容器的极性及其标称值。电解电容器有两个引脚，一般长引脚为正极，短引脚为负极。体积较大的电解电容器还在外壳上用“–”标记出负极，如图 1–22 所示。识别电容器的标称值并读取其含义，把结果记录在表 1–11 中。

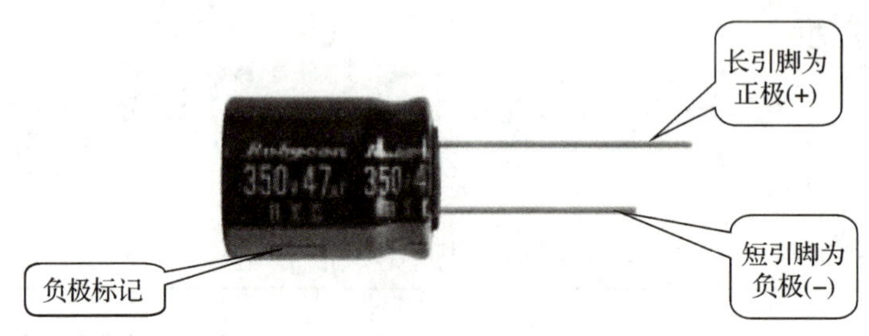

图 1–22　电解电容器正负极的识别

表 1–11　电容器的检测

代号	标称值	标称值含义	实测值	检测结果
C				

2）用数字式万用表的电容挡检测电容器的电容。具有测电容功能的数字式万用表可用电容挡直接测量电容器的电容。具体步骤如下：

第一步：用表笔对电容器放电，如图 1–23 所示。

第二步：将转换开关旋转至电容挡，并选择合适的电容量程，如图 1–24 所示。

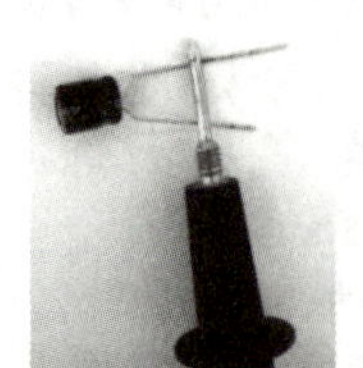

图 1–23　电容器放电

图 1–24　将转换开关旋转至合适的电容挡

第三步：将红、黑表笔分别插入“–|(–”和“COM”插孔，然后用两表笔分别接电容器的两个引脚。若万用表面板上有“Cx”电容插孔，则可将电容器直接插入

“Cx”电容插孔。

第四步：读取被测电容器的电容，如图 1–25 所示，并把读取的结果记录在表 1–11 中。若读数显示为“.OL”，说明量程偏小。

检测结果与该电容器的标称值接近，说明该电容器正常；若测得的电容过大或过小，则该电容器可能已损坏。

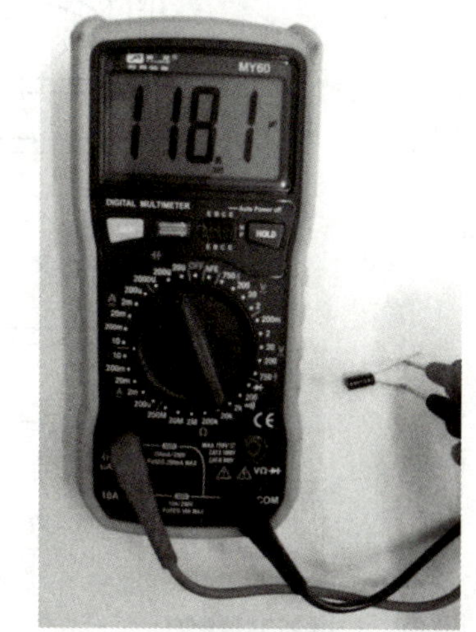

图 1–25 用电容挡测电容器的电容

3）用数字式万用表的电阻挡检测电解电容器。将数字式万用表拨至合适的电阻挡，将红表笔和黑表笔分别接触被测电容器的两极（检测时，红表笔接电容器的正极，黑表笔接电容器的负极）。这时显示值从“0.00”开始逐渐增加，最后显示溢出符号“.OL”，表明电解电容器正常。若始终显示“0.00”，则说明电解电容器内部短路；若始终显示“.OL”，则可能是电解电容器内部极间开路，也可能是所选择的电阻挡不合适。

小提示

这种检测电容器质量的方法，若用高电阻挡检查大容量电容器，由于充电过程很缓慢，测量时间将持续很久；若用低电阻挡检查小容量电容器，由于充电时间极短，仪表会一直显示溢出，看不到变化过程。因此，此方法仅适用于检测 0.1 微法至几千微法的大容量电容器。一般情况下，检测电容器的质量常采用指针式万用表。

4）用指针式万用表的电阻挡检测电解电容器。根据不同容量选用合适的量程。一般情况下，1 ~ 47 μF 的电容器，可用 R × 1 k 挡测量；大于 47 μF 的电容器可用 R × 100 挡测量。检测时，将万用表红表笔接负极，黑表笔接正极，在刚接触的瞬间，万用表指针即向右偏转较大幅度（对于同一电阻挡，容量越大，摆幅越大），接着逐渐向左回转，直到停在某一位置，如图 1–26 所示。此时的阻值便是电解电容器的正向漏电阻，此值略大于反向漏电阻。实际使用经验表明，电解电容器的漏电阻一般应在几百千欧以上，否则，将不能正常工作。在测试中，若正、反向均无充电现象，即表针不动，则说明内部断路；如果所测阻值很小或为零，则说明电容器漏电大或已击穿损坏，不能再使用。把检测结果记录在表 1–11 中。

使用指针式万用表电阻挡，采用给电解电容器进行正、反向充电的方法，根据指针向右摆动幅度的大小，可比较出两个电解电容器的容量大小。

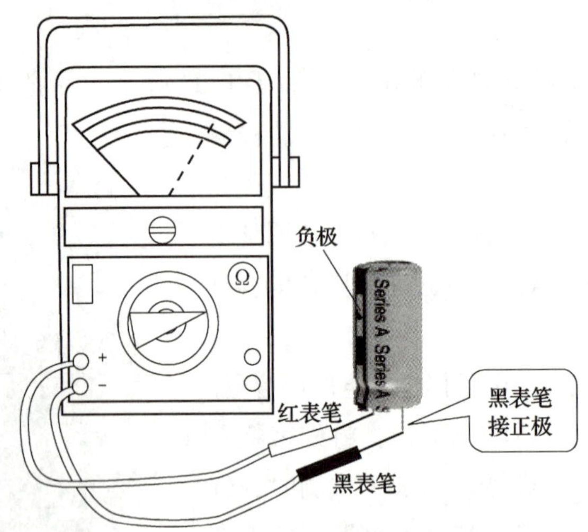

图 1–26　用指针式万用表检测电解电容器

三、装配电路

1. 识读电路原理图和印制板装配图。

2. 制订实训计划，准备电子装配工具及仪器仪表，做好设备安全防护措施。

3. 严格按规范进行电路安装

按装配图将元器件插装在印制电路板上，安装原则是先低后高、先里后外、上道工序不得影响下道工序的安装。安装过程中，要严格遵守安全规范、环保制度和企业管理标准，遵守电气作业规程，做好安全防护措施。

使用 20 W 内热式电烙铁焊接电路，因需使用 220 V 交流电源，所以使用时要特别注意安全。

（1）手工焊接的基本方法（见图 1–27）

图 1–27　焊接元件

1）准备好电烙铁以及镊子、剪刀、斜口钳、尖嘴钳、焊锡丝、焊剂等，将电烙铁及焊件搪锡，左手握焊锡丝，右手握电烙铁，保持随时可焊状态。

2）右手握持电烙铁，将烙铁头沿 45° 方向紧贴元器件引线并与焊盘紧密接触，使焊点升温。

3）当焊点加热到一定温度后，移动焊锡丝使其接触焊件，熔化适量的焊锡。注意：焊锡丝应从烙铁头的对称侧加入，不要直接加在烙铁头上。

4）当焊锡丝适量熔化后，迅速移开焊锡丝。

5）当焊点上的焊锡流动接近饱满时，迅速移开烙铁头。移开烙铁头的时机、方向和速度决定焊点的焊接质量。正确方法是先慢后快，烙铁头沿 45° 方向移开。

整个焊接过程为 3 ~ 5 s。

（2）对焊点的基本要求

1）焊点表面要光滑、清洁。合格的焊点表面质量好，呈半球面，没有气孔，各焊点大小均匀，如图 1–28 所示。

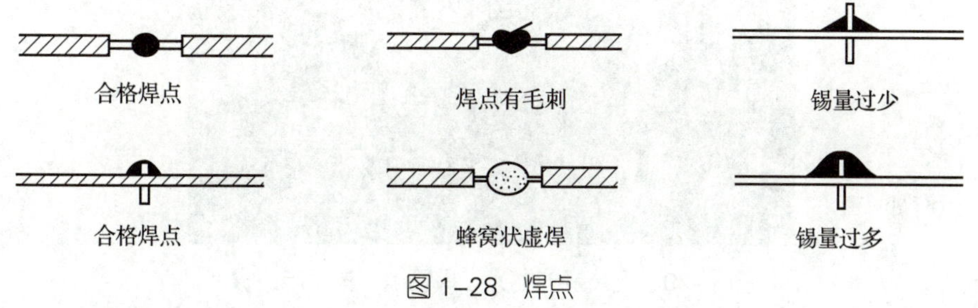

图 1–28 焊点

2）焊点要有足够的强度，保证被焊件在受振动或冲击时不致脱落、松动。不能用过多焊锡堆积，这样容易造成虚焊和焊点间的短路。

3）焊锡和被焊件要融合牢固、接触良好，不应有虚焊和假焊。虚焊是指焊锡与被焊件表面没有形成合金结构，只是简单地依附在被焊金属表面，造成接触不良，时通时断。假焊是指表面上好像焊住了，但实际上并没有焊住，用手一拔引线就可以从焊点中拔出。这两种情况将给电子电路的调试和检修带来极大的困难。只有经过大量、认真的焊接实践，才能避免这两种情况。

（3）焊前准备

首先要熟悉所焊印制电路板的装配图，并按图配料，检查元器件型号、规格及数量是否符合电路原理图的要求，并做好装配前元器件引线成型等准备工作。

（4）焊接顺序

元器件的焊接顺序一般依次为电阻器、电容器、二极管，其他元器件为先小后大。

（5）对元器件的焊接要求

在焊接时，应尽量使成型后的元器件排列整齐，同类元器件要保持高度一致。各元器件的符号标志向上（卧式）或向外（立式），以便检查。

1）电阻器的焊接。按电路原理图将电阻器准确装入规定位置，电阻器采用卧式安装时应占用五个焊盘，要求元件紧贴板面，色环电阻的色环标志顺序方向一致。装完同一种规格后再装另一种规格，尽量使电阻器的高低一致。焊完后将露在印制电路板表面的多余引脚齐根剪去。

2）电容器的焊接。按电路原理图将电容器装入规定位置，电容器通常占用两个或三个焊盘，引脚高度约为 3 mm。注意有极性电容器的“+”与“-”极不能接错，电容器上的标记要易看可见。当电路中有多种电容器时，先装玻璃釉电容器、有机介质电容器、瓷介电容器，最后装电解电容器。

3）二极管的焊接。二极管焊接要注意以下几点：第一，正极、负极的极性不能装错；第二，型号标记要易看可见。发光二极管占用两个焊盘，要求引脚高度相等。

安装好的电路板如图 1–29 所示。

图 1–29　安装好的发光二极管电平指示电路板

4. 自检与互检

安装完成后，对照电路原理图仔细检查电路是否安装正确，导线、焊点是否符合要求，电源有无接错。检查时应特别注意：元器件引脚之间有无短路；二极管和电解电容器极性有无接反。测量时应直接测量元器件引脚，这样可以同时发现是否有接触不良的地方。先进行自检与互检，待教师确认无误后，再接上电源通电测试。

四、通电调试

1. 通电观察

将 12 V 可调电源调节至最小电压，然后接入电路。缓慢旋转旋钮，增大电压值，仔细观察电路有无异常现象，如冒烟、气味异常、元器件发烫等。如出现异常现象，应立即切断电源，检查电路，排除故障，待故障排除后方可重新接通电源。

2. 通电检测与调试

在输入端接入 12 V 可调电源（交流或直流），注意可调电源旋钮应置于最小，即 U_i=0。逐渐增大输入电压，观察当输入电压增大到多少时，第一个发光二极管发光，同时记录下此时的电压值；继续缓慢增大输入电压，观察发光二极管发光的个数是否逐渐增加，并记录下 3 个 LED、5 个 LED 发光时输入电压的值。把结果填入表 1–12 中。

实训过程中，分别用万用表测量二极管 VD1 两端电压 U_{VD1}、电容器两端电压 U_C 及发光二极管正常发光时两端的电压 U_{LED}、R1 ~ R5 两端的电压 U_{R1} ~ U_{R5}。将数值填入表 1–12 中。

表 1–12 检测记录

测试条件	U_i	U_{VD1}	U_C	U_{LED}	U_{R1}	U_{R2}	U_{R3}	U_{R4}	U_{R5}
1 个 LED 正常发光									
3 个 LED 正常发光									
5 个 LED 正常发光									

测试过程中，不能凭感觉和印象，要始终借助仪器，边记录，边分析，边解决问题。如电路出现故障，把故障现象和排除故障的方法记录在表 1–13 中。

表 1–13 故障现象和排除故障的方法

故障现象	
排除故障的方法	

五、清理现场

按照现场管理规范清理场地，归置物品。

训练测评

对自己在本次训练中的综合表现进行评价。扫描右侧二维码可查看评价项目、内容及标准。

本章小结

1. 物质按导电能力强弱不同可分为导体、半导体和绝缘体三类，半导体的导电能力介于导体和绝缘体之间。硅和锗是主要的半导体材料。

2. 半导体的特性主要有光敏特性、热敏特性和掺杂特性。

3. 掺杂半导体有 P 型半导体和 N 型半导体两种。把一块 P 型半导体和一块 N 型半导体按特殊的加工工艺结合在一起，在其交界处就会形成一个特殊薄层，这个薄层称为 PN 结。PN 结具有单向导电性，即加正向电压导通，加反向电压截止。

4. 二极管由一个 PN 结、两个电极和管壳组成。二极管也具有单向导电性。二极管加正向电压且大于死区电压时，二极管导通；二极管加反向电压且小于反向击穿电压时，二极管截止。若反向电压过高，PN 结会被击穿。反向击穿会破坏二极管的单向导电性，若不采取限流措施，会损坏二极管。

5. 二极管的特性可用伏安特性曲线来描述，二极管的伏安特性曲线分为正向和反向特性。国产二极管的型号由五部分组成，美国生产的以“1N”开头，日本生产的以“1S”开头。

6. 二极管的主要参数有最大整流电流 I_{FM}、最高反向工作电压 U_{RM} 和反向电流 I_R，是选择和使用二极管的依据。

7. 发光二极管能将电信号转换成光信号，工作时发光二极管应加正向电压；光电二极管能将光信号转换成电信号，光电二极管工作时应加反向电压。

8. 变容二极管的 PN 结电容随所加反向电压的变化而变化。

第二章
半导体三极管及放大电路

图 2-1 所示为扩音器的工作原理图。话筒将声音信号转换成微弱的电信号，经放大电路放大后，变成大功率的电信号，推动扬声器，再还原为较强的声音信号。放大电路又称为放大器，是指能把微弱的电信号转变为较强电信号的电子电路。放大器的核心元件（即放大元件）主要是半导体三极管和场效应晶体管等。

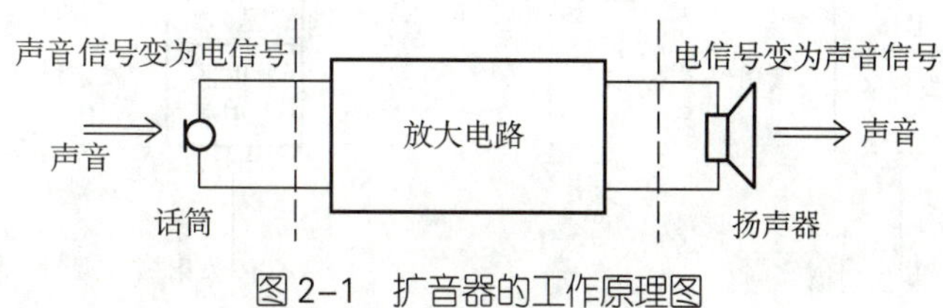

图 2-1　扩音器的工作原理图

§ 2-1　半导体三极管

学习目标

1. 了解三极管的结构、分类、型号及主要用途。
2. 熟悉三极管的符号、特性和主要参数。
3. 能识别常用三极管的种类和三个引脚的极性。
4. 能正确识读三极管上标示的型号，并了解该三极管的作用和用途。
5. 能根据三极管放大电路各引脚的电位判断三极管的管型、材料及各引脚对应的电极。
6. 能根据三极管各电极的电位判断三极管的工作状态。

一、三极管的结构、符号和类型

1. 结构和符号

半导体三极管又称晶体三极管，简称三极管或晶体管。三极管的结构如图 2–2 所示：在一块极薄的硅或锗基片上经过特殊的加工工艺制作出两个 PN 结，对应的三个半导体区分别称为发射区、基区和集电区，从三个区引出的三个电极分别为发射极、基极和集电极，分别用符号 E、B、C 或 e、b、c 表示。发射区与基区之间的 PN 结称为发射结，集电区与基区之间的 PN 结称为集电结。

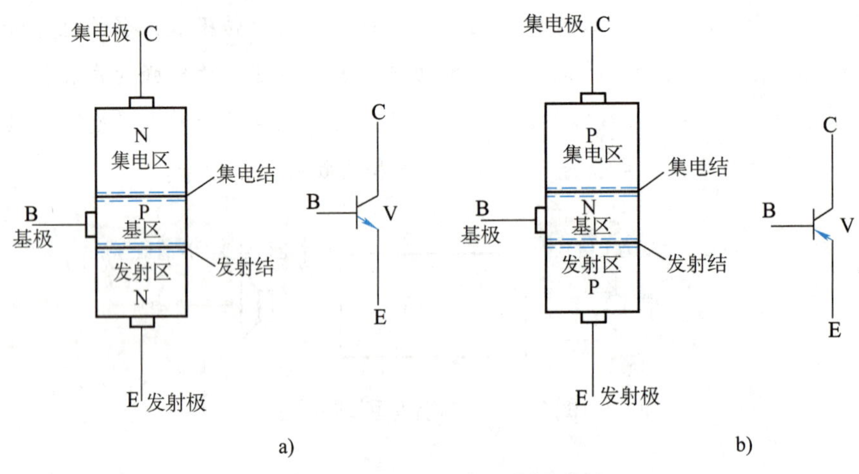

图 2–2　三极管的结构和图形符号

a）NPN 型三极管　b）PNP 型三极管

按照两个 PN 结的组合方式不同，三极管分为 NPN 型和 PNP 型两大类，其结构和图形符号如图 2–2 所示，文字符号用 V（或 VT）表示。图形符号中，箭头方向表示发射结正向偏置时发射极电流的方向，箭头朝外的是 NPN 型三极管，箭头朝内的是 PNP 型三极管。

虽然发射区和集电区的半导体类型一样，但是发射区的掺杂浓度比集电区高，在几何尺寸上，集电区面积比发射区大，它们并不对称。因此，发射极和集电极不能互换。

三极管的功率大小不同，它们的体积和封装形式也不一样。常见的三极管外形见表 2–1。

2. 类型

三极管的种类很多，按不同的分类方法可分为多种，见表 2–2。

目前我国生产的 NPN 型三极管多采用硅材料，PNP 型三极管多采用锗材料。

表 2–1 常见的三极管外形

类型	小型塑料封装三极管	小型金属封装三极管	中功率三极管	大功率三极管	贴片式三极管
实物图		高频三极管第4脚接地，起屏蔽作用		外壳作为集电极，有助于散热	DHA TIP122 1011G

表 2–2 三极管的种类

分类方法	种类	说　明
按极性分	NPN 型三极管	目前常用的三极管，电流从集电极流向发射极
	PNP 型三极管	电流从发射极流向集电极
按材料分	硅三极管	热稳定性好，是常用的三极管
	锗三极管	反向电流大，受温度影响较大，热稳定性差
按工作频率分	低频三极管	工作频率比较低，用于直流放大、音频放大电路
	高频三极管	工作频率比较高，用于高频放大电路
按功率分	小功率三极管	输出功率小，用于前置放大器
	中功率三极管	用于驱动电路和激励电路
	大功率三极管	输出功率较大，用于功率放大器末级（输出级）
按用途分	放大管	应用在模拟电子电路中
	开关管	应用在数字电子电路中

知识拓展

半导体三极管的型号命名方法

按国家标准《半导体分立器件型号命名方法》（GB/T 249—2017）的规定，三极管的型号同二极管一样由五部分组成，各组成部分及其含义见表 2–3。

表 2–3　三极管型号的组成部分及其含义

第一部分（数字）		第二部分（拼音）		第三部分（拼音）		第四部分（数字）	第五部分（拼音）
电极数		材料和极性		类别		登记顺序号	规格号
符号	意义	符号	意义	符号	意义		
3	三极管	A	PNP 型，锗材料	X	低频小功率管（f_a<3 MHz，P_C<1 W）		
		B	NPN 型，锗材料	G	高频小功率管（$f_a \geqslant$ 3 MHz，P_C<1 W）		
		C	PNP 型，硅材料	D	低频大功率管（f_a<3 MHz，$P_C \geqslant$ 1 W）		
		D	NPN 型，硅材料	A	高频大功率管（$f_a \geqslant$ 3 MHz，$P_C \geqslant$ 1 W）		

常见的三极管型号有 3DG130C、3AX52B 等，其含义如下：

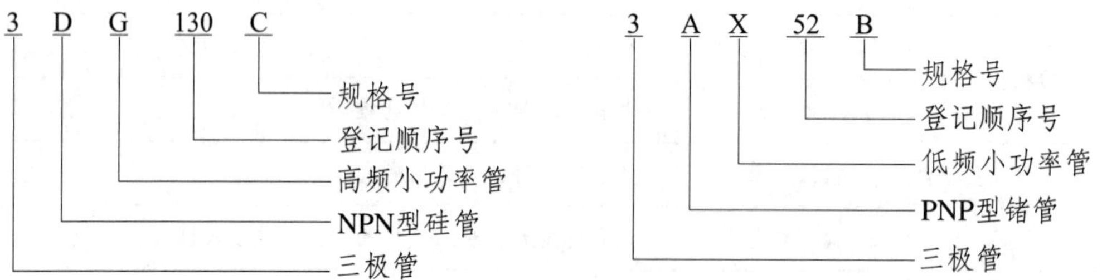

国产半导体三极管的型号是以“3A ~ 3D”开头，美国产的半导体三极管是以“2N”开头，日本产的半导体三极管是以“2S”开头，其中数字“2”的含义为器件有 2 个 PN 结。

日本产半导体三极管型号中的第三部分用 A 表示 PNP 型高频管，用 B 表示 PNP 型低频管，用 C 表示 NPN 型高频管，用 D 表示 NPN 型低频管；第四部分由数字组成，表示注册登记的顺序号，数字越大，表示产品越新；第五部分用字母表示对原型号的改进产品。

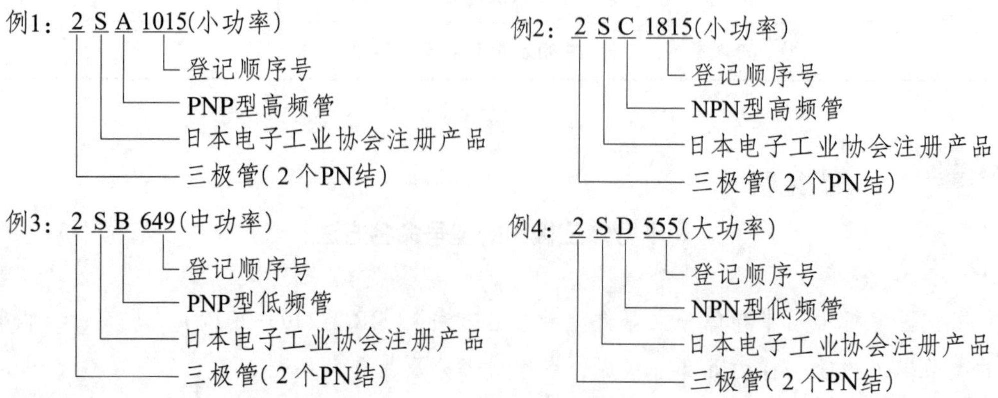

欧洲对三极管型号的命名方法是：第一部分用 A 或 B 开头（A 表示锗管，B 表示硅管）；第二部分用 C 表示低频小功率管，用 F 表示高频小功率管，用 D 表示低频大功率管，用 L 表示高频大功率管，用 S 和 U 分别表示小功率开关管和大功率开关管；第三部分用数字表示登记顺序号，如 BC87 表示硅低频小功率管。

韩国三星公司的产品是以四位数来命名的，如 9011、9018 等，还有常用的中功率三极管，如 8050、8550 等。

二、三极管的工作电压和电流放大作用

1. 三极管的工作电压

三极管要实现放大作用，必须满足一定的外部条件，即发射结加正向电压，集电结加反向电压。由于 NPN 型和 PNP 型三极管极性不同，所以外加电压的极性也不同，如图 2-3 所示。

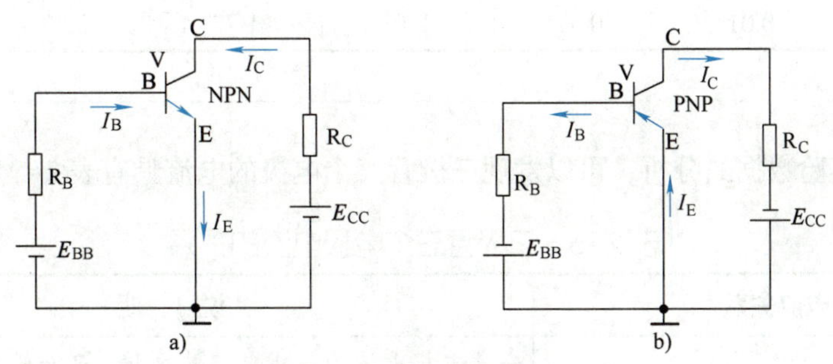

图 2-3 三极管的工作电压

a）NPN 型三极管 b）PNP 型三极管

对于 NPN 型三极管，C、B、E 三个电极的电位必须符合 $V_C>V_B>V_E$；对于 PNP 型三极管，电源的极性与 NPN 型三极管相反，C、B、E 三个电极的电位应符合 $V_C<V_B<V_E$。

2. 三极管的电流放大作用

实验

以 NPN 型三极管为例，实验电路接成如图 2-4 所示。电路接通后，三极管各电极都有电流通过，即流入基极的电流 I_B、流入集电极的电流 I_C 和流出发射极的电流 I_E。

通过调节电位器 R_B 的阻值，可调节基极的偏压，从而调节基极电流 I_B 的大小。每取一个 I_B 值，从毫安表中都可读出集电极电流 I_C 和发射极电流 I_E 的相应值，实验数据见表 2-4。

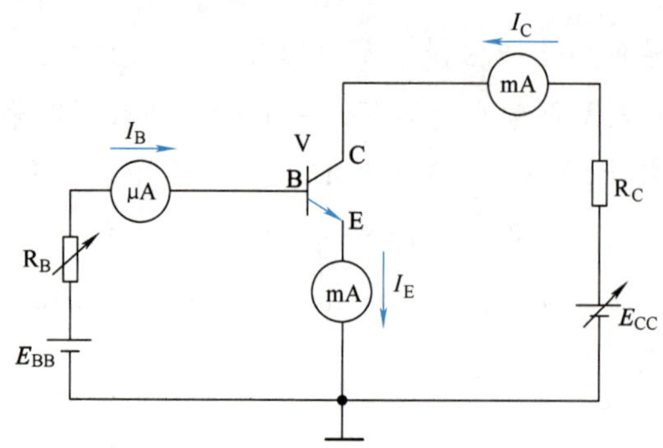

图 2-4　三极管电流分配实验电路

表 2-4　三极管的电流放大作用

项目	序号					
	1	2	3	4	5	6
I_B/mA	0	0.01	0.02	0.03	0.04	0.05
I_C/mA	0.01	0.56	1.14	1.74	2.33	2.91
I_E/mA	0.01	0.57	1.16	1.77	2.37	2.96

通过对实验数据的分析，可以发现三极管三个电极的电流具有表 2-5 所示的关系。

表 2-5　三极管三个电极电流的关系

电流关系		说　明
集电极与基极电流的关系	$I_C=\beta I_B$	集电极电流为基极电流的 β 倍，β 一般为几十或几百。只需用很小的基极电流，就可以控制较大的集电极电流
三个电极电流之间的关系	$I_E=I_B+I_C=(1+\beta)I_B$	三个电流中，I_E 最大，I_C 其次，I_B 最小。I_E 和 I_C 相差不大，它们都比 I_B 大得多

综合以上情况，可以得出结论：

➢ 三极管实现电流放大作用的条件是：发射结加正向电压，集电结加反向电压。

➢ 三极管电流放大的实质是：用较小的基极电流控制较大的集电极电流。

小提示

三极管三个电极电流之间的关系符合基尔霍夫第一定律。

三、三极管的特性曲线

三极管各极上的电压和电流之间的关系，可通过伏安特性曲线直观地描述。三极管的特性曲线主要有输入特性曲线和输出特性曲线两种，可以用晶体管特性图示仪直接观察，也可以通过实验电路来测试。实验电路如图 2-5 所示。

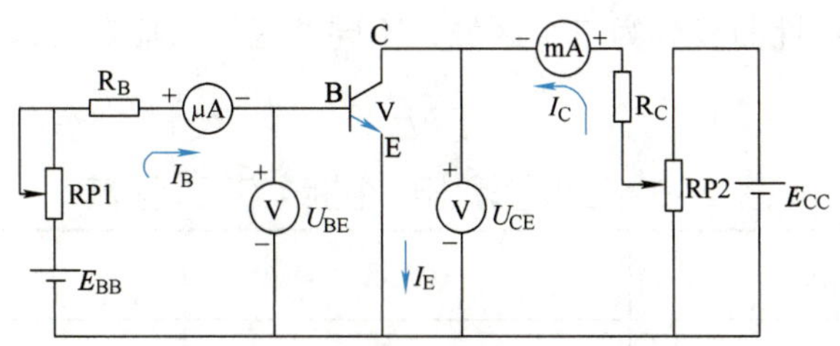

图 2–5　三极管特性曲线实验电路

1. 输入特性曲线

输入特性曲线是指在 U_{CE} 一定的条件下，加在三极管基极与发射极之间的电压 U_{BE} 和基极电流 I_B 之间的关系曲线，如图 2–6 所示。

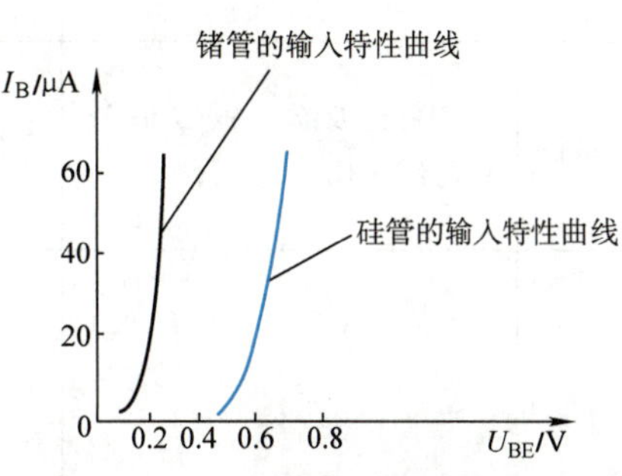

图 2–6　三极管的输入特性曲线

从输入特性曲线可以看出，三极管的输入特性曲线与二极管的正向特性曲线相似，只有当发射结的正向电压 U_{BE} 大于死区电压（硅管 0.5 V，锗管 0.1 V）时，才产生基极电流 I_B，这时三极管处于正常放大状态，发射结两端的电压为 U_{BE}（硅管为 0.7 V，锗管为 0.3 V）。

2. 输出特性曲线

输出特性曲线是指在 I_B 一定的条件下，三极管集电极与发射极之间的电压 U_{CE} 与集电极电流 I_C 之间的关系曲线，如图 2–7 所示。

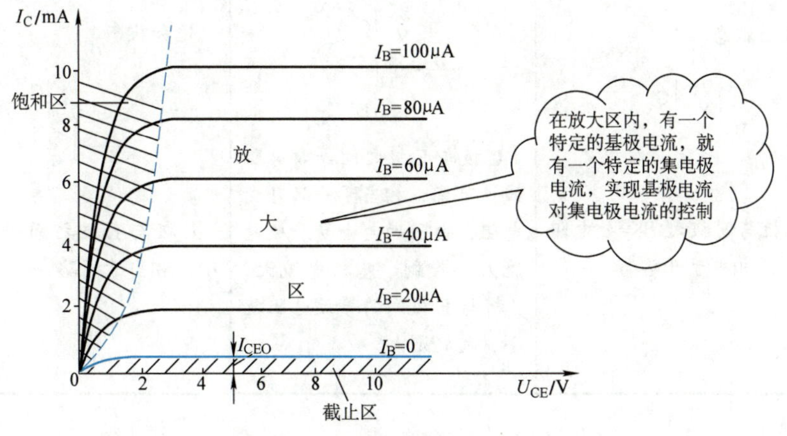

图 2–7　三极管的输出特性曲线

每条曲线都可分为线性上升、弯曲、平坦三部分。对应不同的 I_B 值可得不同的曲线，从而形成一组曲线簇。各条曲线的上升部分都很陡，几乎重合；平坦部分则按 I_B 值从下往上排列，I_B 的取值间隔均匀，相应的输出特性曲线在平坦部分也均匀分布，且与横轴几乎平行。

三极管的输出特性曲线分为三个区域，不同的区域对应着三极管的三种不同工作状态，见表 2-6。

表 2-6　三极管输出特性曲线的三个区域

名称	截止区	放大区	饱和区
范围	I_B=0 曲线以下区域，几乎与横轴重合	为平坦部分线性区域，几乎与横轴平行	曲线上升和弯曲部分
条件	发射结反偏（或零偏），集电结反偏	发射结正偏，集电结反偏	发射结正偏，集电结正偏（或零偏）
特征	I_B=0，I_C=$I_{CEO}\approx 0$	（1）当 I_B 一定时，I_C 的大小与 U_{CE} 基本无关（但 U_{CE} 的大小随 I_C 的变化而变化），具有恒流特性 （2）I_B 不同时，曲线不同，I_C 受 I_B 控制，具有电流放大作用（$I_C=h_{FE}I_B$，$\Delta I_C=\beta\Delta I_B$）	I_C 不再受 I_B 控制，三极管失去放大作用
工作状态	截止状态 B V C E C E C 极与 E 极之间等效电阻很大，相当于开路	放大状态 B V C E C E C 极与 E 极之间等效电阻线性可变，相当于一只可变电阻，电阻的大小受基极电流大小控制。基极电流大，C 极与 E 极间的等效电阻就小，反之则大	饱和状态 B V C E C E C 极与 E 极之间等效电阻很小，相当于短路

小提示

三极管饱和时的 U_{CE} 值称为饱和管压降，记作 U_{CES}。小功率硅管的 U_{CES} 约为 0.3 V，小功率锗管的 U_{CES} 约为 0.1 V。

综上所述，对于 NPN 型三极管：工作于放大区时，$V_C>V_B>V_E$；工作于截止区时，$V_B\leqslant V_E$；工作于饱和区时，$V_C\leqslant V_B$。PNP 型三极管与之相反。

小提示

三极管有三种工作状态，不同的电子电路中三极管的工作状态不同。在模拟电子电路中，三极管大多工作在放大状态，作为放大管使用；在数字电子电路中，三极管大多工作在饱和或截止状态，作为开关管使用。

【例 2–1】已知三极管接在相应的电路中，测得三极管各电极的电位如图 2–8 所示，试判断这些三极管的工作状态。

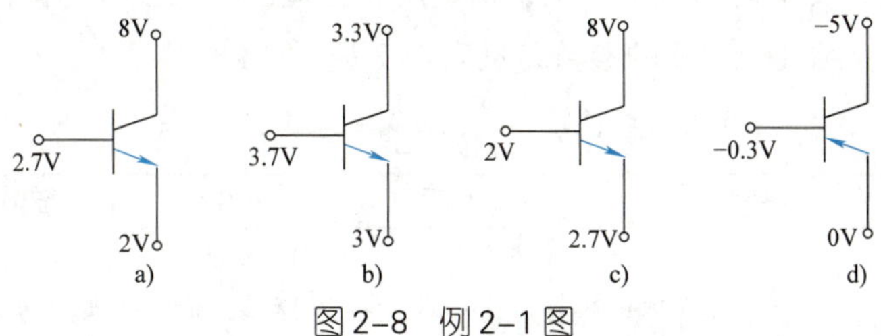

图2–8 例2–1图

分析：由表 2–6 可知，三极管工作在放大状态的条件是发射结正偏，集电结反偏。这两个条件中，任一个不满足，如发射结反偏（或零偏）时，三极管将工作在截止状态；当集电结正偏（或零偏）时，三极管将工作在饱和状态。

解：

在图 2–8a 中，三极管为 NPN 型管，V_B=2.7 V，V_C=8 V，V_E=2 V。因 $V_B>V_E$，发射结正偏；$V_C>V_B$，集电结反偏，所以图 2–8a 中的三极管工作在放大状态。

在图 2–8b 中，三极管为 NPN 型管，V_B=3.7 V，V_C=3.3 V，V_E=3 V。因 $V_B>V_E$，发射结正偏；$V_C<V_B$，集电结正偏，所以图 2–8b 中的三极管工作在饱和状态。

在图 2–8c 中，三极管为 NPN 型管，V_B=2 V，V_C=8 V，V_E=2.7 V。因 $V_B<V_E$，发射结反偏，所以图 2–8c 中的三极管工作在截止状态。

在图 2–8d 中，三极管为 PNP 型管，V_B=–0.3 V，V_C=–5 V，V_E=0 V。因 $V_B<V_E$，发射结正偏，$V_C<V_B$，集电结反偏，所以图 2–8d 中的三极管工作在放大状态。

【例 2–2】若有一只三极管工作在放大状态，测得各电极对参考点的电位分别为 V_1=2.7 V，V_2=4 V，V_3=2 V。试判断三极管的管型、材料及三个引脚对应的电极。

分析：对于 NPN 型三极管来说，当其工作在放大状态时，$V_C>V_B>V_E$；对于 PNP 型三极管来说，当其工作在放大状态时，$V_C<V_B<V_E$。而且硅管的 $|U_{BE}|$=0.7 V，锗管的 $|U_{BE}|$=0.3 V。

解：

由放大条件的分析可知，三个引脚中 B 极的电位介于 C 极和 E 极之间，所以要判断管型、材料及电极，可按下面四步进行。第一步找 B 极。比较三个引脚的电位，其中，电位为中间数的引脚对应的是基极，所以引脚 1 为基极。第二步判断发射极和管型。与基极电位差值为 0.7 V 或 0.3 V 的引脚为发射极。且基极电位高于发射极电位的为 NPN 型管，反之为 PNP 型管。因 $V_1-V_3=0.7\ \text{V}$，且 $V_1>V_3$，所以引脚 3 为发射极，该管为 NPN 型管。第三步判断材料。基极与发射极电位差值为 0.7 V 的为硅管，差值为 0.3 V 的为锗管，所以该三极管为硅管。最后确定剩余的引脚为集电极。

四、三极管的主要参数

三极管的特性除用特性曲线来描述外，还可以用有关参数来表示。这些参数反映了三极管的性能和安全运用范围，是正确使用和合理选择三极管的依据。三极管的参数较多，这里只介绍几个主要的参数，见表 2–7。

表 2–7　三极管的主要参数

类型	参数	符号	说明	选用方法
电流放大系数	共射极直流电流放大系数	h_{FE}	三极管集电极电流与基极电流的比值，即 $h_{FE}=I_C/I_B$，反映三极管的直流电流放大能力	同一只三极管，在相同的工作条件下 $h_{FE}\approx\beta$，应用中不再区分，均用 β 来表示
	共射极交流电流放大系数	β	三极管集电极电流的变化量与基极电流的变化量之比，即 $\beta=\Delta I_C/\Delta I_B$，反映三极管的交流电流放大能力	选管时，β 值应恰当，β 值太小，放大作用差；β 值太大，性能不稳定。通常选用 β 值为 30 ~ 100 的管子
极间反向电流	集电极—基极间的反向饱和电流	I_{CBO}	发射极开路时，C—B 极间的反向饱和电流	I_{CBO} 越小，集电结的单向导电性越好
	集电极—发射极间的反向饱和电流	I_{CEO}	基极开路（$I_B=0$）时，C—E 极间的反向饱和电流，好像是从集电极直接穿透三极管到达发射极的电流，故又称“穿透电流”	$I_{CEO}=(1+\beta)I_{CBO}$，反映了三极管的稳定性。选管子时，I_{CEO} 越小，管子受温度影响越小，工作越稳定
极限参数	集电极最大允许电流	I_{CM}	集电极电流过大时，三极管的 β 值要降低，一般规定 β 值下降到正常值的 2/3 时的集电极电流为集电极最大允许电流	使用时，一般 $I_C<I_{CM}$，否则管子放大能力会显著下降，甚至会烧坏。选管时，$I_{CM}\geqslant I_C$
	集电极—发射极间的反向击穿电压	$U_{(BR)CEO}$	基极开路时，加在 C 与 E 极间的最大允许电压	使用时，一般 $U_{CE}<U_{(BR)CEO}$，否则易造成管子击穿。选管时，$U_{(BR)CEO}\geqslant U_{CE}$
	集电极最大允许耗散功率	P_{CM}	集电极消耗功率的最大限额。根据三极管的最高温度和散热条件来规定最大允许耗散功率 P_{CM}，要求 $P_{CM}\geqslant I_CU_{CE}$ P_{CM} 的大小与环境温度有密切关系，温度升高，P_{CM} 减小。对于大功率管，常在管子上加散热器或散热片，降低管子的环境温度，从而提高 P_{CM}	工作时，$I_CU_{CE}<P_{CM}$，否则管子会因过热而损坏。选管时，$P_{CM}\geqslant I_CU_{CE}$

例如，低频小功率三极管3CX200B的β值为55 ~ 400，I_{CM}=300 mA，$U_{(BR)CEO}$=18 V，P_{CM}=300 mW。

技能训练3 半导体三极管的识别与检测

训练目标

1. 熟悉三极管的外形，并掌握其引脚的识别方法。

2. 掌握查阅半导体器件资料的方法，熟悉三极管的类型、型号及主要性能参数。

3. 能正确识读三极管上标示的型号，了解该三极管的用途。

4. 能用万用表对各种三极管进行检测，并对其质量做出评价。

5. 训练过程中能自觉遵守安全操作规范，训练结束后能自觉清理场地、归置物品。

训练准备

1. 仪器设备准备

数字式万用表、指针式万用表。

2. 元器件准备

不同类型、不同规格的合格和已损坏的三极管（混在一起）若干。

训练内容

一、目视法识别各种三极管

三极管的三个引脚分布是有一定规律的，根据这一规律，可以非常方便地识别引脚极性。表2–8为常见三极管的引脚分布规律，供识别时参考。

识别各种三极管的外形及其标志，说出印刷在三极管上的型号及三极管型号所代表的含义，将结果填入表2–9中。

表 2-8　常见三极管的引脚分布规律

外形示意图	封装形式	说明
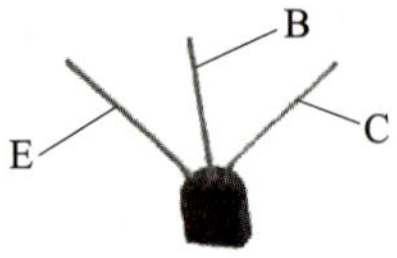 B E C	S-1A S-1B	它们都有半圆形的底面。识别时将引脚朝上，切口朝向自己，从左向右依次为 E、B 和 C
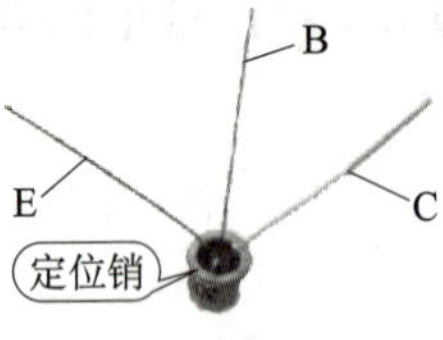 B E C 定位销	C 型 D 型	它们有三个引脚（C 型有一个定位销，D 型无定位销），三个引脚呈等腰三角形分布，E、C 脚为底边
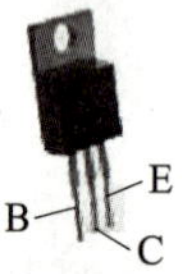 E B C	S-6A S-6B S-7 S-8	它们都有散热片。识别时，将印有型号的一面朝向自己，并将引脚朝下，从左向右依次为 B、C 和 E
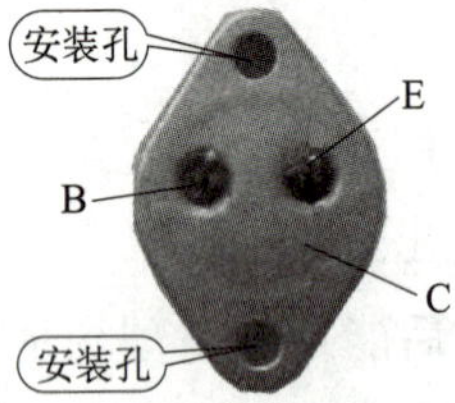 安装孔 E B C 安装孔	F 型	只有两个引脚，识别时引脚朝上，且引脚靠近上安装孔，左边的引脚是 B 极，右边的引脚是 E 极，外壳为 C 极

表 2-9　目视法识别三极管的记录表

序号	外形	型号	材料	用途	备注
1					
2					
3					
4					
5					

二、三极管的检测

1. 用数字式万用表进行检测

把数字式万用表的红、黑表笔分别插入“V/Ω”和“COM”插孔。

（1）基极及管型的判断

把转换开关拨至“ —▶|— ”挡。

1）判断基极。假设任意一个引脚为基极，把一个表笔接假设的基极，另一个表笔分别接另外两个引脚，如图 2-9 所示。

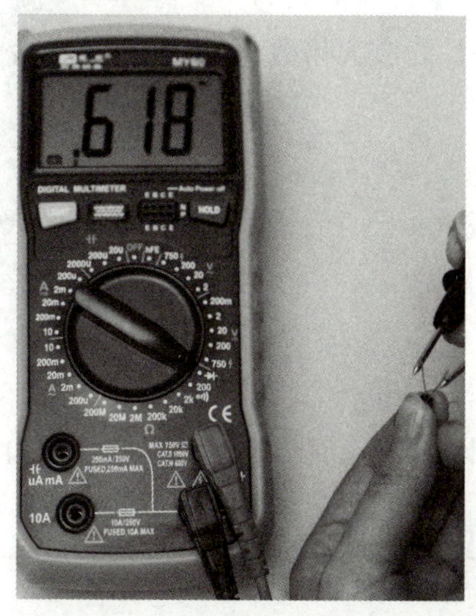

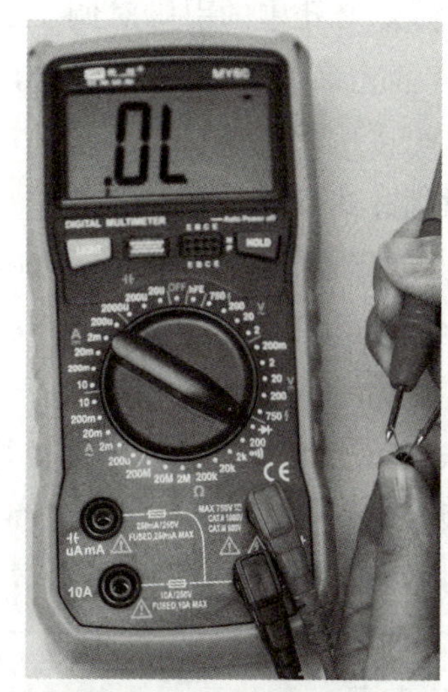

图 2-9　判断基极及管型

若都有示数或都没有示数（即示数为“1”或“.OL”），调换表笔重新测试。若原来都有示数，调换表笔后都没有示数；或原来都没有示数，调换表笔后都有示数，说明假设的基极是正确的。若一次有示数，一次没有示数，则假设的基极是错误的，需重新假设进行测试。若两次都没有示数，则三极管可能开路损坏；若两次都显示有示数但数值都很小（接近 0），则三极管可能击穿损坏。把检测的结果记录在表 2-10 中。

2）判断管型和材料。以都有示数为准，若示数为 0.7 V 左右，则该管为硅管，若为 0.3 V 左右，则该管为锗管，若红表笔接的是基极，则该管是 NPN 型管；否则，该管为 PNP 型管。把检测的结果记录在表 2-10 中。

表 2-10　三极管的检测记录表

序号	B—E 极间的示数	B—C 极间的示数	质量判断	材料	管型
1					
2					
3					
4					
5					

（2）集电极和发射极的判断

把转换开关拨至“hFE”挡，把三极管按管型插入显示屏右下角的PNP型或NPN型插口，将基极B插入B插孔，其他两个引脚插入紧挨B孔两侧的C、E孔中，观察数据；再将C、E孔中的引脚对调，观察数据，数值大的说明引脚安插正确，所显示的读数为三极管的放大倍数，如图2-10所示。

图2-10　判断C极和E极

2．用指针式万用表进行检测

测小功率管时，一般选用R×100挡或R×1 k挡；测大功率管时可选用R×10挡。

（1）管型和引脚极性的判别

对不知道型号和引脚极性的三极管，可利用指针式万用表通过测试各极间的电阻来判别管型和引脚极性，具体测试方法见表2-11。

表2-11　利用指针式万用表判别三极管的管型和引脚极性

项目	图示	说明
B极和管型的判断	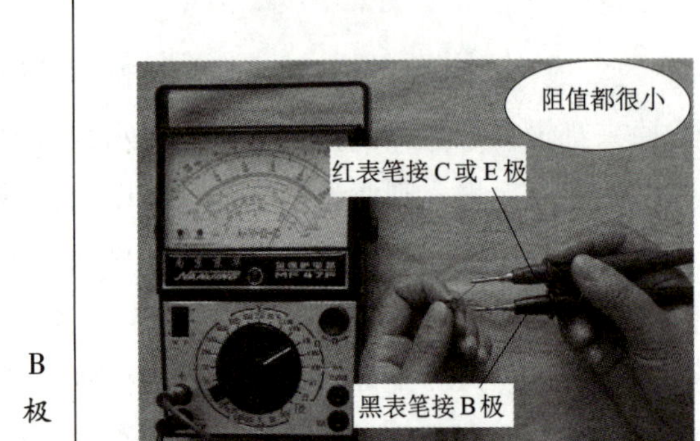 NPN型管 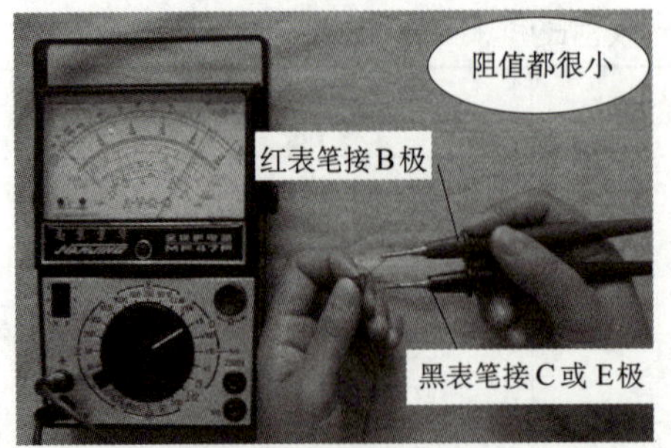 PNP型管	（1）假设三个引脚中的任意一个引脚为基极，然后判断基极B 把一表笔接在假设的基极上，另一表笔分别接另外两根引脚，若测得的阻值都很大或都很小，调换表笔重新测试。若原来测得的阻值都很大，调换表笔后测得的阻值都很小；或原来测得的阻值都很小，调换表笔后测得的阻值都很大，说明假设的基极是正确的。若测得的阻值一大一小，说明假设错误，需重新假设进行测试 （2）判断管型 以测试阻值都很小的一次为准，若黑表笔接的是B极，则该管是NPN型管；否则，该管为PNP型管

续表

项目	图示	说明
C极和E极的判断	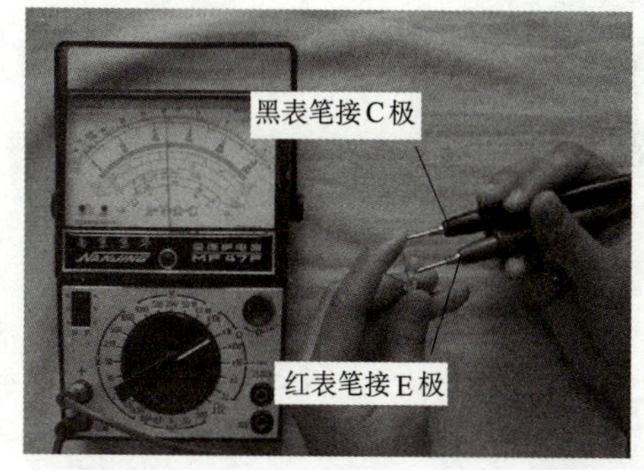 NPN 型管 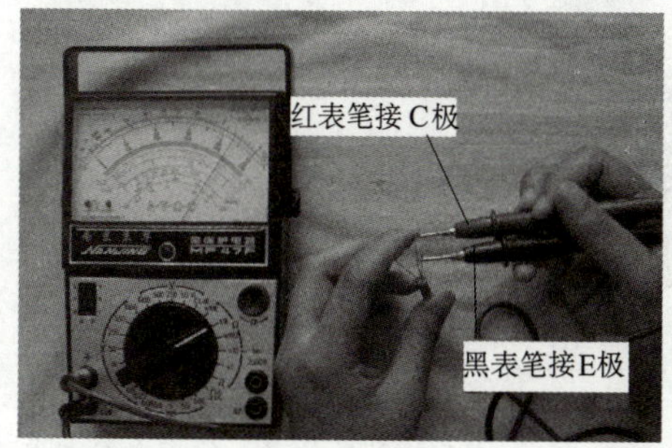 PNP 型管	假设待测的两根引脚其中之一为集电极，用手把B极与假设的集电极一起捏住（注意两引脚不能接触，即把人体电阻并接在B极和C极之间）。若为NPN型管，把黑表笔接假设的C极，红表笔接假设的E极，若指针摆动较大，说明假设是正确的，反之是错误的；若为PNP型管，把红表笔接假设的C极，黑表笔接假设的E极，若指针摆动较大，说明假设正确，否则不正确。集电极判断后，待测的引脚是发射极

（2）I_{CEO} 和 β 值的估测

三极管的 I_{CEO} 和 β 值的估测方法见表 2-12。

三、认识三极管的型号及代表的意义

根据指导教师给定的三极管型号，查阅相关资料了解各型号三极管的信息，并按照表 2-13 的要求进行填写。

表 2-12　用指针式万用表估测三极管的 I_{CEO} 和 β 值

项目	图示	说明
I_{CEO}的估测	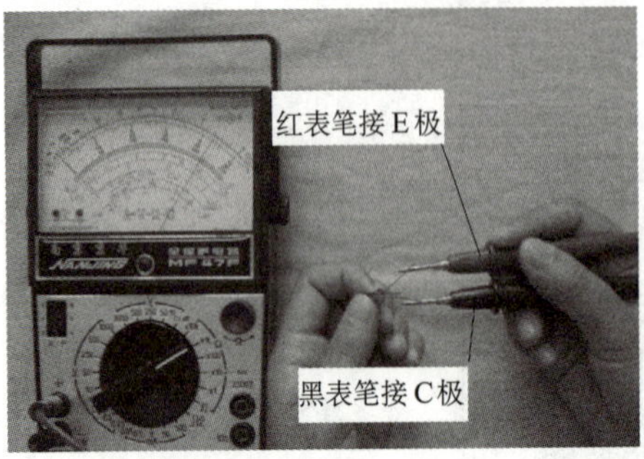 NPN 型管 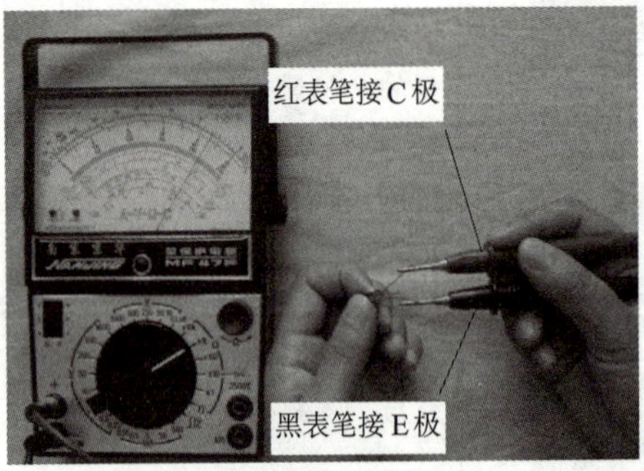 PNP 型管	若为 NPN 型管，把黑表笔接 C 极，红表笔接 E 极，若指针摆动较大，说明 I_{CEO} 大，反之则小；若为 PNP 型管，则与之相反，把红表笔接 C 极，黑表笔接 E 极
β 值的估测		先按估测 I_{CEO} 的方法测试，记下万用表指针的位置；然后在 C 极与 B 极间连接一只 100 kΩ 的电阻（也可用人体电阻代替），按判断集电极的方法进行测试。接入 100 kΩ 的电阻后，若指针摆幅较大，说明管子的 β 值较大；若指针变化不大，说明管子的放大能力很差，β 值较小

表 2-13　三极管的型号、型号代表的含义及主要参数

序号	三极管型号	生产国家	管型	材料	集电极最大允许耗散功率	集电极最大允许电流

训练测评

对自己在本次训练中的综合表现进行评价。扫描右侧二维码可查看评价项目、内容及标准。

知识拓展

场效应晶体管

三极管是一种电流控制型器件，是利用较小的输入电流控制较大的输出电流。场效应晶体管（简称场效应管）是利用输入电压在管子内部产生的电场效应，控制输出电流大小的另外一种半导体器件，它是一种电压控制型器件。

场效应管输入电阻很高，具有噪声较低、热稳定性好、功率损耗小、使用寿命长、制造工艺简单等特点，适合制作中规模、大规模集成电路，因而得到广泛应用。场效应管按其结构不同分为结型和绝缘栅型两大类。

1. 结型场效应管

如图 2–11a 所示，在 N 型半导体的两侧分别扩散一个 P 型区，形成两个 PN 结，从两个 P 型区引出的电极并联在一起作为一个电极，称为栅极（G），从 N 型半导体两端引出的电极分别称为源极（S）和漏极（D）。中间的 N 型半导体是电子的通路，称为导电沟道，所以这种场效应管称为 N 沟道结型场效应管。如图 2–11b 所示为 N 沟道结型场效应管的电路图形符号。如果在 P 型半导体的两侧分别扩散一个 N 型区，形成两个 PN 结，则构成 P 沟道结型场效应管，电路图形符号如图 2–11c 所示。电路图形符号中箭头的方向是 PN 结正向电压的方向。

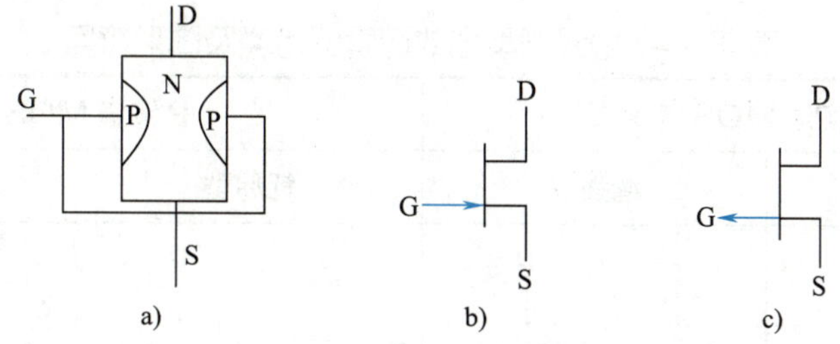

图 2–11 结型场效应管的结构和图形符号

a）N 沟道结型场效应管的结构 b）N 沟道结型场效应管的图形符号 c）P 沟道结型场效应管的图形符号

场效应管与半导体三极管一样具有电流放大作用。场效应管的栅极相当于三极管的基极，源极相当于发射极，漏极相当于集电极，所不同的是，场效应管是用栅源电压 U_{GS} 控制漏极电流 I_D。

2. 绝缘栅型场效应管

N 沟道绝缘栅型场效应管的结构如图 2–12a 所示。在 P 型半导体基片（称为衬底）上制作两个 N 型区，在其上生成二氧化硅绝缘层，再在绝缘层上喷涂一层金属铝，从金属层和两个 N 型区引出 3 个电极分别称为栅极（G）、源极（S）和漏极（D）。图 2–12a 中从上到下为金属、氧化物、半导体，所以这种场效应管称为金属 – 氧化物 – 半导体场效应管，简称 MOS 管。N 沟道的 MOS 管称为 NMOS 管，图 2–12b 为其电路图形符号。如果在 N 型衬底上制作两个 P 型区，则可以得到 P 沟道的 MOS 管，简称 PMOS 管，电路图形符号如图 2–12c 所示。使用时衬底也引出一个电极，衬底引线的箭头方向是 PN 结正向电压的方向。

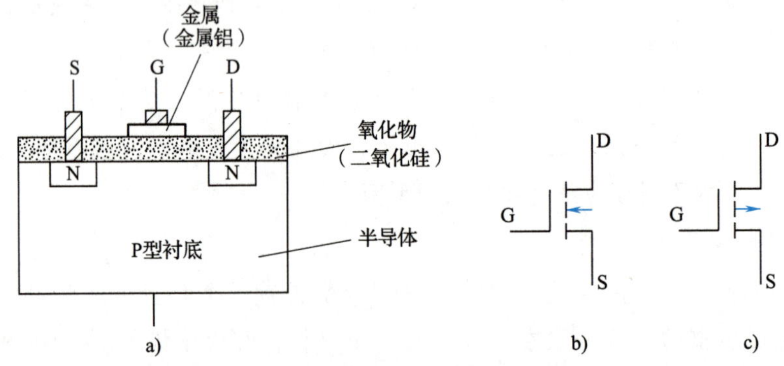

图 2–12　绝缘栅型场效应管的结构和图形符号

a）N 沟道绝缘栅型场效应管的结构　b）N 沟道绝缘栅型场效应管的图形符号
c）P 沟道绝缘栅型场效应管的图形符号

MOS 管的 N 沟道和 P 沟道两类中，每一类又可分为增强型和耗尽型两种，因此共有 4 种类型，其图形符号见表 2–14。衬底一般与源极 S 相连。衬底引线箭头向内表示为 N 沟道，反之为 P 沟道。D 极和 S 极之间为三段断续线表示增强型，为连续线表示耗尽型。

表 2–14　绝缘栅型场效应管的分类及图形符号

N 沟道 MOS 管		P 沟道 MOS 管	
耗尽型	增强型	耗尽型	增强型

场效应管的伏安特性也有三个工作区域：可变电阻区、恒流区和夹断区。当利用场效应管组成放大电路时，应使它工作于恒流区。

对于增强型场效应管，必须建立一个栅—源电压，只有当栅—源电压值达到开启电压时，才会形成导电沟道，产生漏极电流；对于耗尽型场效应管，则不加栅—源电压时已存在导电沟道，只有栅—源电压达到某一值时，才能使漏—源极之间电流为零，此时的栅—源电压称为夹断电压。

3. 场效应管的使用注意事项

（1）绝缘栅型场效应管一般不允许用万用表检测，以防被高压击穿；结型场效应管可用判定半导体三极管基极的方法来判定栅极，但漏极和源极用此方法不能判定。

（2）场效应管的漏极和源极通常可互换使用，但有些产品的源极与衬底已连在一起，此时漏极和源极不能互换使用。

（3）由于 MOS 管输入电阻很高，所以存放时应将三个极用金属导线短接起来，以防栅极击穿。取用管子时应注意人体静电对栅极的影响，可在手腕上套一接地的金属箍，以消除静电的影响。

（4）要求所有测试仪器、电烙铁等都要可靠接地。焊接时最好切断电源后利用余热进行焊接。焊接时应先焊源极、漏极，最后焊栅极。

（5）场效应管在使用中要注意电压极性不能接错，并注意电压和电流值不能超过最大允许值。

4. 场效应管与三极管的比较

场效应管与三极管的比较见表 2–15。

表 2–15 场效应管与三极管的比较

项目	三极管	场效应管
控制方式	电流控制	电场（电压）控制
类型	PNP、NPN	P 沟道、N 沟道
放大参数	β=50 ~ 100 或更大	g_m=1 ~ 6 mS
输入电阻	10^2 ~ 10^4 Ω	10^7 ~ 10^{15} Ω
抗辐射能力	差	在宇宙射线辐射下，仍能正常工作
噪声	较大	小
热稳定性	差	好
制造工艺	较复杂	简单，成本低，便于集成化

管子在使用时，可以把场效应管和三极管的各个电极加以对应，有利于对电路的理解，即栅极和基极相对应，源极与发射极相对应。

§2-2 共射极基本放大电路

学习目标

1. 了解放大电路的功能，认识共射极放大电路，明确各组成元件的作用。

2. 了解静态工作点的基本概念，初步理解放大电路设置静态工作点的意义。

3. 了解放大电路的工作原理，从中体会放大电路的工作过程，了解放大电路中三极管各电极的电流及各极间电压与静态时各量之间的关系，进一步理解静态工作点在放大电路中的作用。理解共射极放大电路的倒相作用。

4. 会画直流通路和交流通路，能利用直流通路求电路的静态工作点，能利用交流等效电路求电压放大倍数、输入电阻和输出电阻。

5. 了解小信号放大电路的电压放大倍数、输入电阻和输出电阻的含义。

6. 了解放大电路波形失真与静态工作点的关系。

一、概述

放大电路是电子设备中最常用的一种基本单元电路。它是利用半导体三极管的电流控制作用，把信号源传来的微弱电信号（指变化的电压或电流信号）不失真地放大到所需要的数值。即在输入信号作用下，把直流电源提供的电能转换为较大能量的电信号。图 2-13 所示为放大器的基本结构，输入端接待放大的信号源，输出端接负载。

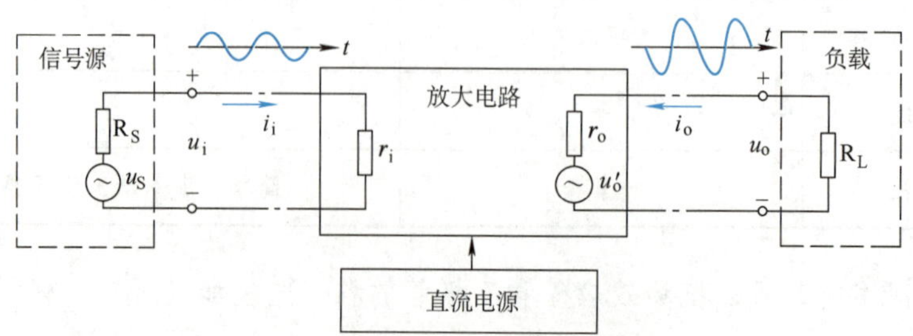

图 2-13 放大器的基本结构

图 2–13 中的负载电阻 R_L，并不一定是一个实际的电阻器，它可能是某种用电设备，如仪表、扬声器、显示器、继电器或下一级放大电路等。信号源也可能是一级放大电路，其中 u_S 为信号源电压，R_S 为信号源内阻。

放大电路的种类繁多，可按照不同的方法进行分类，见表 2–16。

表 2–16 放大电路的种类

分类方法	种类	应用
按信号的大小分	小信号放大器	位于多级放大电路的前级，专门用于小信号的放大
	大信号放大器	位于多级放大电路的后级，如功率放大器，专门用于大信号的放大
按所放大的信号频率分	直流放大器	专门用于放大直流信号和变化缓慢的信号，集成电路采用的就是直流放大器
	低频放大器	专门用于低频信号的放大
	高频放大器	专门用于高频信号的放大
按三极管的连接方式分	共射极放大器	最常用的放大器，具有电压和电流放大能力，是唯一能够同时放大电流和电压的放大器
	共集电极放大器	常用放大器，只有电流放大能力，没有电压放大能力，又称为射极输出器或射极跟随器
	共基极放大器	用于高频放大电路中，只有电压放大能力，没有电流放大能力，很少用
按元件集约程度分	分立元件放大器	是由单个分立的元器件组成的电子线路
	集成放大器	将电子元器件和连线按照电子线路的连接方法，集中制作在一小块晶片上的电子器件

本章着重介绍的是低频小信号共射极基本放大电路。

二、共射极基本放大电路的组成及工作原理

1. 放大电路的组成及各元件的作用

用三极管组成放大电路时，根据公共端（电路中各点电位的参考点）的不同，有三种连接方法，即共射极放大电路、共集电极放大电路和共基极放大电路。图 2–14 所示为应用最广的共射极基本放大电路。图 2–14a 所示为采用双电源供电的共射极基本放大电路。为了简化电路，在实际应用中常将 E_{CC} 和 E_{BB} 合为一个 E_{CC}，采用单电源供电，如图 2–14b 所示。习惯画成如图 2–14c 所示的电路形式。外加信号从基极和发射极间输入，信号从集电极和发射极间输出。输入电压 u_i、输出电压 u_o 的公共端在电路中用“⊥”表示，作为电位的参考点。直流电源 $+V_{CC}$ 表示该点相对“⊥”的电位为 $+V_{CC}$。

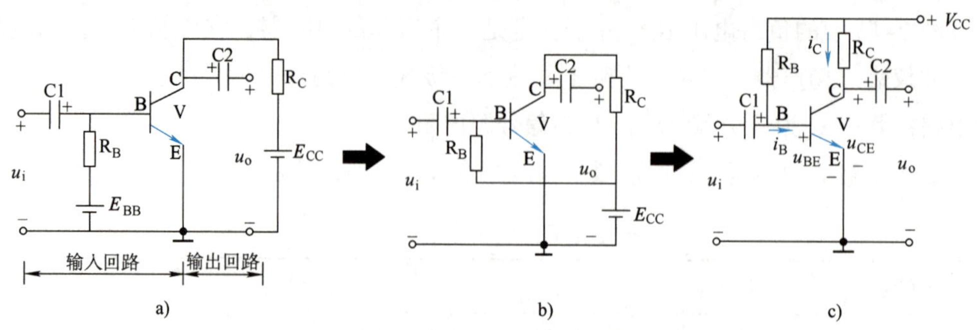

图 2–14　共射极基本放大电路

a）双电源供电　b）单电源供电　c）习惯画法

放大电路中各元件的作用见表 2–17。

表 2–17　放大电路中各元件的作用

元件	名称	主要作用
V	三极管	具有电流放大作用，可以将微小的基极电流转换成较大的集电极电流，它是放大电路的核心
V_{CC}	直流电源	一是为电路提供能源；二是为电路提供工作电压
R_B	基极电阻	为电路提供静态偏流 I_{BQ}（“静态”概念见下文），R_B 的取值一般是几十千欧至几百千欧之间
R_C	集电极电阻	将三极管的电流放大作用变换成电压放大作用，R_C 的取值一般是几千欧至几十千欧之间
C1、C2	耦合电容	1. 隔直流。使三极管中的直流电流不影响输入端之前的信号源，也不影响输出端之后的负载 2. 通交流。当 C1、C2 的电容足够大时，它们对交流信号呈现的容抗很小，可近似视为短路，这样可使交流信号顺利地通过 C1、C2 一般为几微法至几十微法的电解电容

2. 放大电路中电压、电流符号及正方向的规定

在没有信号输入时，放大电路在直流电源作用下，三极管各电极的电压、电流均为直流。当有信号输入时，电路中两个电源（直流电源和信号源）共同作用，电路中的电压和电流是两个电源单独作用时产生的电压、电流的叠加量（即直流分量与交流分量的叠加）。为了清楚地表示不同的物理量，本书将电路中出现的有关电量的符号列举出来，见表 2–18。

表 2–18　电压、电流符号的规定

物理量	表示符号
直流量	用大写字母带大写下标表示，如 I_B、I_C、I_E、U_{BE}、U_{CE}
交流量	用小写字母带小写下标表示，如 i_b、i_c、i_e、u_{be}、u_{ce}、u_i、u_o
交直流叠加量	用小写字母带大写下标表示，如 i_B、i_C、i_E、u_{BE}、u_{CE}
交流分量的有效值	用大写字母带小写下标表示，如 I_b、I_c、I_e、U_{be}、U_{ce}

电压的方向用“+”“-”表示，电流的正方向用箭头表示。

3. 静态工作点的设置

（1）静态工作点

静态是指放大电路在没有交流信号输入（即 u_i=0）时的工作状态。这时三极管的基极电流 I_B、集电极电流 I_C、基极与发射极间的电压 U_{BE} 和集电极与发射极间的电压 U_{CE} 的值称为静态值。这些静态值分别在输入、输出特性曲线上对应着一点 Q，如图 2–15 所示，称为静态工作点，或简称 Q 点。由于 U_{BE} 基本是恒定的，所以在讨论静态工作点时主要考虑 I_B、I_C 和 U_{CE} 三个量，并分别用 I_{BQ}、I_{CQ} 和 U_{CEQ} 表示。

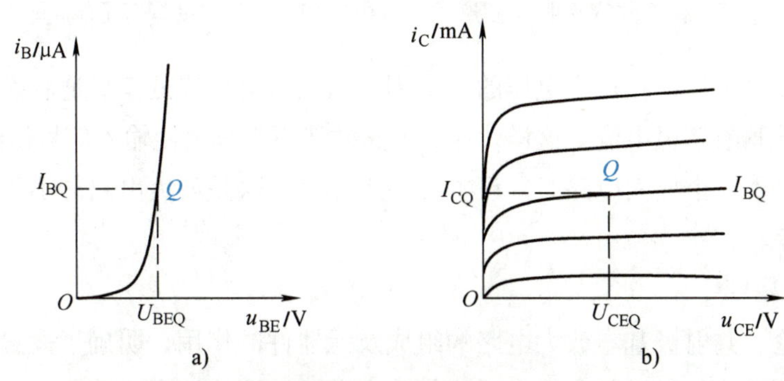

图 2–15 静态工作点

a）输入特性曲线上的 Q 点 b）输出特性曲线上的 Q 点

（2）静态工作点的作用

从图 2–14c 和图 2–15b 可以看出，如保持电源 V_{CC} 不变，调节 R_B 即可改变 I_{BQ}，从而使静态工作点改变。为使放大电路能正常工作，放大电路必须有一个合适的静态工作点，首先必须有一个合适的偏置电流（简称“偏流”）I_{BQ}。

想一想

放大电路为什么要设置静态工作点？

若不接基极电阻 R_B，即三极管发射结无偏置电压时，偏置电流 I_{BQ}=0，I_{CQ}=0，静态工作点在坐标原点，如图 2–16 所示。当 u_i 为正半周时，三极管发射结正向偏置，由于三极管的输入特性曲线存在死区，若 u_i 低于死区电压（图 2–16 中黑色虚线），则三极管基极电流为零，三极管截止，无法进行放大；只有增大输入信号 u_i（图 2–16 中蓝色实线），当 u_i 超过死区电压时，三极管才能导通，产生基极电流 i_B；当 u_i 为负半周时，发射结反向偏置，三极管截止，$i_B=0$。由图 2–16 可以看出，此时基极电流的波形和输入信号的波形大不相同，产生了严重失真。

接上基极电阻 R_B，设置合适的静态工作点，如图 2–17 所示的 Q 点，这时 u_i 与静态时基极与发射极间的电压 U_{BEQ} 叠加在一起加在发射结两端，发射结两端电压始终大

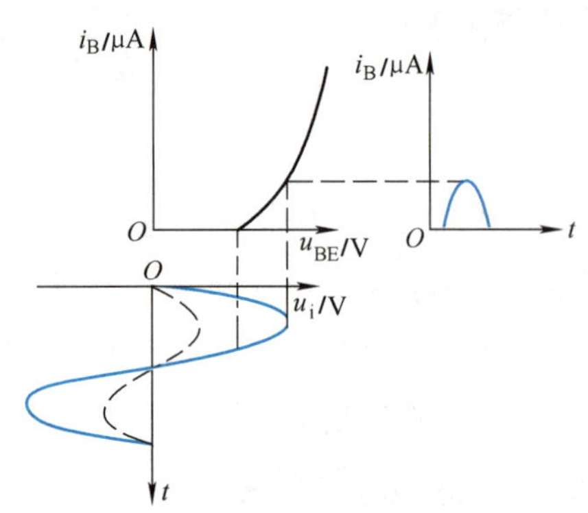

图 2–16　未设静态工作点时的 u_i 和 i_B 波形

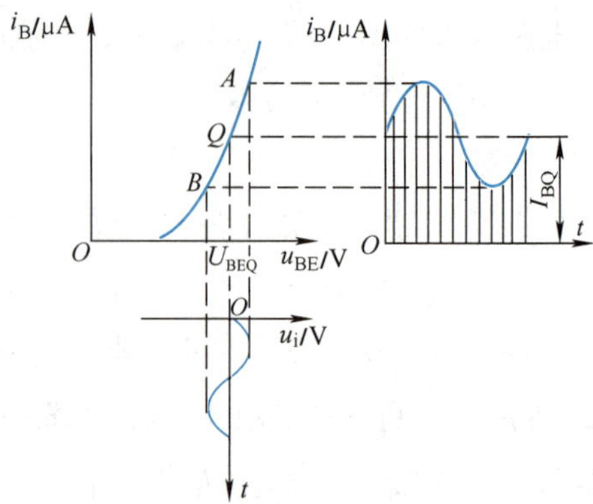

图 2–17　具有合适静态工作点时的 u_i 和 i_B 波形

于三极管的死区电压，在输入电压的整个周期内三极管始终处于导通状态，即随输入电压 u_i 的变化均有基极电流。这样，放大电路才能不失真地使输入信号得到放大。

由此可见，一个放大电路必须设置静态工作点，这是放大电路能不失真地放大交流信号的条件。

4. 工作原理

上面讨论了共射极基本放大电路的组成及元器件的作用，明确了设置静态工作点的意义。下面讨论共射极基本放大电路的放大原理，即给放大电路输入一个交流信号电压，经放大电路放大输出信号的情况。

（1）输入信号 u_i=0 时，输出信号 u_o=0。这时在直流电源电压 V_{CC} 作用下通过 R_B 产生了 I_{BQ}，经三极管的电流放大，转换为 I_{CQ}，I_{CQ} 通过 R_C 在 C 极和 E 极间产生了 U_{CEQ}。I_{BQ}、I_{CQ}、U_{CEQ} 均为直流量，即静态工作点。

（2）输入信号 $u_i \neq 0$ 时，称为动态。输入信号 u_i 通过电容 C1 送到三极管的基极和发射极之间，与直流电压 U_{BEQ} 叠加，这时基极总电压为

$$u_{BE}=U_{BEQ}+u_i$$

这里所加的 u_i 为低频小信号，工作点在特性曲线的线性区移动，电压和电流近似线性关系。在 u_i 的作用下产生基极电流 i_b，这时基极总电流为

$$i_B=I_{BQ}+i_b$$

i_B 经三极管的电流放大，这时集电极总电流为

$$i_C=I_{CQ}+i_c$$

i_C 在集电极电阻 R_C 上产生电压降 $i_C R_C$（为了便于分析，假设放大电路为空载），使集—射极电压

$$u_{CE}=V_{CC}-i_C R_C$$

经变换得

$$u_{CE}=U_{CEQ}+(-i_c R_C)$$

则

$$u_{CE}=U_{CEQ}+u_{ce}$$

由于电容 C2 的隔直作用，在放大电路的输出端只有交流分量 u_{ce} 输出，输出的交流电压为

$$u_o=u_{ce}=-i_cR_C$$

式中，负号表示输出的交流电压 u_o 与 i_c 相位相反。

只要电路参数能使三极管工作在放大区，且 R_C 足够大，则 u_o 的变化幅度就可比 u_i 的变化幅度大很多倍，说明该放大电路对 u_i 进行了放大。若输入信号电压波形如图 2–18a 所示，那么，用示波器观测到的输出电压波形如图 2–18b 所示。

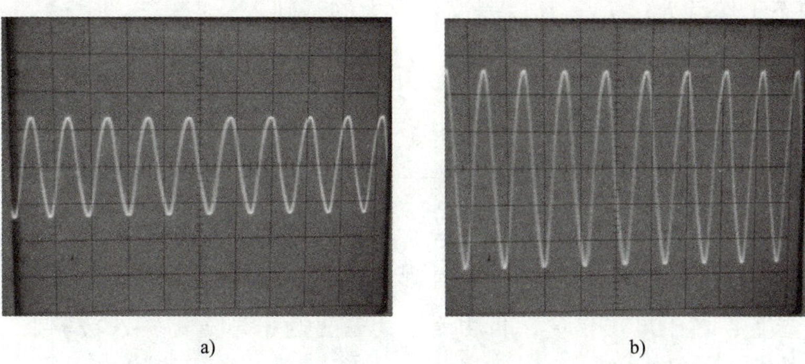

图 2–18 三极管工作在放大区时的输入、输出波形

a）信号源输入电压 u_i 的波形 b）用示波器观测到的 u_o 的波形

电路中，u_{BE}、i_B、i_C 和 u_{CE} 都是随 u_i 的变化而变化，它的变化作用顺序如下：

$$u_i \rightarrow u_{BE} \rightarrow i_B \rightarrow i_C \rightarrow u_{CE} \rightarrow u_o$$

放大器动态工作时，各电极电压和电流的工作波形，如图 2–19 所示。

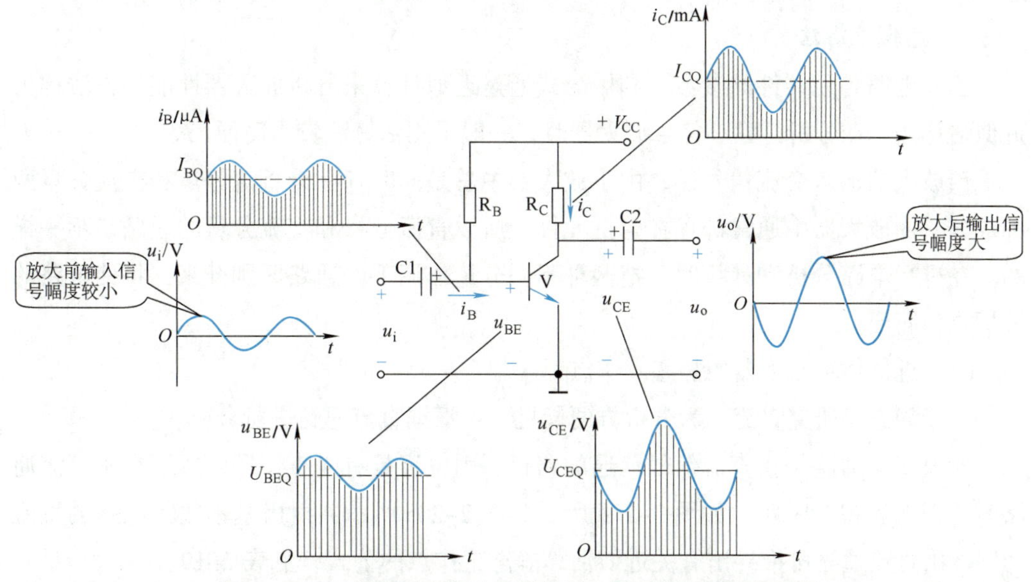

图 2–19 共射极基本放大电路各极电压和电流的工作波形

从工作波形可以看出：

➢ 输出电压 u_o 的幅度比输入电压 u_i 的幅度大，说明放大器实现了电压放大。u_i、

i_b、i_c 三者频率相同、相位相同，而 u_o 与 u_i 相位相反，这称为共射极放大器的“反相”作用，即“倒相”作用。

➢ 动态时，u_{BE}、i_B、i_C、u_{CE} 都是直流分量和交流分量的叠加，波形也是两种分量的合成。

➢ 虽然动态时各部分电压和电流大小随时间变化，但方向却始终保持和静态时一致，所以静态工作点 I_{BQ}、I_{CQ}、U_{CEQ} 是交流放大的基础。

小提示

不能简单地认为，只要对输入电压进行放大就是放大器。从本质上说，上述电压放大作用是一种能量转换作用，即在很小的输入信号功率控制下，将电源的直流功率转变成较大的输出信号功率。放大器的输出功率必须比输入功率要大，否则不能算是放大器。例如，虽然升压变压器可以增大电压幅度，但由于它的输出功率总是比输入功率小，因此不能称它为放大器。

三、共射极放大电路的分析方法

对放大电路进行定量分析，常用的分析方法是近似估算法和图解分析法。现以共射极放大电路为例进行分析，其他接法的放大电路或更为复杂的放大电路也同样适用。

1. 近似估算法

已知电路各元器件的参数，利用公式通过近似计算来分析放大器性能的方法称为近似估算法。在分析低频小信号放大器时，一般采用估算法较为简便。

当放大器输入交流信号后，由于放大器中总是同时存在着直流分量和交流分量两种成分，而放大器中通常都存在电抗元件，所以直流分量和交流分量的通路是不一样的。在进行电路分析和计算时，把两种不同分量作用下的通路区别开来，将使电路的分析更为简便。

（1）近似估算放大器的静态工作点

由于静态只研究直流，为分析方便起见，可根据直流通路进行分析。

所谓直流通路是指直流信号流通的路径。因电容具有隔直作用，所以在画直流通路时，把电容视为断路。如图 2-20b 所示为图 2-20a 所示共射极基本放大电路的直流通路。由直流通路可推导出有关近似估算静态工作点的公式，见表 2-19。

（2）近似估算放大器的输入电阻、输出电阻和电压放大倍数

由于输入、输出电阻及电压放大倍数均反映的是交流分量的关系，为了方便计算，只需画出交流通路来进行分析。

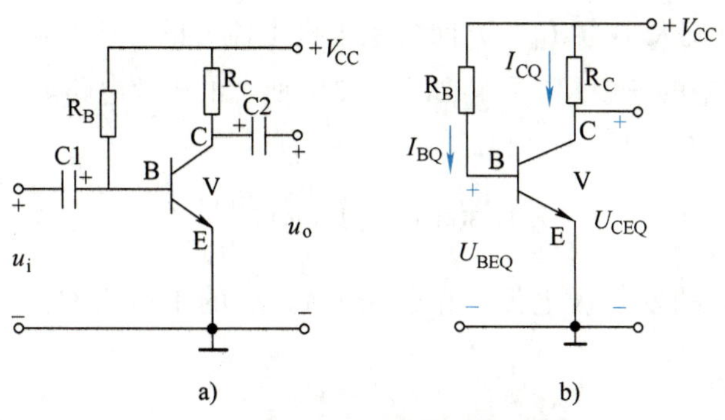

图 2-20 放大电路的直流通路

a）共射极基本放大电路 b）直流通路

表 2-19 近似估算静态工作点

静态工作点		说明
基极偏置电流	$I_{BQ}=\frac{V_{CC}-U_{BEQ}}{R_B}\approx\frac{V_{CC}}{R_B}$	三极管 U_{BEQ} 很小（硅管为 0.7 V，锗管为 0.3 V），与 V_{CC} 相比可忽略不计
静态集电极电流	$I_{CQ}\approx\beta I_{BQ}$	根据三极管的电流放大原理
静态集—射极电压	$U_{CEQ}=V_{CC}-I_{CQ}R_C$	根据回路电压定律

所谓交流通路是指交流信号流通的路径。在画交流通路时，因电容通交流，而直流电源的内阻又很小，所以把电容和直流电源都视为交流短路。图 2-21b 为图 2-21a 的交流通路。

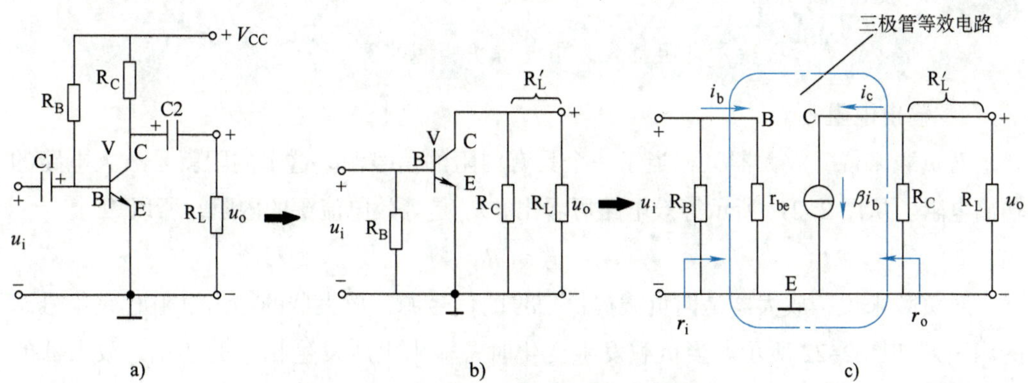

图 2-21 放大电路的交流通路和等效电路

a）共射极基本放大电路 b）交流通路 c）等效电路

为了研究问题简便，当有合适的静态工作点时，若输入为低频小信号，则三极管基极 B 和发射极 E 间可用线性电阻 r_{be} 来等效，集电极 C 和发射极 E 间可等效为一恒流源，恒流源的电流大小为 βi_b，方向与集电极电流 i_c 的方向相同。若用三极管等效参数置换交流通路中的三极管，可得如图 2-21c 所示的等效电路。

该等效电路中

$$r_{be}=300\ \Omega+(1+\beta)\frac{26\ \text{mV}}{I_{EQ}}$$

式中，I_{EQ} 为静态时的发射极电流，单位为 mA。r_{be} 的单位为 Ω，一般情况下，r_{be} 为 1 kΩ 左右。

1）输入电阻 r_i

放大器的输入电阻是指从放大器的输入端看进去的交流等效电阻。

由图 2-21c 所示的等效电路可看出

$$r_i=R_B//r_{be}$$

其中，“//”表示 R_B 与 r_{be} 是并联关系。

因为 $$R_B \gg r_{be}$$

所以 $$r_i \approx r_{be}$$

对信号源来说，放大器是其负载，输入电阻 r_i 表示信号源的负载电阻。等效电路如图 2-22 所示。一般情况下，希望放大器的输入电阻尽可能大些，这样，向信号源（或前一级电路）汲取的电流小，有利于减轻信号源的负担，使送到放大器输入端的信号电压尽可能大。从上式可以看出，共射极放大电路的输入电阻是比较小的。

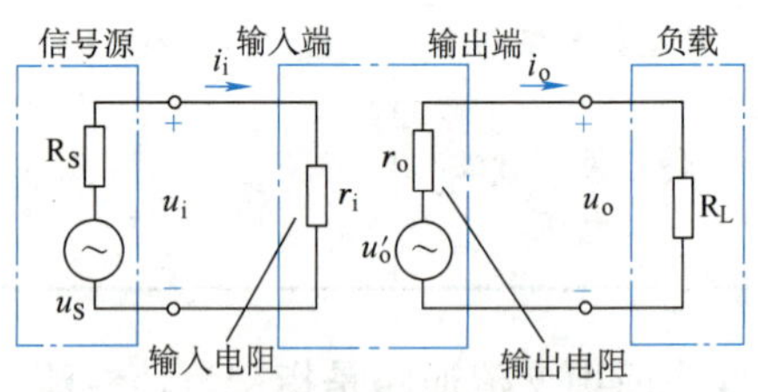

图 2-22 放大器的输入电阻和输出电阻

想一想

为什么输入电阻越大，信号源负担越小？

2）输出电阻 r_o

对负载来说，放大器又相当于一个具有内阻的信号源，这个内阻就是放大电路的输出电阻。从图 2-21c 所示等效电路可看出，R_C 是等效电流源的内阻，所以

$$r_o \approx R_C$$

对负载来说，放大器是向负载提供信号的信号源，放大器的输出电阻 r_o 是信号源的内阻，如图 2-22 所示。当负载发生变化时，输出电压发生相应的变化，放大器的带负载能力差。因此，为了提高放大器的带负载能力，应设法降低放大器的输出电阻。但从上述结果可知，共射极放大电路的输出电阻是比较大的。

想一想

为什么输出电阻越小，带负载能力越强？

3）电压放大倍数 A_u

放大器的电压放大倍数是指输出电压 u_o 与输入电压 u_i 的比值。

即
$$A_u = \frac{u_o}{u_i}$$

由图 2–21c 可看出，输入信号电压

$$u_i = i_b r_{be}$$

输出信号电压

$$u_o = -i_c R'_L = -\beta i_b R'_L$$

式中，$R'_L = R_C // R_L$，为放大器的等效负载电阻。

则
$$A_u = -\frac{\beta R'_L}{r_{be}}$$

当放大电路不带负载（即空载）时，上式中 $R'_L = R_C$，因此放大电路空载时的电压放大倍数为

$$A_u = -\frac{\beta R_C}{r_{be}}$$

式中，“–”表示放大器输出电压 u_o 与输入电压 u_i 相位相反。

小提示

用近似估算法时应注意：分析静态工作点（I_{BQ}、I_{CQ}、U_{CEQ}）用直流通路；分析动态性能（A_u、r_i、r_o）用交流等效电路。

【例 2–3】在共射极基本放大电路中，设 $V_{CC}=12\ V$，$R_B=300\ k\Omega$，$R_C=2\ k\Omega$，$\beta=50$，$R_L=2\ k\Omega$。试求静态工作点、输入电阻 r_i、输出电阻 r_o 及空载与带载两种情况下的电压放大倍数。

解：

静态偏置电流

$$I_{BQ} \approx \frac{V_{CC}}{R_B} = \frac{12\ V}{300 \times 10^3\ \Omega} = 0.04\ mA = 40\ \mu A$$

静态集电极电流

$$I_{CQ} \approx \beta I_{BQ} = 50 \times 0.04\ mA = 2\ mA$$

静态发射极电流

$$I_{EQ} \approx I_{CQ} = 2\ mA$$

静态集—射极电压

$$U_{CEQ} = V_{CC} - I_{CQ} R_C = 12\ V - 2\ mA \times 2\ k\Omega = 8\ V$$

三极管的交流输入电阻

$$r_{be} = 300\ \Omega + (1+\beta)\frac{26\ mV}{I_{EQ}} = 300\ \Omega + (1+50) \times \frac{26\ mV}{2\ mA} = 963\ \Omega \approx 0.96\ k\Omega$$

放大器的输入电阻

$$r_i \approx r_{be}=0.96\ \mathrm{k\Omega}$$

放大器的输出电阻

$$r_o \approx R_C=2\ \mathrm{k\Omega}$$

空载时，放大器的电压放大倍数

$$A_u=-\frac{\beta R_C}{r_{be}}=-\frac{50\times 2\ \mathrm{k\Omega}}{0.96\ \mathrm{k\Omega}}\approx -104$$

带载时，等效负载电阻

$$R_L'=R_L /\!/ R_C=\frac{R_C R_L}{R_C+R_L}=1\ \mathrm{k\Omega}$$

放大器的电压放大倍数

$$A_u=-\frac{\beta R_L'}{r_{be}}=-\frac{50\times 1\ \mathrm{k\Omega}}{0.96\ \mathrm{k\Omega}}\approx -52$$

小提示

放大器接入负载后，电压放大倍数会降低。

知识拓展

放大倍数与增益

放大倍数表示放大电路对弱信号的放大能力。常用的有电压放大倍数、电流放大倍数和功率放大倍数。

电压放大倍数 A_u 是放大电路输出电压 u_o 与输入电压 u_i 之比，即 $A_u=\frac{u_o}{u_i}$。电流放大倍数 A_i 是放大电路输出电流 i_o 与输入电流 i_i 之比，即 $A_i=\frac{i_o}{i_i}$。功率放大倍数 A_P 是放大电路输出功率 P_o 与输入功率 P_i 之比，即 $A_P=\frac{P_o}{P_i}$。

工程上常用分贝（dB）来表示放大倍数，这时放大倍数常称为增益，与之对应的电压增益为 $G_u=20\lg A_u$（dB），电流增益为 $G_i=20\lg A_i$（dB），功率增益为 $G_P=10\lg A_P$（dB）。

例如，某交流放大器的输入电压是 10 mV，输入电流是 0.2 mA，输出电压为 10 V，输出电流为 20 mA，则该放大器的电压放大倍数、电流放大倍数和功率放大倍数分别为

电压放大倍数 $A_u=\frac{u_o}{u_i}=\frac{10\ \mathrm{V}}{0.01\ \mathrm{V}}=1\ 000$

电流放大倍数 $A_i=\frac{i_o}{i_i}=\frac{20\ \mathrm{mA}}{0.2\ \mathrm{mA}}=100$

功率放大倍数 $A_P=\frac{P_o}{P_i}=A_uA_i=1\ 000\times 100=100\ 000$

若用增益表示，则分别为

电压增益 $G_u=20\lg A_u=20\lg 1\,000=60$ dB

电流增益 $G_i=20\lg A_i=20\lg 100=40$ dB

功率增益 $G_P=10\lg A_P=10\lg 100\,000=50$ dB

分贝（dB）是放大器增益的单位。放大器输出与输入的比值为放大倍数，如 10 倍放大器、100 倍放大器。当改用“dB”做单位时，放大倍数就称为增益，这是同一个概念的两种称呼。

使用“dB”做单位主要有两大好处：

（1）数值变小，读写方便。电子系统的总放大倍数常常是几千、几万甚至几十万，一个收音机从天线收到信号至送入扬声器放音输出，一共要放大 2 万倍左右。用“dB”表示，先取个对数，数值就会小得多。

（2）运算方便。多级放大器总的放大倍数是各级相乘。用分贝做单位时，总增益就是相加。若某功放前级的功率放大倍数是 100 倍（40 dB），后级的功率放大倍数是 20 倍（26 dB），那么总功率放大倍数是 100×20=2 000 倍，总增益为 40 dB+26 dB=66 dB。

表 2-20 是一个简单的分贝换算表，它列出了电压放大倍数 A_u 和增益分贝数 G_u 的对应关系，供计算时查用。

表 2-20 电压放大倍数和增益分贝数的关系

A_u/倍	0.001	0.01	0.1	0.2	0.707	1	2	3	10	100	1 000
G_u/dB	-60	-40	-20	-14	-3	0	6.0	9.5	20	40	60

例如，一个放大器的放大倍数 A_u=100，查表再经简单计算，可得放大器的增益为 40 dB。

在计算电路增益时也可能出现负值。例如，增益分贝数为 -3 dB，查表可得所对应的放大倍数为 0.707，这表明信号不是被放大，而是被衰减了。

2. 图解分析法

利用三极管的输入、输出特性曲线和电路参数，通过作图来分析放大器性能的方法，称为图解分析法，简称图解法。

（1）图解分析放大器的静态工作点

1）求 I_{BQ}

由直流通路，利用近似估算法可求得 $I_{BQ}\approx\dfrac{V_{CC}}{R_B}$。也可在输入特性曲线上，过 U_{BEQ} 作垂直于横轴的直线，该直线与输入特性曲线的交点即为静态工作点 Q，Q 点的纵坐标即为 I_{BQ}。

2）作直流负载线

放大器的直流通路可画成如图 2-23a 所示的电路形式。假设它由虚线 AB 暂时隔成两部分，虚线左边是三极管，C 极和 E 极间电压 U_{CE} 和集电极电流 I_C 的关系，按三极管输出特性曲线所描述的规律变化。虚线右边是集电极电阻 R_C 和电源 V_{CC} 组成的串联电路，由回路电压定律可知

$$U'_{CE}=V_{CC}-I'_C R_C$$

对于一个给定的放大电路来说，该方程为一线性方程式，由于虚线 AB 左、右两部分是不可分割的，即 $I_C=I'_C$，$U_{CE}=U'_{CE}$，所以，可以在输出特性曲线坐标系中画出这条直线，这条直线称为直流负载线，斜率为 $-1/R_C$。

画直流负载线的方法与数学上画直线的方法相同，如图 2–23b 所示，直线 MN 即为直流负载线。

3）确定静态工作点

直流负载线与 I_{BQ} 所在输出特性曲线的交点，即为静态工作点 Q，如图 2–23b 所示。

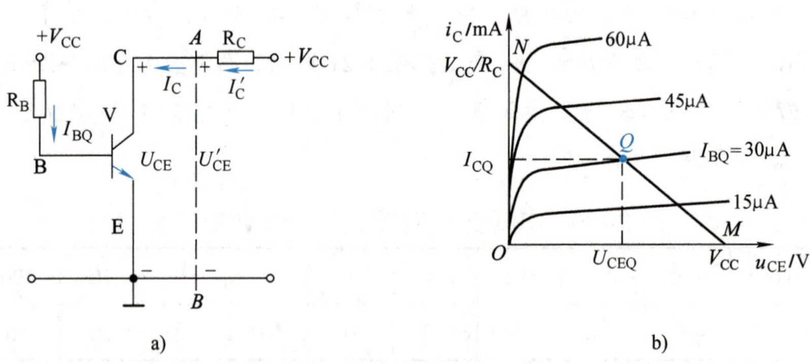

图 2–23　做直流负载线确定静态工作点

a）直流通路　b）图解静态工作点

图解分析放大器静态工作点的步骤可归纳为：

①求 I_{BQ}。

②列出关于 I_C 与 U_{CE} 的线性方程式，画出直流负载线。

③确定静态工作点。直流负载线与 I_{BQ} 所在输出特性曲线的交点即为静态工作点 Q。Q 点的横坐标为 U_{CEQ}，纵坐标为 I_{CQ}。

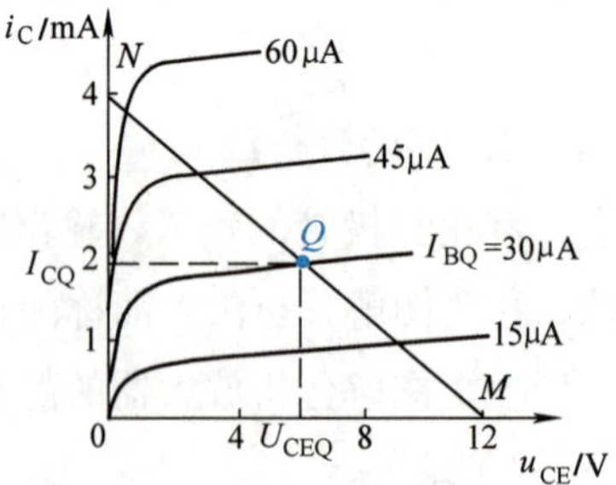

图 2–24　放大器的直流负载线

【例 2–4】在共射极基本放大电路中，已知 V_{CC}= 12 V，R_B=400 kΩ，R_C=3 kΩ，三极管的输出特性曲线如图 2–24 所示。试利用图解法求电路的静态工作点。

解：

①求静态基极电流

$$I_{BQ}\approx\frac{V_{CC}}{R_B}=\frac{12\ \text{V}}{400\times10^3\ \Omega}=0.03\ \text{mA}=30\ \mu\text{A}$$

在输出特性曲线簇中找到 I_{BQ}=30 μA 对应的曲线。

②列出关于 I_C 与 U_{CE} 的线性方程式

$$U_{CE}=V_{CC}-I_CR_C=12\ \text{V}-3\ \text{k}\Omega\times I_C。$$

式中，U_{CE} 单位为 V，I_C 单位为 mA。画出直流负载线 MN。

③确定静态工作点 Q。直流负载线 MN 与 I_{BQ} 所在输出特性曲线的交点 Q 即为静态工作点，如图 2-24 所示。于是可得 I_{BQ}=30 μA，$I_{CQ}\approx$ 2 mA，$U_{CEQ}\approx$ 6 V。

（2）静态工作点的调整

由以上分析可知静态工作点的位置与 V_{CC}、R_B、R_C 的大小有关，这三个参数中任一个改变，静态工作点都将会发生相应的变化，见表 2-21。

在实际应用中，一般情况下 R_C 和 V_{CC} 固定不变，调整静态工作点是通过改变 R_B 的阻值来实现的。

（3）图解分析放大器的动态工作情况

由交流通路可知 $u_{ce}=-i_cR'_L$，这是一个线性方程，直线的斜率为 $-1/R'_L$，该直线称为交流负载线。

表 2-21 静态工作点与电路参数的关系

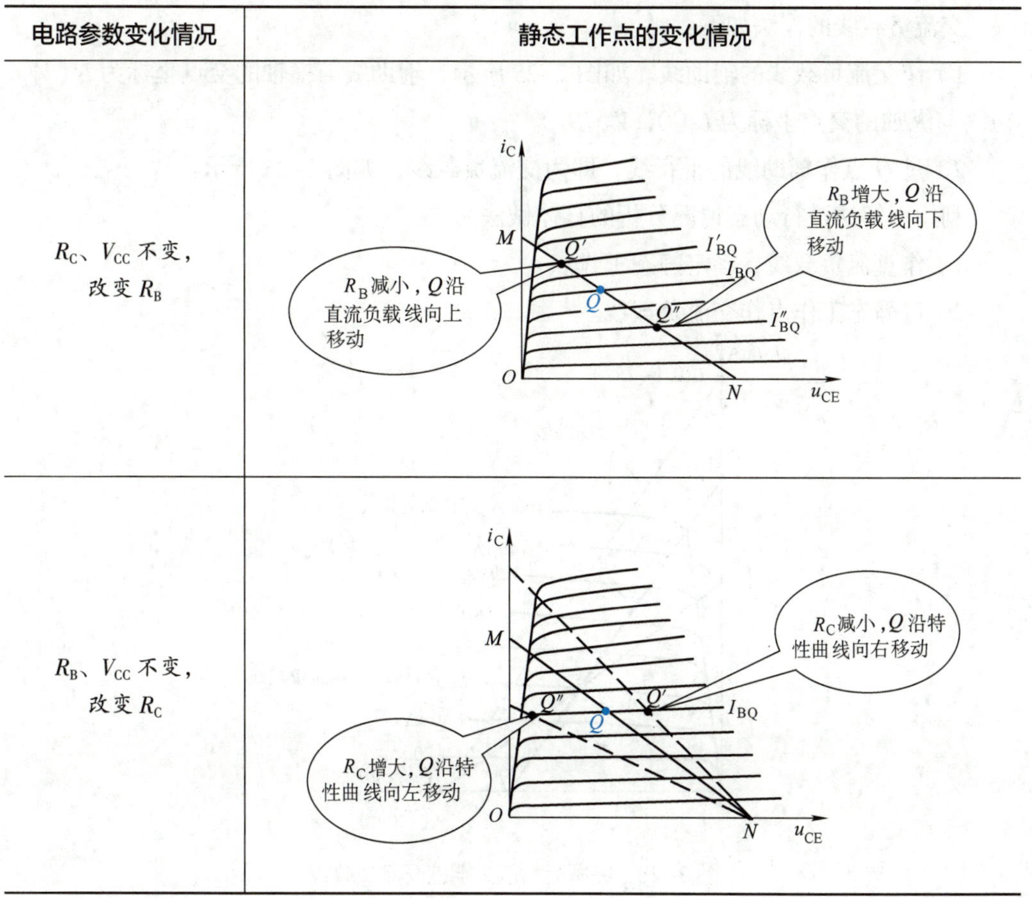

电路参数变化情况	静态工作点的变化情况
R_C、V_{CC} 不变，改变 R_B	（图）
R_B、V_{CC} 不变，改变 R_C	（图）

续表

<table>
<tr><th>电路参数变化情况</th><th>静态工作点的变化情况</th></tr>
<tr><td>R_B、R_C 不变，
改变 V_{CC}</td><td>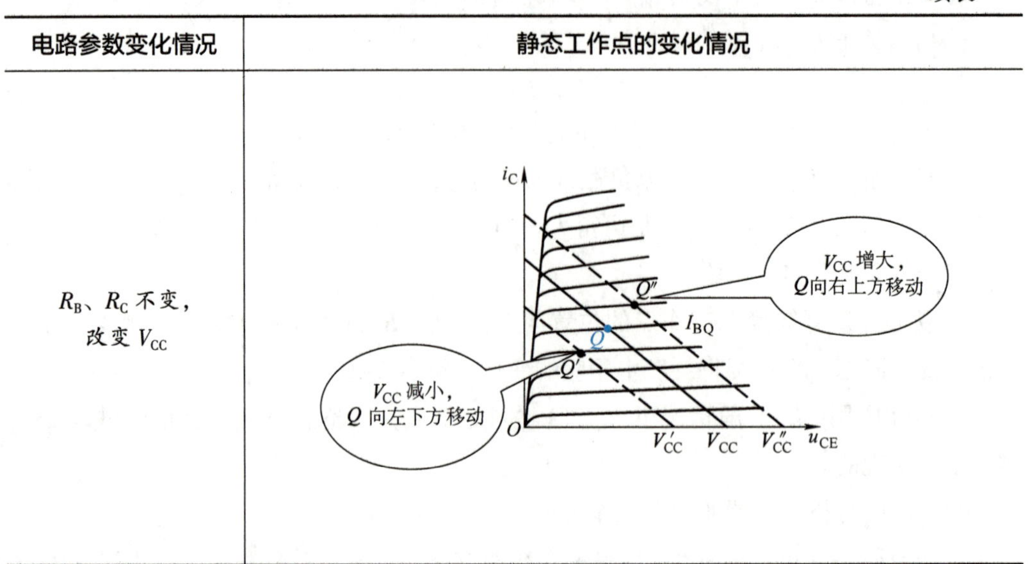
</td></tr>
</table>

静态工作点 Q 是指无信号输入时的工作点，也可以理解为输入信号为零时的动态工作点，所以放大器的交流负载线经过静态工作点。

交流负载线的作法如下：

1）作交流负载线的辅助线。如图 2–25 所示，辅助线与横轴的交点坐标为 $N(V_{CC}, 0)$，与纵轴的交点坐标为 $L(0, V_{CC}/R'_L)$。

2）过 Q 点作辅助线的平行线，即为交流负载线，如图 2–25 所示。

利用图解法进行动态情况分析的具体做法为：

1）作直流负载线，确定静态工作点。

2）过静态工作点作交流负载线。

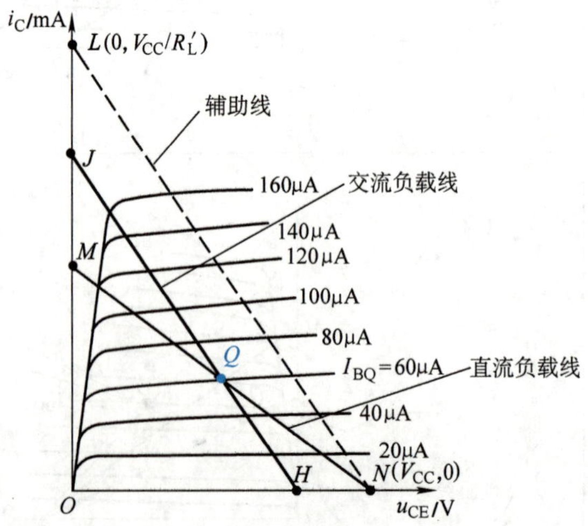

图 2–25 图解分析放大器的交流负载线

3）已知输入电压 $u_i=U_{im}\sin\omega t$，在输入特性曲线上，u_{BE} 将以 U_{BEQ} 为基础，随 u_i 的变化而变化，如图 2–26 所示。可见，对应的基极电流 i_B 也将以 I_{BQ} 为基础在最大基极电流 I_{Bmax} 和最小基极电流 I_{Bmin} 之间变化。

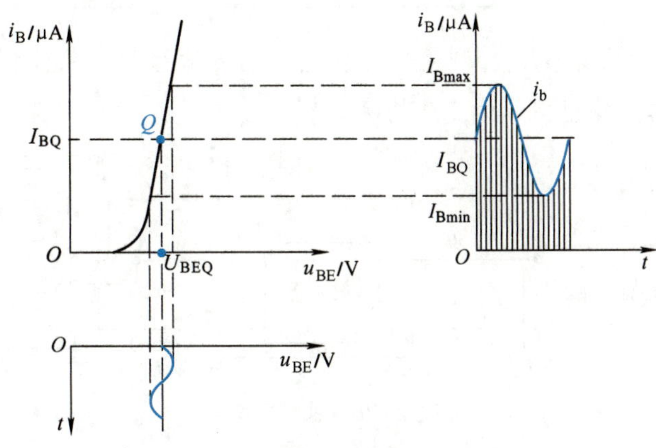

图 2–26　图解分析放大器输入

4）在输出特性曲线上找出 I_{BQ} 及 I_{Bmax} 和 I_{Bmin} 对应的输出特性曲线和交流负载线的交点 Q、Q'、Q''，可得到相对应的集电极电流的动态范围和集电极与发射极间电压的动态范围，如图 2–27 所示。

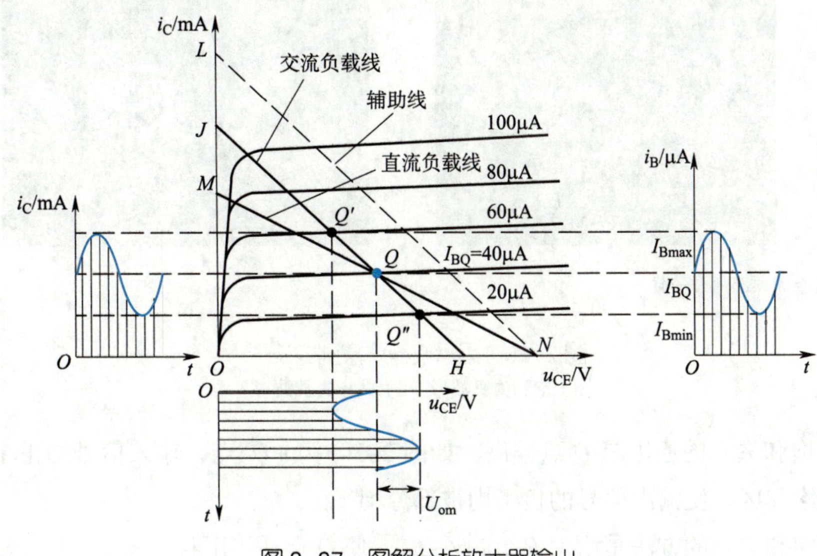

图 2–27　图解分析放大器输出

5）求电压放大倍数。已知交流输入电压 U_{im}，由图 2–27 求出输出电压 U_{om}。根据电压放大倍数的定义可求得电压放大倍数为

$$A_u=\frac{U_{om}}{U_{im}}$$

由图解分析可知：u_o 与 u_i 相位相反。

（4）波形失真与静态工作点的关系

实验

按图 2-28 所示线路接线，利用信号发生器输入适当的正弦波信号，调整静态工作点，观察示波器上输出信号的变化情况。

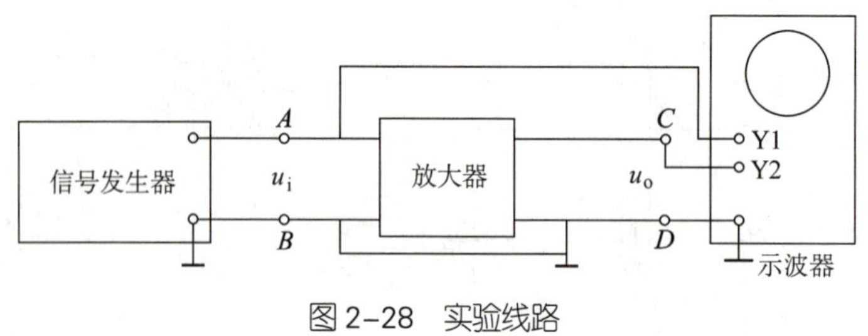

图 2-28　实验线路

1）静态工作点偏高易引起饱和失真。输出信号波形负半周被部分削平的现象称为“饱和失真”，如图 2-29a 所示。

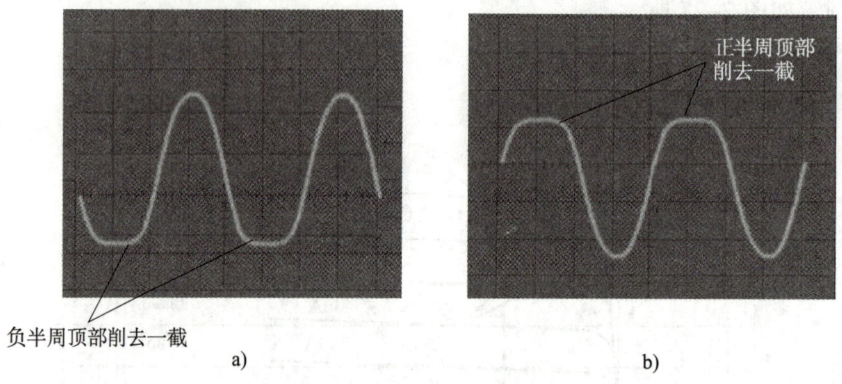

图 2-29　用示波器观察到的波形
a）饱和失真波形　b）截止失真波形

产生饱和失真的原因是 Q 点偏高。如图 2-30 中的 Q' 点，输入信号的正半周有一部分进入饱和区，使输出信号的负半周被部分削平。

消除饱和失真的方法是增大 R_B，减小 I_{BQ}，使 Q 点适当下移。

2）静态工作点偏低易引起截止失真。输出信号的正半周被部分削平的现象称为“截止失真”，如图 2-29 所示。

产生截止失真的原因是 Q 点偏低。如图 2-30 中的 Q'' 点，输入信号的负半周有一部分进入截止区，使输出信号的正半周被部分削平。

消除截止失真的方法是减小 R_B，增大 I_{BQ}，使 Q 点适当上移。

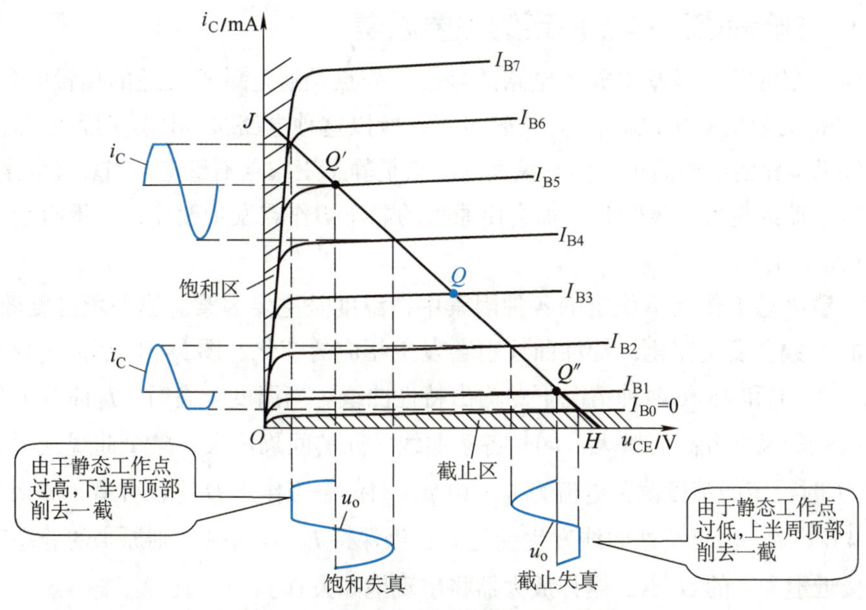

图 2-30 波形失真与静态工作点的关系

饱和失真和截止失真分别是因为工作点进入饱和区和截止区（非线性区）而发生的失真，所以饱和失真和截止失真统称为“非线性失真”。

为使输出信号电压最大且不失真，必须使工作点在线性区域内变化，并使工作点有较大的动态范围，通常将静态工作点设置在交流负载线的中点附近。

§2-3 分压式射极偏置电路

学习目标

1. 了解影响静态工作点稳定的主要因素。
2. 掌握分压式射极偏置电路的结构特点。
3. 理解分压式射极偏置电路稳定静态工作点的原理，会进行简单的计算。

一、影响静态工作点稳定的主要因素

前面介绍的共射极基本放大电路的静态工作点是通过设置合适的偏置电阻 R_B 来实现的。R_B 的阻值确定之后，I_{BQ} 就确定了，所以这种电路又称固定偏置电路。共射极基本放大电路的结构简单，但它最大的缺点是静态工作点不稳定，当环境温度变化、电源电压波动或更换三极管时，都会使原来的静态工作点发生改变，严重时会使放大器不能正常工作。

在导致静态工作点不稳定的各种因素中，温度是主要因素。当环境温度改变时，三极管的参数会发生变化，特性曲线也会发生相应的变化。图 2–31 所示为 3AX31 型三极管在 25 ℃和 45 ℃两种情况下的输出特性曲线。当温度升高时，I_B 曲线上移，表示穿透电流随温度升高而增大，同时各条曲线之间的间隔增大，整个曲线簇上移。如果在 25 ℃时设定的基极偏置电流为 I_{BQ}=40 μA 时静态工作点 Q 比较合适，那么当温度升高到 45 ℃时，由于特性曲线发生变化，若仍保持 I_{BQ}=40 μA，则原来的静态工作点将移到接近饱和区的 Q_1 点，这样放大器将出现饱和失真。

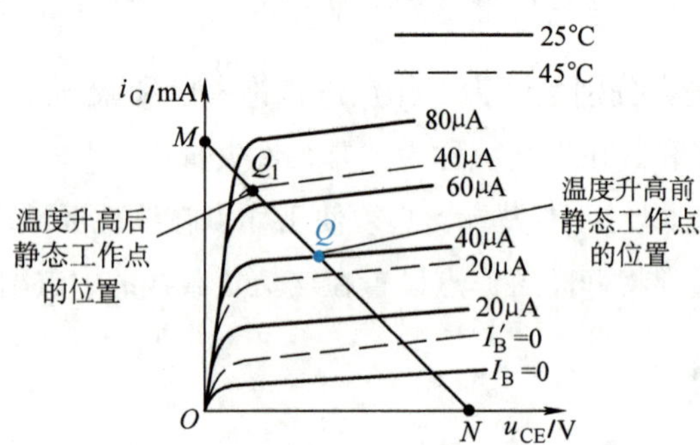

图 2–31　三极管在不同温度时的输出特性曲线

在温度变化时，要保持静态工作点稳定不变，可采用分压式射极偏置电路。

二、分压式射极偏置电路

如图 2–32 所示为分压式射极偏置电路。下面讨论这种电路的结构特点和工作原理。

1. 电路结构特点

与前面介绍的共射极基本放大电路的区别在于：三极管基极接了两个分压电阻 R_{B1} 和 R_{B2}，发射极串联了电阻 R_E 和电容 C_E。

（1）利用上偏置电阻 R_{B1} 和下偏置电阻 R_{B2} 组成串联分压器，为基极提供稳定的静态工作电压 U_{BQ}。

图 2–32b 所示为分压式射极偏置电路的直流通路。

若流过 R_{B1} 的电流为 I_1，流过 R_{B2} 的电流为 I_2，则 I_1=I_2+I_{BQ}。

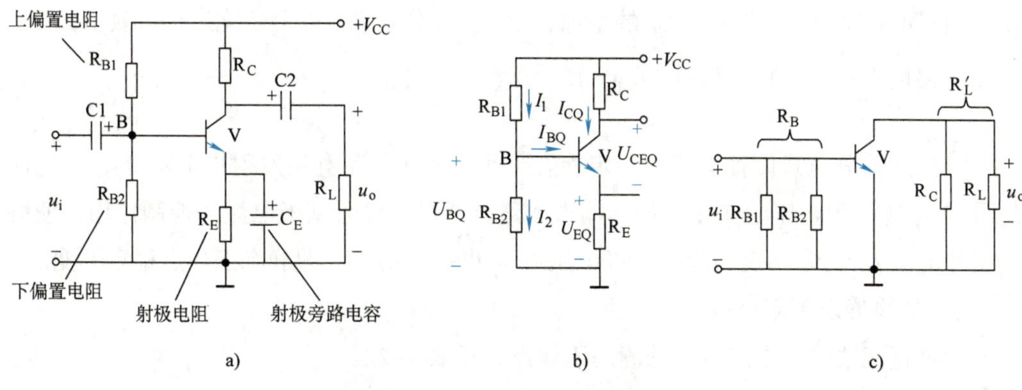

图 2-32　分压式射极偏置电路

a）电路结构　b）直流通路　c）交流通路

如果电路满足

$$I_2 \gg I_{BQ}$$

则基极电压为

$$U_{BQ} \approx \frac{R_{B2}}{R_{B1}+R_{B2}} V_{CC}$$

由此可见，U_{BQ} 只取决于 V_{CC}、R_{B1} 和 R_{B2}，它们都不随温度的变化而变化，所以 U_{BQ} 将稳定不变。

（2）利用发射极电阻 R_E 自动使静态工作电流 I_{EQ} 稳定不变。

由直流通路可看出

$$U_{BQ}=U_{BEQ}+U_{EQ}$$

式中，U_{EQ} 为发射极电阻 R_E 上的电压。

若满足

$$U_{BQ} \gg U_{BEQ}$$

则

$$I_{EQ} \approx \frac{U_{BQ}}{R_E}$$

可见静态工作电流 I_{EQ} 也是稳定的。

综上所述，如果电路能满足 $I_2 \gg I_{BQ}$ 和 $U_{BQ} \gg U_{BEQ}$ 两个条件，那么静态工作电压 U_{BQ}、静态工作电流 I_{EQ}（或 I_{CQ}）将主要由外电路参数 V_{CC}、R_{B1}、R_{B2} 和 R_E 决定，与环境温度、三极管的参数几乎无关。

2. 静态工作点稳定原理

想一想

分压式偏置电路为什么能使静态工作点基本上维持恒定?

从物理过程来看，如温度升高，Q 点上移，I_{CQ}（或 I_{EQ}）将增加，而 U_{BQ} 是由电阻 R_{B1}、R_{B2} 分压固定的，I_{EQ} 的增加将使外加于三极管的 $U_{BEQ}=U_{BQ}-I_{EQ}R_E$ 减小，从而

使 I_{BQ} 自动减小，结果限制了 I_{CQ} 的增加，使 I_{CQ} 基本恒定。以上变化过程可表示为：

$$\text{温度升高}(t\uparrow)\longrightarrow I_{CQ}\uparrow(I_{EQ}\uparrow)\longrightarrow U_{BEQ}=(U_{BQ}-I_{EQ}R_E)\downarrow\longrightarrow I_{BQ}\downarrow\longrightarrow I_{CQ}\downarrow$$

可见这种分压式偏置电路能稳定静态工作点的实质是利用发射极电阻 R_E，将电流 I_{EQ} 的变化转换为电压的变化，加到输入回路，通过三极管基极电流的控制作用，使静态工作电流 I_{CQ} 稳定不变，集—射极电压 U_{CEQ} 也稳定不变，即静态工作点稳定不变。

3. 估算静态工作点

通过直流通路可求出电路的静态工作点，见表 2–22。

表 2–22　估算电路的静态工作点

静态工作点		说明
静态基极电压	$U_{BQ}\approx\dfrac{R_{B2}}{R_{B1}+R_{B2}}V_{CC}$	因为 $I_2\gg I_{BQ}$
静态发射极电流	$I_{EQ}\approx\dfrac{U_{BQ}}{R_E}$	因为 $U_{BQ}\gg U_{BEQ}$
静态集电极电流	$I_{CQ}\approx I_{EQ}$	$I_{BQ}+I_{CQ}=I_{EQ}$，$I_{BQ}\ll I_{CQ}$
静态偏置电流	$I_{BQ}=\dfrac{I_{CQ}}{\beta}$	根据三极管电流放大原理 $I_{CQ}=\beta I_{BQ}$
静态集—射极电压	$U_{CEQ}=V_{CC}-I_{CQ}(R_C+R_E)$	根据回路电压定律

4. 估算输入电阻、输出电阻和电压放大倍数

图 2–32c 所示为分压式偏置电路的交流通路，该交流通路与共射极基本放大电路的交流通路相似，等效电路也相似，其中 $R_B=R_{B1}//R_{B2}$。所以，输入电阻、输出电阻和电压放大倍数的估算公式完全相同。

【例 2–5】 在图 2–32a 中，R_{B1}=7.6 kΩ，R_{B2}=2.4 kΩ，R_C=2 kΩ，R_L=2 kΩ，R_E=1 kΩ，V_{CC}=12 V，三极管的 β=60。求：（1）放大电路的静态工作点；（2）放大电路的输入电阻 r_i、输出电阻 r_o 及电压放大倍数 A_u。

解：

（1）估算静态工作点

基极电压　$U_{BQ}\approx\dfrac{R_{B2}}{R_{B1}+R_{B2}}V_{CC}=\dfrac{2.4\ \text{k}\Omega}{2.4\ \text{k}\Omega+7.6\ \text{k}\Omega}\times12\ \text{V}=2.88\ \text{V}$

静态集电极电流　$I_{CQ}\approx I_{EQ}\approx\dfrac{U_{BQ}}{R_E}=\dfrac{2.88\ \text{V}}{1\ \text{k}\Omega}=2.88\ \text{mA}$

静态偏置电流　$I_{BQ}=\dfrac{I_{CQ}}{\beta}=\dfrac{2.88\ \text{mA}}{60}=48\ \mu\text{A}$

静态集—射极电压　$U_{CEQ}=V_{CC}-I_{CQ}(R_C+R_E)=12\ \text{V}-2.88\ \text{mA}\times(2+1)\ \text{k}\Omega=3.36\ \text{V}$

（2）估算输入电阻 r_i、输出电阻 r_o 及电压放大倍数 A_u

三极管的交流输入电阻

$$r_{be}=300\ \Omega+(1+\beta)\frac{26\ \text{mV}}{I_{EQ}}=300\ \Omega+(1+60)\times\frac{26\ \text{mV}}{2.88\ \text{mA}}\approx 0.85\ \text{k}\Omega$$

放大器的输入电阻 $r_i\approx r_{be}\approx 0.85\ \text{k}\Omega$

放大器的输出电阻 $r_o\approx R_C=2\ \text{k}\Omega$

因 $R'_L=\frac{R_C R_L}{R_C+R_L}=\frac{2\times 2}{2+2}\text{k}\Omega=1\ \text{k}\Omega$

放大器的电压放大倍数 $A_u=-\frac{\beta R'_L}{r_{be}}=-\frac{60\times 1\ \text{k}\Omega}{0.85\ \text{k}\Omega}\approx -71$

分压式偏置电路的静态工作点稳定性好，对交流信号基本无削弱作用。如果放大电路满足 $I_2\gg I_{BQ}$ 和 $U_{BQ}\gg U_{BEQ}$ 两个条件，那么静态工作点将主要由直流电源和电路参数决定，与三极管的参数几乎无关。在更换三极管时，不必重新调整静态工作点，这给维修工作带来了很大方便，所以分压式射极偏置电路在电气设备中得到了非常广泛的应用。

技能训练 4 单管放大电路的安装与调试

训练目标

1. 能正确识读单管放大电路工作原理图，会分析单管放大电路的工作过程。

2. 能正确识别和检测所用元器件，并能结合电路原理图和印制电路板，找到对应元器件的安装位置。

3. 能按要求和计划正确使用工具进行线路的焊接和安装。

4. 能根据外观和测试结果判断电路是否满足工艺和性能要求，能判断电路是否存在故障，并顺利排除故障。

5. 能正确运用低频信号发生器和双踪示波器进行电路参数的调试，并能根据输出信号波形调试出电路最佳的静态工作点。

6. 掌握测量静态工作点和电压放大倍数的方法。

7. 能正确记录测试结果，及时总结测试和安装技巧。

8. 训练过程中能自觉遵守安全操作规范，训练结束后能自觉清理场地、归置物品。

训练准备

1. 仪器设备和工具准备

直流稳压电源、低频信号发生器、双踪示波器、万用表（数字式或指针式）和常用电子装配工具等。

2. 元器件准备

训练所需元器件清单见表 2–23。

表 2–23　元器件清单

代号	名称	型号 / 规格	数量	代号	名称	型号 / 规格	数量
R1、R2	碳膜电阻器	22 kΩ	2	C2	瓷片电容器	1 000 pF	1
R3	碳膜电阻器	2.2 kΩ	1	C3、C4	电解电容器	47 μF/10 V	2
R4	碳膜电阻器	220 Ω	1	V	三极管	9013	1
RP	可调电阻器	500 kΩ	1		针座	XH2.54–2P	3
C1	电解电容器	10 μF/25 V	1				

训练内容

一、实训电路分析

如图 2–33 所示为单管放大电路的原理图。RP、R1 和 R2 构成三极管 V 的分压式射极偏置电路，改变 RP 的阻值可以改变三极管 V 的偏流大小；C2 是三极管 V 的交流负反馈电容，用于避免电路产生自激振荡；u_i 是输入信号，u_o 是输出信号。

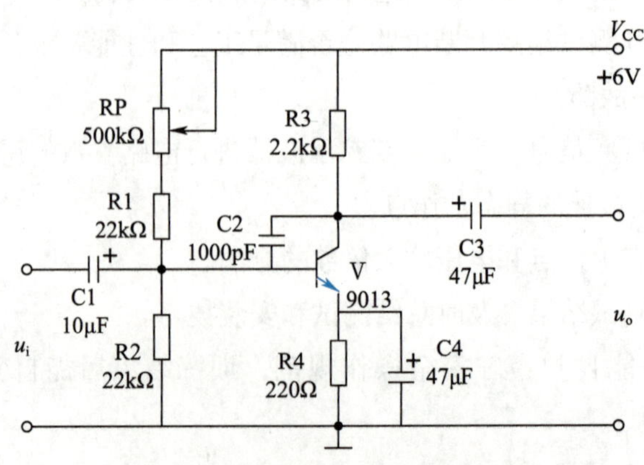

图 2–33　单管放大电路的原理图

二、装配电路

1. 识读电路原理图和印制板装配图。

2. 制订实训计划，准备电子装配工具及仪器仪表，做好设备安全防护措施。

3. 元器件识别与检测

（1）清点元器件

按表 2–23 核对元器件的数量、型号和规格，并把标称值填入表 2–24 中。如有短缺、差错应及时补缺和更换。

表 2–24 元器件的标称值及检测结果

代号	标称值	检测值	代号	标称值	检测值
R1			C2		
R2			C3		
R3			C4		
R4			代号	三极管管型	检测结果
RP			V		
C1					

（2）检测元器件

1）固定电阻器的检测

用万用表电阻挡检测固定电阻器的阻值，将检测结果填入表 2–24 中。若有不符合质量要求的元器件，应剔除和更换。

2）三极管的检测

用万用表检测三极管的引脚极性、管型并判断其好坏，把检测结果填入表 2–24 中。

3）可调电阻器的检测

可调电阻器也称可变电阻器，其阻值大小可以人为调节，以满足电路的需要。可调电阻器的常见外形如图 2–34 所示。其中，图 2–34a 所示为常见的可变电阻器，常用于小信号电路中。图 2–34b 所示为常见的电位器，它是一种用于分压的可变电阻器，广泛用于电子设备，在音响和接收机中起音量控制作用。可调电阻器对外有三个引出端，其中两个为固定端（定片），一个为滑动端（中心抽头或动片）。滑动端在两个固定端之间的电阻体上做机械运动，使其与固定端之间的电阻发生变化。

①从外观检测可调电阻器。即检查引出端是否松动；转动旋钮时是否平滑，是否有过紧或过松现象；开关是否灵活，开关通断时“咔嗒”声是否清脆；可调电阻器内部接触点和电阻体之间有无摩擦声，如有“沙沙”声，说明质量不好。

a)　　　　b)

图 2–34　可调电阻器

a）可变电阻器（用于小信号电路）　b）电位器（用于分压）

②用万用表检测可调电阻器

a. 用万用表合适的电阻挡测量可调电阻器两定片之间的阻值，其读数应为可调电阻器的标称阻值，若没有示数或与标称阻值相差很多，表明该可调电阻器已损坏。

b. 检查可调电阻器的动片与电阻体的接触是否良好。用万用表合适的电阻挡测量可调电阻器的动片和任一定片之间的阻值，并顺时针或逆时针反复缓慢地旋转可调电阻器的旋钮，观察万用表的读数是否连续、均匀地变化，其阻值应在 0 Ω 到标称阻值之间连续变化，否则可调电阻器已损坏。若动片与任一定片之间的阻值已大于标称阻值，则说明可调电阻器出现开路故障。

c. 检查可调电阻器各引出端与外壳及旋转轴之间的电阻值，观察是否为正常的 ∞，否则说明有漏电现象。

将检测结果填入表 2–24 中。

4）电容器的检测。用指针式万用表检测电容器的好坏。检测时，选用万用表 R × 1 k 挡，用两表笔分别接电容器的两个引脚，阻值应为无穷大。若测出阻值很小或为零，则说明电容器漏电损坏或内部击穿。还可用数字式万用表检测电容器的电容，把检测结果记录在表 2–24 中。

4. 三极管参数查询

利用互联网或晶体管手册查询三极管 V 的主要参数，并填入表 2–25 中。

表 2–25　三极管主要参数记录表

三极管型号	P_{CM}/mW	I_{CM}/mA	$U_{(BR)CEO}$/V	h_{FE}（≈ β）	I_{CBO}/μA
9013					

5. 估算放大电路静态工作点和电压放大倍数

根据公式估算放大电路的静态值 I_{BQ}、I_{CQ} 和 U_{CEQ}，计算电压放大倍数 A_u，填入表 2–26 中。

表 2-26　静态工作点及电压放大倍数的估算值

R_P/kΩ	U_{BQ}/V	I_{CQ}/mA	I_{BQ}/μA	U_{CEQ}/V	A_u
0					
250					
500					

6. 电路装配

严格按规范进行电路的安装。三极管装焊一般在其他元器件焊好后进行，要特别注意的是每个三极管的焊接时间不要超过 5~10 s，并使用钳子或镊子夹持引脚散热，防止烫坏三极管。

可调电阻器焊前应用焊锡膏清洁，焊接最好在 3 s 内完成，否则会引起可调电阻器的接触不良。

焊接元器件时，焊点要光滑，防止虚焊和搭锡，焊后要剪去多余引脚，剪引脚时应尽量贴近焊接面，但不能损伤焊接面。安装好的电路板如图 2-35 所示。

图 2-35　安装好的单管放大电路板

操作提示

电路装配过程中，要严格遵守安全规范、环保制度和企业管理标准，遵守电气作业规程，做好安全防护措施。

7. 自检与互检

安装完成后，对照原理图仔细检查电路是否安装正确，导线、焊点是否符合要求。检查中应特别注意：元器件引脚之间有无短路；电源的正、负极有无接反，正、负极间有无短路现象，电源线、地线是否接触可靠；电解电容器极性有无接反；三极管引脚接线有无接错，引脚连接处有无接触不良等。先进行自检与互检，待教师确认无误后，再进行通电调试。

三、通电调试

通电调试包括测试和调整两个方面，测试是对安装完成的电路板的参数及工作状态进行测量，为调整电路打基础。经过反复的测量和调整，使电路性能达到要求。

1. 通电观察

把稳压电源调节至 6 V，用红色导线把电源的正极连接到放大电路的 V_{CC} 端，用黑色导线把电源的负极连接到放大电路的接地端。此时，不应急于测量数据，而应仔细观察电路有无异常现象，如冒烟、气味异常、元器件发烫以及电源输出短路等。如出现异常现象，应立即切断电源，检查电路，排除故障，待故障排除后方可重新接通电源。

2. 静态工作点的调整

（1）调试前准备

把 6 V 稳压电源的正极用红色导线连接到放大电路的 V_{CC} 端，负极用黑色导线连接到放大电路的接地端。

把低频信号发生器正弦波输出的正极用红色导线连接到放大电路的输入端，负极用黑色导线连接到放大电路的接地端。

把双踪示波器 Y 通道输入的正极用红色导线连接到放大电路的输出端，负极用黑色导线连接到放大电路的接地端。

（2）最佳静态工作点的调整

缓慢增大低频信号发生器的输出电压，观察双踪示波器的波形变化情况，当波形出现失真时，调节可调电阻器 RP，使输出波形恢复正常。然后继续增大信号源输出电压。重复上述步骤，直到正、负峰值出现轻微失真为止，这时放大器的工作点即为最佳静态工作点。

（3）静态工作点的测量

令放大电路输入信号为零（用导线将输入端对“地”短路），接通直流电源，调节可调电阻器 RP。用万用表的直流电压挡测量电路中三极管三个引脚对“地”的直流电压，把测量结果填入表 2–27 中，计算 I_{CQ}，并填入表 2–27 中。

表 2–27　静态工作点调试记录表

RP 阻值	U_B/V	U_C/V	U_E/V	U_{CEQ}（$=U_C-U_E$）/V	I_{CQ}（$\approx\frac{U_E}{R_4}$）/mA
最大					
适当位置					
最小					

3. 电压放大倍数的测量

在放大电路的输入端输入频率为 1 kHz 的正弦波信号 u_s，调节低频信号发生器的输出旋钮，使 U_{im}=10 mV，同时用双踪示波器观察放大电路输出电压 u_o 的波形，在输出电压波形不失真的情况下，根据双踪示波器所检测的波形，读出此时的输出电压 U_{om} 的值，填入表 2–28。然后改变输入电压依次为 8 mV、6 mV、4 mV，分别通过双踪示波器读出对应的电压 U_{om} 值，并填入表 2–28，计算电压放大倍数 A_u。用双踪示波器观察 u_o 和 u_i 的相位关系。

表 2–28　电压放大倍数测量记录表

测量次数	1	2	3	4	观察记录一组 u_o 与 u_i 波形
U_{im}/mV	10	8	6	4	
U_{om}/mV					
A_u（$=U_{om}/U_{im}$）					

4. 波形失真及调试方法

任选某一低频输入信号，调节输入信号的幅度，观察双踪示波器中输出电压波形的幅度，并使之达到理论估算的电压放大倍数要求值，用双踪示波器观察输出波形。如果波形顶部或底部变平，正负半周不对称，说明电路产生失真，调整 RP 的阻值，直至输出波形不失真为止。若波形顶部和底部均变平，则缓慢减小 u_i，使正、负半周峰值的轻微失真刚好消失，这时的输出电压 u_o 即为该放大器的最大不失真输出电压。

用双踪示波器观察输出波形，若底部被削平，则属于饱和失真，应增大可调电阻 R_P，直至输出波形正负半周对称；若顶部被削平，则属于截止失真，应减小可调电阻 R_P，直至输出波形正负半周对称。将输出波形的正常形状和两种失真情况下输出波形的形状记录在表 2–29 中。

表 2–29　静态工作点对输出波形的影响

输出波形的正常形状	输出波形的失真形状	
	饱和失真现象	截止失真现象
u_o　O　t	u_o　O　t	u_o　O　t

四、清理现场

按照现场管理规范清理场地，归置物品。

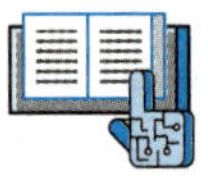

训练测评

对自己在本次训练中的综合表现进行评价。扫描右侧二维码可查看评价项目、内容及标准。

§2-4　多级放大电路

学习目标

1. 了解多级放大电路的四种级间耦合方式及特点。
2. 会计算多级放大电路的电压放大倍数、输入电阻和输出电阻。

在实际应用中，要把一个微弱的电信号放大几千倍或几万倍甚至更大，仅靠单级放大器是不够的，通常需要把若干级放大器连接起来，将信号进行逐级放大。多级放大电路是由若干个单级放大器组成的，多级放大电路的组成如图 2-36 所示。多级放大电路由输入级、中间级及输出级三部分组成。

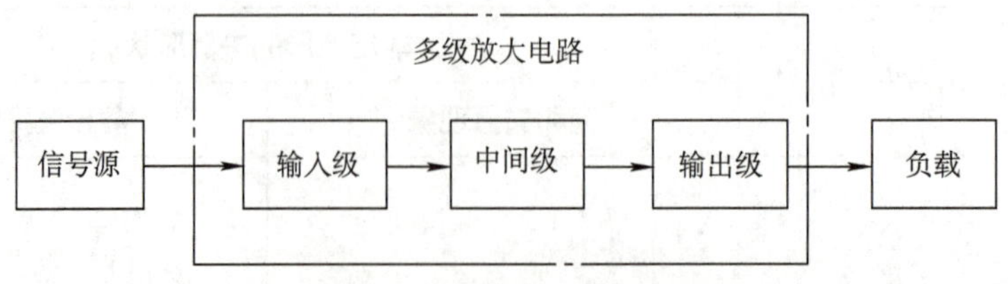

图 2-36　多级放大电路的组成

各级放大器之间的连接方式称为“耦合”。级间耦合电路位于两个单级放大器之间，它的主要作用是将前级放大器的输出信号无损耗地传输到后级放大器中。放大器级与级之间的耦合方式主要有阻容耦合、变压器耦合、直接耦合和光电耦合四种。实际使用中，人们可按照不同电路的需要，选择合适的级间耦合方式。

一、级间耦合方式

表 2-30 为四种级间耦合方式的应用电路、特点及应用。

表 2-30 四种级间耦合方式的应用电路、特点及应用

耦合方式	应用电路	特点	应用
阻容耦合	前级放大器 —C— 后级放大器	（1）用容量足够大的耦合电容进行连接，传递交流信号 （2）前、后级放大器之间的直流电路被隔离，静态工作点彼此独立，互不影响	低频特性不是很好，不能用于直流放大器中。一般应用在低频电压放大电路中
变压器耦合	前级放大器 —T— 后级放大器	（1）通过变压器进行连接，将前级输出的交流信号通过变压器耦合到后级 （2）电路中的耦合变压器还有阻抗变换作用，这有利于提高放大器的输出功率 （3）能够隔离前、后级的直流联系。所以，各级电路的静态工作点彼此独立，互不影响	由于变压器体积大，低频特性差，又无法集成，因此，一般应用于高频调谐放大器或功率放大器中
直接耦合	前级放大器 —— 后级放大器	（1）无耦合元器件，信号通过导线直接传递，可放大缓慢变化的直流信号 （2）前、后级的静态工作点互相影响，给电路的设计和调试增加了难度	便于电路的集成化，因此广泛应用于集成电路中
光电耦合	前级放大器 — 光电耦合器 — 后级放大器	（1）以光电耦合器为媒介来实现电信号的耦合和传输 （2）光电耦合既可传输交流信号又可传输直流信号，而且抗干扰能力强，易于集成化	广泛应用在集成电路中

二、多级放大器性能指标的近似估算

1. 估算多级放大器的电压放大倍数 A_u

可以证明，多级放大器的电压放大倍数 A_u 等于各级电压放大倍数之积。即对于一个 n 级放大器有

$$A_u=A_{u1}A_{u2}\cdots A_{un}$$

式中，A_{u1}、A_{u2} 和 A_{un} 分别为第一级的电压放大倍数、第二级的电压放大倍数和第 n 级的电压放大倍数。

不过，要特别注意的是，这里所反映的各级放大倍数并不是孤立的，必须要考虑后级对前级的影响。在求每一个单级的放大倍数时，要考虑到后级放大器的输入电阻也是前级负载的一部分。

2. 估算多级放大器的输入电阻 r_i 和输出电阻 r_o

多级放大器的输入电阻 r_i 等于第一级放大器的输入电阻 r_{i1}，即

$$r_i=r_{i1}$$

多级放大器的输出电阻 r_o 等于最后一级放大器的输出电阻 r_{on}，即

$$r_o=r_{on}$$

但计算输入、输出电阻时必须考虑级间的影响。

知识拓展

光电耦合器

光电耦合器也称为光电耦合隔离器或光耦合器，有时简称光耦。其外形如图 2-37a 所示。光电耦合器是一种以光为耦合媒介，通过光信号的传递来实现输入与输出间电隔离的器件，可在电路系统之间传输电信号，同时确保这些电路系统彼此间的电绝缘。

光耦是一类易于广泛应用的组装型半导体器件，具有较高的灵敏度、速度、共模抑制比、线性度，而且绝缘耐压高，共模瞬态噪声抑制强，功耗小。

图 2-37b 所示是光电耦合器电路图。光耦的基本结构是将光发射器（红外发光二极管）和光敏器（硅光电探测器件）的芯片封装在同一外壳内，并用透明树脂灌封充填作为光传递介质。通常将光发射器的引脚作为输入端，光敏器的引脚作为输出端，当输入端加电信号时，光发射器发出的光信号通过透明树脂投射到光敏器后，转换成电信号输出，实现了光媒介的电—光—电信号转换和传输，并在电气上完全隔离。

a)

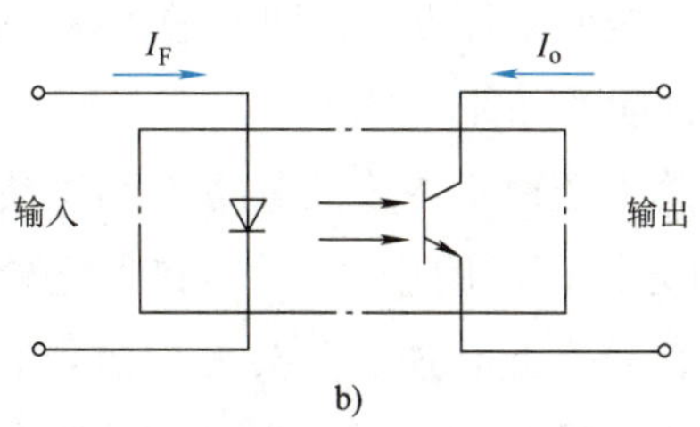

b)

图 2-37 光电耦合器
a）外形 b）电路

§ 2-5 反馈放大电路

学习目标

1. 了解反馈的基本概念及判断方法。
2. 掌握负反馈放大电路的四种基本组态，理解负反馈对放大器性能的影响。
3. 熟悉共集电极放大电路（射极输出器）的特点。

在放大电路中，信号从输入端输入，经过放大器的放大后，从输出端送给负载，这是信号的正向传输。但在很多放大电路中，常将输出信号再反向传输到输入端，即反馈。实用的放大电路几乎都采用反馈。直流负反馈可以稳定电路的静态工作点，交流负反馈可以改善放大器的性能。本节重点介绍反馈的基本概念及交流负反馈对放大器性能的影响。

一、反馈的基本概念

1. 反馈的定义

从广义上讲，凡是将输出量送回到输入端，并且对输入量产生影响的过程都称为反馈。放大器中的反馈是指把放大器输出信号（电压或电流）的一部分或全部通过一定的电路，按照某种方式送回到输入端，并与输入信号（电压或电流）叠加，从而改变放大器性能的一种方法。

反馈放大器由基本放大电路 A 和反馈电路 F 两部分组成，如图 2-38 所示为反馈放大器的方框图。图中“⊗”称为比较环节，表示信号在此叠加，箭头表示信号的传输方向。输出量 X_o 经反馈电路处理获得反馈量 X_f 送回到输入端，与输入量 X_i 叠加产生净输入量 X_i' 加到放大器的输入端。引入反馈后，使信号既有正向传输又有反向传输，电路形成闭合的环路，因此，反馈放大器通常称为闭环放大器，而未引入反馈的放大器则称为开环放大器。

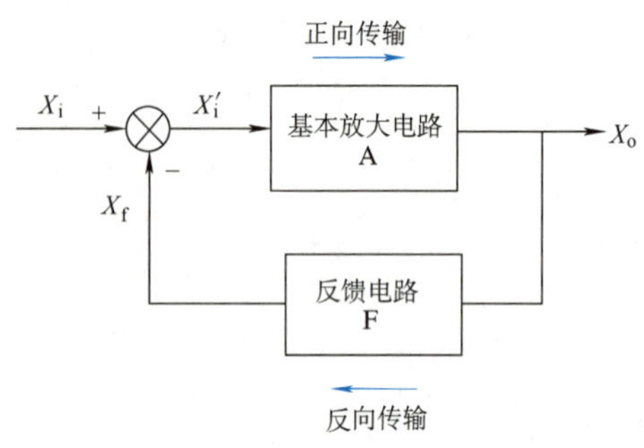

图 2-38 反馈放大器的方框图

为了把放大器的输出信号送回到输入端，通常用电阻、电容、电感等元件组成引导反馈信号的电路，该电路称为反馈电路，又称反馈网络。构成反馈电路的元件称为反馈元件，反馈元件联系着放大器的输出与输入，并影响放大器的输入。

2. 反馈的分类

按照不同的分类方法，反馈可分为多种类型，见表 2-31。

表 2-31 反馈的分类

分类方法	类型	说明	方框图
按反馈极性分	正反馈	反馈信号 X_f 与输入信号 X_i 极性相同，使净输入信号 X_i' 增加 正反馈使放大器的放大倍数增加	X_i + ⊗ X_i' 基本放大电路 A X_o；X_f +；反馈电路 F
	负反馈	反馈信号 X_f 与输入信号 X_i 极性相反，使净输入信号 X_i' 减小 负反馈使放大器的放大倍数减小	X_i + ⊗ X_i' 基本放大电路 A X_o；X_f −；反馈电路 F

续表

分类方法	类型	说明	方框图
按反馈电路在输出回路的取样对象分	电压反馈	反馈信号取自输出端负载两端的电压 u_o 称为电压反馈 电压反馈的取样环节与输出端并联	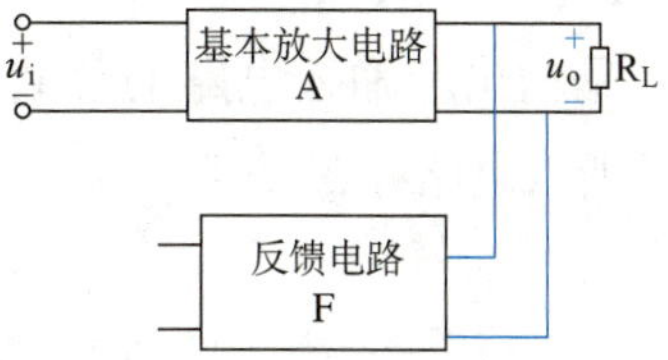
	电流反馈	反馈信号取自输出电流 i_o 称为电流反馈 电流反馈的取样环节与输出端串联	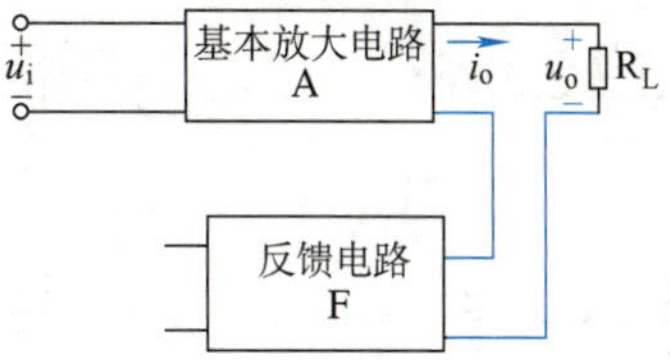
按反馈电路在输入端的连接方式分	串联反馈	反馈电路与信号源相串联 串联反馈信号在输入端以电压形式出现	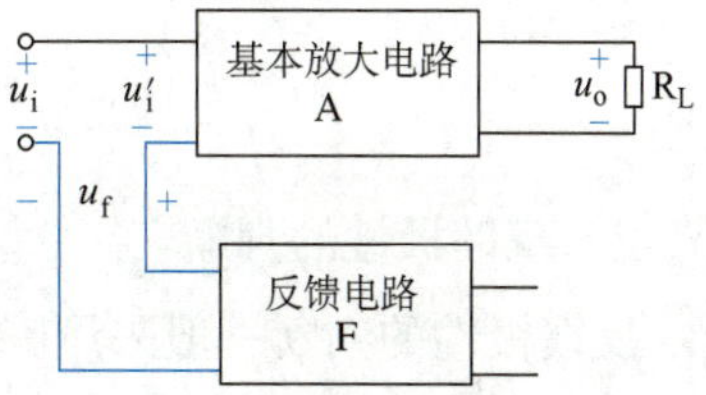
	并联反馈	反馈电路与信号源相并联 并联反馈信号在输入端以电流形式出现	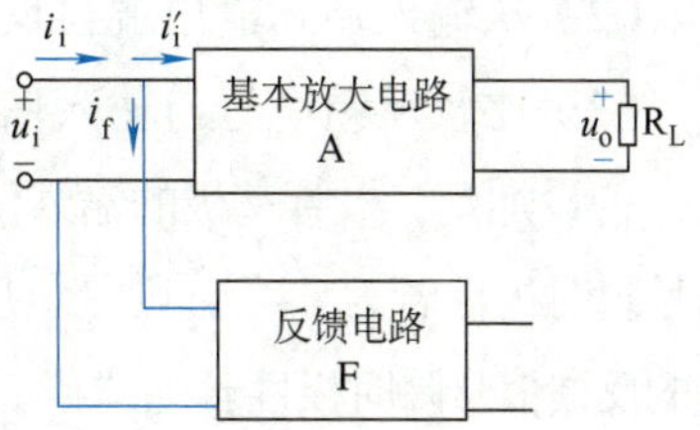
按反馈信号分	直流反馈	反馈信号只含有直流量	
	交流反馈	反馈信号只含有交流量	

二、反馈的判断

1. 有无反馈的判断

反馈放大器的特征为是否存在反馈元件，反馈元件是联系放大器的输出与输入的桥梁，因此，能否从电路中找到反馈元件是判断有无反馈的关键。

在图 2-39a 中，在输出和输入之间不存在起联系作用的元件。因无反馈元件，所以该电路不存在反馈。在图 2-39b 中，R_f、C_f 跨接在输出端和输入端之间，起联系输出和输入的桥梁作用，R_f、C_f 串联电路为反馈电路，R_f、C_f 为反馈元件，所以电路存在反馈。在图 2-39c 中，R_E、C_E 并联电路既是输入回路的一部分又是输出回路的一部分，是输出和输入电路的公共电路，R_E、C_E 并联电路为反馈电路，R_E、C_E 为反馈元件，所以电路存在反馈。

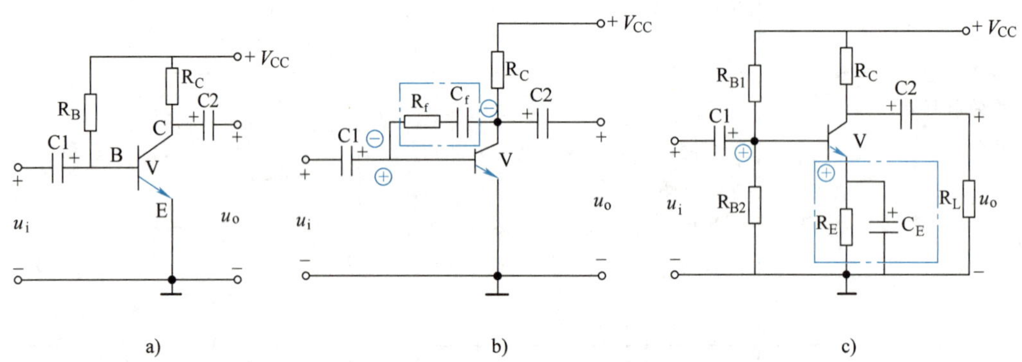

图 2-39　反馈的判断

a）无反馈　b）电压并联负反馈　c）电流串联负反馈

2. 反馈极性的判断

反馈极性的判断一般采用瞬时极性法，具体步骤如下：

（1）先假设输入信号在某一瞬间对地为“+”。

（2）从输入端到输出端再反馈回输入端依次标出放大器各点的瞬时极性。

（3）比较反馈信号与输入信号的极性，确定反馈极性。

假设加到三极管基极的输入信号瞬时极性为“+”，经放大器放大，回送到基极的反馈信号瞬时极性若为“–”，则是负反馈；反之，则是正反馈，如图 2-40a 所示。送回到发射极的反馈信号瞬时极性若为“+”，则是负反馈；反之，则是正反馈，如图 2-40b 所示。

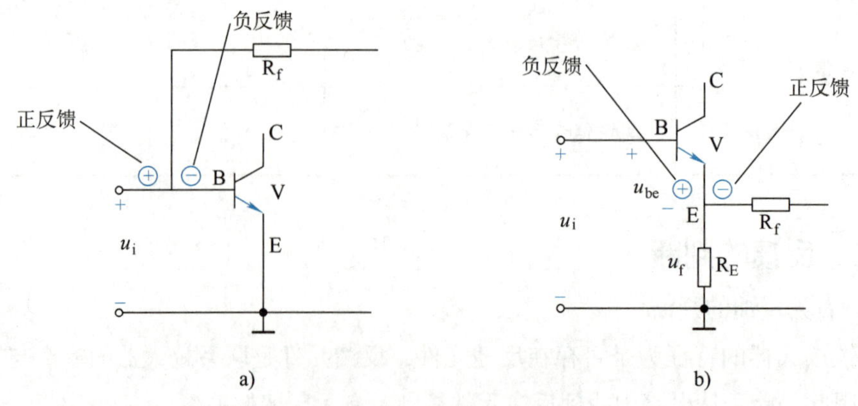

图 2-40　判断反馈极性

a）反馈加到基极　b）反馈加到发射极

小提示

在运用瞬时极性法时要注意：

1）三极管各电极的相位关系，发射极信号瞬时极性与基极输入信号瞬时极性相同，集电极信号瞬时极性与基极输入信号瞬时极性相反。

2）反馈电路中的电阻、电容等元件，一般认为它们在信号传输过程中不产生附加相移，对瞬时极性没有影响。

在图 2–39b 所示电路中，设基极输入信号瞬时极性为“+”，则经放大器放大后集电极输出信号为“–”，经 R_f、C_f 又送回输入端，极性不变，仍为“–”，与原假设极性相反，使净输入信号（$i_b=i_i-i_f$）减小，所以电路引入了负反馈。

在图 2–39c 所示电路中，设基极输入信号瞬时极性为“+”，则发射极信号的瞬时极性也为“+”，反馈电压 u_f 等于发射极的电位，也为“+”，使净输入信号（$u_{be}=u_i-u_f$）减小，所以电路引入了负反馈。

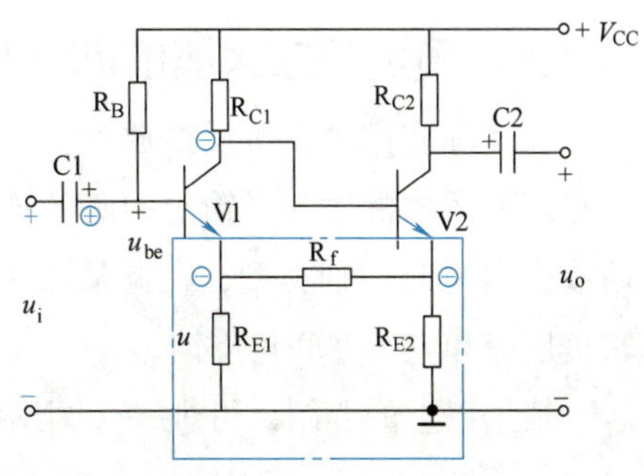

图 2–41　判断反馈类型

在图 2–41 所示电路中，设第一级基极输入信号瞬时极性为“+”，则经第一级放大器放大后集电极输出信号为“–”，再经第二级放大器放大后发射极电位为“–”，经 R_f 送回输入回路，使第一级放大器发射极电位即反馈电压 u_f 为“–”，净输入信号（$u_{be}=u_i+u_f$）增大，所以电路引入了正反馈。

3. 电压反馈和电流反馈的判断

电压反馈和电流反馈的判断方法是看反馈电路在输出回路的连接方法，若反馈电路接在电压输出端为电压反馈，不接在电压输出端为电流反馈。

在图 2–39b 中，R_f、C_f 串联电路在输出回路中接在了输出端，所以是电压反馈；在图 2–39c 中，R_E、C_E 并联电路在输出回路中没有接在输出端，所以是电流反馈。同样，图 2–41 中，反馈电路为电路引入了电流反馈。

4. 串联反馈和并联反馈的判断

串联反馈和并联反馈的判断方法是看反馈电路在输入回路的连接方法，若反馈电路接在输入端为并联反馈，不接在输入端（一般接发射极）为串联反馈。

在图 2–39b 中，反馈电路在输入回路中接在输入端，所以是并联反馈。在图 2–39c 中，反馈电路在输入回路中接在发射极，所以为串联反馈。同样，在图 2–41 中，反馈电路为电路引入了串联反馈。

5. 直流反馈和交流反馈的判断

若反馈电路中存在电容，则根据电容“通交隔直”的特性来进行判断。

在图 2-39b 中，R_f、C_f 串联，由于 C_f 通交隔直，所以对直流信号无反馈作用；而对于交流信号，C_f 能导通，起反馈元件的作用，所以该电路只有交流反馈而无直流反馈。在图 2-39c 中，R_E、C_E 并联，因 C_E 通交流，C_E 起旁路作用，这时 R_E 不起反馈作用；又因 C_E 隔直流，对直流信号 R_E、C_E 并联电路起反馈作用，所以该电路只有直流反馈而无交流反馈。

若反馈电路中没有电容元件，则构成的反馈是交、直流共存的反馈。

小提示

判断电路的反馈方法总结起来为有无反馈看联系，电压电流看输出，串联并联看输入，交流直流看电容，正负反馈看极性。

三、负反馈放大器的四种基本类型

在实际应用中，负反馈放大器的电路形式多种多样，特点各异。若同时考虑反馈电路与放大器的输入、输出回路的连接方式，负反馈放大器可归纳为四种类型（正反馈放大器也有四种类型，在此从略），即电流串联负反馈、电压串联负反馈、电压并联负反馈和电流并联负反馈。

根据以上的介绍，可进一步画出四种负反馈放大器的方框图，见表 2-32。

表 2-32　四种负反馈放大器的方框图

负反馈放大器	方框图
电流串联负反馈	基本放大电路 A；反馈电路 F；u_i、u_i'、u_f、i_o、u_o、R_L
电压串联负反馈	基本放大电路 A；反馈电路 F；u_i、u_i'、u_f、u_o、R_L
电压并联负反馈	基本放大电路 A；反馈电路 F；i_i、i_i'、i_f、u_i、u_o、R_L

续表

负反馈放大器	方框图
电流并联负反馈	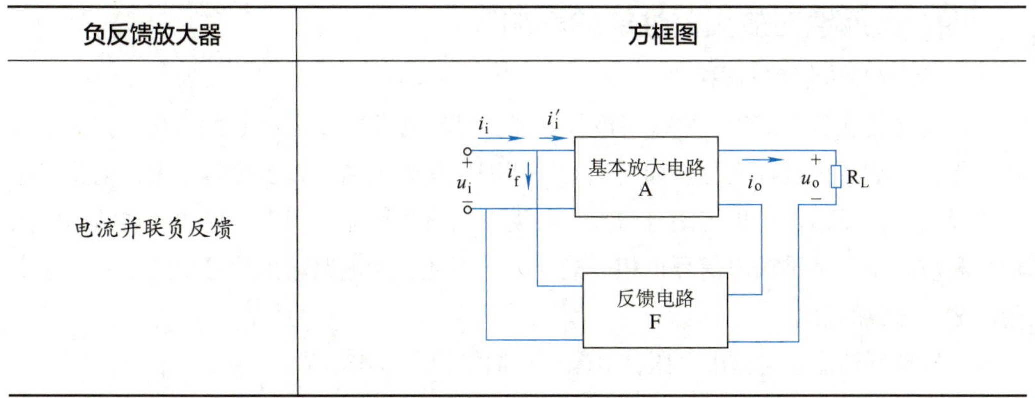

【例 2–6】试判断如图 2–42 所示电路的反馈类型。

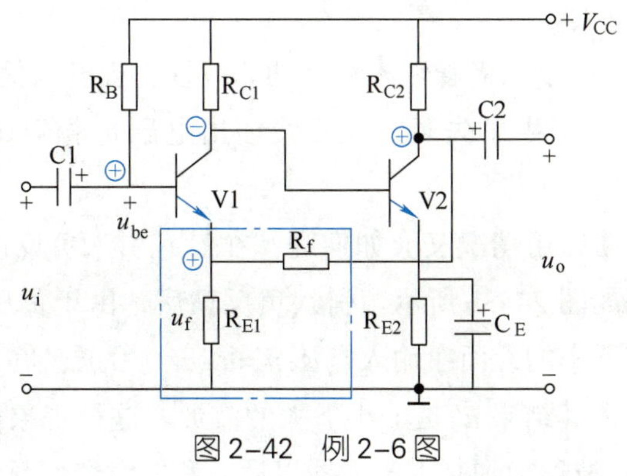

图 2–42　例 2–6 图

解：

（1）看联系。这是一个两级放大电路，通过 R_f、R_{E1} 把第二级和第一级放大电路联系起来，这两级放大电路之间存在反馈。

（2）看输出。由于反馈电路接在输出端，所以是电压反馈。

（3）看输入。反馈电路接在输入回路的发射极，所以是串联反馈。

（4）看电容。在反馈电路中无电容，所以交、直流均存在反馈。

（5）看极性。假设第一级基极输入信号瞬时极性为“+”，则经第一级放大，第一级集电极输出信号为“–”，再经第二级放大，第二级集电极输出信号为“+”，经 R_f、R_{E1} 送回第一级放大器发射极，反馈电压 u_f 为“+”，使净输入信号（$u_{be}=u_i-u_f$）减小，说明电路引入了负反馈。

综上所述，放大电路通过 R_f、R_{E1} 为电路引入了电压串联交、直流负反馈，简称电压串联负反馈。

四、负反馈对放大器性能的影响

1. 提高放大倍数的稳定性

温度变化、负载变化、更换三极管等都会引起电压放大倍数 A_u 的变化，如果引入负反馈，则能减少这种变化。如由于某种原因使放大电路的输出信号增大，电路又存在负反馈，则反馈信号也将跟着增大。经反馈网络送回输入回路，使放大器的净输入信号相应减小，结果输出信号也相应减小，从而使放大电路输出信号幅度稳定，达到稳定放大倍数的目的。

电压负反馈能稳定输出电压，电流负反馈能稳定输出电流。

2. 改善非线性失真

由于三极管是非线性元件，所以一个无负反馈的放大器，即使设置了合适的静态工作点，当输入信号过大时，也会产生失真。

如图 2–43a 所示，由于三极管输入特性的非线性，当输入信号幅度过大时，i_b 的波形明显上大下小，即产生了失真，最终使输出电压 u_o 相对于输入电压 u_i 产生了失真。

放大器引入负反馈以后情况又会如何呢？在没有引入负反馈时，输出电压 u_o 的波形是上大下小的，如图 2–43b 所示。引入负反馈后，由于负反馈电压 u_f 与 u_o 成正比，所以 u_f 也是上大下小的，而净输入电压 $u'_i=u_i-u_f$，用正、负半周对称的 u_i 减去一个上大下小的 u_f 波形，其结果 u'_i 是上小下大的波形。这种现象称为放大器的“预失真”。这种不对称的 u'_i 波形加到基本放大器以后，和放大器本身对信号放大的不对称性互相抵消，从而使输出波形 u_o 趋于对称，因此非线性失真得到改善，如图 2–43c 所示。

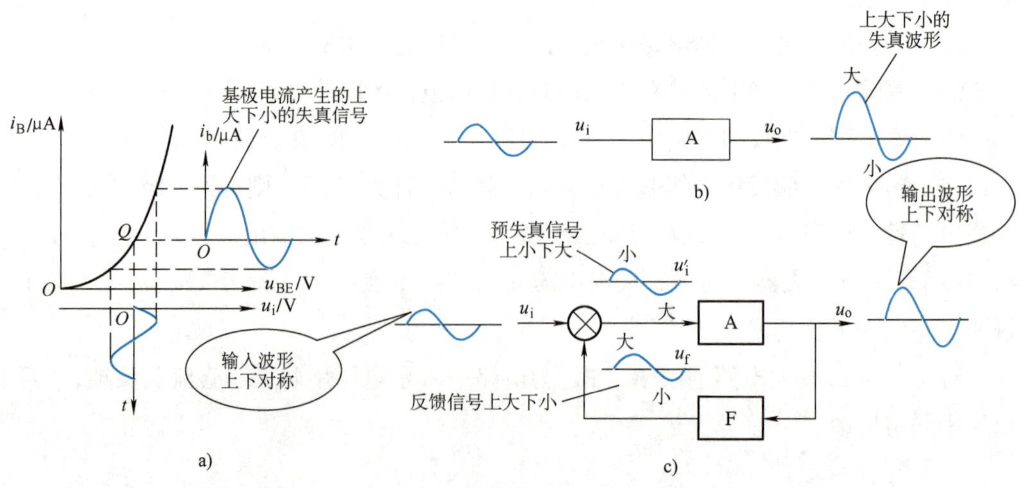

图 2–43 负反馈减小非线性失真

小提示

引入负反馈并不能彻底消除非线性失真。如果输入信号本身就有失真，引入负反馈也无法改善，因为负反馈所能改善的只是放大器所引起的非线性失真。

3. 影响输入电阻和输出电阻

负反馈对放大器输入电阻和输出电阻的影响，与反馈电路在输入端和输出端的连接方式有关。

（1）对输入电阻的影响

负反馈对输入电阻的影响取决于反馈电路在输入端的连接方式。

1）串联负反馈使输入电阻增大

如图 2–44a 所示，在串联负反馈中，反馈电压使净输入电压（$u'_i=u_i-u_f$）减小，输入电流 i_i 也随之减小。而输入电阻 $r_i=u_i/i_i$，故在输入信号 u_i 不变的情况下，相当于放大器输入电阻增大了。

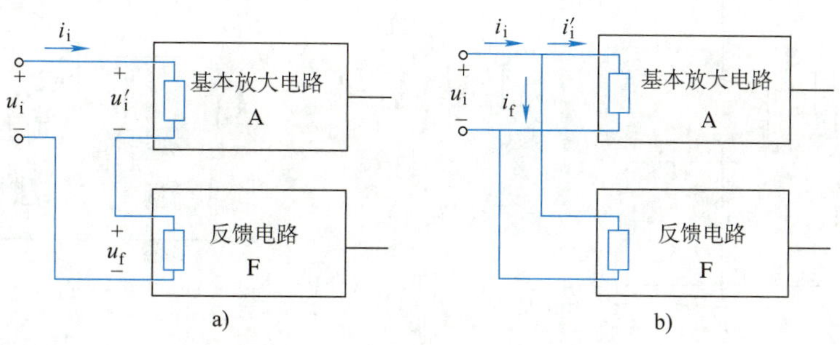

图 2–44 负反馈对输入电阻的影响
a）串联负反馈 b）并联负反馈

2）并联负反馈使输入电阻减小

如图 2–44b 所示，在并联负反馈中，反馈电路是以并联（对信号源而言）形式接入时，输入信号不变，而引入的并联负反馈信号对输入电流起分流作用，这时，i_i 增大。输入电阻 $r_i=u_i/i_i$，在输入信号电压 u_i 不变的情况下，相当于放大器输入电阻减小了。

（2）对输出电阻的影响

负反馈对输出电阻的影响，与反馈电路在输出端的连接方式有关。

1）电压负反馈使输出电阻减小

电压负反馈具有稳定输出电压的作用，这时放大器相当于一个电压源，而电压源的内阻较小，所以放大器的输出电阻减小了。

2）电流负反馈使输出电阻增大

电流负反馈具有稳定输出电流的作用，这时放大器相当于一个电流源，而电流源的内阻较大，所以放大器的输出电阻增大了。

此外，在放大电路中引入负反馈后，还能提高电路的抗干扰能力，展宽频带宽度等。

总之，在放大电路中引入负反馈是以牺牲放大倍数为代价，换取放大器各方面性能的改善。若在电路中引入正反馈，对放大电路的影响与之相反，虽然放大倍数增加了，但却使放大器性能变差。所以，一般放大电路中不引入正反馈，正反馈主要应用在振荡电路中。

五、负反馈放大电路的特例——射极输出器

1. 电路组成

图 2-45a 所示电路，输出信号是从发射极取出的，故称该电路为“射极输出器”。输入信号 u_i 经耦合电容 C1 加到基极与“⊥”之间，输出信号 u_o 由发射极与“⊥”之间经耦合电容 C2 输出。由图 2-45c 所示交流通路可以看出，输入和输出的公共端为集电极，因此，该电路又称为“共集电极放大电路”。

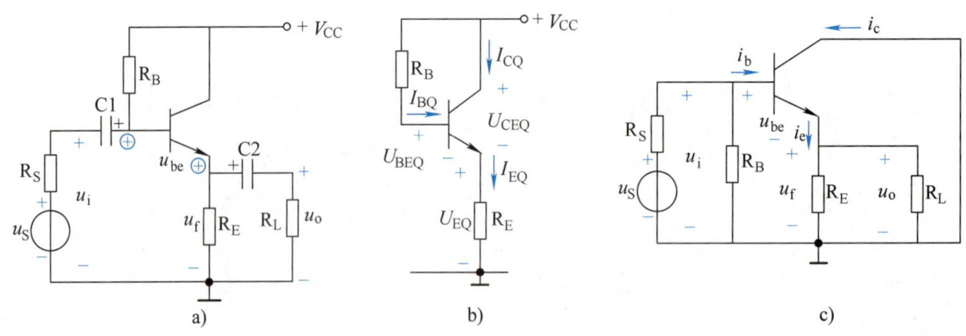

图 2-45　射极输出器

a）电路　b）直流通路　c）交流通路

电阻 R_E 是联系输出和输入的公共支路，所以 R_E 为反馈元件。它在输出回路中接在输出端，所以是电压反馈；在输入回路中接在发射极，所以是串联反馈。利用瞬时极性法，可判断 R_E 为电路引入了负反馈。所以，R_E 为电路引入了“电压串联负反馈”。

想一想

电压串联负反馈对放大器的性能会产生什么影响？

2. 射极输出器的特点

（1）电压放大倍数接近于 1

由输入回路可得

$$u_i=u_{be}+u_f=u_{be}+u_o$$

故 $$u_o=u_i-u_{be}\approx u_i$$

由此可知，射极输出器输出电压 u_o 总是略小于输入电压 u_i。这表明射极输出器电压放大倍数略小于 1（近似为 1），即它没有电压放大作用，但是因它的射极电流 i_e 仍然是基极电流的（$1+\beta$）倍，所以仍具有电流放大作用。

（2）输出电压与输入电压相位相同

根据瞬时极性法判断，射极输出器输出电压瞬时极性与输入电压的瞬时极性是相同的，即 u_o 与 u_i 是同相位。由于射极输出器的输出电压 u_o 与输入电压 u_i 相位相同，且近似相等，可近似看作 u_o 随 u_i 的变化而变化，所以射极输出器又称为“射极跟随器”，简称“射随器”。

（3）输入电阻很大

经计算可得射极输出器输入电阻为

$$r_i=R_B//[r_{be}+(1+\beta)R'_L]$$

式中，$R'_L=R_L//R_E$。

由此可知，射极输出器输入电阻比无反馈的共射极基本放大电路的输入电阻（$r_i=R_B//r_{be}\approx r_{be}$）大得多。

（4）输出电阻很小

经计算可得射极输出器输出电阻为

$$r_o=\frac{r_{be}+R_S}{1+\beta}//R_E$$

式中，R_S 为信号源内阻。

由上式可见，射极输出器输出电阻很小。

从射极输出器的输入端看，它表现出很大的电阻；从输出端看，它表现出很小的电阻。所以，射极输出器又称为“阻抗变换器”。

综上所述，射极输出器是一种典型的电压串联负反馈电路，它具有输入电阻很大而输出电阻很小的特点，并且输出电压与输入电压同相位，电压放大倍数近似为 1。尽管射极输出器的电压放大倍数略小于 1，但其输出电流为基极电流的（$1+\beta$）倍，具有电流放大作用，因此它仍具有一定的功率放大能力。

3. 电路应用

射极输出器具有输入电阻很大、输出电阻很小及电压跟随作用，有一定的电流和功率放大作用，因而它的应用十分广泛。

（1）用作多级放大电路的输入级，因输入电阻很大，可减轻信号源的负担。

（2）用作多级放大电路的输出级，因输出电阻很小，可以提高带载能力。

（3）用作多级放大电路的中间级，因其具有电压跟随作用，且输入电阻大，对前级的影响小；输出电阻小，对后级的影响也小。用作中间级时可起缓冲、隔离作用。

技能训练 5　多级负反馈放大电路的安装与调试

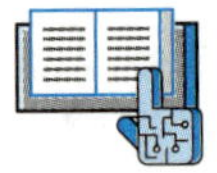

训练目标

1. 能正确识读多级负反馈放大电路工作原理图，会分析多级负反馈放大电路的工作过程。

2. 能利用相关手册和网络等资源查询三极管主要参数。

3. 能正确识别和检测所用元器件，并结合电路原理图和印制电路板，找到对应元器件的安装位置。

4. 能按要求和计划正确使用工具进行线路焊接和安装。

5. 熟悉多级负反馈放大电路静态工作点和电压放大倍数的测量方法。

6. 能验证负反馈降低电压放大倍数和负反馈可以改善失真的结论，进一步理解负反馈对放大电路性能的影响。

7. 能根据外观和测试结果判断电路是否满足工艺和性能要求，能判断电路是否存在故障，并顺利排除故障。

8. 训练过程中能自觉遵守安全操作规范，训练结束后能自觉清理场地、归置物品。

训练准备

1. 仪器设备和工具准备

直流稳压电源、低频信号发生器、示波器、晶体管毫伏表、万用表（数字式或指针式）和常用电子装配工具等。

2. 元器件准备

训练所需元器件清单见表 2–33。

表 2–33　元器件清单

代号	名称	型号 / 规格	数量	代号	名称	型号 / 规格	数量
R_{B11}、R_{B12}	碳膜电阻器	20 kΩ	2	R_{E1}、R_{E2}	碳膜电阻器	1 kΩ	2
R_{C1}、R_{C2}、R_L	碳膜电阻器	2.4 kΩ	3	R_f	碳膜电阻器	8.2 kΩ	1

续表

代号	名称	型号 / 规格	数量	代号	名称	型号 / 规格	数量
R_{f1}	碳膜电阻器	100 Ω	1	C_{E1}、C_{E2}	电解电容器	100 μF/25 V	2
R、R_{B22}	碳膜电阻器	10 kΩ	2	C_f	电解电容器	22 μF/50 V	1
R_{B21}	碳膜电阻器	5.1 kΩ	1	V1、V2	三极管	9013	2
RP1	可调电阻器	100 kΩ	1	S1、S2	开关		2
RP2	可调电阻器	47 kΩ	1		针座	2 位	2
C1、C2、C3	电解电容器	10 μF/50 V	3		螺栓式端子	2 位	1

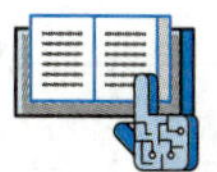

训练内容

一、实训电路分析

如图 2–46 所示为两级阻容耦合负反馈放大电路。在电路中通过 R_f 和 C_f 把输出电压 u_o 引回到输入端，通过 S2 加在 V1 的发射极上，在发射极电阻 R_{f1} 上形成反馈电压 u_f，属于电压串联交流负反馈。

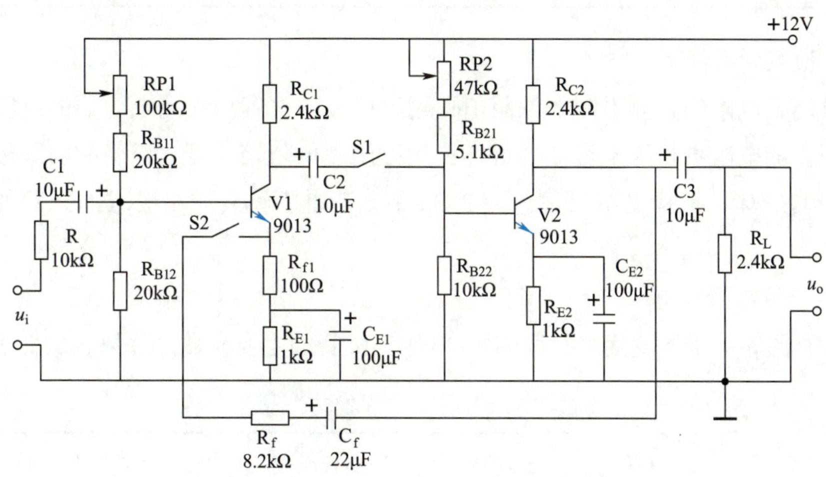

图 2–46 多级负反馈放大电路原理图

二、装配电路

1. 识读电路原理图和印制板装配图。

2. 制订实训计划，准备电子装配工具及仪器仪表，做好设备安全防护措施。

3. 元器件识别与检测

（1）清点元器件

按照表 2–33 核对元器件的数量、型号和规格，并把标称值填入表 2–34 中。如有短缺、差错应及时补缺和更换。

表 2–34　元器件的标称值及检测结果

代号	标称值	检测值	代号	标称值	检测值
R_{B11}			R_f		
R_{B12}			R_{f1}		
R			C1		
R_{B21}			C2		
R_{B22}			C3		
RP1			C_{E1}		
RP2			C_{E2}		
R_{E1}			C_f		
R_{E2}			**代号**	**检测结果**	
R_{C1}			V1		
R_{C2}			V2		
R_L					

（2）检测元器件

用万用表电阻挡检测电阻器的阻值；用万用表的电容挡检测电容器的电容；用指针式万用表的电阻挡检测电容器的好坏；用万用表电阻挡检测三极管的引脚极性、管型并判断其好坏，把检测结果填入表 2–34 中。若有不符合质量要求的元器件，应剔除和更换。

4. 三极管参数查询

通过查阅相关手册或网络获取图 2–46 中三极管的主要参数，并填入表 2–35 中。

表 2–35　三极管主要参数记录表

三极管型号	P_{CM}/mW	I_{CM}/mA	$U_{(BR)CEO}$/V	h_{FE}（≈ β）	I_{CBO}/μA
9013					

5. 电路装配

按照图 2–46 所示电路原理图，将元器件正确插装在印制电路板上后进行焊接固定。注意：电解电容器的极性和三极管的引脚不要插错。安装好的电路板如图 2–47 所示。

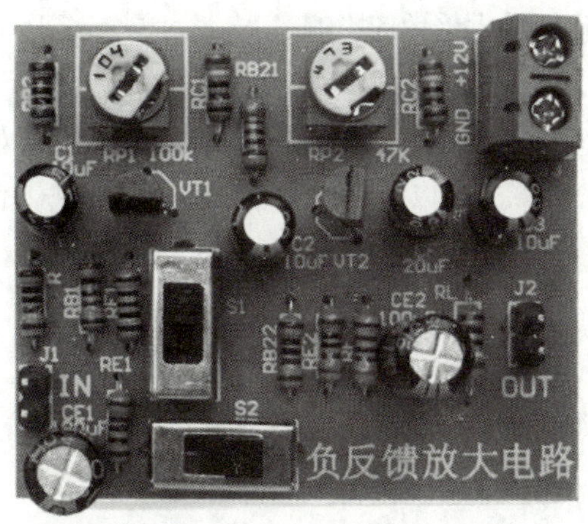

图 2–47 安装好的多级负反馈放大电路板

6. 自检与互检

安装完成后，对照原理图仔细检查电路是否安装正确，导线、焊点是否符合要求。检查时应特别注意：元器件引脚之间有无短路；电源的正、负极有无接反，正、负极之间有无短路现象；电源线、地线是否接触可靠；电解电容器极性有无接反；三极管引脚接线有无接错。测量时应直接测量元器件引脚，这样可以同时发现是否有接触不良的地方。先进行自检与互检，待教师确认无误后，再通电调试。

三、电路测试

1. 通电观察

先把稳压电源调节至 12 V，用红色导线把电源正极连接到放大电路的 12 V 电源端，用黑色导线把电源的负极连接到放大电路的接地端。此时，不应急于测量数据，而应先观察有无异常现象，包括电路中有无冒烟、有无异常气味、元器件是否发烫，以及电源输出有无短路现象等。如出现异常现象，应立即切断电源，检查电路，排除故障，待故障排除后方可重新接通电源。然后再检查各元器件的引脚对地电压是否满足要求。

2. 静态工作点测试

将电路的输入端用导线短路。用万用表直流电压挡分别测量第一级 V1 和第二级 V2 的 U_B、U_E、U_C，记入表 2–36 中，并计算出 $I_C\left(I_{C1}\approx\frac{U_{E1}}{R_{E1}+R_{f1}},\ I_{C2}\approx\frac{U_{E2}}{R_{E2}}\right)$。

表 2–36 多级负反馈放大电路的静态工作点

电路放大级	U_B/V	U_E/V	U_C/V	I_C/mA
第一级				
第二级				

3. 探究负反馈对电压放大倍数的影响

（1）闭合开关 S1，断开开关 S2（没有负反馈），接上低频信号发生器，给放大电路输入幅度为 2 mV、频率为 1 kHz 的正弦波信号。用示波器观察放大电路的输出波形，保证 u_o 不失真，若失真，可以适当减小 u_i。用晶体管毫伏表测量此时的 U_i 和 U_o，计算开环电压放大倍数 $A_u=\dfrac{U_o}{U_i}$，把结果记录在表 2–37 中。

（2）保持 u_i 不变，合上开关 S2（有负反馈）。用晶体管毫伏表测量此时的 U_i 和 U_o，计算闭环电压放大倍数 $A_{uf}=\dfrac{U_o}{U_i}$，把结果记录在表 2–37 中。

（3）比较以上两种情况下放大倍数的变化。

表 2–37　负反馈对电压放大倍数的影响

无反馈时	U_i/V	U_o/V	A_u
有负反馈时	U_i/V	U_o/V	A_{uf}

4. 观察负反馈对非线性失真的改善

（1）断开开关 S2，在放大电路输入端加入频率为 1 kHz 的正弦波信号，输出端接示波器，逐渐增大输入信号的幅度，当输出波形开始出现失真时，记下此时的波形和输出电压，并填入表 2–38 中。

表 2–38　负反馈对输出波形的改善

反馈情况	输出波形	输出电压
无反馈	u_o O t	
有负反馈	u_o O t	

（2）闭合开关 S2，增大输入信号幅度，使输出电压幅度大小与上面相同，观察有负反馈时输出波形的变化，并记入表 2-38 中。

测试过程中，不能凭感觉和印象，要始终借助仪器，边记录，边分析，边解决问题。如电路出现故障，把故障现象和排除故障的方法记录在表 2-39 中。

表 2-39　故障现象和排除故障的方法

故障现象	
排除故障的方法	

四、清理现场

按照现场管理规范清理场地，归置物品。

训练测评

对自己在本次训练中的综合表现进行评价。扫描右侧二维码可查看评价项目、内容及标准。

§2-6　功率放大电路

学习目标

1. 了解低频功率放大器的基本要求和分类。
2. 理解 OTL 和 OCL 功率放大器的工作原理。
3. 了解复合管的结构、组成规则及特点。
4. 了解功率放大管的散热及安全保护措施。
5. 了解典型集成功率放大器的引脚功能及应用。

电子设备是要驱动负载工作的，如收音机中的扬声器（喇叭）要发出声音、电动机要旋转、继电器触点要动作、仪表要指示数据等。这些负载需供给足够的功率才能发挥其功能。前面讨论的低频电压放大器的主要任务是把微弱的信号电压放大，输出功率不一定大。在多级放大电路的末级，通常采用既能输出较高电压又能输出较大电流，也就是能输出一定功率的功率放大电路。

从能量控制的观点来看，低频功率放大器和低频电压放大器没有本质的区别；但是从完成的任务来看，它们是不同的。低频电压放大器主要是要求它向负载提供不失真的电压信号，讨论的主要是电压放大倍数、输入电阻、输出电阻等；而对低频功率放大器主要要求它输出足够大的不失真（或失真很小）的功率信号，因此对它就有一些特殊要求。

一、低频功率放大器的基本要求和分类

功率放大电路又称为功率放大器，简称“功放”。功放中使用半导体三极管作为主要器件，称为功率放大管，简称“功放管”。本书主要介绍的是低频功率放大器。

1. 对功率放大器的基本要求

（1）有足够大的输出功率。

（2）效率要高。

（3）非线性失真要小。

（4）功放管的散热要好。

2. 功率放大器的分类

功率放大器的种类很多。按功放管工作点的位置不同，有甲类、乙类和甲乙类三类功率放大器。三类功率放大器的特性、输出图形及应用见表 2–40。

表 2–40　三类功率放大器的特性、输出图形及应用

类型	特性	输出图形	应用
甲类功率放大器	当静态工作点 Q 设在交流负载线中点时，功放管在整个信号周期内都有电流通过，输出波形是完整的正弦波	i_C Q O V_{CC} u_{CE}	作为功率放大器的激励级或用在小功率放大器中

续表

类型	特性	输出图形	应用
乙类功率放大器	若静态工作点 Q 设在横轴上（$I_{BQ}=0$，$I_{CQ}=0$），功放管仅在信号的半个周期内有电流通过，其输出波形被削掉一半	i_C Q O V_{CC} u_{CE}	一般应用在一些功率要求高，而音质要求不高的功放电路中
甲乙类功率放大器	若将静态工作点 Q 设在甲类和乙类之间且靠近乙类处，功放管在半个周期多一点内有信号电流通过，输出波形被削掉一部分	i_C Q O V_{CC} u_{CE}	广泛应用在音频放大器中作为功放

按功率放大器输出端特点不同分类，可分为变压器耦合功率放大器、无输出变压器功率放大器（OTL 电路）和无输出电容功率放大器（OCL 电路）。

变压器耦合功率放大器可通过变压器的阻抗变换特性，使负载获得最大输出功率，但由于变压器体积大、笨重、频率特性较差，且不便于集成化，目前已很少使用。OTL 和 OCL 电路都不用输出变压器，且都有集成电路，所以应用较广。这两个电路实质上是由两个射极输出器组成的互补对称的电路结构。

二、互补对称功率放大器

甲类功率放大电路输出波形较好，但因管耗大，效率较低。乙类功率放大电路虽然管耗较小，有利于提高效率，但存在严重的失真，会使输入信号的半周被削掉。但若采用两个导电性相反的管子，使它们都工作在乙类放大状态，一个在正半周工作，另一个在负半周工作，同时把两个输出波形加到负载上，便可在负载上得到完整的输出波形，这样就解决了效率与失真的矛盾。由于两只三极管工作特性对称，互补对方不足，故称为互补对称功率放大器。

1．单电源供电的互补对称功放电路（OTL 电路）

（1）电路组成及工作原理

图 2-48 所示为 OTL 电路。V1 和 V2 为一对导电性能相反的管子，两管接成射极输出形式，由于输出电阻很小，所以无须变压器就能与低阻负载很好地匹配。大容量的电容 C 既是输出耦合电容，同时又充当电源。

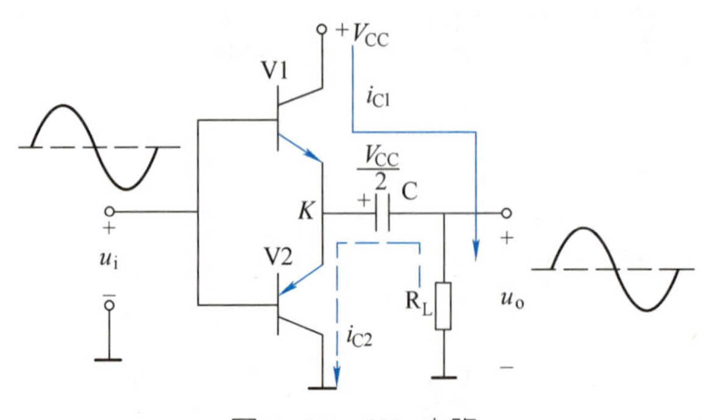

图 2–48　OTL 电路

静态时，由于电路结构对称，所以 $U_K=V_{CC}/2$，因两管均无偏置，两管均处于截止状态，$I_{BQ}=0$，$I_{CQ}=0$，工作在乙类状态。

当输入信号为正半周时，V1 导通，V2 截止，电源 V_{CC} 通过 V1 向电容 C 充电，如图 2–48 中实线所示方向。

当输入信号为负半周时，V2 导通，V1 截止，此时电容 C 上的电压（$U_C=V_{CC}/2$）通过 V2 放电，集电极电流 i_{C2} 流过负载 R_L，如图 2–48 中虚线所示方向，流过 R_L 的方向与 i_{C1} 方向相反。功放管 V1 和 V2 交替工作，在 R_L 上可获得正、负半周完整的输出信号波形，实现了信号的功率放大。

小提示

虽然电容 C 在工作中有时充电，有时放电，但因其容量较大，所以电容两端的电压基本维持在 $V_{CC}/2$，起电源的作用。

（2）实用的 OTL 电路

OTL 功放管工作在乙类状态，效率较高。而实际上这种电路的输出波形并不能很好地反映输入信号的变化，而是在正、负半周的交界处出现了与输入不同的失真波形，这种失真称为“交越失真”。经实验模拟后通过双踪示波器可观察到如图 2–49 所示的波形。

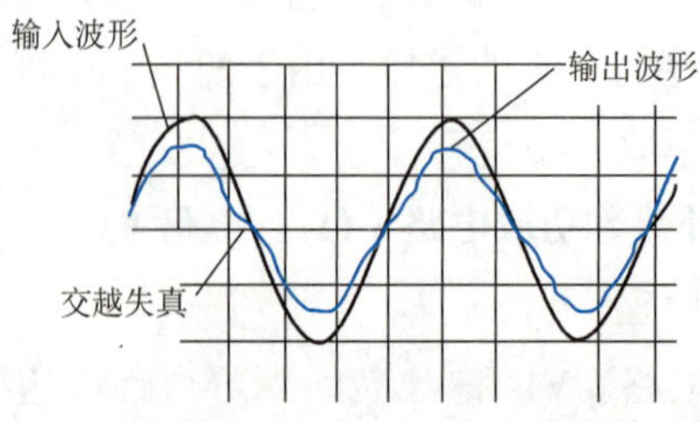

图 2–49　交越失真波形

想一想

产生交越失真的原因是什么？如何消除交越失真？

交越失真产生的原因是功放管工作在乙类放大状态时，两管发射结都没有设置偏置电压。当输入信号电压小于死区电压时，V1 和 V2 均处于截止状态；当信号在过零附近时，没有输出信号，因而产生了失真。

消除交越失真的方法是给 V1、V2 的发射结加上很小的正向偏置电压，使其在静态时处于微导通状态，这样输入信号一旦加入，三极管立即进入线性放大区，从而克服了交越失真。图 2–50 所示电路为实用的 OTL 电路。

二极管 V3、V4 是它们的偏置电路，供给 V1、V2 两管一定的偏置电压，确保两管静态时处于微导通（甲乙类）状态。由 V5 组成工作点稳定的偏置放大电路工作于甲类状态。R2 为电路引入了电压并联负反馈，使 U_K 趋于稳定，使 V5 获得稳定的电源电压，同时，也改善了放大电路的动态性能指标。

OTL 电路虽采用单电源供电，但频率响应较差，不利于电路的集成化。所以一些高级音响设备中大多采用双电源供电的互补对称功放电路。

2. 双电源供电的互补对称功放电路（OCL 电路）

在图 2–50 所示 OTL 电路中，电容 C 为功放管供电，实际起负电源的作用。如果直接用一个负电源代替电容 C，就构成了 OCL 电路，如图 2–51 所示。

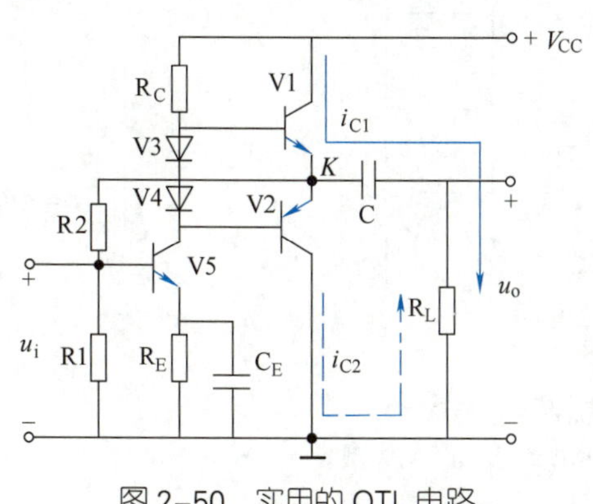

图 2–50 实用的 OTL 电路

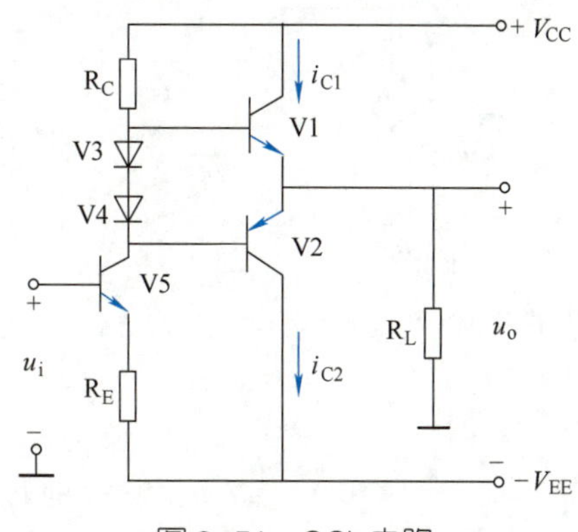

图 2–51 OCL 电路

OCL 电路与 OTL 电路工作原理很相似，但电路采用直接耦合形式，由于没有大容量的电容，低频特性较好，而且便于集成化，所以广泛应用于高保真音响设备中。

三、复合管

在功率放大电路中，常采用电流放大系数 β 较大的功放管，但大功率功放管的电流放大系数 β 往往较小，且选用特性一致的互补管也比较困难，在实际应用中，常采用复合管来解决这两个问题。

用两个或两个以上三极管按一定规律进行组合，等效成一个功放管，该管即称为复合管，又称达林顿管。复合管通常由两个三极管组成，以小功率管作为输入管，大功率管作为输出管。这两个三极管可以是同型号的，也可以是不同型号的；可以是相同功率的，也可以是不同功率的。无论怎样组合连接，复合管的电流放大系数均约等于两个三极管的电流放大系数之积，即 $\beta=\beta_1\beta_2$。复合管的常见组合方式如图 2–52 所示。

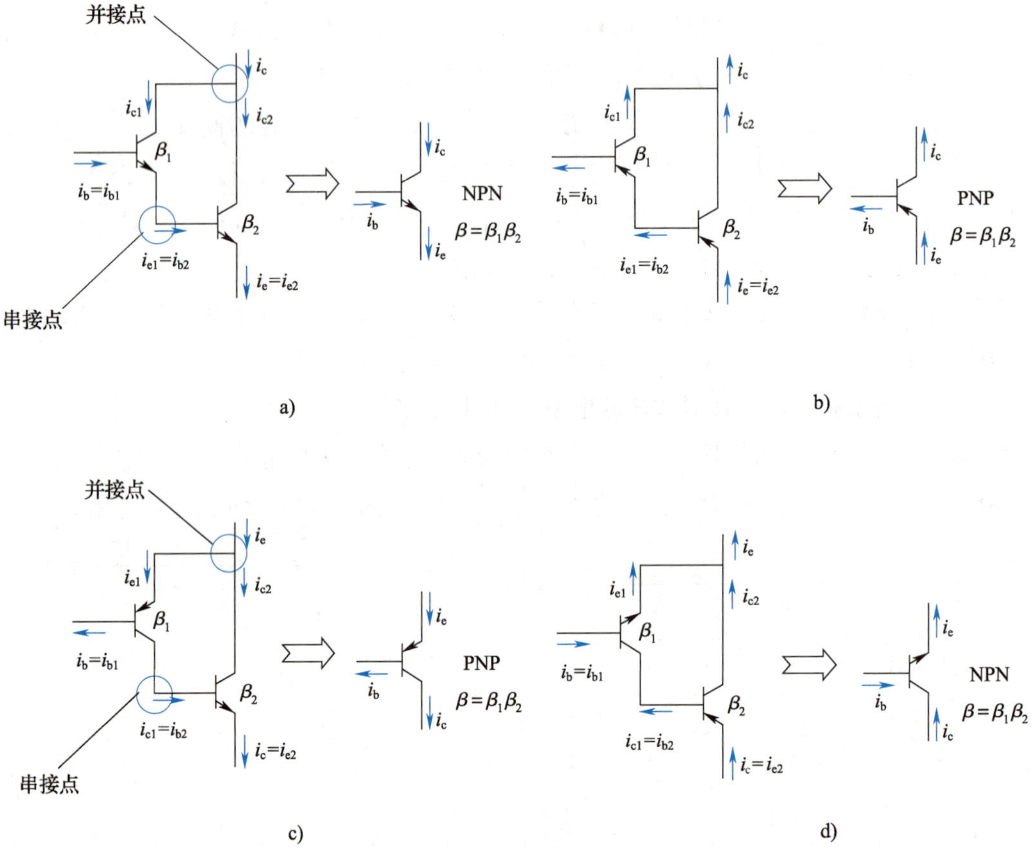

图 2–52　复合管的常见组合方式

a）NPN 型管　b）PNP 型管　c）PNP 型管　d）NPN 型管

常见的组合方式中，在串接点，必须保证电流的连续性；在并接点，必须保证总电流为两个三极管电流的代数和。同类型的两个三极管复合时，第一个三极管的发射极与第二个三极管的基极相连；不同类型的两个三极管复合时，第一个三极管的集电极与第二个三极管的基极相连。

四、功放管的散热及安全保护

在功率放大电路中，功放管既要流过大电流，又要承受高电压。三极管内部 PN

结温度过高会使功放管的管耗增大，若超过管子的最大耗散功率，就会烧坏管子，这是功放管损坏的重要原因。为了保证功放管的安全工作，在实际电路中，常采用一些保护措施，以防止功放管过电压、过电流和过功耗。

1. 安装散热器

为了使放大器能输出大的功率且功放管不损坏，需降低功放管结温，常见措施是安装散热器，散发集电极产生的热量。在散热器上安装大功率管时，散热器与功放管之间应紧贴，固定螺钉要旋紧。功放管集电极（管壳）与散热器之间可垫入薄云母片或专用绝缘导热膜，各接触面之间涂以硅脂（一种导热绝缘材料），以免电极间短路。

2. 采用过电压、过电流保护措施

过电压和过电流是指三极管的电压、电流超过其允许的规定值而造成管子性能下降或损坏。为了防止功放管出现过电压、过电流，使用时不要将负载开路或短路，也不要突然加强信号，同时不允许电源电压有很大的波动。在功放管的输入、输出端并联保护二极管或稳压二极管，限制输入、输出信号的幅度。为了防止由于接入感性负载而使功放管产生过电压或过电流现象，可在感性负载（如扬声器）两端并接 RC 串联电路，避免对功放管的冲击。

五、集成功率放大器

随着集成技术的不断发展，集成功率放大器产品越来越多。集成功放具有输出功率大、频率特性好、非线性失真小、外围元件少、成本低、使用方便的特点，因此被广泛应用在收音机、录音机、电视机及直流伺服系统中。下面简单介绍目前应用较多的小功率音频集成功放 LM386。

集成功放 LM386 为 8 脚双列直插式塑料封装结构，图 2-53 为其外形图，其引脚如图 2-54 所示。

图 2-53 LM386 外形图

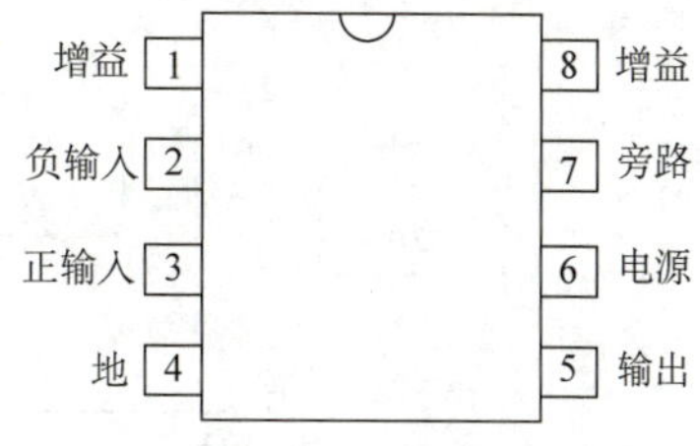

图 2-54 LM386 引脚图

集成功放 LM386 是一种通用型宽带集成功率放大器，属于 OTL 电路，适用的电源电压为 4 ~ 12 V，常温下功耗在 660 mW 左右。

LM386 的应用很广，其具有低电压和低功耗的特点，因此特别适用于用干电池作电源的装置中。下面介绍几种典型应用电路。

1. 电压增益为 20 倍的放大电路

如图 2-55 所示电路中，LM386 的引脚 1、8 间未接任何元件，是一种外接电路元件最少的电路接法。此时电路的电压增益仅由内部电阻决定，为 20 倍。C5 是输出耦合电容；R2、C4 串联构成校正网络用来进行相位补偿；C2 为旁路电容；C3 为去耦电容，用于滤掉电源的高频交流成分。

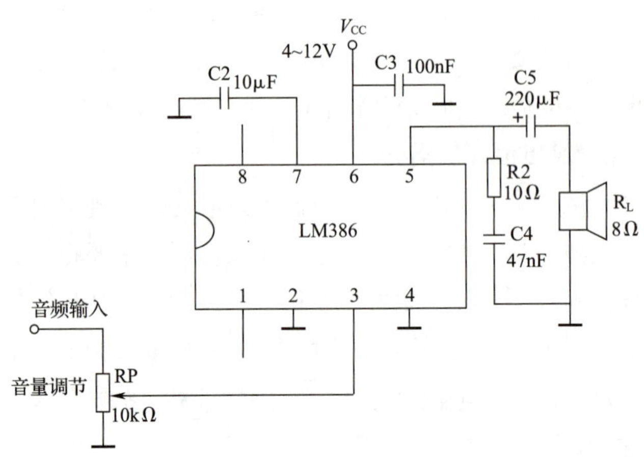

图 2-55　典型电路一

2. 电压增益为 50 倍的放大电路

如图 2-56 所示电路中，在 LM386 的引脚 1、8 间接入 R1、C1，这是 LM386 的一般接法电路，其中 R1 改变了 LM386 的电压增益，使 $A_u \approx 50$。

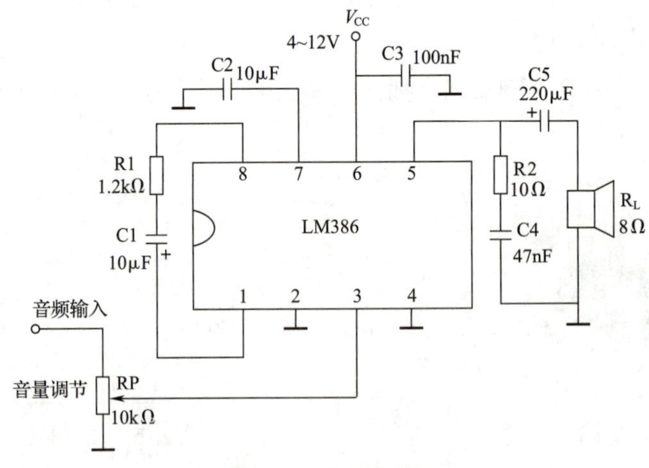

图 2-56　典型电路二

3. 电压增益为 200 倍的放大电路

如图 2-57 所示电路是 LM386 电压增益最大时的一种用法，C1 使引脚 1 和 8 交流短路，使 $A_u \approx 200$。

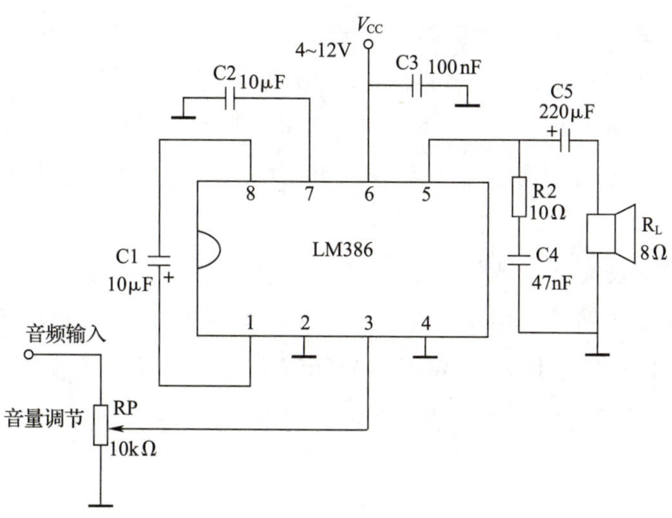

图 2-57 典型电路三

知识拓展

常用集成功率放大器的封装外形与引脚识别方法

常用集成功率放大器的封装外形如图 2-58 所示。最常用的封装材料有塑料、陶瓷及金属三种。圆筒形金属壳封装多为 8 脚、10 脚及 12 脚，菱形金属壳封装多为 3 脚及 4 脚，扁平形陶瓷封装多为 12 脚及 14 脚，单列直插式塑料封装多为 9 脚、10 脚、12 脚、14 脚及 16 脚，双列直插式陶瓷封装多为 8 脚、12 脚、14 脚、16 脚及 24 脚，双列直插式塑料封装多为 8 脚、12 脚、14 脚、16 脚、24 脚、42 脚及 48 脚。

a)

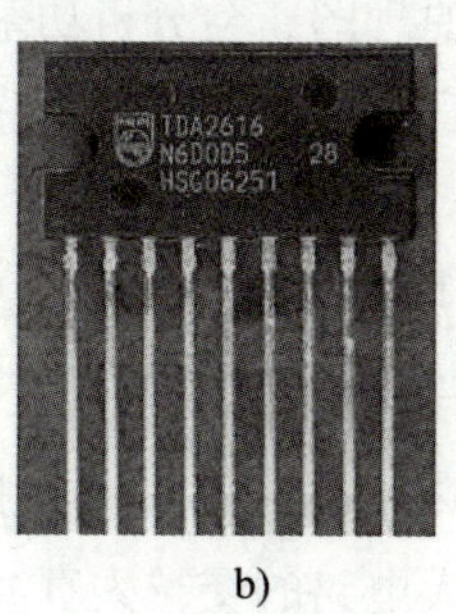

b)

c)

图 2-58 常用集成功放的封装外形

a）圆筒形 b）扁平形 c）双列直插式

集成功率放大器的封装外形不同，其引脚排列顺序也不一样。对于圆筒形和菱形金属壳封装的集成电路，识别引脚时应面向引脚（正视），由定位标记所对应的引脚开始，按逆时针方向依次数到底即可，常见的定位标记有凸耳、圆孔及引脚不均匀排列等。

对单列直插式集成电路，识别其引脚时应使引脚向下，面对型号或定位标记，从定位标记对应一侧的第一个引脚数起，依次为1脚、2脚、3脚……这一类集成电路上常用的定位标记为色点、凹坑、小孔、线条、色带、缺角等。

对双列直插式集成电路，识别其引脚时，若引脚向下，即其型号、商标向上，定位标记在左边，则从左下角第一个引脚开始，按逆时针方向，依次为1脚、2脚、3脚……

有少数器件上没有引脚识别标记，这时应从它的型号上加以区别。若其型号后缀中有一字母R，则表明其引脚顺序为自右向左反向排列。例如M5115P与M5115PR、HA1339A与HA1339AR、HA1366W与HA1366WR等，前者引脚排列顺序自左向右，为正向排列；后者引脚排列顺序则自右向左，为反向排列。

技能训练6　分立元件功率放大电路的安装与调试

训练目标

1. 能正确识读功率放大电路工作原理图，会分析功率放大电路的工作过程。

2. 能正确识别和检测所用元器件，并结合电路原理图和印制电路板，找到对应元器件的安装位置。

3. 能按要求和计划正确使用工具进行线路焊接和安装。

4. 能运用低频信号发生器、示波器和万用表测量、计算放大器的电压放大倍数、最大输出功率和效率，并正确记录测试结果，及时总结测试和安装技巧。

5. 能熟练使用示波器观测功率放大电路的交越失真波形。

6. 能根据外观和测试结果判断电路是否满足工艺和性能要求，能判断电路是否存在故障，并顺利排除故障。

7. 训练过程中能自觉遵守安全操作规范，训练结束后能自觉清理场地、归置物品。

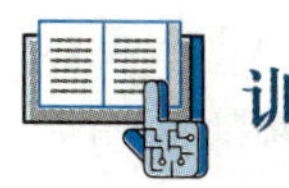

训练准备

1. 仪器设备和工具准备

直流稳压电源、低频信号发生器、示波器、万用表（数字式或指针式）和常用电子装配工具等。

2. 元器件准备

训练所需元器件清单见表 2–41。

表 2–41 元器件清单

代号	名称	型号 / 规格	数量	代号	名称	型号 / 规格	数量
R1、R7、R8、R9	碳膜电阻器	4.7 kΩ	4	C5	瓷片电容器	2 200 pF	1
R2	碳膜电阻器	68 kΩ	1	C6	电解电容器	100 μF/16 V	1
R3	碳膜电阻器	10 kΩ	1	C7、C8、C9	电解电容器	220 μF/10 V	3
R4、R10	碳膜电阻器	1 kΩ	2	V1、V2、V3	三极管	9014	3
R5、R11	碳膜电阻器	10 Ω	2	V4	三极管	9013	1
R6	碳膜电阻器	1.5 kΩ	1	V5	三极管	8550	1
R12、R13	碳膜电阻器	180 Ω	2	V6	三极管	9012	1
RP1	电位器	10 kΩ	1	V7	三极管	8050	1
RP2	可调电阻器	10 kΩ	1	B	扬声器	8 Ω/5 W	1
RP3	可调电阻器	5 kΩ	1		螺栓式端子	2 位	1
C1、C3、C4	电解电容器	10 μF/25 V	3		针座	XH2.54–2P	1
C2	瓷片电容器	100 pF	1		电池盒		1

训练内容

一、实训电路分析

如图 2–59 所示为单电源供电的 OTL 功率放大电路。V1 是前置电压放大级；C2 为消振电容器，用于消除电路可能产生的自激振荡；V2 为推动管，工作在甲类状态，它给功率放大电路的输出级以足够的推动信号；R2、R3 和 RP2 既是 V1 的基极偏置电阻又是 V2 的基极偏置电阻；复合管 V4、V5 与 V6、V7 是互补对称推挽功放管，组成功率放大电路的输出级；R7、R8、R9、RP3 和三极管 V3 构成的电路接在 V2 集电极上，V3 的集电极与发射极间的电压作为互补对称功放管的偏置电压，使复合管静态时处于微导通状态，保证其工作在甲乙类状态，以消除交越失真；调节 RP3（配合调节 RP2）可以调节 V3 的偏置电压，进而改变功放管的静态集电极电流 I_C，使它在 5 ~ 20 mA 之间；R5、R6 为电路引入了电压串联负反馈，不但稳定了电路的静态工作点，同时提高了电路输出信号的稳定性，减小了信号失真；调节 RP2 可保障 V1 工作在放大状态，还可改变中点电压 U_O，使 U_O 为电源电压的一半，即 3 V；C8、C9 和 R13 为去耦电路；R11 与 C6 的串联电路用于防止功放管由于接入感性负载而产生过电压或过电流现象；RP1 为音量调节电位器，用于调节输入信号幅度。

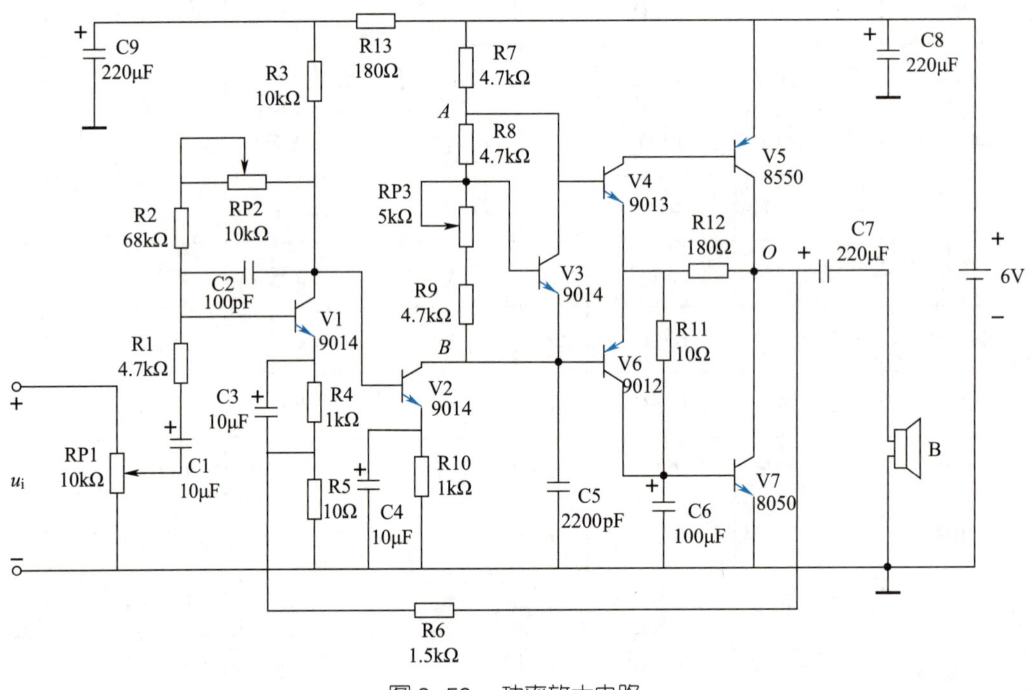

图 2-59　功率放大电路

二、装配电路

1. 识读电路原理图和印制板装配图。

2. 制订实训计划，准备电子装配工具及仪器仪表，做好设备安全防护措施。

3. 元器件识别与检测

（1）清点元器件

按照表 2–41 核对元器件的数量、型号和规格，并把标称值填入表 2–42 中。如有短缺、差错应及时补缺和更换。

表 2–42 元器件的标称值及检测结果

代号	标称值	检测值	代号	标称值	检测值
R1			C2		
R2			C3		
R3			C4		
R4			C5		
R5			C6		
R6			C7		
R7			C8		
R8			C9		
R9			**代号**	**检测结果**	
R10			V1		
R11			V2		
R12			V3		
R13			V4		
RP1			V5		
RP2			V6		
RP3			V7		
C1					

（2）检测元器件

用万用表电阻挡检测电阻器的阻值；用万用表的电容挡检测电容器的电容；用指针式万用表的电阻挡检测电容器的好坏；用万用表电阻挡检测三极管的引脚极性、管型并判断其好坏，把检测结果填入表 2–42 中。若有不符合质量要求的元器件，应剔除和更换。

（3）扬声器的检测

首先观察扬声器的纸盆、外壳有无破损，然后将数字式万用表置 200 Ω 挡，检测扬声器的直流电阻。正常情况下，阻值应比标称阻值小。同时，在表笔搭接扬声器的过程中，应能听到扬声器发出“喀喀”的声音。将检测结果填入表 2–43 中。

表 2–43　扬声器的检测

元件名称	标注内容	实测阻值	是否有“喀喀”声	检测结果
扬声器				

4. 三极管参数查询

通过查阅相关手册或网络获取图 2–59 中三极管的主要参数，并填入表 2–44 中。

表 2–44　三极管主要参数记录表

三极管型号	P_{CM}/mW	I_{CM}/mA	$U_{(BR)CEO}$/V	h_{FE}（≈ β）	I_{CBO}/μA
9012（V6）					
9013（V4）					
9014（V1、V2、V3）					
8550（V5）					
8050（V7）					

5. 电路装配

按照图 2–59 所示电路原理图，将元器件正确插装在印制电路板上后进行焊接固定。注意：电解电容器的极性和三极管的引脚不要插错。安装好的电路板如图 2–60 所示。

图 2–60　安装好的分立元件功率放大电路板

6. 自检与互检

安装完成后，对照原理图仔细检查电路是否安装正确，仔细核对元器件的位置是否正确。检查时应特别注意：元器件引脚之间有无短路；电源的正、负极性有无接反，正、负极之间有无短路现象；电源线、地线是否接触可靠；电解电容器极性有无接反；

三极管引脚接线有无接错；导线、焊点是否符合要求，有无漏焊、错焊和搭锡。测量时应直接测量元器件引脚，这样可以同时发现是否有接触不良的地方。先进行自检与互检，待教师确认无误后，再接上扬声器，通电测试。

三、电路调试

1. 通电观察

把 6 V 的直流电源接入电路，此时，不应急于测量数据，而应先观察有无异常现象，包括电路有无冒烟、有无异常气味、元器件是否发烫，以及电源输出有无短路现象等。如出现异常现象，应立即切断电源，检查电路，排除故障，待故障排除后方可重新接通电源。然后再检查各元器件的引脚电压是否满足要求。

2. 调节输出中点电位

令放大电路输入信号为零（用导线将输入端对“地”短接），用一根导线短接图 2–59 中的 A、B 两点，接通直流电源，将数字式万用表置于直流 20 V 电压挡，测量 O 点的电位。正常时，O 点电位应为电源电压的一半（3 V）。如果电位有偏差，可微调电阻 RP2，直至该点电位为电源电压的一半。调完后暂不去掉短路线。

3. 观察交越失真波形

在输入端接入频率 f=1 kHz 的正弦波信号，输出端接示波器。缓慢调节输入信号 u_i，同时调节示波器，使示波器屏幕出现清晰波形。因 A、B 两点短接，此时三极管 V4、V6 无正向偏压，通过示波器观察输出波形，并将此时的波形记录在表 2–45 中。

切断电源，拆除电路中 A、B 两点间的短接导线，重复上述实验。此时，三极管 V4、V6 有正向偏压。通过示波器观察输出波形是否还存在交越失真。比较功放管有正向偏压和无正向偏压时对输出波形的影响，并将此时的波形记录在表 2–45 中。

表 2–45 功放管有无偏压对波形的影响

功放管状态	输出波形	输出波形特点
功放管无偏压	u_o O t	

续表

功放管状态	输出波形	输出波形特点
功放管有偏压	（u_o–t 坐标轴）	

4. 调试并计算最大输出功率

在静态调试已完成的基础上，在输入端接入频率 f=1 kHz 的正弦波信号，输出端用示波器观察输出电压 u_o 的波形，然后逐步增大 u_i，使输出电压达到最大不失真输出，通过示波器读出输入电压 U_{im} 和扬声器（阻值为 R_L）上的电压 U_{om}，并记录在表 2–46 中。注意：在测试过程中不能凭感觉和印象，要始终借助仪器，边记录，边分析，边解决问题。

表 2–46 最大输出功率、效率的测量

I_C/mA	R_L/Ω	U_{im}/mV	U_{om}/V	A_u	P_{om}/W	η

放大电路的电压放大倍数：

$$A_u=\frac{U_{om}}{U_{im}}$$

最大输出功率：

$$P_{om}=\frac{U_{om}^2}{R_L}$$

5. 调试并计算效率

在输入端接入频率 f=1 kHz 的正弦波信号，逐渐增大输入信号的幅度，用示波器观察负载上的输出波形，调整 RP3，当输出波形无失真时，去掉信号源，并把两输入端短路。然后，断开直流电源，把图 2–59 中 V5 的发射极拆除，将数字式万用表置于直流 200 mA 挡，然后将数字式万用表两表笔串联在 V5 的发射极与电源进线端之间（注意红表笔接电源正极），接通直流电源，观察万用表的读数，该读数近似为功放管的静态集电极电流 I_C，即直流电源供给的平均电流。把万用表的读数记录在表 2–46 中，并由此近似求得直流电源供给的功率 $P_E=V_{CC}I_C$，然后由已测得的 P_{om} 即可求出：

$$\eta=\frac{P_{om}}{P_E}$$

将计算结果填入表 2–46 中。

如电路出现故障，把故障现象和排除故障方法记录在表 2-47 中。

表 2-47　故障现象和排除故障方法

故障现象	
排除方法及步骤	

四、清理现场

按照现场管理规范清理场地，归置物品。

训练测评

对自己在本次训练中的综合表现进行评价。扫描右侧二维码可查看评价项目、内容及标准。

本章小结

1. 三极管是一种电流控制器件，它有两个 PN 结，即发射结和集电结。三极管在发射结正偏、集电结反偏的条件下，具有电流放大作用；在发射结和集电结均反偏时，处于截止状态，相当于开关断开；在发射结和集电结均正偏时，处于饱和状态，相当于开关闭合。三极管的放大功能和开关功能在实际电路中都有广泛的应用。

2. 三极管的特性曲线反映了三极管各极之间电压和电流的关系。三极管的输出特性曲线可以分为三个区域，即放大区、截止区和饱和区。

三极管的电流放大系数 β 为

$$\beta=\Delta I_C/\Delta I_B$$

三极管三个电极电流之间的关系为

$$I_E=I_C+I_B\approx I_C$$

三极管工作在放大状态时有

$$I_C \approx \beta I_B$$

3. 三极管的参数 β 表示三极管的电流放大能力，I_{CBO}、I_{CEO} 表明三极管的温度稳定性，I_{CM}、P_{CM}、$U_{(BR)CEO}$ 规定了三极管的安全工作范围。

4. 场效应管分为结型和绝缘栅型两类，每一类又分为 N 沟道和 P 沟道两种。绝缘栅型场效应管又可分为耗尽型和增强型两种。此外，场效应管在保存、焊接使用时要注意正确方法，以防损坏管子。

5. 放大器的主要功能是将输入信号不失真地放大。放大器的核心是三极管。要不失真地放大交流信号，必须给放大器设置合适的静态工作点，以保证三极管始终工作在放大区。

6. 放大器的分析方法主要有近似估算法和图解分析法两种。用近似估算法时应注意：分析静态工作点（I_{BQ}、I_{CQ}、U_{CEQ}）用直流通路；分析动态性能（A_u、r_i、r_o）用交流通路。

7. 图解分析法要做直流负载线和交流负载线，用来分析放大器的动态特性比较直观，尤其适用于分析大信号电路。

8. 放大倍数和增益都反映放大电路对信号的放大能力，增益是用分贝（dB）作单位的放大倍数。

9. 为了稳定静态工作点，常采用分压式偏置电路，这种电路能使 I_{BQ}、I_{CQ} 和 U_{CEQ} 与三极管的参数无关。

10. 放大器有四种耦合方式：阻容耦合、变压器耦合、直接耦合和光电耦合。多级放大器的电压放大倍数等于各级电压放大倍数的连乘积，输入电阻等于第一级的输入电阻，输出电阻为末级的输出电阻。

11. 光电耦合器是将光发射器和光敏器等封装在同一管壳内组成的电—光—电器件。

12. 放大器中，把输出信号回送到输入回路的过程称为反馈。反馈放大器主要由基本放大电路和反馈电路两部分组成。引入反馈的放大器称为闭环放大器，未引入反馈的放大器称为开环放大器。

13. 判断反馈的性质用瞬时极性法；判断反馈的类型关键是先找到反馈电路，然后根据反馈电路在输入、输出电路的连接方法来判断反馈的类型；直流反馈和交流反馈的判断由反馈电路中的电容元件来确定。

14. 实际放大电路中几乎都采用反馈。正反馈可组成振荡器，负反馈可改善放大器的性能。如直流负反馈可稳定静态工作点；交流负反馈以降低放大倍数为代价，使放大器的稳定性提高，减小非线性失真，改变输入、输出电阻。

15. 射极输出器是一种典型的电压串联负反馈电路，又称为共集电极放大电路或射极跟随器。它没有电压放大能力，但仍具有电流和功率放大能力，输出电压和输入电压相位相同，这是它的跟随特性；输入电阻很大，输出电阻很小，这是它的阻抗变换特性。

16. 射极输出器因输入电阻很大，常作为多级放大器的输入级，可减轻信号源的负担；因它的输出电阻很小，常作为多级放大器的输出级，可提高电路的带载能力；因其电压放大倍数接近于1，常用于多级放大器的中间级起缓冲、隔离作用等。

17. 功率放大器要求在非线性失真尽可能小的情况下输出功率尽可能大，效率尽可能高。乙类功率放大器静态功耗近似为零，效率较高，但非线性失真（交越失真）较严重。OTL电路采用单电源供电，OCL电路采用双电源供电。两只三极管导电性能相反，但特性参数一致，在工作时，两管交替导通，实现互补，不但效率较高，而且可通过给两管加一定的偏置电压来减小交越失真。

18. 由于大功率对称的三极管不易选配，实际中可采用复合管。复合管的β近似等于被复合管的β之积，复合管的极性与前面小功率管的极性相同。

19. 在功率放大器中，由于管子承受的电压高，通过的电流大，为了使设备正常运行，可选择留有充分余量的功放管，采取相应的保护措施，防止功放管过电压、过电流和过功耗。

第三章
集成运算放大器及其应用

集成电路是20世纪60年代初发展起来的一种新型器件，是将“管”和“路”紧密结合的器件。它采用半导体集成工艺，把众多晶体管、电阻、电容及导线制作在一块半导体基片上，做成具有特定功能的独立电子线路。与分立元件电路相比，集成电路具有性能好、可靠性高、体积小、耗电少、成本低等优点。集成电路分为数字集成电路和模拟集成电路两大类。

集成运算放大器是一种模拟集成电路，由于早期主要用于计算机的各种数学运算，故通常将“集成运算放大器”简称为“运算放大器”。随着电子技术的不断发展，集成运算放大器的应用已不限于数学运算，它作为一种高放大倍数的直接耦合放大器件，广泛用于自动控制、通信、信号处理以及电源等电子技术应用的所有领域。

§3-1 差动放大电路

学习目标

1. 了解零点漂移的基本概念。
2. 了解基本差动放大电路的结构及性能特点。
3. 理解差模信号、共模信号的含义及共模抑制比的含义。
4. 了解恒流源的基本概念，认识具有恒流源的差动放大电路。

工程上常需放大直流信号和缓慢变化的信号，例如，为测量炉子的温度，先用传感器将被测温度转换成电信号，由于温度的变化比较缓慢，转换成的相应电信号也是一个缓慢变化的信号。一般来说，转换成的电信号十分微弱，必须经多级放大，才能驱动测量仪器、仪表记录数据或控制执行机构动作。这类信号是频率趋近于零的电信号，不能使用阻容耦合或变压器耦合，必须采用直接耦合方式。

一、零点漂移

放大直流信号和缓慢变化的信号必须采用直接耦合方式，但简单的直接耦合放大器，常会发生输入信号为零输出信号不为零的现象。产生这种现象的原因很多，如温度的变化、电源电压的波动、电路元件参数的变化等，都会使静态工作点发生缓慢变化，该变化量被逐级放大，便会使放大器输出端出现不规则的输出量，这种现象称为“零点漂移”，简称“零漂”。

由于零点漂移的存在，使得放大器的输出端既有被放大的真信号，又有零点漂移产生的漂移信号，当漂移信号与输出端的有用信号数量级相同时，有用信号将被淹没。对于一个多级直接耦合的放大电路，放大倍数越大，零点漂移越严重，严重时会造成后级放大电路无法正常工作。所以，抑制零点漂移是直接耦合放大器面临的突出问题。

小提示

在阻容耦合和变压器耦合放大电路中，也存在零点漂移，但这种缓慢的漂移信号不会传递到下一级。

抑制零点漂移较为有效的方法是采用差动放大电路。在集成运算放大电路中，差动放大电路常作为多级放大电路的输入级。

二、基本差动放大电路

1. 电路组成

基本差动放大电路如图 3-1 所示。它由两个特性相同的单管共射极放大电路组成。电路中有两个电源 $+V_{CC}$ 和 $-V_{EE}$，两管的发射极连在一起接 R_E，电路像拖了一个尾巴，所以这种差动放大电路又称为长尾式差动放大电路。另外，为了保证两边放大电路的对称性，设置了调零电位器 RP，这个电路的信号电压通过两基极间输入，从两集电极间引出，输出电压为两

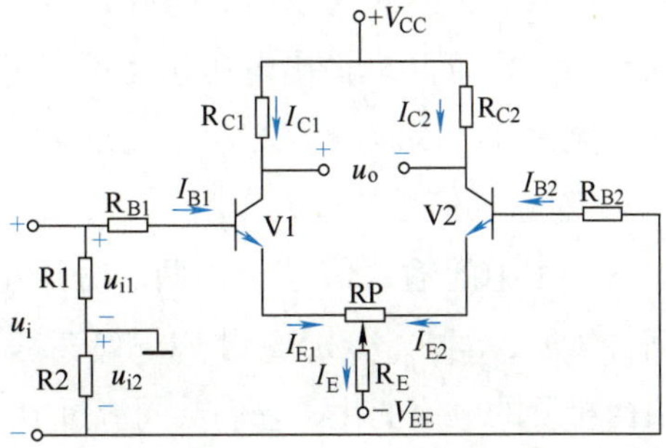

图 3-1 基本差动放大电路

集电极电位之差。

2. 工作原理

（1）静态分析

当 $u_{i1}=u_{i2}=0$ 时，由于 V1 和 V2 管特性相同，$R_{B1}=R_{B2}$，$R_{C1}=R_{C2}$，$I_{B1}=I_{B2}$，$I_{C1}=I_{C2}$，$V_{C1}=V_{C2}$，这时，$u_o=V_{C1}-V_{C2}=0$，静态时输出电压为零。

（2）动态分析

1）共模信号与差模信号

在两输入端加入相同的输入信号时，将使两只三极管产生相同的变化，通常把这种大小相等、极性相同的输入信号称为“共模信号”。

在两输入端加入大小相等、极性相反的输入信号时，将使两只三极管产生相反的变化，通常把这种大小相等、极性相反的输入信号称为“差模信号”。

2）对零点漂移的抑制作用

在差动放大电路中，无论是温度的变化，还是电源电压的波动，都会引起两管集电极电流及相应集电极电压产生相同的变化，其效果相当于在两个输入端加了共模信号。

例如，温度升高，两管集电极产生相同的变化电流，设 $I_{C1}=I_{C2}$ 增大，它们共同流过 R_E，流过 R_E 的电流 $I_E=I_{E1}+I_{E2}$ 增加，这时发射极电位 V_E 必然跟着提高，使得三极管 U_{BE1}、U_{BE2} 均下降，于是 I_{B1}、I_{B2} 将同时减小，两管集电极电流 I_{C1}、I_{C2} 也同时减小，两只三极管集电极电位 $V_{C1}=V_{C2}$ 保持等量变化，这时 $u_o=V_{C1}-V_{C2}=0$。其物理过程如下：

$$t(\text{温度})\uparrow \begin{cases} I_{C1}\uparrow \\ I_{C2}\uparrow \end{cases} \rightarrow I_E\uparrow \rightarrow V_E\uparrow \rightarrow \begin{cases} U_{BE1}\downarrow \rightarrow I_{B1}\downarrow \rightarrow I_{C1}\downarrow \rightarrow V_{C1}\uparrow \\ U_{BE2}\downarrow \rightarrow I_{B2}\downarrow \rightarrow I_{C2}\downarrow \rightarrow V_{C2}\uparrow \end{cases} \rightarrow u_o=V_{C1}-V_{C2}=0$$

上述过程实质上是一种负反馈过程，电阻 R_E 取值越大，则电流负反馈越强，稳流效果越好，克服零点漂移作用也越显著。

差动放大电路对共模信号的放大倍数，称为“共模放大倍数”，用 A_c 表示。当电路对称时，两管共模输出电压相互抵消，所以共模放大倍数 $A_c=0$。实际上，电路不可能完全对称，因此希望 A_c 尽可能小。

3）对差模信号的放大作用

图 3–1 中的输入信号 u_i 被两个分压电阻 R1 和 R2 分为大小相等、方向相反的差模信号（u_{i1}、u_{i2}），分别加到 V1 和 V2 基极。在差模信号作用下，两管的集电极产生等值而相反的电流变化，它们共同流过 R_E 时相互抵消，因而对差模信号而言，R_E 不会产生影响，可视为短路。

差模信号的输入，在两个放大管的集电极产生分别为 u_{o1}（+）和 u_{o2}（–）的电压，负载上输出的电压为

$$u_o = u_{o1} - u_{o2} = 2u_{o1} = -2u_{o2}$$

上式表明，在差模信号作用下，差动放大电路可以有效地放大差模信号。

小提示

R_E 对差模信号无负反馈作用，只对共模信号有负反馈作用。

差动放大电路对差模信号的放大倍数，称为“差模放大倍数”，用 A_d 表示。

$$A_d = \frac{u_o}{u_i} = \frac{2u_{o1}}{2u_{i1}} = \frac{u_{o1}}{u_{i1}} = A_{d1} = A_{d2}$$

式中，A_{d1} 和 A_{d2} 分别为差模输入时三极管 V1 和 V2 的单管放大倍数，由于两边电路对称，差模放大倍数与单管放大器的放大倍数相同。

小提示

差动放大电路用两只放大管对输入信号进行放大，相当于一个单管放大电路，换来的是对共模信号的抑制作用，有效地克服了零点漂移。

3. 共模抑制比（K_{CMR}）

一个性能良好的差动放大电路，对差模信号应有很高的放大倍数，对共模信号应有足够的抑制能力。为了全面衡量差动放大电路对差模信号的放大能力和对共模信号的抑制能力，常用共模抑制比 K_{CMR} 来衡量。

共模抑制比是差模放大倍数 A_d 与共模放大倍数 A_c 之比，即

$$K_{CMR} = \frac{A_d}{A_c}$$

K_{CMR} 越大，差动放大电路的性能越好。理想情况下，共模抑制比 K_{CMR} 是无穷大。但实际的差动放大电路不可能做到电路完全对称，共模放大倍数 A_c 并不为零，所以 K_{CMR} 达不到无穷大。

综上所述，差动放大电路对共模信号没有放大作用，放大的只是差模信号。只要输入信号有“差别”，放大电路就能进行放大，输出就有“动作”，输出放大了的信号。

三、具有恒流源的差动放大电路

上面介绍的是基本差动放大电路，R_E 阻值越大，对共模信号的负反馈作用越强，A_c 越小，K_{CMR} 也相应越大。如果要保证管子有合适的偏流，电源电压 V_{EE} 应越高。为

了使 R_E 变大，电源电压 V_{EE} 能低些，常采用恒流源来代替 R_E，这种电路称为具有恒流源的差动放大电路，如图 3–2 所示。因恒流源的直流电阻小，可不必提高 V_{EE}，而恒流源的动态电阻大，共模负反馈作用强，可增强抑制零点漂移的作用。

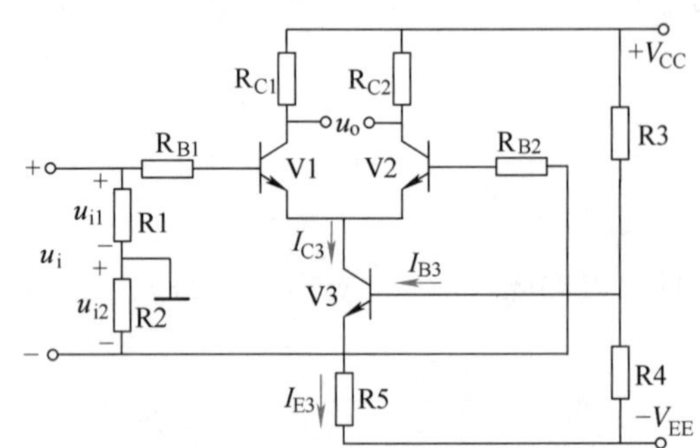

图 3–2　具有恒流源的差动放大电路

图中 V3 为恒流管，R3 和 R4 起分压作用，固定三极管 V3 的基极电位。当温度升高时，使 I_{C3} 增加，R5 两端的电压增加，使三极管 V3 的发射极电位增高，由于它的基极电位是固定值，所以 U_{BE3} 下降，I_{B3} 也随之减小，因此抑制了 I_{C3} 的上升，保持 I_{C3} 不变，这就是三极管的恒流源作用。I_{C3} 不变，则 I_{C1}、I_{C2} 也不变化，从而有效地抑制了零漂。其物理过程如下：

$$\text{温度}\ t\uparrow \rightarrow \left\{\begin{matrix} I_{C1}\uparrow \\ I_{C2}\uparrow \end{matrix}\right\} \rightarrow I_{C3}\uparrow \rightarrow U_{R5}\uparrow \rightarrow U_{BE3}\downarrow\ (\text{V3 基极电位不变})$$

$$I_{C3}\downarrow \leftarrow I_{B3}\downarrow \leftarrow$$

与上述电路中 R_E 一样，三极管 V3 的作用也不会影响差模信号的放大。

长尾式差动放大电路与具有恒流源的差动放大电路的性能比较，见表 3–1。

表 3–1　长尾式差动放大电路与具有恒流源的差动放大电路的性能比较

性能	电路	
	长尾式差动放大电路	具有恒流源的差动放大电路
特点	R_E 起共模负反馈作用	恒流源起共模负反馈作用
共模放大倍数 A_c	较小	很小
差模放大倍数 A_d	一样	
K_{CMR}	较大	很大

§3-2 集成运算放大器概述

学习目标

1. 了解集成运算放大器的结构、电路符号。
2. 理解集成运算放大器的同相和反相输入端的含义。
3. 了解集成运算放大器的外形及分类。
4. 掌握集成运算放大器的主要参数。

集成运算放大器是一种高放大倍数的多级直接耦合放大器，作为一种多功能的通用放大器件，广泛应用于电子技术的各个领域，在许多情况下已经取代了分立元件放大器。

一、集成运算放大器的组成及电路符号

1. 组成框图

集成运算放大器的组成框图如图 3–3 所示，通常包括输入级、中间级、输出级和偏置电路。

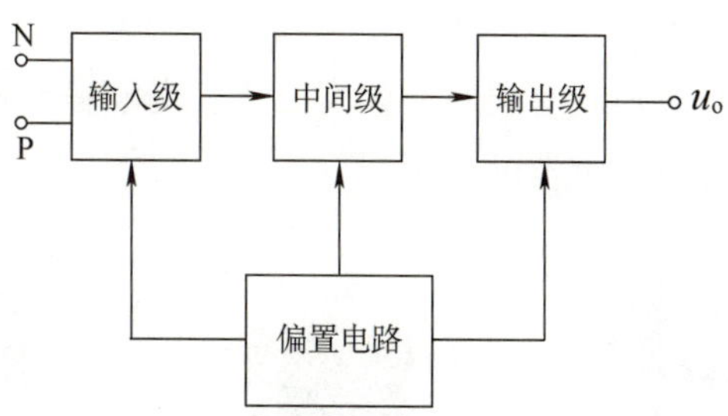

图 3–3 集成运算放大器的组成框图

（1）输入级

通常是具有较大输入电阻和一定放大倍数的差动放大电路，利用它可以使集成运算放大器获得尽可能高的共模抑制比。

（2）中间级

中间级的作用是使集成运算放大器具有较强的放大能力，通常由多级共射极放大

器构成。

（3）输出级

输出级的作用是为负载提供一定幅度的信号电压和信号电流，并具有一定的保护功能。输出级一般采用输出电阻很小的射极输出器或由射极输出器组成的互补对称功放电路。

（4）偏置电路

偏置电路的作用是为各级提供所需的稳定静态工作电流。

2. 电路符号

集成运算放大器对外是一个整体，它的电路符号如图 3-4 所示。图中，“▷”表示放大器，三角所指方向为信号的传输方向，“A_{uo}”表示开环电压放大倍数。它有两个输入端和一个输出端。“+”（或 P）表示同相输入端，输出端信号与该端输入信号同相；“-”（或 N）表示反相输入端，输出端信号与该输入端信号反相。

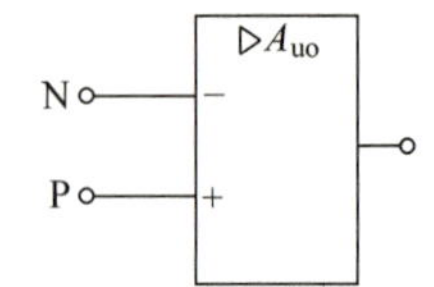

图 3-4 集成运算放大器的电路符号

小提示

实际上集成运算放大器的引出端不止三个，但分析集成运算放大器时，习惯上只画出图 3-4 中的三个端，其他接线端各有各的功能，但因对分析没有影响，故略去不画。

二、集成运算放大器的封装和分类

1. 封装

集成运算放大器的封装形式有塑料双列直插式、陶瓷扁平式、金属圆壳式等多种。图 3-5 所示为部分集成运算放大器的外形。

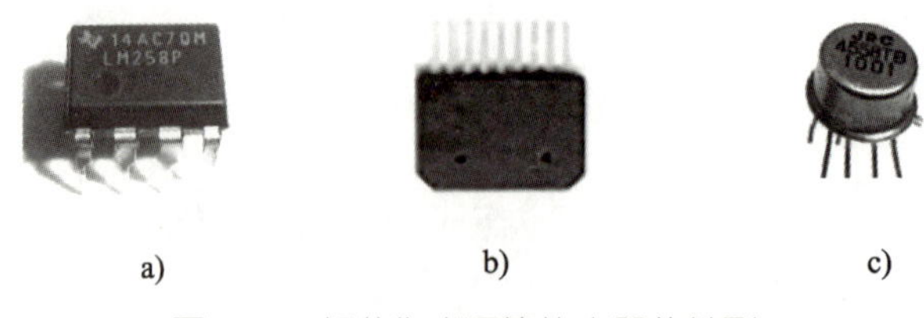

图 3-5 部分集成运算放大器的外形

a）塑料双列直插式 b）陶瓷扁平式 c）金属圆壳式

2. 分类

集成运算放大器按电路特性分类可分为通用型和专用型等。所谓通用型，是指这种集成运算放大器的性能指标基本上兼顾了各方面的使用要求，没有特别的参数要求，基本上能满足一般应用的需要。专用型又称为高性能型，它有一项或几项特殊要求，可在特定场合或特定要求下使用。专用型集成运算放大器按某项特性参数进行分类，有低功耗型、高精度型、高速型、宽带型、高阻型、高压型、低漂移型、低噪声型、大功率型等。

三、集成运算放大器的主要参数

为了表征集成运算放大器的性能，生产厂家制定了很多参数，作为合理选择和正确使用集成运算放大器的依据。下面介绍几项主要的参数，见表 3–2。

表 3–2 集成运算放大器的主要参数

参数	符号	说明
开环差模电压放大倍数	A_{uo}	开环差模电压放大倍数简称“开环增益”。在开环状态下，输出电压 u_o 与输入差模电压（$u_{i1}-u_{i2}$）之比，即 $A_{uo}=u_o/(u_{i1}-u_{i2})$。$A_{uo}$ 越大，器件的性能越稳定，其运算精度也就越高
输入失调电压	U_{io}	输入电压为零时，为使输出电压为零，在输入端附加一个补偿电压，该电压称为输入失调电压（U_{io}）。高质量产品的 U_{io} 一般在 1 mV 以下
输入失调电流	I_{io}	在输入信号为零时，两输入端静态基极电流之差，即 $I_{io}=I_{iB1}-I_{iB2}$。一般在 0.1 ~ 0.01 mA 范围内，此值越小越好
输入偏置电流	I_{iB}	当输入信号为零时，两输入端所需的静态基极电流的平均值，即 $I_{iB}=(I_{iB1}+I_{iB2})/2$。一般在 1 mA 以下，$I_{iB}$ 越小零漂越小
最大差模输入电压	U_{idm}	正常工作时，在两个输入端之间允许加载的最大差模电压值，使用时差模输入电压不能超过此值
最大共模输入电压	U_{icm}	两输入端之间所能承受的最大共模电压。如果共模输入电压超过此值，集成运算放大器的共模抑制性能将明显下降，甚至会造成器件的损坏
差模输入电阻	r_{id}	两输入端加入差模信号时的交流输入电阻。此值越大，集成运算放大器向信号源索取的电流越小，运算精度越高
开环输出电阻	r_o	开环时的动态输出电阻。r_o 越小带载能力越强
共模抑制比	K_{CMR}	综合衡量运算放大器的放大能力和抑制共模的能力。K_{CMR} 越大越好

集成运算放大器的参数还有温度漂移、转换速率和静态功耗等，这里不再详细介绍。有关集成运算放大器典型产品的主要参数，读者可扫描右侧二维码进行了解。

§3-3 集成运算放大器的基本电路

学习目标

1. 了解理想集成运算放大器的基本概念。
2. 了解集成运算放大器线性工作区和非线性工作区的特性及工作特点。
3. 理解集成运算放大器“虚短”“虚断”的概念。
4. 了解集成运算放大器电路直流平衡电阻的配置。
5. 掌握反相比例运算放大电路、同相比例运算放大电路的组成和电路参数的计算。
6. 掌握“虚地”的概念。
7. 掌握反相器和电压跟随器的组成和特点。
8. 会判断集成运算放大器电路的反馈类型。

一、集成运算放大器的理想化

1. 理想集成运算放大器的基本概念

在实际分析过程中常常把集成运算放大器理想化，采用理想集成运算放大器进行分析，不但简化了分析过程，而且分析的结果与实际情况相差很小。集成运算放大器的理想化条件是：

（1）开环差模电压放大倍数 $A_{uo}\to\infty$。

（2）差模输入电阻 $r_{id}\to\infty$。

（3）开环输出电阻 $r_o\to 0$。

（4）共模抑制比 $K_{CMR}\to\infty$。

（5）没有失调现象，即当输入信号为零时，输出信号也为零。

理想集成运算放大器的符号如图 3-6 所示。其中“∞”表示开环差模电压放大倍数为无穷大。

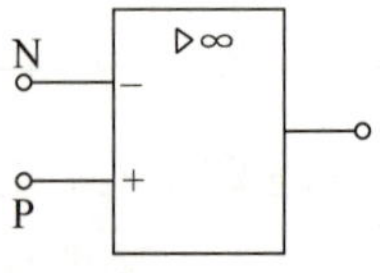

图 3-6 理想集成运算放大器符号

2. 理想集成运算放大器的电压传输特性

集成运算放大器的输出电压与输入电压（即同

相输入端与反相输入端之间的电压差值）之间的关系曲线，称为电压传输特性，如图 3–7 所示。

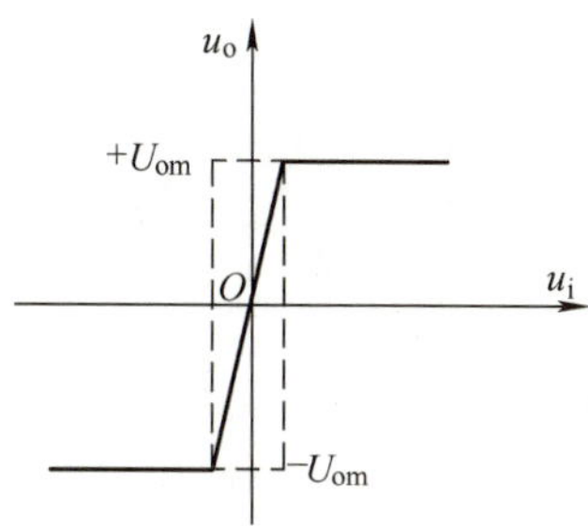

图 3–7 集成运算放大器的电压传输特性

电压传输特性分为线性区（虚线框内）和非线性区（虚线框外），各区域的传输特性及特点见表 3–3。

表 3–3 理想集成运算放大器的电压传输特性

传输区域	传输特性	工作条件	工作特点
线性区	输出电压 u_o 和输入电压 u_i 是线性关系，即 $u_o = A_{uo}u_i = A_{uo}(u_P - u_N)$	引入负反馈	①虚短——两输入电压 $u_N - u_P = 0$，$u_N = u_P$ ②虚断——两个输入端的输入电流为零，即 $i_N = i_P = 0$
非线性区	输出电压 u_o 只有两种可能，即 $+U_{om}$ 和 $-U_{om}$	开环或引入正反馈	①“虚短”不再成立，即 $u_P \neq u_N$ 当 $u_P > u_N$ 时，$u_o = +U_{om}$ 当 $u_P < u_N$ 时，$u_o = -U_{om}$ ②“虚断”仍然成立，即 $i_N = i_P = 0$

二、集成运算放大器的两种基本电路

1. 反相比例运算放大电路

反相比例运算放大电路如图 3–8 所示，其特点是输入信号加在集成运算放大器的反相输入端。R_f 为反馈电阻，从输出端看，R_f 接在了输出端；从输入端看，R_f 接在了输入端，所以 R_f 为电路引入了电压并联负反馈。R2 为平衡电阻，取值为 $R_2 = R_1 // R_f$。

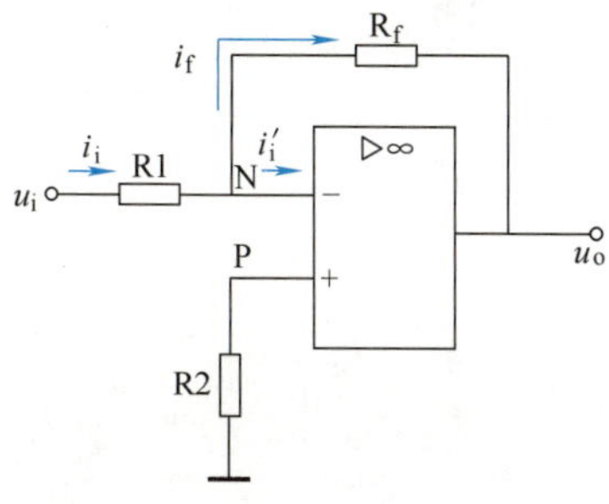

图 3–8 反相比例运算放大电路

由于同相输入端接地，即 $u_P=0$，根据“虚短”的概念，反相输入端电位也为零，但反相输入端 N 并不接地（或通过电阻接地），所以，称反相输入端为“虚地”。

小提示

“虚地”是反相输入集成运算放大器电路的一个重要特点，是集成运算放大器线性应用“虚短”概念的具体表现。凡是信号从反相输入端输入的，在线性应用时都可以用“虚地”进行分析。

根据“虚断”，有 $i_i=i_f$。

由图 3-8 可得

$$\frac{u_i-u_N}{R_1}=\frac{u_N-u_o}{R_f}$$

经整理可得，放大器的电压放大倍数为

$$A_{uf}=\frac{u_o}{u_i}=-\frac{R_f}{R_1}$$

式中，“-”号表示 u_o 与 u_i 反相，故该放大器称为“反相放大器”。

上式经整理可得

$$u_o=-\frac{R_f}{R_1}u_i$$

u_o 与 u_i 成比例关系，比例系数为$-\frac{R_f}{R_1}$，故该电路又称为“反相比例运算放大器”。

若取 $R_f=R_1=R$，则 $u_o=-u_i$，电路便成为“反相器”，反相器的符号如图 3-9 所示。

2. 同相比例运算放大电路

图 3-10 所示为同相比例运算放大电路。其特点是输入信号经电阻 R2 接到同相输入端，同样，R2 起到补偿电阻的作用，用来保证外部电路平衡对称，这里平衡电阻 $R_2=R_1 /\!/ R_f$。R_f 为反馈电阻，从输出端看，R_f 接在了输出端；从输入端看，R_f 没有接在同相输入端，而接在了反相输入端，所以 R_f 为电路引入了电压串联负反馈。

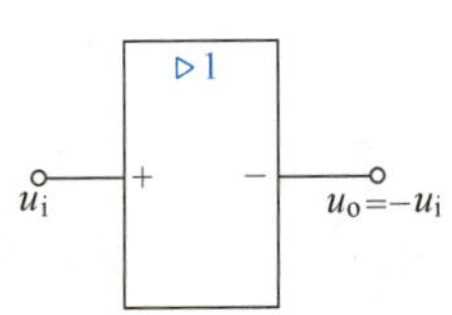

图 3-9　反相器的符号

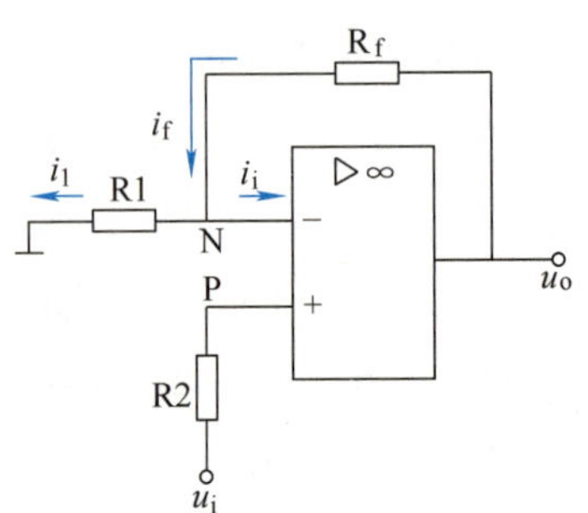

图 3-10　同相比例运算放大电路

根据“虚断”

$$u_P = u_i$$

$$u_N = \frac{R_1}{R_1 + R_f}u_o$$

根据“虚短”

$$u_N = u_P$$

小提示

同相输入集成运算放大器不存在“虚地”。凡是信号从同相输入端输入的，在线性应用时，都可利用两输入端电位相等进行分析。

经整理可得，放大器的电压放大倍数为

$$A_{uf} = \frac{u_o}{u_i} = 1 + \frac{R_f}{R_1}$$

上式表明，u_o 与 u_i 同相，故称该放大器为“同相放大器”。

上式经变换可得

$$u_o = \left(1 + \frac{R_f}{R_1}\right)u_i$$

由于 u_o 与 u_i 成比例关系，比例系数为 $1+\frac{R_f}{R_1}$，故该电路又称为“同相比例运算放大器”。

若令 $R_f = 0$ 或 $R_1 = \infty$（即开路状态），则 $A_{uf} = 1$，电路无电压放大作用，$u_o = u_i$，该电路称为“电压跟随器”。电压跟随器的符号如图 3–11 所示。

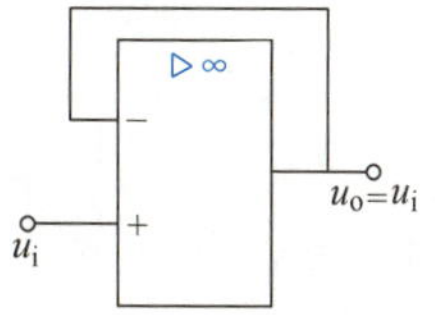

图 3–11 电压跟随器的符号

反相放大器和同相放大器是集成运算放大器所构成的最基本的运算电路，下面介绍的运算电路都是在这两种放大器的基础上演变而来的。

知识拓展

集成运算放大器电路的四种负反馈类型的判断

集成运算放大器与分立元件放大电路一样，它们与适当的反馈网络相组合，根据输出取样和输入比较方式的不同，可以构成电压并联负反馈、电压串联负反馈、电流并联负反馈和电流串联负反馈四种负反馈组态。

表 3–4 列出了这四种负反馈组态的电路形式、判别方法及应用。

表 3-4 集成运算放大电路中四种负反馈组态的比较

反馈类型	电路形式	判别方法	应用
电压并联负反馈	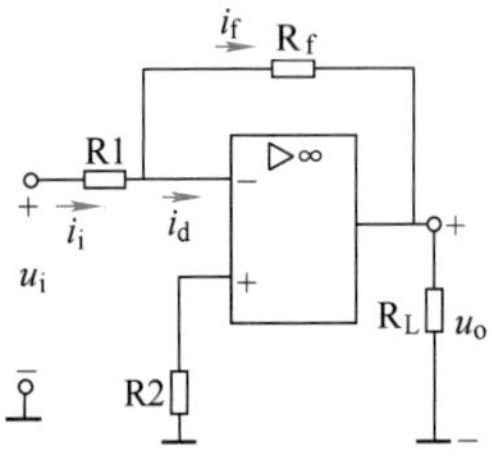	（1）从输出端看，输出线与反馈线接在同一点上 （2）从输入端看，输入线与反馈线接在同一点上 （3）$i_d=i_i-i_f$，i_f 削弱了 i_i	电压负反馈电路的特点是使输出电压稳定，常用作电流 / 电压变换器或放大电路的中间级
电压串联负反馈	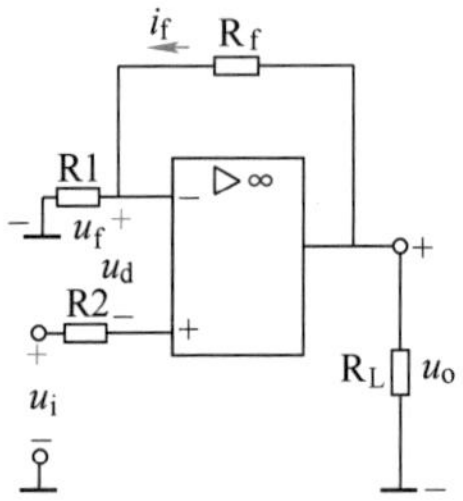	（1）从输出端看，输出线与反馈线接在同一点上 （2）从输入端看，输入线与反馈线接在不同点上 （3）$u_d=u_i-u_f$，u_f 削弱了 u_i	常用于输入级或中间放大级
电流并联负反馈	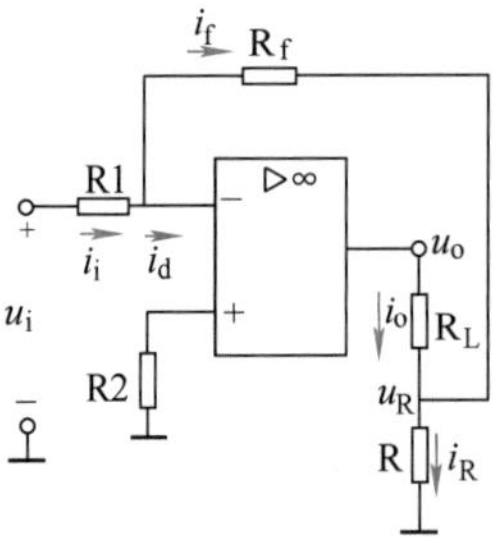	（1）从输出端看，输出线与反馈线接在不同点上 （2）从输入端看，输入线与反馈线接在同一点上 （3）$i_d=i_i-i_f$，i_f 削弱了 i_i	电流负反馈的作用是使输出电流维持稳定。本电路常用于电流放大
电流串联负反馈	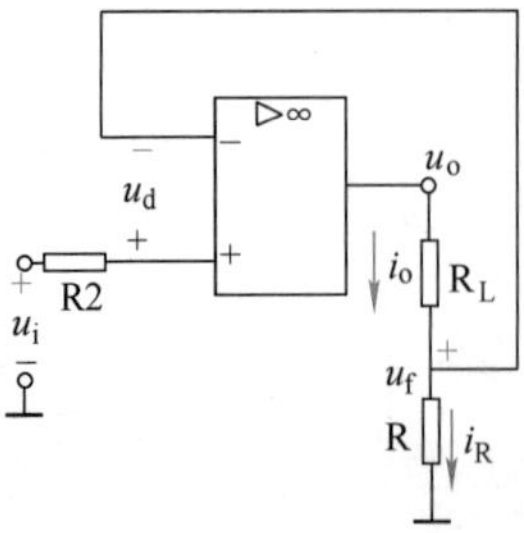	（1）从输出端看，输出线与反馈线接在不同点上 （2）从输入端看，输入线与反馈线接在不同点上 （3）$u_d=u_i-u_f$，u_f 削弱了 u_i	电流负反馈电路的特点是使输出电流稳定，常用作电压 / 电流变换器或放大电路的输入级

§3-4 集成运算放大器的应用电路

学习目标

1. 掌握反相加法运算电路的组成及分析方法。
2. 掌握减法运算电路的组成及分析方法。
3. 了解电压比较器的传输特性，特别是双门限电压比较器的传输特性。
4. 掌握单门限电压比较器和双门限电压比较器的组成及分析方法。

集成运算放大器工作在深度负反馈状态时，它的输出、输入呈线性关系（即比例关系），集成运算放大器工作在线性区，这时构成的电路称为线性应用电路。前面介绍的反相比例运算放大电路和同相比例运算放大电路及下面将要介绍的信号运算电路都是属于线性应用电路。集成运算放大器工作在开环（无反馈）或正反馈状态时，输出、输入之间对应关系不成比例，集成运算放大器工作在非线性区，这时构成的电路称为非线性应用电路。电压比较器属于非线性应用电路。

分析集成运算放大器应用电路的基本步骤是：

（1）判断集成运算放大器的工作区域。若集成运算放大器引入负反馈，则集成运算放大器工作于线性区；若集成运算放大器是开环或引入正反馈，则集成运算放大器工作于非线性区。

（2）根据理想集成运算放大器不同工作区的相应特点，进一步对电路进行分析。

一、信号运算电路

1. 加法运算电路

在反相放大器的基础上，若使几个输入信号同时加在集成运算放大器的同一个输入端口上，则称为反相加法运算电路；在同相放大器的基础上，加在同相输入端时，则称为同相加法运算电路。图 3-12 所示为反相加法运算电路。为满足电路平衡要求，平衡电阻 $R'=R_1 // R_2 // R_3 // R_f$。

电路通过 R_f 为电路引入了电压并联负反馈，所以该电路工作在线性区。根据“虚短”和“虚断”可得

$$i_1 + i_2 + i_3 = i_f,\ i_1 = \frac{u_{i1}}{R_1},\ i_2 = \frac{u_{i2}}{R_2},\ i_3 = \frac{u_{i3}}{R_3},\ i_f = -\frac{u_o}{R_f}$$

经整理得

$$u_o = -\left(\frac{R_f}{R_1}u_{i1} + \frac{R_f}{R_2}u_{i2} + \frac{R_f}{R_3}u_{i3}\right)$$

上式表明，输出电压等于输入电压按不同比例相加，实现了求和运算。式中“–”号表示输出电压和输入电压反相。

如果 $R_1 = R_2 = R_3 = R_f$，则

$$u_o = -(u_{i1}+u_{i2}+u_{i3})$$

上式表明，输出电压等于各个输入电压之和，实现加法运算。该电路常用在测量和控制系统中，对各种信号按不同比例进行组合运算。

2. 减法运算电路

减法运算电路是指输出电压与多个输入电压的差值成比例的电路，如图 3–13 所示。电路采用差动输入方式，即反相端和同相端都有输入信号，可见该电路是同相比例运算放大电路和反相比例运算放大电路的组合。根据外接电阻的平衡要求，应满足 $R_1 // R_f = R_2 // R_3$。

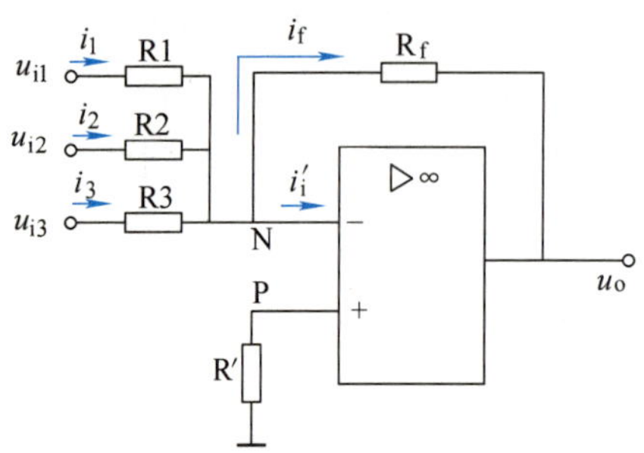

图 3–12　反相加法运算电路

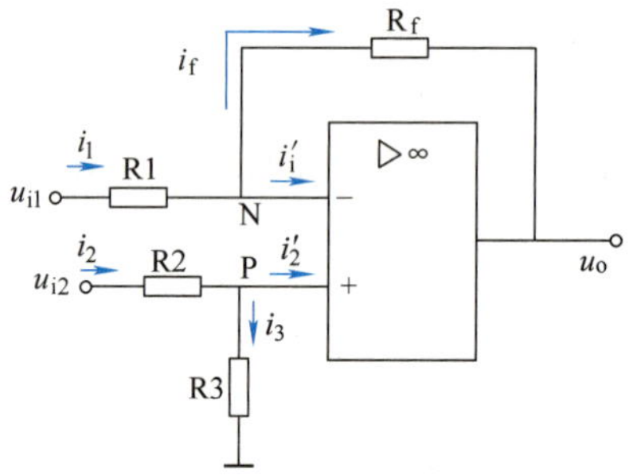

图 3–13　减法运算电路

根据叠加原理，先求 u_{i1} 单独作用时的输出电压

$$u_{o1} = -\frac{R_f}{R_1}u_{i1}$$

再求 u_{i2} 单独作用时的输出电压

$$u_{o2} = \left(1 + \frac{R_f}{R_1}\right)\left(\frac{R_3}{R_2 + R_3}\right)u_{i2}$$

则 u_{i1} 与 u_{i2} 共同作用时的输出电压

$$u_o = u_{o1} + u_{o2} = \left(1 + \frac{R_f}{R_1}\right)\left(\frac{R_3}{R_2 + R_3}\right)u_{i2} - \frac{R_f}{R_1}u_{i1}$$

当 $R_1 = R_2$，$R_f = R_3$ 时，上式简化为

$$u_o = \frac{R_f}{R_1}(u_{i2} - u_{i1})$$

输出电压与两个输入电压之差成比例，故称为“减法运算电路”。其实质上是一个差动放大电路。

如果取 $R_f = R_1$，则

$$u_o = u_{i2} - u_{i1}$$

若 $u_{i1} = u_{i2}$，则 $u_o = 0$，说明差动比例运算电路不放大共模信号。减法运算电路常作为测量放大器，用以放大各种差值信号。

【例 3–1】 电路如图 3–14 所示，$R_1 = R_2 = R_3 = 10\ \text{k}\Omega$，$R_{f1} = 51\ \text{k}\Omega$，$R_{f2} = 100\ \text{k}\Omega$，$u_{i1} = 0.1\ \text{V}$，$u_{i2} = 0.3\ \text{V}$，求 u_{o1} 和 u_o。

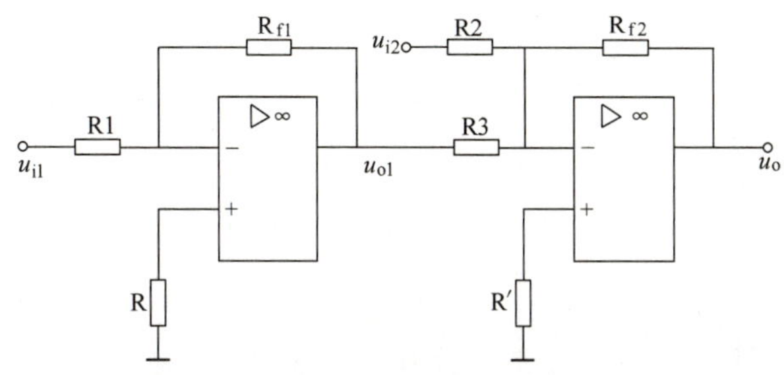

图 3–14 例 3–1 图

解：

电路由两级集成运算放大器组成，第一级为反相比例运算放大电路

$$u_{o1} = -\frac{R_{f1}}{R_1}u_{i1} = -\frac{51}{10}\times 0.1\ \text{V} = -0.51\ \text{V}$$

第二级为加法运算电路

$$u_o = -\left(\frac{R_{f2}}{R_2}u_{i2} + \frac{R_{f2}}{R_3}u_{o1}\right) = -\left[\frac{100}{10}\times 0.3 + \frac{100}{10}\times(-0.51)\right]\text{V} = 2.1\ \text{V}$$

由上述电路的运算可见，将一个信号先反相，再利用求和的方法也可实现减法运算。

集成运算放大器除可组成上述运算单元电路外，还可改变反馈元件或连接方式，组成乘法、除法、开方、指数、对数、三角函数，以及积分、微分等各种运算电路，在此不再一一介绍。

知识拓展

集成运算放大器的几种运算电路及其运算关系

集成运算放大器工作在线性区且处于深度负反馈状态时，集成运算放大器电路的

输出量与输入量是线性关系。输出与输入之间的关系取决于负反馈电路与输入电路的结构和参数，而与集成运算放大器本身的参数无关，从而可实现对信号的比例运算及加法、减法等多种运算。

表 3–5 列出了集成运算放大器比例运算、加法运算、减法运算的基本电路、运算关系及简要说明，供读者参考和比较。这些运算电路在自动调节系统、测量仪器等方面得到了广泛的应用。

表 3–5　集成运算放大器基本运算电路及其运算关系

运算名称	基本电路	运算关系	说明
反相比例运算	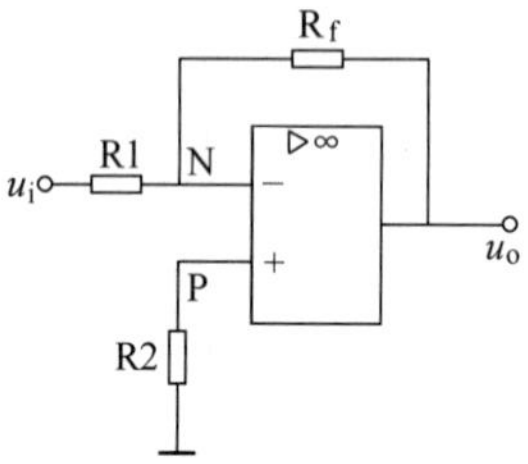 Rf, R1, N, P, R2, u_i, u_o, ▷∞	$u_o=-\frac{R_f}{R_1}u_i$ 当 $R_f=R_1$ 时，$u_o=-u_i$（反相器） 平衡电阻 $R_2=R_1 /\!/ R_f$	（1）构成电压并联负反馈 （2）反相输入端“虚地” （3）实现了反相比例运算
同相比例运算	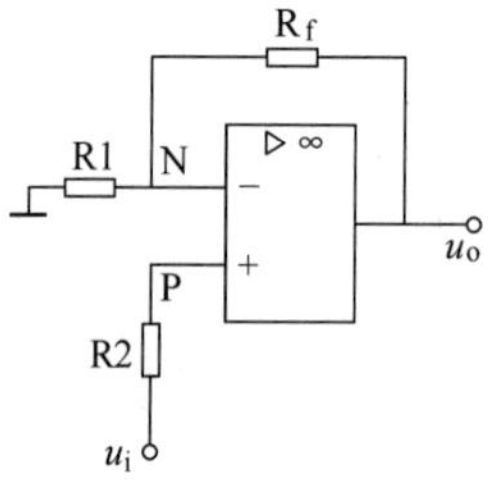 Rf, R1, N, P, R2, u_i, u_o, ▷∞	$u_o=\left(1+\frac{R_f}{R_1}\right)u_i$ 当 $R_f=0$ 或 $R_1=\infty$ 时，$u_o=u_i$（电压跟随器） 平衡电阻 $R_2=R_1 /\!/ R_f$	（1）构成电压串联负反馈 （2）实现了同相比例运算 （3）$A_{uf}\geqslant 1$
反相加法运算	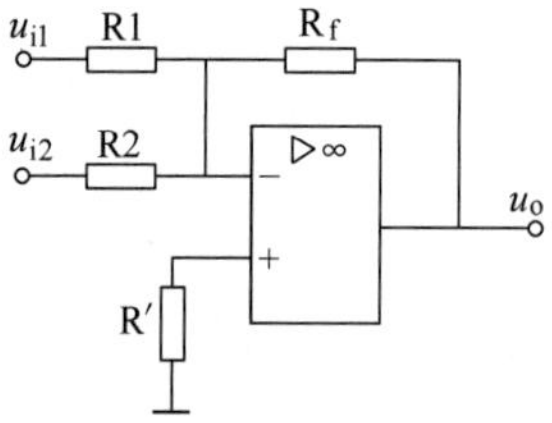 u_{i1}, R1, Rf, u_{i2}, R2, R′, u_o, ▷∞	$u_o=-\left(\frac{R_f}{R_1}u_{i1}+\frac{R_f}{R_2}u_{i2}\right)$ 当 $R_f=R_1=R_2$ 时，$u_o=-(u_{i1}+u_{i2})$ 平衡电阻 $R'=R_1 /\!/ R_2 /\!/ R_f$	（1）反相求和电路的特点与反相比例运算电路的特点相同 （2）实现了加法运算
减法运算	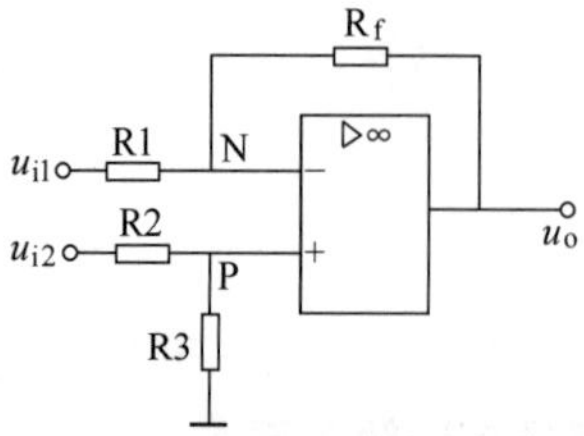 Rf, R1, N, R2, P, R3, u_{i1}, u_{i2}, u_o, ▷∞	$u_o=\left(1+\frac{R_f}{R_1}\right)\left(\frac{R_3}{R_2+R_3}\right)u_{i2}-\frac{R_f}{R_1}u_{i1}$ 当 $R_1=R_2$，$R_3=R_f$ 时： $u_o=\frac{R_f}{R_1}(u_{i2}-u_{i1})$ 平衡电阻应满足 $R_1 /\!/ R_f=R_2 /\!/ R_3$	（1）R_f 对 u_{i1} 构成电压并联负反馈，对 u_{i2} 构成电压串联负反馈 （2）它由同相比例放大和反相比例放大组合而成 （3）实现了减法运算

二、电压比较器

当集成运算放大器处于开环状态或引入正反馈时，集成运算放大器工作于非线性区域。输出电压只有两种可能的数值，即

$u_P>u_N$ 时，$u_o=+U_{om}$（高电平）

$u_P<u_N$ 时，$u_o=-U_{om}$（低电平）

集成运算放大器的这种非线性特性在数字电子技术和自动控制系统中有广泛的应用，电压比较器是集成运算放大器非线性应用的典型例子。

1. 单门限电压比较器

单门限电压比较器有反相输入和同相输入两种形式，图 3-15a 所示为反相输入形式。其中 U_R 为已知的参考电压，加在集成运算放大器的同相输入端，输入电压 u_i 加在反相输入端。

当 $u_i>U_R$ 时，$u_o=-U_{om}$（低电平）

当 $u_i<U_R$ 时，$u_o=+U_{om}$（高电平）

单门限电压比较器的电压传输特性如图 3-15b 所示。

当 $u_i=U_R$ 时，理想集成运算放大器输出状态发生跳变。因输入电压只跟一个参考电压 U_R 进行比较，故此电路称为“单门限电压比较器”，门限电压为 U_R。

若 $U_R=0$，则该单门限电压比较器称为“过零电压比较器”，其传输特性如图 3-15c 所示。

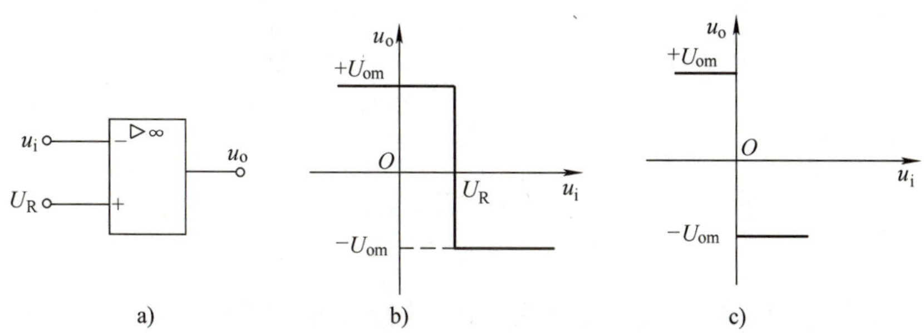

图 3-15 单门限电压比较器

a）原理电路 b）门限电压为 U_R 的传输特性 c）过零电压比较器的传输特性

利用单门限电压比较器可实现波形的变换。例如，当单门限电压比较器输入正弦波时，相应的输出波形便是矩形波，如图 3-16 所示。

单门限比较器的输入电压只跟一个参考电压 U_R 相比较，这种比较器虽然电路结构简单、灵敏度高，但是抗干扰能力差，当输入电压 u_i 因受干扰在参考值附近发生微小变化时，输出电压就会频繁地跳变。采用双门限电压比较器在实现波形变换的同时，还可以较好地解决这个问题。

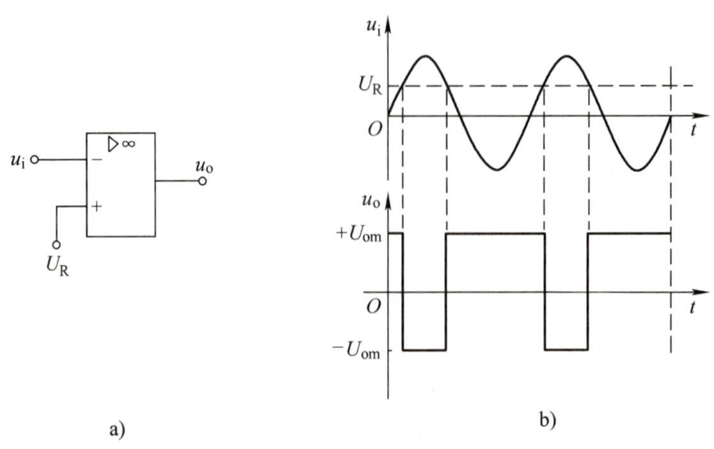

图 3–16　利用单门限电压比较器实现波形变换

a）单门限电压比较器　b）波形变换

2. 双门限电压比较器

双门限电压比较器又称为“迟滞比较器”，也称“施密特触发器”。它是一个含有正反馈的比较器，其原理图和传输特性曲线如图 3–17 所示。

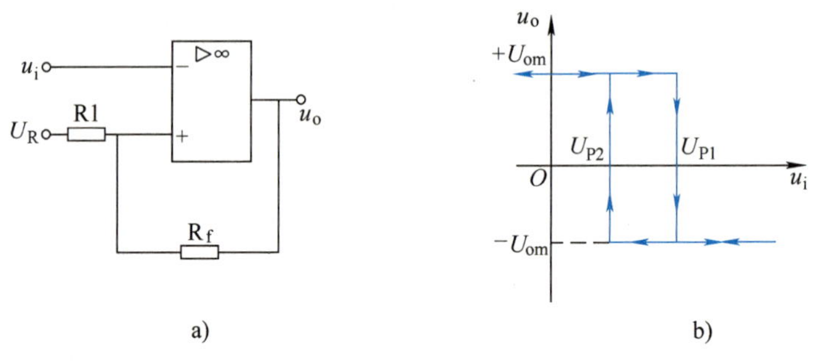

图 3–17　双门限电压比较器

a）原理图　b）传输特性曲线

输出电压 u_o 经 R_f 和 R1 分压加到集成运算放大器的同相输入端，为电路引入了正反馈，所以集成运算放大器工作在非线性工作区，输出只有两种可能的电压。

当 $u_o = +U_{om}$ 时，门限电压用 U_{P1} 表示：

$$U_{P1} = \frac{R_f}{R_f + R_1}U_R + \frac{R_1}{R_f + R_1}U_{om}$$

当输入电压上升到 $u_i = U_{P1}$ 时，输出电压 u_o 发生跳变，由 $+U_{om}$ 跳变为 $-U_{om}$，门限电压随之变为

$$U_{P2} = \frac{R_f}{R_f + R_1}U_R - \frac{R_1}{R_f + R_1}U_{om}$$

当输入电压减小，直至 $u_i = U_{P2}$ 时，输出电压再度跳变，由 $-U_{om}$ 跳变为 $+U_{om}$。

这两个门限电压之差称为回差电压，用 ΔU_P 表示：

$$\Delta U_P = U_{P1} - U_{P2} = \frac{2R_1}{R_f + R_1} U_{om}$$

由上式可知，回差电压与参考电压无关。

利用双门限电压比较器可大大提高抗干扰能力。例如，当输入电压 u_i 受干扰或含有噪声信号时，只要变化幅度不超过回差电压，输出电压就不会在此期间发生频繁的跳变，而仍保持为比较稳定的输出电压波形，如图 3-18 所示。

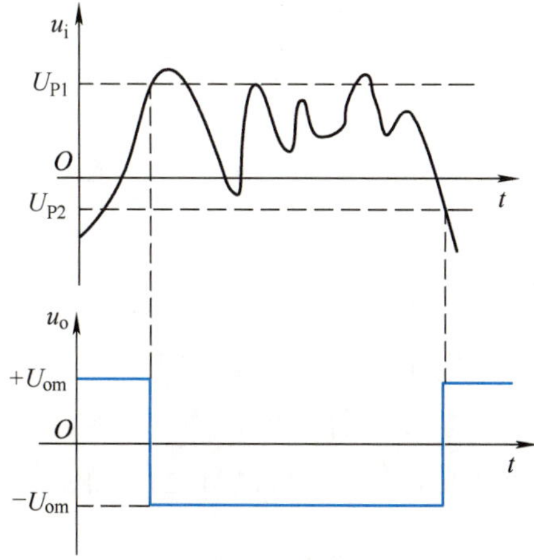

图 3-18 双门限电压比较器的抗干扰作用

§ 3-5 集成运算放大器的使用常识

学习目标

1. 能合理选择集成运算放大器。
2. 会对集成运算放大器进行质量检测。
3. 了解集成运算放大器的使用常识。
4. 了解集成运算放大器的保护电路。

一、合理选择集成运算放大器

集成运算放大器是模拟集成电路中应用最广泛的一种器件。集成运算放大器种类和型号繁多，依据其性能参数的不同分为通用型和专用型两大类。通用型又可分为低增益、中增益、高增益三种。通用型集成运算放大器适合在一般条件下使用，特点是电源电压的适用范围广，不需要外接补偿电容，输入电压较大。专用型集成运算放大器有高阻型、低漂移型、高速型、低功耗型、高压型、大功率型、电压比较器等多种。

在进行电路设计时选用何种类型和型号，应根据系统对电路的要求加以确定。在通用型可以满足要求时，应尽量选用通用型，因其价格低、易于购买。专用型集成运算放大器是某一项性能指标较高的集成运算放大器，它的其他性能指标不一定高，有时甚至可能比通用型集成运算放大器还低，选用时应充分注意。所以选用集成运算放大器时，应根据电路要求，从集成运算放大器的技术指标、外形尺寸、价格等几方面综合考虑，选择合适类型的集成运算放大器。例如，对输入电阻要求高的电路，要选用以场效应管为输入级的高阻型集成运算放大器；要求工作频带宽的电路应选用宽带型集成运算放大器；对于一般电路如果没有特殊要求时，尽量选用通用型集成运算放大器，这样既可降低成本，又容易保证货源。当一个系统中使用多个运算放大器时，应尽可能选用多运算放大器集成电路，例如 LM324、LF347 等都是将四个运算放大器封装在一起的集成电路。

二、集成运算放大器的质量检测

1. 用万用表检测

用万用表 R×100 或 R×1 k 电阻挡测量集成运算放大器同相输入端与反相输入端间的正反向电阻、各引脚对输出端间的正反向电阻、各引脚对正电源端及负电源端的正反向电阻、各引脚对地的正反向电阻，然后查阅手册或说明书，将所测阻值与同型号集成运算放大器参考值进行对比，阻值应较为接近，如果相差很大，说明集成运算放大器出现短路或断路现象，一般是集成运算放大器已损坏。

2. 用测试电路检测

将集成运算放大器接成如图 3–19 所示的电压跟随器。接通电源，用万用表直流电压挡测量输出电压。调节 RP，输出电压应能在接近 0 ~ V_{CC} 的范围内变化。如果调节时输出电压不变或变化很小，表明集成运算放大器已损坏。

3. 用专用仪器检测

图 3–20 所示为 LEAPER–2 型线性 IC（集成电路）测试仪。只要将集成运算放大器插入，然后按下 AUTO 键即可显示集成电路型号和种类，按下 TEST 键即可显示“PASS”或“FAIL”。其操作方便快捷，测试结果简单明了。

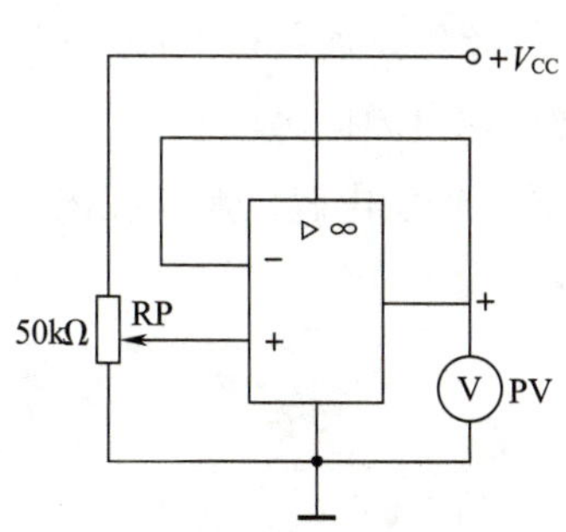

图 3-19 集成运算放大器简易检测

图 3-20 LEAPER-2 型线性 IC 测试仪

三、正确使用集成运算放大器

1. 调零

由于集成运算放大器失调电压和失调电流的存在，当输入电压为零时，输出电压并不为零。为此，在输入信号为零时需将输出电压调为零。一般采取以下两种方法。有调零引出端的，例如 CF741 的调零电位器，接法如图 3-21 所示，电路外接调零电位器 RP，通过调整电位器阻值进行调零；无调零引出端的，可在集成运算放大器的输入端加一个补偿电压，以抵消集成运算放大器本身的失调电压，从而达到调零的目的，其电路如图 3-22 所示。

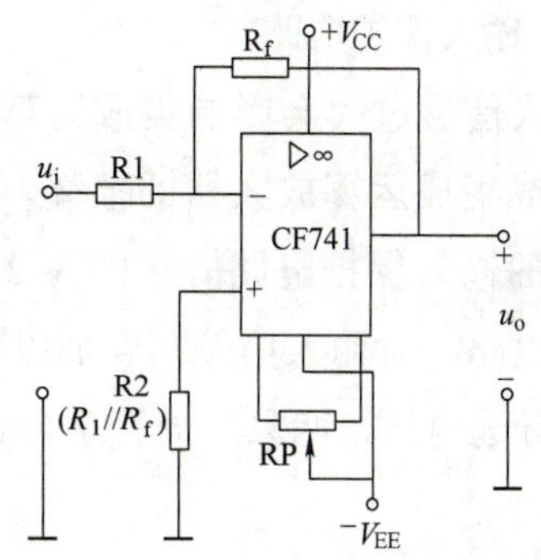

图 3-21 外接调零电位器 RP 调零电路

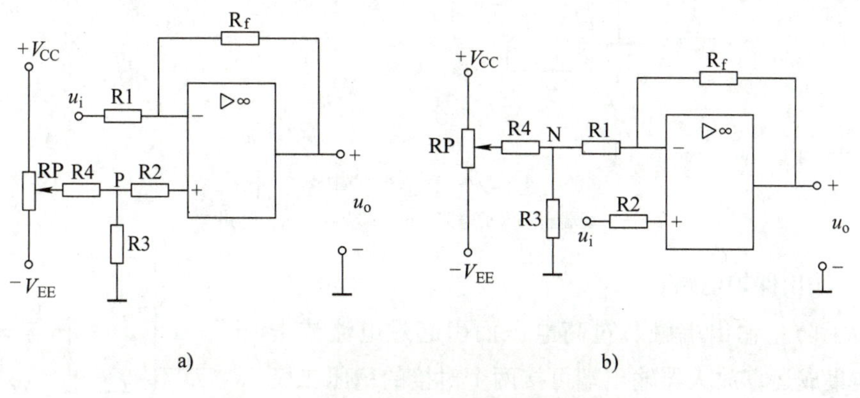

图 3-22 外加补偿电压进行调零的电路

a）同相输入调零 b）反相输入调零

2．消除自激振荡

集成运算放大器是多级放大器，具有极高的电压放大倍数，但它极易产生自激振荡，使运算放大器不能正常工作。为了防止自激振荡的产生，通常按产品手册要求，在补偿端子上接指定的补偿电容或 RC 移相网络，以便消除自激振荡现象。

目前，国产的大多数集成运算放大器，为防止自激，补偿电容已制作在内部，所以一般情况无须外部补偿。

四、集成运算放大器的保护电路

1．防止电源极性接反

为了防止电源极性接反而损坏集成运算放大器，可利用二极管的单向导电特性来控制，如图 3–23 所示，二极管 V1、V2 串入集成电路直流电源电路中，当电源极性接反时，相应的二极管便截止，从而保护了集成电路。

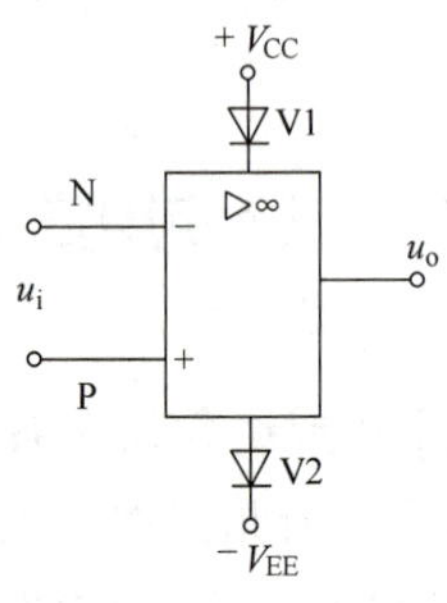

图 3–23　防止电源极性接反保护电路

2．输入保护电路

输入信号过大会影响集成运算放大器的性能，甚至造成集成运算放大器的损坏。如图 3–24 所示为常用的输入保护电路。在图 3–24a 中，利用二极管 V1、V2 和电阻 R1、R2 构成双向限幅电路，对输入信号幅度加以限制，无论是信号的正向电压还是反向电压超过二极管的导通电压，两只二极管总会有一只导通，从而限制输入信号，起到保护的作用。

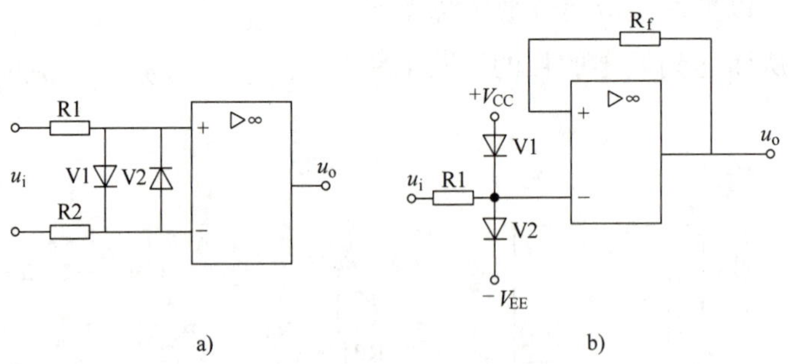

图 3–24　输入保护电路

a）双端输入保护电路　b）单端输入保护电路

3．输出保护电路

为了防止输出端触及过高电压而引起过电流或击穿，在集成运算放大器输出端可接两个对接的稳压二极管加以保护，如图 3–25 所示。它可以将输出电压限制在（U_Z+U_d）范围内，其中 U_Z 是稳压管的稳压值，U_d 为

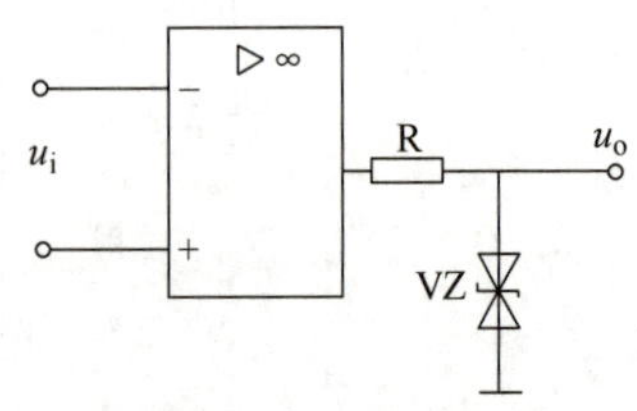

图 3–25　输出保护电路

稳压管的正向压降。

知识拓展

集成电路焊接技术

由于集成电路内部集成度高，要求焊接温度不能超过 200 ℃。因此，对集成电路进行焊接时，应注意以下几点：

（1）集成电路引脚一般是经镀银处理的，不需要用刀刮削，只需用酒精擦洗或用橡皮擦干净即可。

（2）如果引脚有短路环，焊接前切记不要拿掉。

（3）电烙铁最好用 20 W 内热式，并要有可靠的接地措施，或者利用余热进行焊接。

（4）焊接时间不宜过长，每个焊点最好用 2 s 的时间进行焊接，连续焊接时间不超过 10 s。

（5）应使用低熔点焊剂，一般不要超过 150 ℃。

（6）如果工作台面上铺有橡胶、塑料等易于积累静电的材料，电路芯片及印制电路板不宜放在台面上。

（7）引脚必须和电路板插孔一一对应，集成电路的安全焊接顺序为：接地端→输出端→电源端→输入端，且要防止焊点之间发生短路。焊接完毕，用棉纱蘸适量酒精擦净焊接处残留的焊剂。

技能训练 7　呼吸灯电路的安装与调试

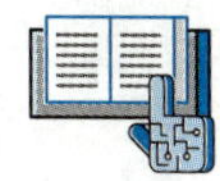

训练目标

1. 能正确识读呼吸灯电路工作原理图，熟悉集成运算放大器的非线性应用电路。
2. 能正确识别和检测所用元器件，熟悉 LM358P 的外形及引脚的功能。
3. 能结合电路原理图和印制电路板，找到对应元器件的安装位置。
4. 能按要求和计划正确使用工具进行线路焊接和安装。
5. 能根据外观和测试结果判断电路是否满足工艺和性能要求，能判断电路是否存在故障，并顺利排除故障。

6. 能运用双踪示波器和数字频率计观测输出信号的波形和频率，并正确记录测试结果，及时总结测试和安装技巧。

7. 训练过程中能自觉遵守安全操作规范，训练结束后能自觉清理场地、归置物品。

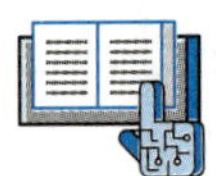

训练准备

1. 仪器设备和工具准备

直流稳压电源（±12 V）、数字频率计、双踪示波器、万用表（数字式或指针式）、常用电子装配工具等。

2. 元器件准备

训练所需元器件清单见表 3–6。

表 3–6　元器件清单

代号	名称	型号 / 规格	数量	代号	名称	型号 / 规格	数量
R1、R2、R4	碳膜电阻器	47 kΩ	3	C	电解电容器	100 μF/25 V	1
R3	碳膜电阻器	100 kΩ	1	VD5	二极管	4007	1
R5、R6	碳膜电阻器	15 kΩ	2	VD1、VD2 VD3、VD4	发光二极管	ϕ5 mm	4
R7、R8	碳膜电阻器	100 Ω	2	V	三极管	8050	1
RP	可调电阻器	50 kΩ	1	J	针座	XH2.54–2P	1
	集成电路插座	8P	1	U	集成电路	LM358P	1

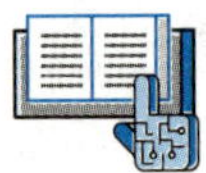

训练内容

一、实训电路分析

通过电容的充放电可以实现呼吸灯控制。呼吸灯电路原理图如图 3–26 所示。工作时，LED 灯会呈现出“暗—渐亮—亮—渐暗—暗—渐亮—亮……”的周期性变化效果。

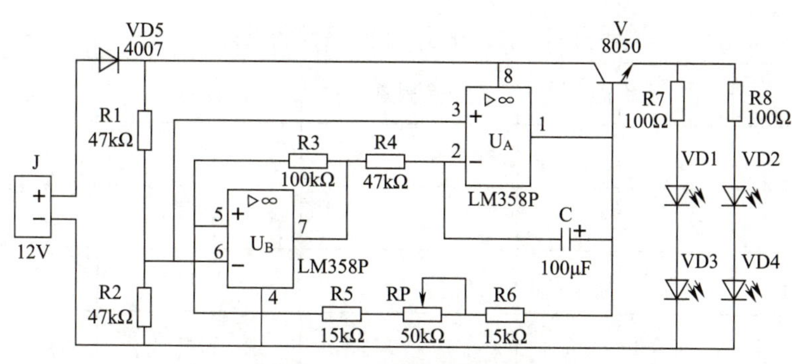

图 3-26　呼吸灯电路原理图

LM358P 为一对集成运算放大器 U_A 和 U_B。U_B 为电压比较器，U_A 为放大器。

± 12V 的直流电源通过 VD5 经 R1 和 R2 分压后为 U_B 的 6 端和 U_A 的 3 端提供固定的电压，U_B 的 7 端输出信号经 R4 送至 U_A 的 2 端，U_A 输出端的输出信号电压控制三极管 V 的导通程度。

在接通直流电源后，U_B 输出端 7 输出的信号通过 R4 给电容 C 充电，充电电压按指数规律增大，三极管导通电流增大，4 只 LED 灯变亮，直至 C 充满电，LED 灯达到最亮。电容 C 充满电后，其电压经 R5、RP 和 R6 送至 U_B 的同相输入端 5，电容 C 经 R5、RP 和 R6 放电，C 两端电压降低，U_A 的输出端信号电压降低，使三极管 V 导通电流减小，4 只 LED 灯变暗，直至 V 截止，LED 灯熄灭。当 U_B 的 5 端电压小于 6 端的电压时，U_B 输出端 7 输出信号通过 R4 再给电容 C 充电。随着充电电压的增加，三极管导通电流增大，4 只 LED 灯变亮。由此循环往复，周期性变化，从而实现呼吸灯控制。

通过改变 RP 的值，可以改变呼吸灯的频率。

二、装配电路

1. 识读电路原理图和印制板装配图。

2. 制订实训计划，准备电子装配工具及仪器仪表，做好设备安全防护措施。

3. 元器件识别与检测

（1）清点元器件

按表 3–6 核对元器件的数量、型号和规格，并把标称值填入表 3–7 中。如有短缺、差错应及时补缺和更换。

（2）检测元器件

用万用表电阻挡检测电阻器的阻值；用万用表的电容挡检测电容器的电容；用指针式万用表的电阻挡检测电容器的好坏；用万用表电阻挡检测二极管、三极管等元器件并判断其好坏，并把检测结果填入表 3–7 中。若有不符合质量要求的元器件，应剔除和更换。

表 3-7　元器件的标称值及检测结果

代号	标称值	检测值	代号	检测结果
R1			VD1	
R2			VD2	
R3			VD3	
R4			VD4	
R5			VD5	
R6			V	
R7			U	
R8				
RP				
C				

4. 查询集成运算放大器资料

使用集成运算放大器前，可利用集成电路手册或专业网站查阅相关资料，了解 LM358P 各引脚的功能、引脚排列位置及相关参数。

5. 电路装配

按照图 3-26 所示电路图，将元器件正确插装在印制电路板上后进行焊接固定。安装过程中要严格遵守电气作业规程，做好安全防护措施。安装好的电路板如图 3-27 所示。

6. 自检与互检

安装完成后，对照原理图仔细检查电路是否安装正确，导线、焊点是否符合要求，检查电解电容、发光二极管和三极管极性是否安装连接正确。由于集成运算放大器外接端比较多，很容易接错，检查电路接线时，应特别检查集成运算放大器输出端有无短路，正、负电源有无接错。集成电路应安装在相应的插座上，注意集成电路的缺口与集成电路插座缺口方向必须一致，将集成电路插入插座时，应避免插反及引脚未完全插入插座等现象。先进行自检与互检，待教师确认无误后，再通电测试。

图 3-27　安装好的呼吸灯电路板

三、电路调试

1. 调试准备

经上述检查确认无误后，用万用表直流电压挡将直流电源输出电压调整到所需数值 ±12 V。电源关断后接入电路中并检查，确保直流电源正确、可靠地接入电路，然后再接通直流电源。

2. 调试

接通 ±12 V 直流电源，对电路进行动态测试。输出端接双踪示波器进行观测，同时观察 LED 灯的亮暗。调整 RP，观察输出波形并记录 LED 灯的亮暗状态变化，将测试结果填入表 3-8 中。测试过程中，不能凭感觉和印象，要始终借助仪器，边记录，边分析，边解决问题。

表 3-8 测试结果记录表

调整 RP	输出波形	输出频率 /Hz	LED 灯亮暗变化
增大			
减小			

如电路出现故障，把故障现象和排除故障方法记录在表 3–9 中。

表 3–9　故障现象和排除故障方法

故障现象	
排除方法及步骤	

四、清理现场

按照现场管理规范清理场地，归置物品。

训练测评

对自己在本次训练中的综合表现进行评价。扫描右侧二维码可查看评价项目、内容及标准。

本章小结

1. 利用差动放大电路的对称性，进行差模放大，通过共用发射极电阻或恒流源为电路引入共模负反馈，可有效地抑制零漂和共模信号，所以应用相当广泛，是集成运算放大器电路的主要单元电路。

2. 集成运算放大器电路是具有高放大倍数的多级直接耦合放大器。它一般由输入级、中间级、输出级和偏置电路四部分组成。为了抑制零漂和提高共模抑制比，常采用差动放大电路作为输入级；中间级为电压增益级；互补对称电压跟随电路常用于输出级。

3. 集成运算放大器实际使用时，通常把它看成是一个理想元件，理想集成运算放大器的条件是：开环电压放大倍数 $A_{uo}\to\infty$、差模输入电阻 $r_{id}\to\infty$、共模抑制比 $K_{CMR}\to\infty$ 以及开环输出电阻 $r_o\to 0$。

4. 集成运算放大器有线性应用和非线性应用两大类，在线性应用时可利用“虚短”和“虚断”进行分析；在非线性应用时，“虚短”

不再成立，而“虚断”的概念仍然可以利用，输出电压只有 $+U_{om}$ 和 $-U_{om}$ 两种状态。

5. 集成运算放大器工作在线性区域的标志是电路中有负反馈（一般是深度负反馈），加法运算器和减法运算器是集成运算放大器的线性应用电路；工作在非线性区的主要标志是电路中没有负反馈（开环）或引入正反馈，单门限电压比较器和双门限电压比较器是集成运算放大器的非线性应用电路。

6. 集成运算放大器有反相比例运算和同相比例运算两种基本电路。其中，反相比例运算放大电路是一种电压并联负反馈电路，信号从反相输入端输入，输出电压和输入信号电压成比例，且相位相反；同相比例运算放大电路是一种电压串联负反馈电路，信号从同相输入端输入，输出电压和输入信号电压成比例，且相位相同。这两种电路实质上是集成运算放大器的线性应用电路。

7. 常用集成运算放大器封装外形主要有双列直插式、扁平式和圆壳式，不同外形的集成运算放大器引脚排列顺序也不同。

8. 应用集成运算放大器时，应查阅相关手册，合理选择集成运算放大器，对集成运算放大器进行检测，对构成的电路进行调零，消除自激振荡，并适当设置各种保护电路。

第四章 正弦波振荡电路

振荡电路是一种无须外加输入信号，就能将直流电源提供的能量转换成一定频率、一定幅度的正弦或非正弦波信号的电路，它在测量、控制、通信和电视等系统中有着广泛的应用。正弦波振荡电路是应用最广泛的一种振荡电路，如收音机和电视机的本机振荡电路、发射机中的载波振荡电路、各种频率的正弦波信号发生器等。本章主要介绍几种正弦波振荡电路。

§4-1 正弦波振荡电路的基本概念

学习目标

1. 了解自激振荡电路的基本组成，熟悉各组成部分的作用。

2. 理解自激振荡电路能够起振并维持振荡的相位条件和幅度条件。

一、自激振荡电路的基本组成和作用

1. 基本组成

在图 4–1 中，将开关 S 掷向“1”，较小的输入信号 u_i 经过开关 S 送到基本放大电路的输入端，经过基本放大电路的放大，在输出端得到一个较大的输出信号 u_o。如果在电路中加入一个正反馈电路，并且保证正反馈电路的输出信号 u_f 与原输入信号 u_i 一模一样，即 u_f 与 u_i 的大小相等，相位相同，这时把开关 S 瞬时掷向“2”，由于基本

放大电路的输入信号没有改变，输出信号 u_o 也就没有改变，反馈信号 u_f 得以维持。整个电路在去掉输入信号 u_i 的情况下，将继续稳定地输出信号。

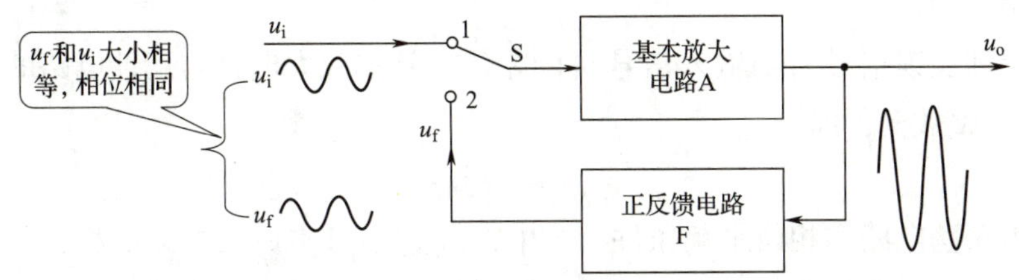

图 4–1 正弦波振荡电路的基本组成

显然，在图 4–1 中，当开关 S 掷向“2”时就构成了一个自激振荡电路。由图 4–1 可以看出，振荡电路由一个基本放大电路和一个正反馈电路组成。但要产生单一频率的正弦波信号，还必须有选频电路（或选频网络）。此外，振荡电路中还必须要有稳幅环节，使振荡电路稳定地输出信号。

综上所述，一个正弦波振荡电路应当包括基本放大电路、正反馈电路、选频电路和稳幅环节四个基本组成部分，它依靠电路内部的自激振荡产生正弦波输出电压。

2. 各部分的作用

（1）基本放大电路：保证电路有足够的放大倍数，实现能量控制。

（2）正反馈电路：引入正反馈信号作为输入信号，使电路产生自激振荡。

（3）选频电路：确定电路的振荡频率，使电路产生单一频率的振荡。

（4）稳幅环节：使输出信号的幅度稳定。

二、自激振荡产生的条件

由图 4–1 可以看出，振荡电路在没有外加输入信号的情况下就有输出信号，是因为它用反馈信号作为基本放大电路的输入信号。为了使振荡电路维持振荡，必须保证正反馈电路反馈信号 u_f 与输入信号 u_i 大小相等、相位相同，即须同时满足幅度条件和相位条件。

1. 幅度条件

若保证反馈信号 u_f 与输入信号 u_i 大小相等，即

$$U_f = U_i$$

由于

$$A = \frac{U_o}{U_i}$$

$$F = \frac{U_f}{U_o}$$

则

$$AF = \frac{U_o}{U_i} \times \frac{U_f}{U_o} = \frac{U_f}{U_i} = 1$$

即

$$AF = 1$$

式中，A 表示基本放大电路的开环放大倍数，F 表示反馈电路的反馈系数。上式为振荡电路能够维持振荡的幅度平衡条件。

2. 相位条件

为了保证反馈信号 u_f 与输入信号 u_i 同相位，基本放大电路与反馈电路的总相移必须等于 2π 的整数倍，即

$$\varphi_A+\varphi_F=2n\pi$$

上式为振荡电路的相位平衡条件。式中，φ_A 表示基本放大电路的相移（放大电路的输出信号与输入信号的相位差），φ_F 表示反馈电路的相移（反馈电路的输出信号与输入信号的相位差），$n=0$，1，2，3…。

对于一个振荡电路来说，必须同时满足幅度平衡条件和相位平衡条件，电路才能维持等幅振荡。

三、自激振荡的建立及稳幅

前面在讨论振荡电路的基本结构时，是将放大电路的输出信号通过反馈电路送到输入端作为输入信号才能实现振荡。那么，原始的输入信号是从哪里来的呢？其实，当振荡电路刚接通电源的瞬间，电路中会产生一个电冲击，这个电冲击激起的信号包含多种频率成分的谐波信号，该信号可分解为多种频率的正弦波信号，但其中只有一种频率的信号满足相位平衡条件，通过放大→正反馈→放大，这样周而复始，形成循环，输出信号逐渐由小变大，振荡电路自行起振，而其他频率的信号因不满足相位平衡条件而被衰减掉。可见，振荡电路能够起振，除电路必须引入正反馈之外，反馈信号 u_f 的幅度应比输入信号 u_i 要大，即

$$AF=\frac{U_o}{U_i}\times\frac{U_f}{U_o}=\frac{U_f}{U_i}>1$$

这样才能保证每次循环过程中信号会不断地放大。

振荡电路自行起振之后，振荡电路输出信号的振幅会不会无限地增大呢？实际上是不会的。由于三极管是非线性器件，当振荡幅度增大至一定程度后，振荡电路中的三极管将进入非线性区，放大电路的电压放大倍数 A 会减小，从而使 AF 减小，当满足 $AF=1$ 的平衡条件时，输出幅度就会稳定到一定的幅度，既不增大，也不减小。

综上所述，正弦波振荡电路产生并维持等幅振荡的条件为

$$\begin{cases}AF\geqslant 1\\ \varphi_A+\varphi_F=2n\pi\end{cases}$$

也就是说，要保证振荡电路能够振荡必须同时满足以上两个条件，其中幅度条件较易满足，因此，相位平衡条件是关键。

正弦波振荡电路根据选频网络的元件不同，分为 LC 正弦波振荡电路、RC 正弦波振荡电路和石英晶体振荡电路，分别适用于产生高频信号、低频信号和频率稳定度高的信号。

§4-2 LC 正弦波振荡电路

学习目标

1. 了解 LC 并联谐振电路的选频特性，会计算谐振频率。
2. 认识变压器反馈式与 LC 三点式正弦波振荡电路，判断其是否满足幅度条件和相位条件。
3. 能分析三种 LC 正弦波振荡电路的工作原理。
4. 了解三种 LC 正弦波振荡电路的特点及适用场合。

LC 正弦波振荡电路采用 LC 并联谐振电路作选频网络，主要用来产生 1 MHz 以上的高频正弦波信号。LC 正弦波振荡电路按反馈电路的形式不同，分为变压器反馈式、电感三点式和电容三点式三种。

一、LC 并联谐振电路的选频特性

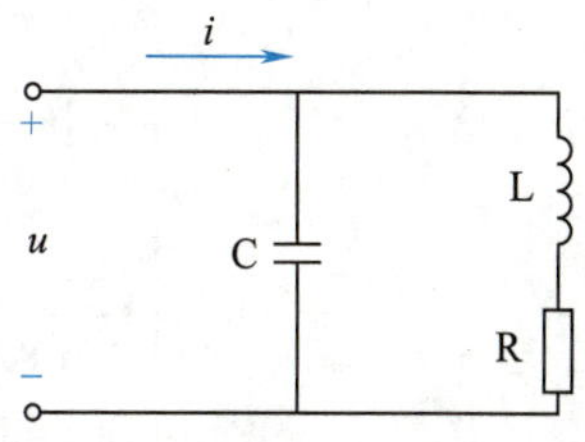

图 4–2 LC 并联谐振电路

LC 并联谐振电路如图 4–2 所示，从图 4–3 所示的 LC 并联谐振电路的幅频特性曲线可以看出，$f=f_0$（f_0 为谐振频率，又称固有频率）时，电路发生谐振，等效阻抗 Z 的幅值最大；信号频率 f 偏离 f_0 时，等效阻抗 Z 的幅值迅速减小。从图 4–4 所示的 LC 并联谐振电路的相频特性曲线可以看出，当电路发生谐振（$f=f_0$）时，相移 $\varphi=0°$，LC 并联谐振电路呈纯电阻特性；当 $f<f_0$ 时，LC 并联谐振电路呈现电感的性质；当 $f>f_0$ 时，LC 并联谐振电路呈现电容的性质。可见 LC 并联谐振电路具有选频特性，即当 $f=f_0$ 时电路呈纯阻性，且阻值最大。LC 并联谐振电路的谐振频率：

$$f_0=\frac{1}{2\pi\sqrt{LC}}$$

f_0 仅与谐振电路的电感和电容的参数有关，当 L 或 C 任一个改变时，f_0 也将发生相应的改变。

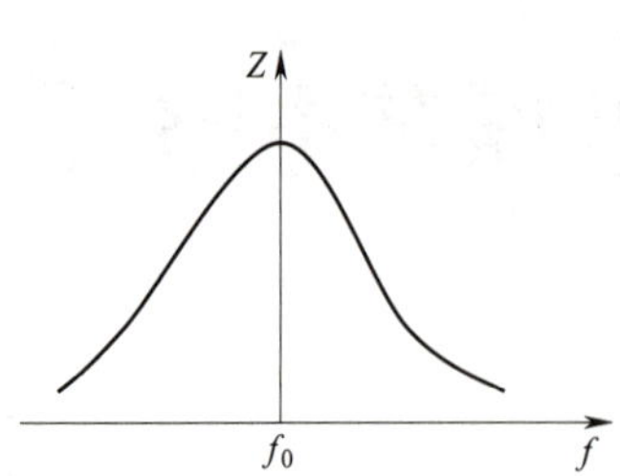

图 4–3 LC 并联谐振电路幅频特性曲线

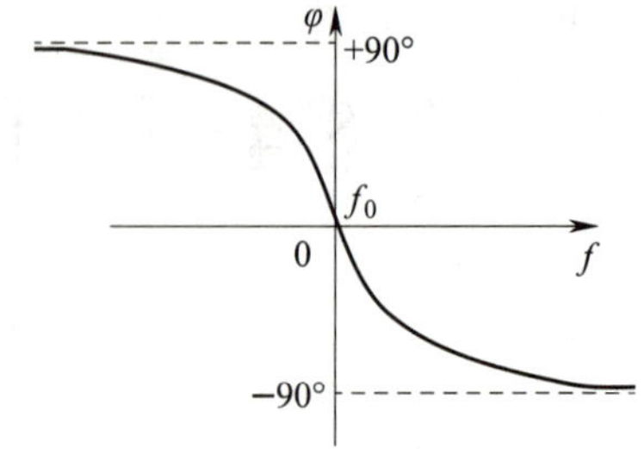

图 4–4 LC 并联谐振电路相频特性曲线

二、变压器反馈式 LC 振荡电路

图 4–5 所示电路用变压器的二次绕组 N2 作为反馈元件，将输出电压的一部分反馈到输入端，因此称为变压器反馈式 LC 振荡电路。基本放大电路采用分压式射极偏置电路，由三极管 V 及其偏置电路 R1、R2 等构成。选频网络由 LC 并联谐振电路构成，正反馈电路由变压器的二次绕组 N2、耦合电容 C1 构成，振荡电路通过变压器的二次绕组 N3 向负载 R_L 提供正弦波振荡信号。

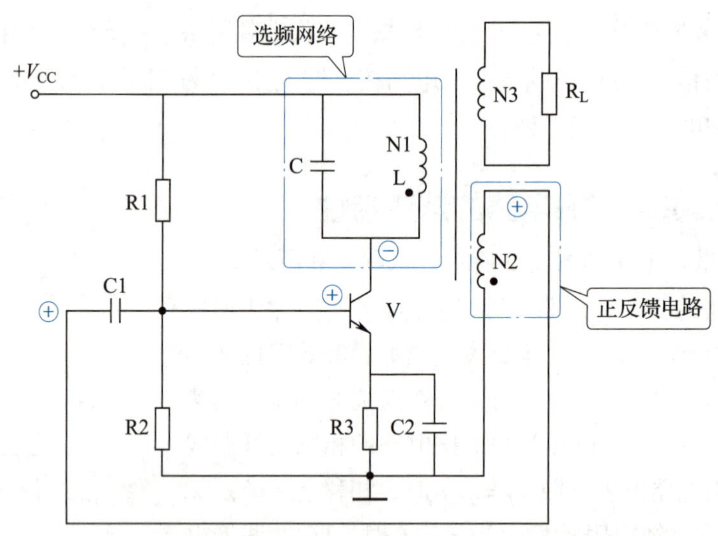

图 4–5 变压器反馈式 LC 振荡电路

LC 并联谐振电路对不同频率的信号呈现不同的阻抗，而当电路发生谐振（$f = f_0$）时阻抗最大，并且为纯阻性。LC 并联谐振电路作为集电极负载构成的选频放大电路，对频率为 f_0 的信号有很大的放大倍数，所以频率为 f_0 的信号满足振荡电路的幅度平衡条件。

1. 相位条件

假设三极管输入端的瞬时极性为正，在 LC 并联谐振电路谐振（$f = f_0$）时，LC 并联谐振电路相当于纯电阻，此时集电极的瞬时极性为负，L 两端的瞬时极性为上正、下负。同名端为负，N2 的瞬时极性为上正、下负。这样，反馈到输入端的信号的极性与原假设的基极的极性相同，电路构成的是正反馈，满足相位平衡条件。

2．振荡频率

从选频放大电路的相频特性可知，只有频率等于 LC 并联谐振电路的谐振频率 f_0 时，集电极负载才呈现纯电阻的性质，电路才满足振荡的相位平衡条件。所以，电路的振荡频率就是 LC 并联谐振电路的谐振频率 f_0，即

$$f_0 = \frac{1}{2\pi\sqrt{LC}}$$

式中，f_0为振荡频率，单位为 Hz（赫兹）；L 为谐振电路的总电感，单位为 H（亨利）；C 为谐振电路的总电容，单位为 F（法拉）。

当改变电感 L 或电容 C 的大小时，均可改变振荡频率 f_0。在实际应用中，电容器 C 一般选用可变电容器，这样就可以通过调节可变电容器的容量，使输出的正弦波信号的频率实现连续可调。如收音机的调台就是通过调整可变电容器来实现的。

3．电路特点

变压器反馈式 LC 振荡电路的特点如下：

（1）电路起振容易。只要变压器同名端接线正确，就容易起振。

（2）频率调节方便。采用可变电容器，可获得一个较宽的频率调节范围。

（3）振荡频率不高。由于变压器分布参数的限制，振荡频率不能太高，一般小于几十兆赫兹。

（4）由于电感对高次谐波呈现较大的阻抗，反馈信号中高频成分较大，使得输出波形中高次谐波成分较多，所以输出波形不好，频率稳定度也不高。

三、电感三点式振荡电路

图 4–6 所示为电感三点式振荡电路，图 4–7 所示为其简化交流等效电路。由电感引出三个端点，并分别与三极管的三个电极相连，所以称为电感三点式振荡电路。由图 4–6 所示电路可以看出，R1、R2 和 R3 为电路提供稳定的静态工作点，使三极管处于放大状态，L1、L2 与 C 构成振荡电路的选频网络。由图 4–7 可以看出，反馈线圈用带中间抽头的自耦变压器，反馈电压取自 L2 两端。

在图 4–6 所示电路中，三极管工作于选频放大状态，只要放大电路的工作点合适，抽头的位置适当，幅度条件就能满足。

1．相位条件

用瞬时极性法，设基极加一个瞬时为正的信号，则集电极输出的信号为负，LC 回路谐振时另一端瞬时为正，反馈回基极的瞬时极性为正，如图 4–7 所示。电路满足相位条件，所以电路能够起振。

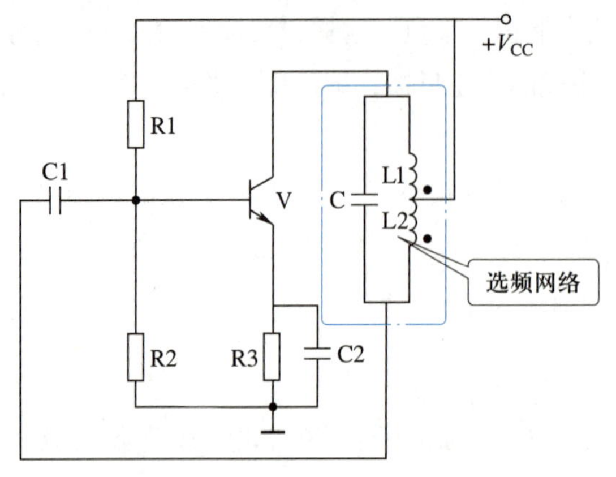

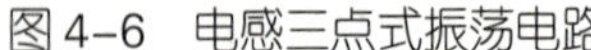
图 4-6　电感三点式振荡电路

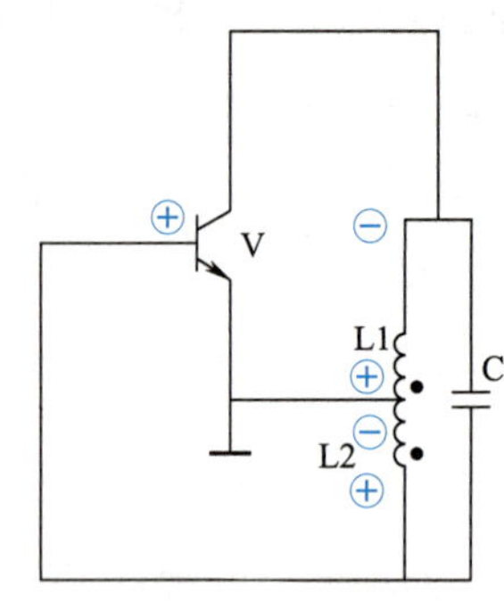

图 4-7　简化交流等效电路

2. 振荡频率

电路的振荡频率等于 LC 并联谐振电路的谐振频率，即

$$f_0 = \frac{1}{2\pi\sqrt{LC}}$$

式中，L 为电路的总电感。

3. 电路特点

电感三点式振荡电路的特点如下：

（1）由于线圈 L1 与 L2 之间耦合很紧，因此比较容易起振。改变电感抽头的位置，可以获得满意的正弦波输出，且振荡幅度较大。根据经验，通常可以选择反馈线圈 L2 的圈数为整个线圈的 1/8 ～ 1/4。

（2）调节频率方便。采用可变电容器，可获得一个较宽的频率调节范围。

（3）电路工作频率不高。该电路工作频率一般为 1 兆赫至几十兆赫。

（4）由于电感反馈支路对高次谐波呈现较大的阻抗，所以输出波形中含有高次谐波的成分较多，波形较差，且频率稳定度也不高。

四、电容三点式振荡电路

图 4-8 所示为电容三点式振荡电路，图 4-9 所示为其简化交流等效电路。两个串联电容引出的三个端点，分别与三极管的三个电极相连，所以称为电容三点式振荡电路。在图 4-8 中，三极管及其偏置电路构成了基本放大电路，在集电极加接电阻 R_C，用以提供集电极直流通路。C1、C2、L 构成了 LC 并联选频网络，正反馈信号从电容器 C2 的两端取出。

在图 4-8 所示电路中，三极管工作于选频放大状态，对频率为 f_0 的信号有足够大的放大倍数，只要放大电路的工作点合适，适当调节 C_1 和 C_2 的比值，改变反馈量，即能满足振荡的幅度条件。

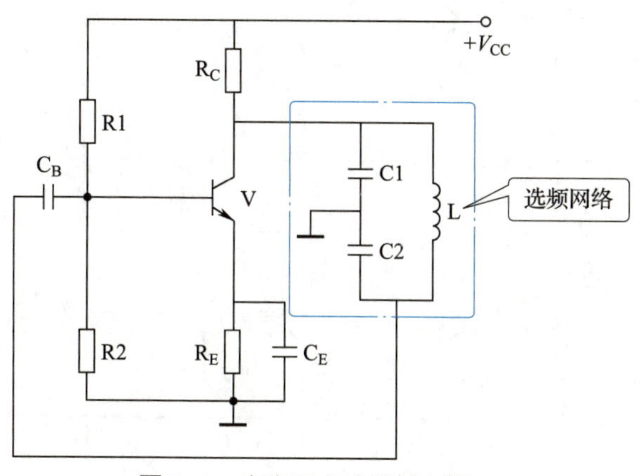

图 4-8 电容三点式振荡电路

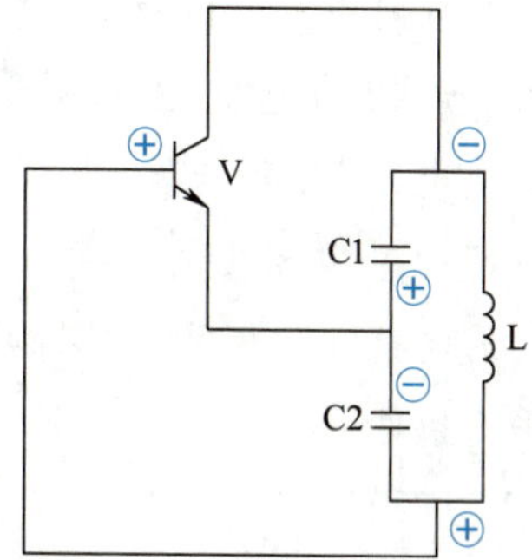

图 4-9 简化交流等效电路

1. 相位条件

用瞬时极性法，设基极加一瞬时为正的信号，集电极输出为负，LC 回路谐振时另一端瞬时为正，反馈回基极的瞬时极性为正，与原假设信号相位相同，电路满足相位平衡条件，所以电路能够起振。

2. 振荡频率

电路的振荡频率等于 LC 并联谐振电路的谐振频率，即

$$f_0=\frac{1}{2\pi\sqrt{LC}}$$

式中，$C=\dfrac{C_1C_2}{C_1+C_2}$。

3. 电路特点

电容三点式振荡电路的特点如下：

（1）由于反馈电压取自电容 C2 两端，电容对高次谐波阻抗很小，反馈电压中的高次谐波分量很小，所以输出波形较好，频率稳定度较高。

（2）因为电容 C1、C2 的容量可以选择较小，若将放大管的极间电容也计算进去，则振荡频率较高，一般可以达到 100 MHz 以上。

（3）调节电容可以改变振荡频率，但同时会影响起振条件，故频率调节范围较小，因此这种电路适用于产生固定频率的振荡电路。

知识拓展

三点式振荡电路相位条件的简单判断

电感三点式振荡电路和电容三点式振荡电路统称为三点式振荡电路。判断三点式

振荡电路是否满足振荡的相位条件，一般采用由瞬时极性法演变来的简便方法。具体方法是画出简化交流等效电路。如图 4-10 所示，若电路中与三极管发射极相接的两个元件 X1 和 X2 为电抗性质相同的元件（都是电容或电感），不与发射极相接的元件（与集电极、基极相接的元件）X3 与上述两个元件的电抗性质相反，即判定满足振荡的相位平衡条件。

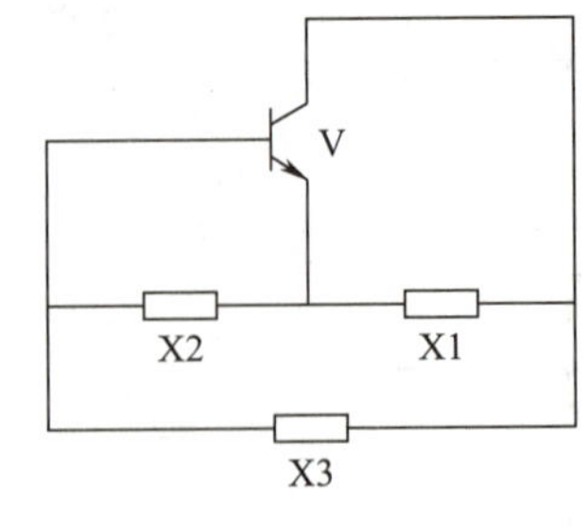

图 4-10　三点式振荡电路的交流等效电路

§4-3　RC 正弦波振荡电路

学习目标

1. 了解 RC 串并联电路的选频特性，会计算谐振频率。
2. 认识 RC 正弦波振荡电路，判断其是否满足幅度条件和相位条件。
3. 会分析 RC 正弦波振荡电路的工作原理，会计算电路的谐振频率。
4. 了解 RC 正弦波振荡电路的特点及适用场合。

LC 正弦波振荡电路一般用来产生频率为几百千赫到几百兆赫的信号。如果要产生几千赫或更低频率的信号，则 L 和 C 取值就相当大，而大电感、大电容的制作比较困难，且成本高。下面介绍的 RC 正弦波振荡电路，则显得方便而经济。RC 正弦波振荡电路是利用电阻和电容组成选频网络的振荡电路，一般用来产生频率在 200 kHz 以下的低频正弦波信号。由于 RC 桥式正弦波振荡电路具有结构简单、易于调节等优点，所以常被采用。下面首先介绍具有选频特性的 RC 串并联网络。

一、RC 串并联网络的选频特性

图 4–11 所示是由 R1、C1 和 R2、C2 组成的串并联网络的等效电路图，其中 u_o 为输入电压，u_f 为输出电压。下面简要分析该网络的频率特性。

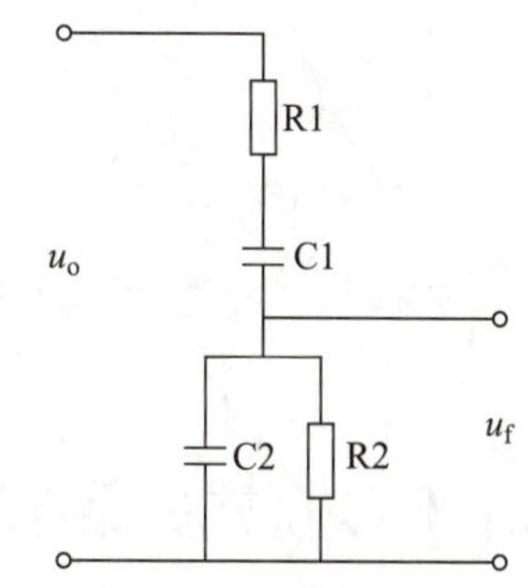

图 4–11 串并联网络的等效电路

当输入信号的频率较低时，由于满足 $\frac{1}{2\pi fC_1}$（C1 的容抗）>>R_1，$\frac{1}{2\pi fC_2}$（C2 的容抗）>>R_2，RC 串并联网络的低频等效电路如图 4–12 所示。不难看出，频率越低，$\frac{1}{2\pi fC_1}$ 值越大，输出信号 u_f 的幅度越小，且 u_f 相比 u_o 的相位越超前。在信号频率接近 0 时，u_f 趋近于 0，相位超前接近 90°。

当输入信号的频率较高时，由于满足 $\frac{1}{2\pi fC_1}$ <<R_1，$\frac{1}{2\pi fC_2}$ <<R_2，RC 串并联网络的高频等效电路如图 4–13 所示。而且信号频率越高，$\frac{1}{2\pi fC_2}$ 值越小，输出信号的幅度也越小，且 u_f 相比 u_o 的相位越滞后。在信号频率趋近于无穷大时，u_f 趋近于 0，相位滞后接近 90°。

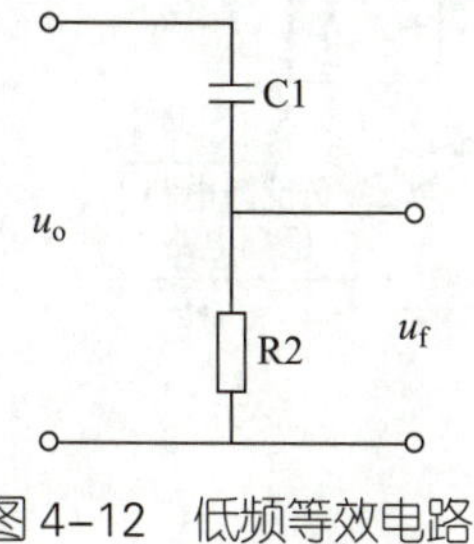

图 4–12 低频等效电路

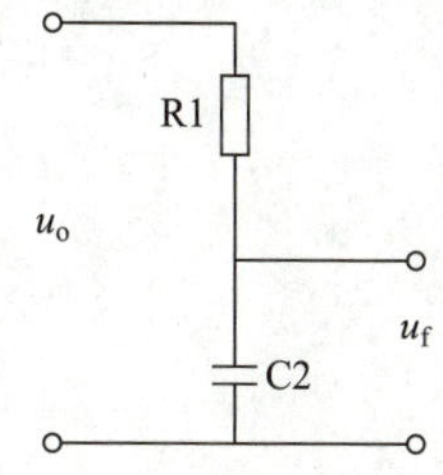

图 4–13 高频等效电路

从上面的分析可以看出，当输入选频网络的信号频率降低或升高时，输出信号的幅度都要减小，而且信号频率由 0 向无穷大变化时，输出电压的相移由 +90° 向 –90° 变化。很显然，在中间必然存在某一频率点，在该频率点上，输出电压幅度最大，相移为 0°。

设 $R_1 = R_2 = R$，$C_1 = C_2 = C$，通过分析计算可以得出，当 $f = f_0 = \frac{1}{2\pi RC}$ 时，u_f 的幅度达到最大，这时，$F_{max} = \frac{U_f}{U_o} = \frac{1}{3}$；$u_f$ 与 u_o 同相，也就是说，$f = f_0 = \frac{1}{2\pi RC}$ 时，u_f 相对 u_o 的相移为 0°。

RC 串并联网络的幅频特性如图 4–14 所示，相频特性如图 4–15 所示。

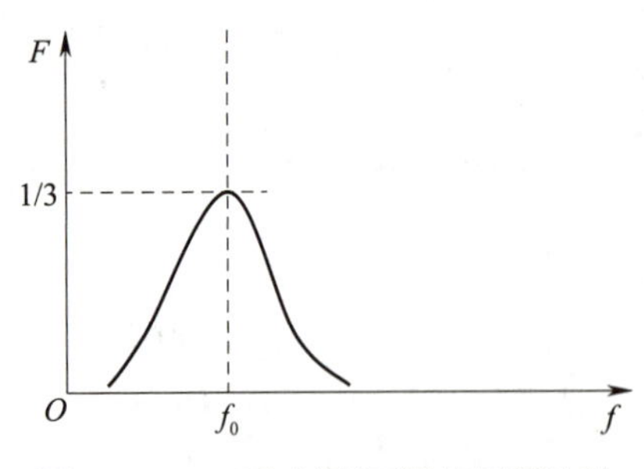

图 4-14　RC 串并联网络的幅频特性

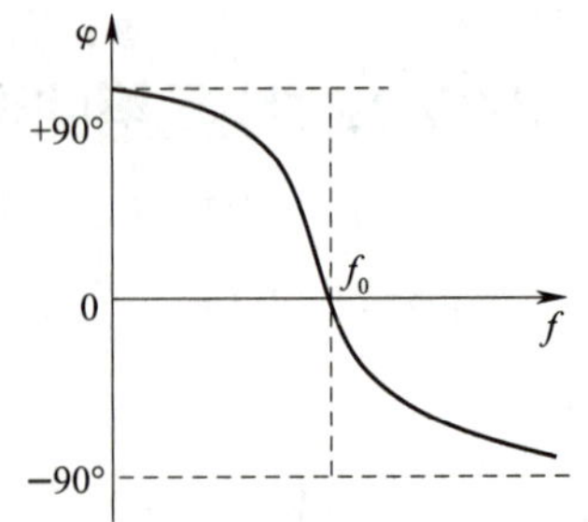

图 4-15　RC 串并联网络的相频特性

二、RC 桥式振荡电路的组成

图 4-16 所示为 RC 桥式振荡电路。其中，放大电路由集成运算放大器组成（也可由分立元件所构成的两级放大电路组成）；R3 和 R4 构成负反馈电路；R1、C1 和 R2、C2 组成串并联网络，构成正反馈电路。上述两个反馈电路正好形成电桥的四个桥臂，故称为 RC 振荡电桥。

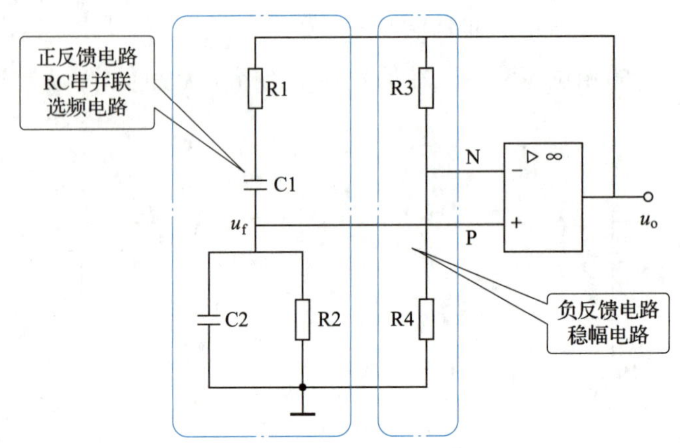

图 4-16　RC 桥式振荡电路

显然，由于 R3 和 R4 组成的负反馈电路没有选频作用，故只有依靠 R1、C1 和 R2、C2 组成的串并联网络来实现正反馈和选频，才能使电路产生振荡。

三、振荡频率和起振条件

1．振荡频率

由上面的分析可以看出，在图 4-16 的电路中，当 $f=f_0$ 时，RC 桥式振荡电路的反馈电压 u_f 与 u_o 同相，即电路满足相位条件；而在其他频率时，反馈电压 u_f 与 u_o 不同相，不满足相位条件，不可能产生自激振荡。所以，该电路产生振荡的频率为

$$f_0 = \frac{1}{2\pi RC}$$

通过改变 R 和 C 的值可以实现振荡频率的调节。通常电阻和电容分别采用双联电位器和双联电容器，可方便地调节振荡器输出信号的频率。目前生产和实验中常用的音频振荡器大多采用这种电路形式，一般通过切换高稳定度的电容来进行频段的转换（即频率粗调），再采用双联电位器进行频率的细调。

2. 起振条件

振荡电路产生振荡还必须满足起振条件 $AF>1$。由前文分析可知，$f = f_0$ 时，串并联网络的反馈系数最大，即 $F_{\max} = \frac{U_f}{U_o} = \frac{1}{3}$。因此，根据振荡电路起振的幅度条件，电压放大倍数只要满足 $A>3$ 即可，这个条件很容易满足。

假设同相输入端的瞬时极性为“+”，经集成运算放大器的放大，相移 $\varphi_A = 2n\pi$，输出端瞬时极性也为“+”，RC 串并联电路中当 $f_0 = \frac{1}{2\pi RC}$ 时，相移 $\varphi_F = 0$，这时送回同相输入端的信号瞬时极性仍为“+”，总相移 $\varphi_A + \varphi_F = 2n\pi$，满足相位平衡条件，电路就能够起振。

四、稳幅措施

在图 4–16 所示的 RC 桥式振荡电路中，R3 与 R4 构成电压串联负反馈电路，其中 R3 通常为具有负温度系数的热敏电阻，用以改善振荡波形、稳定振荡幅度。起振时，由于 u_o=0，流过 R3 的电流为 0，热敏电阻 R3 处于冷态，且阻值比较大，放大器的负反馈较弱，A_u 很高，振荡很快建立。随着振荡幅度的增大，流过 R3 的电流也增大，R3 上功耗加大，温度升高，R3 阻值减小，负反馈增强，电压放大倍数下降，使输出电压幅度减小，当 $AF = 1$ 时，输出电压幅度保持稳定。相反，当输出电压减小时，负反馈电路会使电压放大倍数增大，当 $AF = 1$ 时，输出电压幅度保持稳定。同理，当振荡建立后，由于某种原因使输出电压幅度发生变化时，可通过 R3 电阻的变化，自动稳定输出电压的幅度。

由以上分析可见，负反馈电路中采用热敏电阻后不但使 RC 桥式振荡电路的起振容易，振荡波形改善，同时还具有很好的稳幅特性，所以，实用 RC 桥式振荡电路中热敏电阻的选择是很重要的。

技能训练 8　RC 正弦波振荡电路的安装与调试

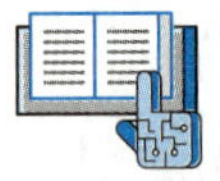

训练目标

1. 能正确识读 RC 正弦波振荡电路工作原理图，会分析 RC 正弦波振荡电路的工作过程。

2. 能正确识别和检测所用元器件，并结合电路原理图和印制电路板，找到对应元器件的安装位置。

3. 能按要求和计划正确使用工具进行线路焊接和安装。

4. 能根据外观和测试结果判断电路是否满足工艺和性能要求，能判断电路是否存在故障，并顺利排除故障。

5. 能正确运用示波器和数字频率计观测输出信号的波形和频率，并正确记录测试结果，及时总结测试和安装技巧。

6. 训练过程中能自觉遵守安全操作规范，训练结束后能自觉清理场地、归置物品。

训练准备

1. 仪器设备和工具准备

直流稳压电源（±12 V）、示波器、数字频率计、数字式万用表和常用电子装配工具等。

2. 元器件准备

训练所需元器件清单见表 4-1。

表 4-1　元器件清单

代号	名称	型号 / 规格	数量	代号	名称	型号 / 规格	数量
R1、R2	碳膜电阻器	10 kΩ	2	C1、C2	独石电容器	0.01 μF	2
R3	碳膜电阻器	5.1 kΩ	1	VD1、VD2	二极管	1N4007	2
R4	碳膜电阻器	6.8 kΩ	1	J1	螺栓式端子	2 位	1
RP	可调电阻器	10 kΩ	1	J2	螺栓式端子	3 位	1
	集成电路插座	8P	1	U	集成电路	LM358	1

训练内容

一、实训电路分析

图 4–17 所示为 RC 正弦波振荡电路。其中，具有选频作用的 R1、C1 和 R2、C2 串并联网络，接于运算放大器的输出端与同相输入端之间，构成正反馈，以产生正弦自激振荡。R3、R4 和 RP 组成负反馈网络，调节 RP 可改变负反馈的反馈系数，从而调节放大电路的电压放大倍数，使电压放大倍数满足振荡的幅度条件。

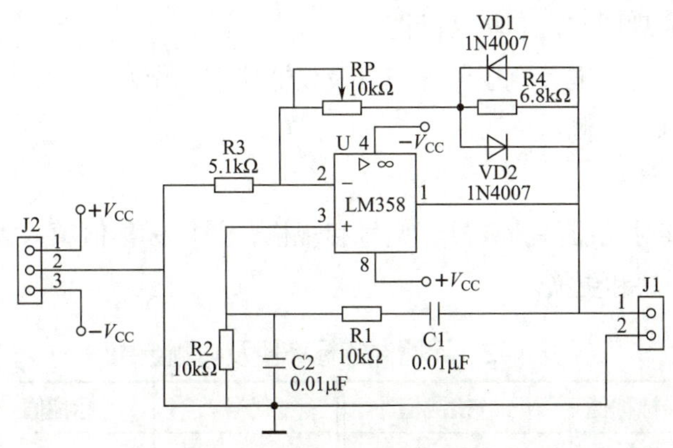

图 4–17 RC 正弦波振荡电路

为了使振荡幅度稳定，通常在放大电路的负反馈回路里加入非线性元件来自动调整负反馈放大电路的电压放大倍数，从而维持输出电压幅度的稳定。图 4–17 中的两个二极管 VD1、VD2 便是稳幅元件。当输出电压的幅度较小时，电阻 R4 两端的电压低，二极管 VD1、VD2 截止，负反馈系数由 R3、R4 和 RP 决定；当输出电压的幅度增加到一定程度时，二极管 VD1、VD2 在正负半周轮流工作，其动态电阻与 R4 并联，使负反馈系数加大，电压放大倍数下降。输出电压的幅度越大，二极管的动态电阻越小，电压放大倍数也越小，输出电压的幅度保持基本稳定。

为了维持振荡输出，必须让

$$1+\frac{R_f}{R_3}=3$$

为了保证电路起振，则需

$$1+\frac{R_f}{R_3}>3$$

式中，$R_f=R_P+R_4//r_D$，r_D 为二极管 VD1 或 VD2 的动态电阻。

当 $R_1=R_2=R$，$C_1=C_2=C$ 时，电路振荡频率为

$$f=f_0=\frac{1}{2\pi RC}$$

起振的幅度条件为

$$\frac{R_f}{R_3} \geqslant 2$$

调整电阻 RP（即改变反馈电阻 R_f），使电路起振，且波形失真最小。如不能起振，则说明负反馈太强，应适当加大 R_P；如波形失真严重，则应适当减少 R_P。

改变选频网络的参数 C 或 R，即可调节振荡频率。一般采用调节电容的方法进行频率粗调，再采用调节电位器的方法进行频率细调。

二、装配电路

1. 识读电路原理图和印制板装配图。

2. 制订实训计划，准备电子装配工具及仪器仪表，做好设备安全防护措施。

3. 元器件识别与检测

（1）清点元器件

按照表 4–1 核对元器件的数量、型号和规格，并把标称值填入表 4–2 中。如有短缺、差错应及时补缺和更换。

表 4–2　元器件的标称值及检测结果

代号	标称值	检测值	代号	标称值	检测值
R1			C2		
R2			代号	检测结果	
R3			VD1		
R4			VD2		
RP			U		
C1					

（2）检测元器件

用数字式万用表对元器件进行检测，并把检测结果填入表 4–2 中。若有不符合质量要求的元器件，应剔除和更换。

4. 电路装配

按照图 4–17 所示电路图，将元器件正确插装在印制电路板上后进行焊接固定。安装过程中要严格遵守电气作业规程，做好安全防护措施。安装好的电路板如图 4–18 所示。

5. 自检与互检

安装完成后，对照原理图仔细检查电路是否安装正确，导线、焊点是否符合要求。用万用表检测电源是否有短路问题，待确认无误后，插上集成电路，然后准备通电测试。集成电路应安装在相应的插座上，注意集成电路的缺口与集成电路插座缺口方向必须一致，将集成电路插入插座时，应避免插反及引脚未完全插入插座等现象。检查

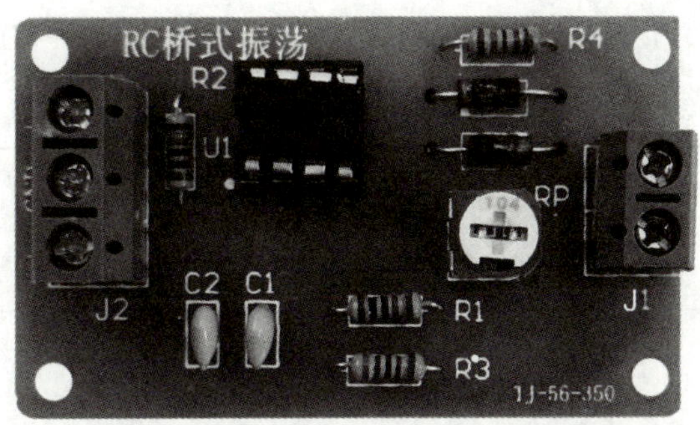

图 4-18 安装好的 RC 正弦波振荡电路板

电路接线，应特别检查集成运算放大器输出端有没有短路，正、负电源有没有接错。先进行自检与互检，待教师确认无误后，再通电测试。

三、电路调试

1. 调试准备

将直流电源输出电压调整到所需值 ±12 V。关闭直流电源，将电源线正确接入电路，然后再接通电源。

2. 调试

接通 ±12 V 直流电源，用示波器观察输出端电压波形，若没有波形，应调节可调电阻器 RP，直至出现振荡波形为止。若 RP 阻值调至最大，仍无振荡波形，应切断电源，找出故障并消除后，再接通电源。若有波形，且调整 RP 输出波形幅度发生变化，则说明所显示的是正常的振荡波形。用示波器、数字频率计对振荡电路性能进行测量，将测试结果填入表 4-3 中。

表 4-3 测试结果记录表

输出波形	输出频率 /Hz	输出电压峰峰值 /V

如电路出现故障，把故障现象和排除故障方法记录在表 4–4 中。

表 4–4　故障现象和排除故障方法

故障现象	
排除方法及步骤	

四、清理现场

按照现场管理规范清理场地，归置物品。

训练测评

对自己在本次训练中的综合表现进行评价。扫描右侧二维码可查看评价项目、内容及标准。

§4–4　石英晶体振荡电路

学习目标

1. 了解石英晶片的压电效应。

2. 了解石英晶体谐振器的频率特性，掌握石英晶体谐振器的两个谐振频率的含义及计算方法。

3. 认识石英晶体振荡电路的两种基本电路形式，掌握其工作原理。

随着科学技术的发展，有些电子设备对振荡电路频率的稳定度要求越来越高。而石英晶体谐振器就是高精度和高稳定度的振荡器，被广泛应用于微波通信设备、移动电话发射台、高档频率计数器、计算机、遥控器等各类振荡电路中。

一、石英晶体谐振器

1．石英晶片

石英是一种天然的二氧化硅晶体。经正确切割后的石英晶片，当在其两侧施加压力时，晶片的两侧平面上会出现数量相等的正、负电荷；当在其两侧施加拉力时，其两侧的平面上也会出现数量相等的正、负电荷，只是方向正好与施加压力时相反。

如果给石英晶片两侧加上直流电压，晶片会产生形变，如缩小；如果改变所加直流电压的方向，晶片也会产生形变，不过这时晶片将膨胀。这就是石英晶片的压电效应。

当给石英晶片两侧加上交变电压时，石英晶片会产生与所加交变电压相同频率的机械振动，但是这种振动的幅度一般很小；但当外加交变电压的频率为某一特定值时，石英晶片的振动幅度将会突然增大，这种现象称为石英晶片的压电谐振。这一特定频率就是石英晶片的固有频率，也称谐振频率。

2．石英晶体谐振器

在石英晶片的两侧喷涂金属层，然后将石英晶片夹在两金属板之间，再分别从两金属板上引出电极，并按一定形式封装就构成了一个石英晶体谐振器，简称晶振。常见石英晶体谐振器的外形如图 4–19 所示，结构如图 4–20 所示。石英晶体谐振器的电路符号如图 4–21 所示。

图 4–19 石英晶体谐振器外形

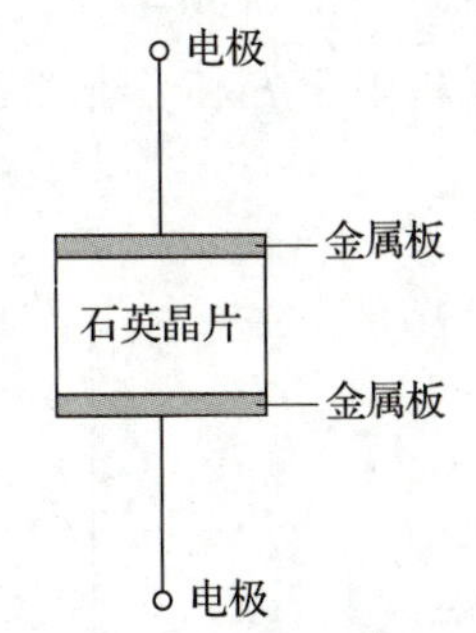

图 4–20 石英晶体谐振器结构

石英晶体谐振器的等效电路如图 4–22 所示。其中，C_0 为石英晶体不振动时的等效电容，称为静态电容。R、L、C 为石英晶体振动时的等效电阻、等效电感和等效电容，分别称为动态电阻、动态电感和动态电容。

由石英晶体谐振器的等效电路可以看出，石英晶体谐振器有两个谐振频率：一个是串联谐振频率 f_s，另一个是并联谐振频率 f_p。

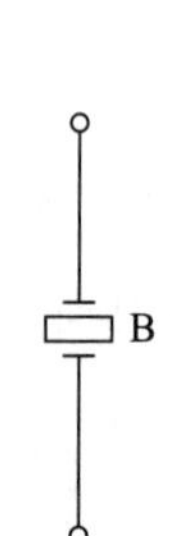

图 4–21　石英晶体谐振器电路符号

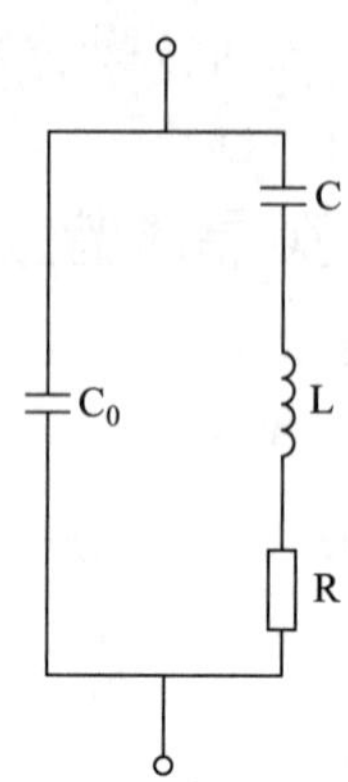

图 4–22　石英晶体谐振器等效电路

当 C 和 L 发生串联谐振时，C–L–R 支路的阻抗最小（等于 R），该支路呈纯阻性，串联谐振频率为

$$f_s=\frac{1}{2\pi\sqrt{LC}}$$

当 L、C 和 C_0 发生并联谐振时，并联谐振频率为

$$f_p=\frac{1}{2\pi\sqrt{L\dfrac{CC_0}{C+C_0}}}$$

石英晶体的串联及并联谐振频率与晶片的切割方式、几何形状、尺寸等有关。

由图 4–23 所示石英晶体的电抗频率特性曲线可以看出，当谐振频率等于 f_s 时，X=0，电路呈纯阻性；当谐振频率在 f_s 和 f_p 之间时，石英晶体谐振器呈感性，相当于一个电感器；当谐振频率在 f_s 以下或 f_p 以上时，石英晶体谐振器均呈容性，相当于一个电容器。由于 f_s 和 f_p 非常接近，石英晶体谐振器呈现感性的频率区间非常狭窄。

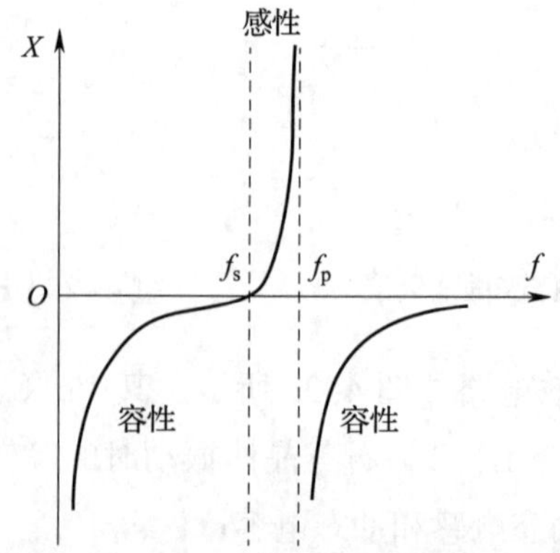

图 4–23　石英晶体的电抗频率特性曲线

二、石英晶体振荡电路

石英晶体振荡电路有串联型和并联型两种类型。

1. 串联型石英晶体振荡电路

串联型石英晶体振荡电路如图 4–24 所示。在串联型石英晶体振荡电路中，当石英晶体谐振时，石英晶体呈纯阻性，且阻值很小。利用瞬时极性法可以判断出，电路已构成正反馈，满足振荡的相位条件。

在串联型石英晶体振荡电路中，振荡频率为 f_s。在 f_s 以外的频率上，石英晶体呈容性或感性，电路不能产生振荡。

调节 R_f，可以使电路满足幅度平衡条件，同时又不至于由于反馈量过大而使波形严重失真。

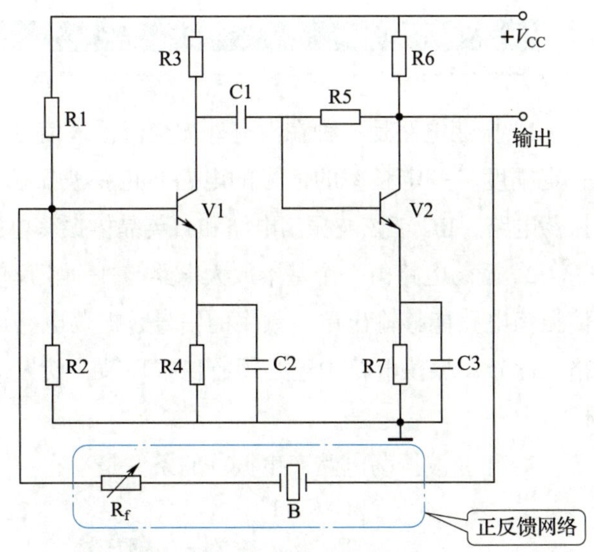

图 4–24 串联型石英晶体振荡电路

2. 并联型石英晶体振荡电路

并联型石英晶体振荡电路如图 4–25 所示。

在并联型石英晶体振荡电路中，石英晶体运用在感性区，相当于一个大电感。因此，该电路可以看作是一个电容三点式振荡电路，其简化交流等效电路如图 4–26 所示。在该电路中，反馈电压取自 C2。

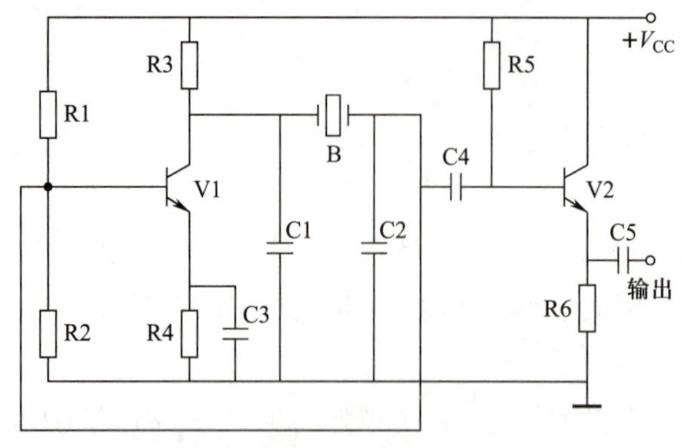

图 4-25　并联型石英晶体振荡电路

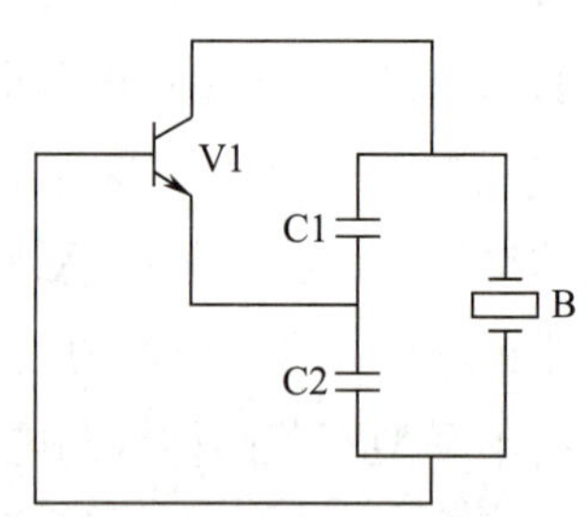

图 4-26　并联型石英晶体振荡电路的简化交流等效电路

本章小结

1. 振荡电路是一种在没有外加交流输入信号的情况下，能产生一定幅度、一定频率的信号的电路。正弦波振荡电路有 LC 正弦波振荡电路、RC 正弦波振荡电路和石英晶体振荡电路等。

2. 振荡电路由一个基本放大电路与一个正反馈电路组成，为了使振荡电路能够输出单一频率的信号，振荡电路还必须设有选频网络。此外，振荡电路中还必须有稳幅环节，使振荡电路稳定地输出信号。

3. 正弦波振荡电路产生振荡的条件是

$$\begin{cases} AF \geqslant 1 \\ \varphi_A + \varphi_F = 2n\pi\ (n\ \text{取整数}) \end{cases}$$

式中，$AF \geqslant 1$ 是振荡电路的幅度条件；$\varphi_A + \varphi_F = 2n\pi$ 是振荡电路的相位条件。

4. 判断电路能否振荡的方法是：（1）检查电路是否具有振荡电路的基本组成部分。（2）检查放大电路的工作点是否合适。（3）检查电路是否满足产生振荡的条件。一般情况下，幅度平衡条件容易满足，重点检查是否满足相位平衡条件，即用瞬时极性法判断电路的反馈是否为正反馈。

5. LC 并联谐振电路具有选频特性，在谐振频率 f_0 处发生谐振时，等效阻抗 Z 的幅值最大，且相移 $\varphi = 0°$，此时，LC 并联谐振电路呈纯电阻特性。谐振频率为

$$f_0=\frac{1}{2\pi\sqrt{LC}}$$

6. LC 正弦波振荡电路有变压器反馈式、电感三点式和电容三点式三种。LC 正弦波振荡电路的振荡频率就是电路中 LC 并联谐振电路的谐振频率，即振荡频率为

$$f_0=\frac{1}{2\pi\sqrt{LC}}$$

式中，L 为并联谐振电路的总电感，C 为并联谐振电路的总电容。

7. RC 桥式振荡电路的振荡频率为

$$f_0=\frac{1}{2\pi RC}$$

8. 石英晶体具有压电效应。利用石英晶体谐振器作为选频网络，可以构成振荡频率非常稳定的石英晶体振荡电路。石英晶体振荡电路有串联型和并联型两种类型。

第五章
直流稳压电源

在电子电路设备中，一般需要稳定的直流电源供电，最经济简便的办法就是将电力系统供给的交流电变换成直流电，直流稳压电源就是实现这种转换的电子设备。直流稳压电源的组成框图及各部分的波形如图 5-1 所示。它由电源变压器、整流电路、滤波电路和稳压电路四部分组成。

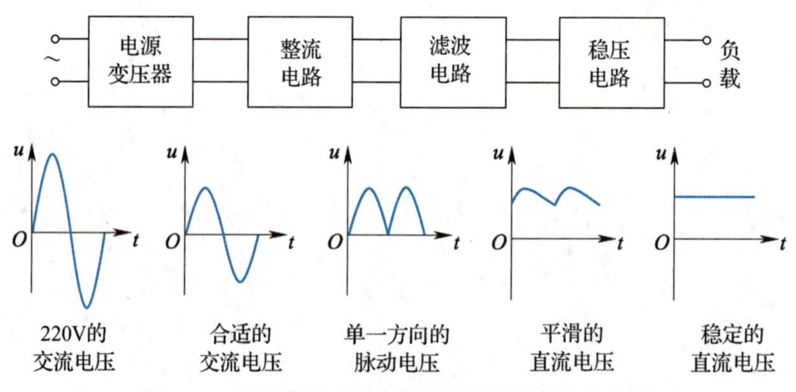

图 5-1　直流稳压电源的组成框图及各部分的波形

各部分的功能如下：

（1）电源变压器：将电网提供的交流电变换为直流电源所需的交流电压值。

（2）整流电路：将大小和方向都变化的交流电变为单一方向的脉动直流电。

（3）滤波电路：将脉动直流电中的交流成分滤掉，转变为平滑的直流电。

（4）稳压电路：使直流电源的输出电压稳定，消除电网电压波动、负载变化等对输出电压的影响。

§5-1 整流电路

学习目标

1. 了解直流稳压电源的组成。

2. 掌握单相整流电路的组成及工作原理，会进行简单的计算，会选择整流二极管。

3. 了解三相整流电路的组成及工作原理，会进行简单的计算，会选择整流二极管。

将交流电变换成脉动直流电的电路称为整流电路。根据所需整流的交流电源不同，整流电路主要分为单相整流电路和三相整流电路两种。

为了研究问题方便起见，下面电路分析过程中，除特别说明外，负载为纯电阻性负载，变压器为理想变压器，二极管为理想二极管（正向导通，等效电阻为0；反向截止，等效电阻为∞）。

一、单相整流电路

下面介绍最基本的单相半波整流电路和应用最广的单相桥式整流电路。

1. 单相半波整流电路

（1）电路组成及工作原理

单相半波整流电路如图5-2所示。电源变压器将电压 u_1 变为整流电路所需的电压 u_2。

若二极管的正向管压降为零，当 $u_2>0$ 时，V导通，输出电压 $u_L=u_2$；当 $u_2<0$ 时，V截止，$i_L=0$，$u_L=0$；下一个周期重复上述过程。如图5-3所示为输出电压、输出电流的理论波形和用示波器实测的波形。

可见，交流电变化一周，有半周二极管导通，而另外半周截止，负载 R_L 上输出的电压波形为方向不随时间变化，大小随时间变化的脉动直流电。因为输入电压变化一周而负载上仅有半周输出，故称为半波整流。

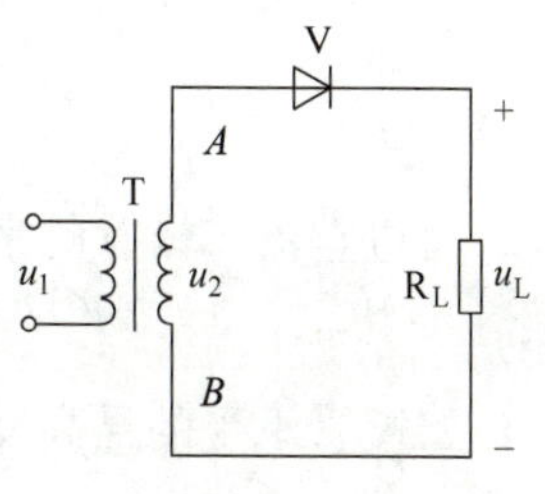

图5-2 单相半波整流电路

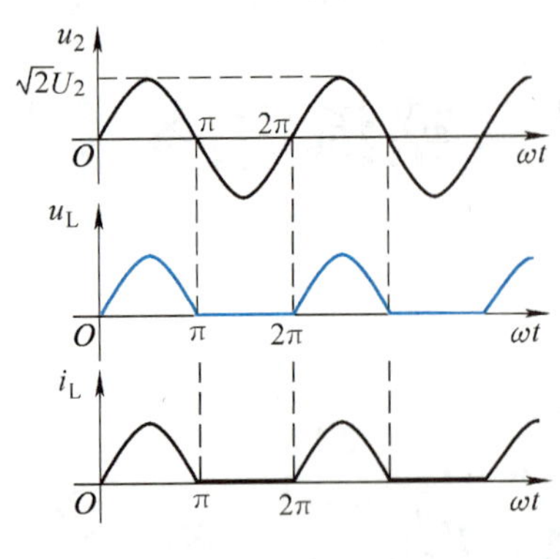

a)

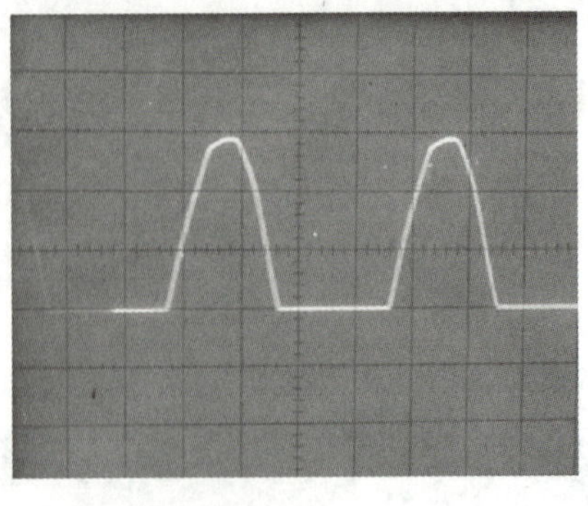
b)

图 5-3　单相半波整流电路的工作波形

a）理论波形　b）用示波器实测的波形

（2）主要参数计算

单相半波整流电路主要参数计算公式见表 5-1。

表 5-1　单相半波整流电路主要参数计算公式

电路参数	计算公式
输出电压的平均值	$U_L=0.45U_2$
输出电流的平均值	$I_L=\frac{U_L}{R_L}$
通过二极管的平均电流	$I_F=I_L$
二极管承受的最高反向工作电压	$U_{Rm}=\sqrt{2}U_2$

（3）整流二极管的选择

实际选择整流二极管时，应满足 $I_{FM} \geqslant I_F$，$U_{RM} \geqslant U_{Rm}$。

【例 5-1】 有一直流负载，电阻为 1.5 kΩ，要求工作电流为 10 mA，试求采用半波整流电路时电源变压器二次侧的电压，并选择适当的整流二极管。

解：

输出电压的平均值为　　$U_L=R_LI_L=1.5\ \text{k}\Omega\times 10\ \text{mA}=15\ \text{V}$

由 $U_L=0.45U_2$ 可得，变压器二次侧电压的有效值为

$$U_2=\frac{U_L}{0.45}=\frac{15}{0.45}\ \text{V}\approx 33\ \text{V}$$

流过整流二极管的平均电流为

$$I_F=I_L=10\ \text{mA}$$

二极管承受的最高反向工作电压为

$$U_{Rm}=\sqrt{2}U_2=1.41\times 33\ \text{V}\approx 47\ \text{V}$$

根据以上求得的参数，经查手册，可选 $I_{FM}=100$ mA，$U_{RM}=50$ V 的 2CZ82B 型整流

二极管，一只即可。

（4）电路特点

电路结构简单，使用器件少，但输出电压脉动大，且电源利用率低，一般应用在一些简单的充电电路中。

2. 单相桥式整流电路

（1）电路组成和工作原理

单相桥式整流电路如图 5-4a 所示。图 5-4b 为一种习惯画法，图 5-4c 是一种简化画法。

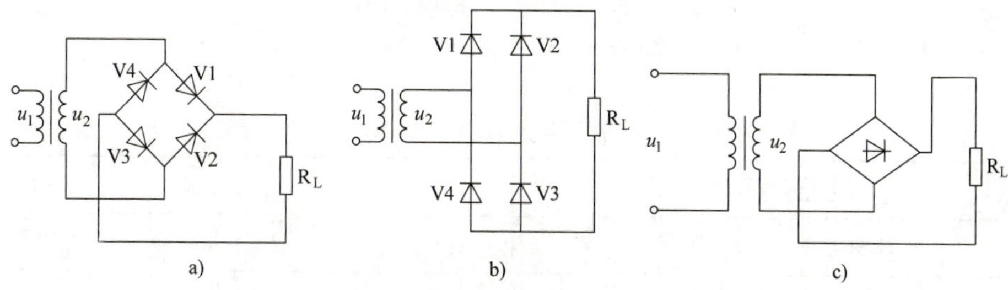

图 5-4 单相桥式整流电路

a）原理图 b）习惯画法 c）简化画法

若二极管的正向管压降为零，当 $u_2>0$ 时，V1、V3 导通，V2、V4 截止，电流方向如图 5-5a 所示，输出电压 $u_L=u_2$；当 $u_2<0$ 时，V2、V4 导通，V1、V3 截止，电流方向如图 5-5b 所示，输出电压 $u_L=u_2$；下一个周期重复上述过程。

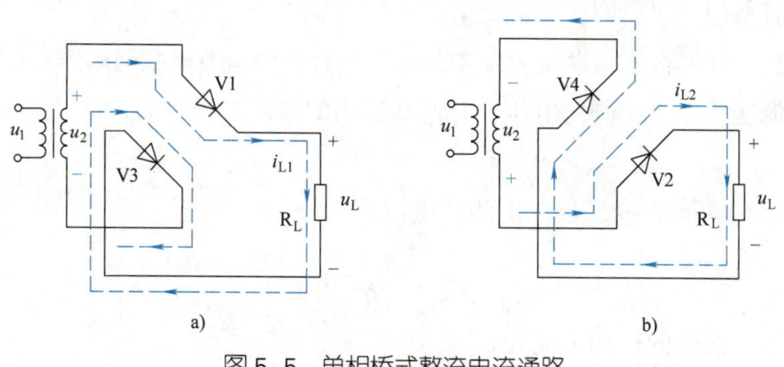

图 5-5 单相桥式整流电流通路

a）$u_2>0$ 的工作情况 b）$u_2<0$ 的工作情况

如图 5-6 所示为输出电压、输出电流的理论波形和用示波器实测的波形。

可见，单相桥式整流电路在输入交流电压的正负半周，都有同一方向的电流流过 R_L，四只二极管两两轮流导通，通过负载的电流 $i_L=i_{L1}+i_{L2}$，在负载上得到全波脉动的直流电压和电流，这种整流电路属于全波整流电路。

（2）主要参数计算

单相桥式整流电路主要参数计算公式见表 5-2。

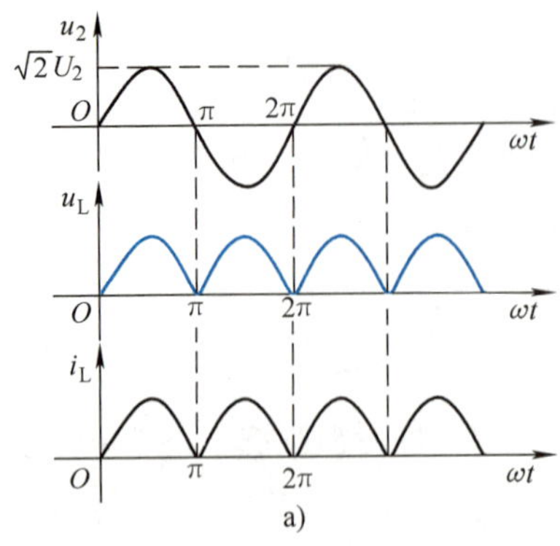

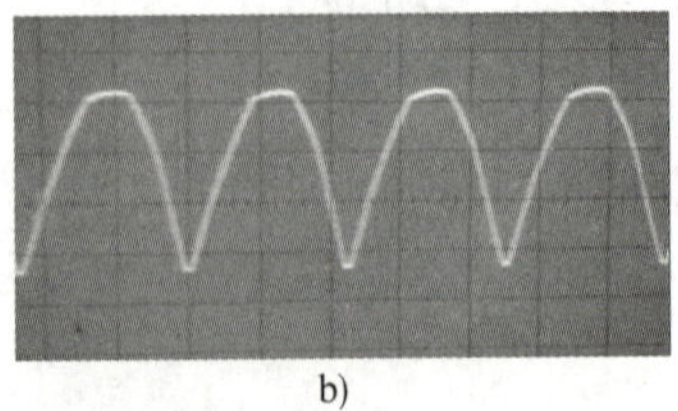

图 5-6　单相桥式整流电路的工作波形

a）理论波形　b）用示波器实测的波形

表 5-2　单相桥式整流电路主要参数计算公式

电路参数	计算公式
输出电压的平均值	$U_L=0.9U_2$
输出电流的平均值	$I_L=\frac{U_L}{R_L}$
通过二极管的平均电流	$I_F=\frac{1}{2}I_L$
二极管承受的最高反向工作电压	$U_{Rm}=\sqrt{2}U_2$

（3）整流二极管的选择

实际选择整流二极管时，应满足 $I_{FM}\geqslant I_F$，$U_{RM}\geqslant U_{Rm}$。

【例 5-2】 有一直流负载需直流电压 6 V，直流电流 0.4 A，试求采用单相桥式整流电路时电源变压器二次侧的电压，并选择适当的整流二极管。

解：

由 $U_L=0.9U_2$ 可得，变压器二次侧的电压为

$$U_2=\frac{U_L}{0.9}=\frac{6\ \text{V}}{0.9}\approx 6.7\ \text{V}$$

通过整流二极管的平均电流为

$$I_F=\frac{1}{2}I_L=\frac{1}{2}\times 0.4\ \text{A}=0.2\ \text{A}$$

二极管承受的最高反向工作电压为

$$U_{Rm}=\sqrt{2}U_2=1.41\times 6.7\ \text{V}\approx 9.4\ \text{V}$$

根据以上求得的参数，经查手册，可选用 I_{FM}=300 mA，U_{RM}=10 V 的 2CZ56A 型整流二极管，共四只。

（4）电路特点

与单相半波整流电路相比，二极管的数量较多，当变压器二次侧电压 U_2 相同时，

对二极管的参数要求一样，但输出电压较高、脉动较小，变压器利用率高，所以应用较广。

小提示

（1）尽管交流电压的大小和方向随时间不断变化，但只要二极管正极的电位高于负极的电位，二极管就导通，导通后流过负载的电流方向是不变的，负载上得到的是脉动直流电。

（2）若需负的直流电源，电路形式同上，只需把其中二极管的两个引脚极性颠倒一下。

3. 单相整流堆

单相桥式整流电路输出电压较高，脉动较小，变压器利用率高，应用很广。一般把若干只整流二极管按某种整流方式用绝缘瓷、环氧树脂等外壳封装成一体制成单相整流堆，又称单相整流模块。常见的单相整流堆有半桥和全桥整流堆。

（1）半桥整流堆

半桥整流堆简称半桥堆，半桥堆的内部电气原理图如图 5–7a 所示。常见半桥堆外形如图 5–7b 所示。

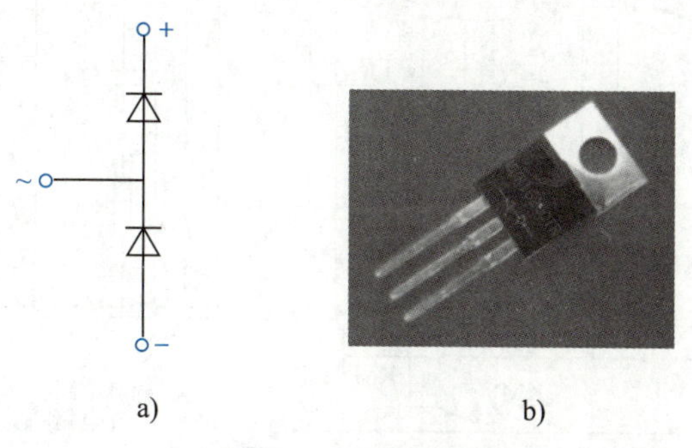

图 5–7　半桥整流堆

a）半桥堆内部电气原理图　b）常见半桥堆外形

用万用表分别测量半桥整流堆内部两个二极管的正、反向电阻是否正常，即可判断出半桥整流堆的好坏。

（2）全桥整流堆

全桥整流堆简称全桥堆，全桥堆的内部电气原理图如图 5–8 所示。常见全桥堆外形如图 5–9 所示。

整流堆的主要参数是最高反向工作电压和最大整流电流。在选用整流堆时，主要根据电路具体要求来选择这两个参数。

图 5–8　全桥堆内部电气原理图　　图 5–9　常见全桥堆外形

4. 实际应用电路

图 5–10 所示是一个实际应用单相桥式整流的充电用硅整流装置电路图。输出情况由电压表和带分流器的直流电流表监测。这个整流装置输出电流为 30 A，输出电压为 0 ~ 36 V 连续可调，适用于汽车、电瓶车等蓄电池充电，也可作为一般的直流电源。

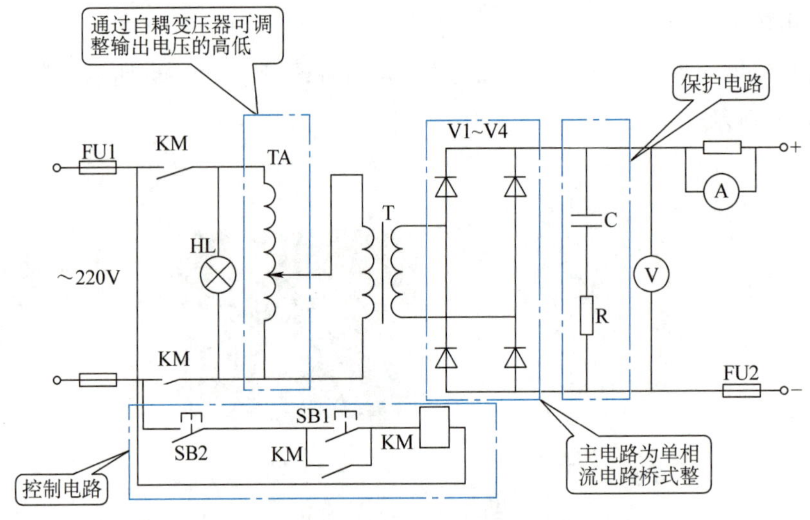

图 5–10　应用单相桥式整流的充电用硅整流装置电路图

二、三相整流电路

单相整流电路输出功率不大，一般不会超过几千瓦，如果负载功率太大，必将使三相电网不平衡，因此需要大功率直流电源时，一般采用三相整流电路。三相整流电路输出功率大，输出电压脉动小，变压器利用率高，更主要的是不影响三相电网的平衡，所以在电气设备中被广泛应用。

三相整流电路有多种类型，主要有最基本的三相半波整流电路和应用最广的三相桥式整流电路两种。

1．三相半波整流电路

（1）电路组成和工作原理

三相半波整流电路如图 5-11 所示，电路形式有两种。如图 5-11a 所示，V1、V2、V3 的负极接在一起，称为共阴极接法；如图 5-11b 所示，V4、V5、V6 的正极接在一起，称为共阳极接法。R_L 接在点 K 和中性点 N 之间。

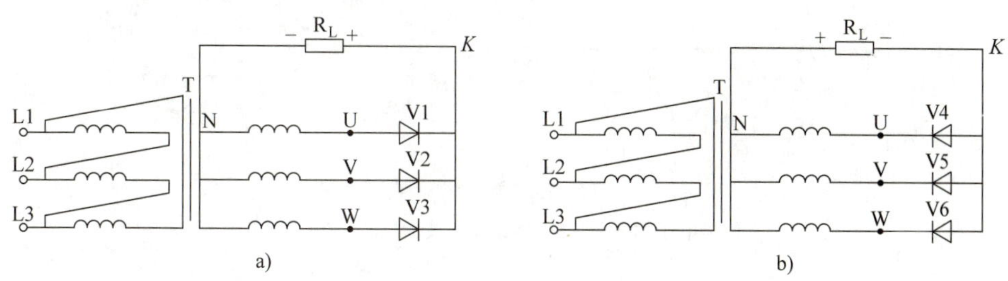

图 5-11 三相半波整流电路

a）共阴极接法 b）共阳极接法

电源变压器一次绕组接成“△”形，二次绕组接成“Y”形。二次绕组的相电压是三相对称正弦交流电压。

二次侧相电压有效值为 U_2，其表达式为

U 相 $u_U=\sqrt{2}U_2\sin\omega t$

V 相 $u_V=\sqrt{2}U_2\sin(\omega t-2\pi/3)$

W 相 $u_W=\sqrt{2}U_2\sin(\omega t+2\pi/3)$

二次侧相电压的波形如图 5-12a 所示。

三相半波整流电路的电源由三相整流变压器供电，也可直接由三相四线制交流电网供电。

以共阴极电路为例，将输入电压波形的一个周期从 $t_1\sim t_4$ 分成 3 等份。在每 1/3 周期内，相电压 u_U、u_V、u_W 中总有一个是最高的，哪只正极电位最高，哪只二极管优先导通。三相半波整流电路的工作情况如下：

在 $t_1\sim t_2$ 时间内，U、V、W 三相中 U 相电压最高，所以 V1 优先导通，而 V2、V3 因承受反向电压而截止。电流通路为 U → V1 → R_L → N，负载输出电压 $u_L=u_U$。

在 $t_2\sim t_3$ 时间内，U、V、W 三相中 V 相电压最高，所以 V2 优先导通，而 V1、V3 因承受反向电压而截止。电流通路为 V → V2 → R_L → N，负载输出电压 $u_L=u_V$。

在 $t_3\sim t_4$ 时间内，U、V、W 三相中 W 相电压最高，V3 优先导通，V1、V2 因承受反向电压而截止。电流通路为 W → V3 → R_L → N，负载输出电压 $u_L=u_W$。

依次类推，V1、V2、V3 三只二极管在一个周期中轮流导通，每只二极管各导通 120°，负载 R_L 上的电流方向保持不变。如图 5-12b、c 所示分别为三相半波整流电路输出电压的理论波形和用示波器实测的波形。

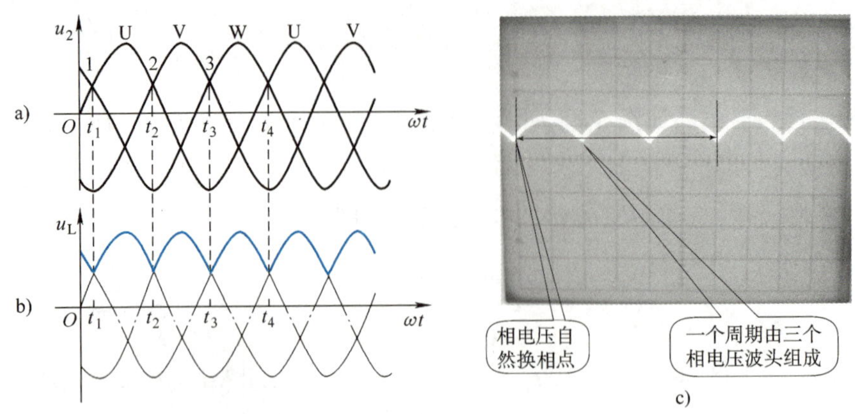

图 5–12　三相半波整流电路的工作波形

a）二次侧相电压的波形　b）理论输出波形　c）实测的输出波形

负载上获得的输出电压波形是二次绕组相电压在正半周的包络线，在一个周期内出现了三个波头，输出电压为正压输出，其脉动程度显然比单相整流电路小。同样，共阳极电路输出电压的波形为二次绕组相电压负半周的包络线，输出为负压输出。

由图 5–12 可看出，30°、150°、270°…分别是三只整流二极管导通的起始点（即点 1、2、3…），每过其中一点，电流就从前相变换到后相。因这种换相是靠三相交流电压变化自然进行的，故这些点称为自然换相点。

（2）主要参数计算

三相半波整流电路主要参数计算公式见表 5–3。

表 5–3　三相半波整流电路主要参数计算公式

电路参数	计算公式
输出电压的平均值	$U_L=1.17U_2$
输出电流的平均值	$I_L=\frac{U_L}{R_L}$
通过二极管的平均电流	$I_F=\frac{1}{3}I_L$
二极管承受的最高反向工作电压	$U_{Rm}=\sqrt{2}\times\sqrt{3}U_2=2.45U_2$

（3）整流二极管的选择

实际选择整流二极管时，应满足 $I_{FM}\geqslant I_F$，$U_{RM}\geqslant U_{Rm}$。

【例 5–3】 某工厂需一台直流电源，要求输出电压为 12 V，输出电流为 100 A，试计算用三相半波整流电路时，变压器二次绕组的相电压和整流二极管的有关参数。

解：

由 $U_L=1.17U_2$ 可得，变压器二次绕组的相电压为

$$U_2=\frac{U_L}{1.17}=\frac{12\ V}{1.17}\approx 10.3\ V$$

流过二极管的平均电流为

$$I_F=\frac{1}{3}I_L=\frac{1}{3}\times 100\ A\approx 33.3\ A$$

整流二极管承受的最高反向工作电压为

$$U_{Rm}=2.45\ U_2=2.45\times 10.3\ V\approx 25.2\ V$$

（4）电路特点

电路比较简单，但输出电压仍有一定的脉动，一次、二次绕组每相只工作三分之一周期，变压器利用率不高，而且通过二次绕组的直流电流会使变压器铁芯趋于磁饱和，因此在应用上受到一定的限制。

2. 三相桥式整流电路

（1）电路组成和工作原理

图 5-13 所示为应用最广的三相桥式整流电路，它是由两个三相半波整流电路串联组合而成的。V1、V2、V3 组成共阴极连接的三相半波整流电路，接于 *E* 点；V4、V5、V6 组成共阳极连接的三相半波整流电路，接于 *F* 点。负载 R_L 接在 *E*、*F* 两点之间。

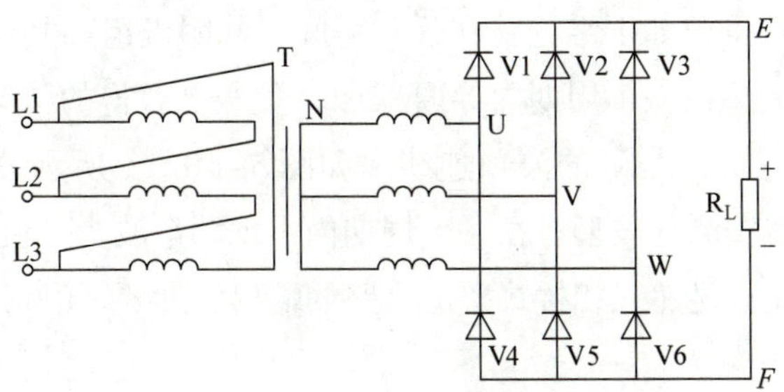

图 5-13 三相桥式整流电路

将输入电压波形的一个周期从 $t_1\sim t_7$ 分成 6 等份，如图 5-14a 所示。在每 1/6 周期时间内，相电压 u_U、u_V、u_W 中总有一个是最高的，一个是最低的，对于共阴极组连接的三只二极管，哪只正极电位最高，哪只二极管优先导通；对于共阳极组连接的三只二极管，哪只负极电位最低，哪只二极管优先导通。三相桥式整流电路的工作情况如下：

在 $t_1\sim t_2$ 时间内，U 相电压最高，共阴极组中，V1 优先导通；共阳极组中，V 相电位最低，V5 优先导通；其余二极管截止。电流通路为 U → V1 → R_L → V5 → V。这时，$u_L=u_{UV}$。

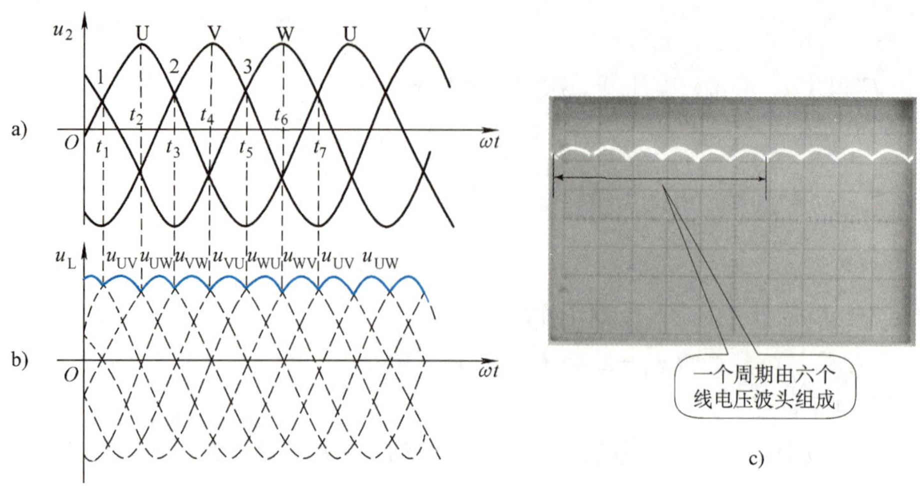

图 5–14 三相桥式整流电路的工作波形

a）二次侧电压波形 b）理论输出波形 c）实测的输出波形

在 t_2 ~ t_3 时间内，U 相电压仍最高，V1 继续导通，而 W 相电压变得最低，共阳极组的二极管由 V5 换为 V6 导通，其余二极管反向截止。电流通路为 U → V1 → R_L → V6 → W。这时，$u_L=u_{UW}$。

在 t_3 ~ t_4 时间内，V 相电压最高，W 相电压仍最低，共阴极组的二极管由 V1 换为 V2 导通，因此 V2 与 V6 串联导通。电流通路为 V → V2 → R_L → V6 → W。这时，$u_L=u_{VW}$。

依次类推，不难得出如下结论：在任一瞬间，共阴极组和共阳极组中各有一只二极管导通，每只二极管在一个周期内导通 120°，负载上获得的脉动直流电压是线电压 u_{UV}、u_{UW}、u_{VW}、u_{VU}、u_{WU}、u_{WV} 的波顶连线。如图 5–14b、c 所示分别为其输出电压的理论波形和用示波器实测的波形。在一个周期内出现六个波头，负载电压为正压输出。与单相整流电路相比，显然三相桥式整流电路的输出波形要平滑得多，脉动更小。

（2）主要参数计算

三相桥式整流电路主要参数计算公式见表 5–4。

表 5–4 三相桥式整流电路主要参数计算公式

电路参数	计算公式
输出电压的平均值	$U_L=2.34U_2$
输出电流的平均值	$I_L=\frac{U_L}{R_L}$
通过二极管的平均电流	$I_F=\frac{1}{3}I_L$
二极管承受的最高反向工作电压	$U_{Rm}=\sqrt{2}\times\sqrt{3}U_2=2.45U_2$

（3）整流二极管的选择

实际选择整流二极管时，应满足 $I_{FM} \geqslant I_F$，$U_{RM} \geqslant U_{Rm}$。

【例 5-4】 某直流电源采用三相桥式整流电路，负载电压和电流分别为 60 V 和 450 A，试求整流二极管的实际工作电流和承受的最高反向工作电压。

解：

整流二极管的工作电流为

$$I_F = \frac{1}{3} I_L = \frac{1}{3} \times 450\ \text{A} = 150\ \text{A}$$

变压器二次绕组的相电压为

$$U_2 = \frac{U_L}{2.34} = \frac{60\ \text{V}}{2.34} \approx 25.6\ \text{V}$$

整流二极管承受的最高反向工作电压为

$$U_{Rm} = 2.45 U_2 = 2.45 \times 25.6\ \text{V} \approx 62.72\ \text{V}$$

（4）电路特点

变压器利用率较高，输出电压比三相半波整流电路高一倍，且脉动小，广泛应用于要求输出电压高、脉动小的电气设备中。厂家常常把六只整流二极管按三相桥式整流方式用绝缘瓷、环氧树脂等外壳封装成一体制成三相整流桥堆，又称三相整流模块，简称三相桥堆，其内部电气原理图如图 5-15a 所示。常见三相桥堆外形如图 5-15b 所示。

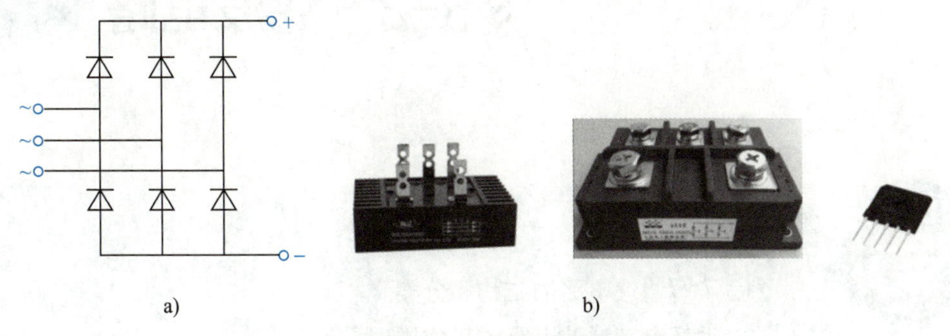

图 5-15 三相整流桥堆

a）三相桥堆内部电气原理图 b）常见三相桥堆外形

3. 实际应用电路

图 5-16 所示为一个典型的整流装置电路，输出电压可以在 0 ~ 72 V 范围内连续变化，输出电流可达 80 A。

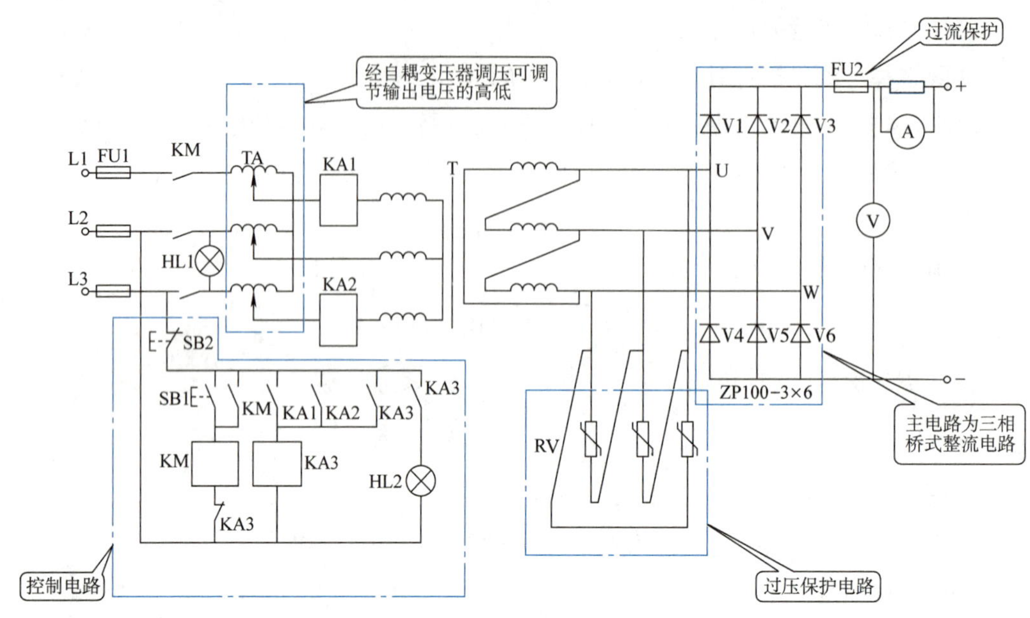

图 5-16 典型的整流装置电路

§5-2 滤波电路

学习目标

1. 了解滤波电路的结构和分类。
2. 理解电容滤波电路的工作原理。
3. 掌握电容滤波电路的有关计算方法。

交流电经整流虽已转变成脉动直流电，但含有较大的交流分量，这种不平滑的直流电仅能在电镀、电焊、蓄电池充电等要求不高的设备中使用，不能满足大多数电子电路和设备的需要。为了得到平滑的直流电，一般在整流电路之后需接入滤波电路，把脉动直流电的交流成分滤掉。常用的滤波电路有电容滤波电路、电感滤波电路、复式滤波电路和电子滤波电路等。

一、电容滤波电路

1. 电路组成和工作原理

图 5-17a 所示为一单相半波整流电容滤波电路。容量很大的电解电容器 C 与负载 R_L 并联，实测的工作波形如图 5-18 所示。

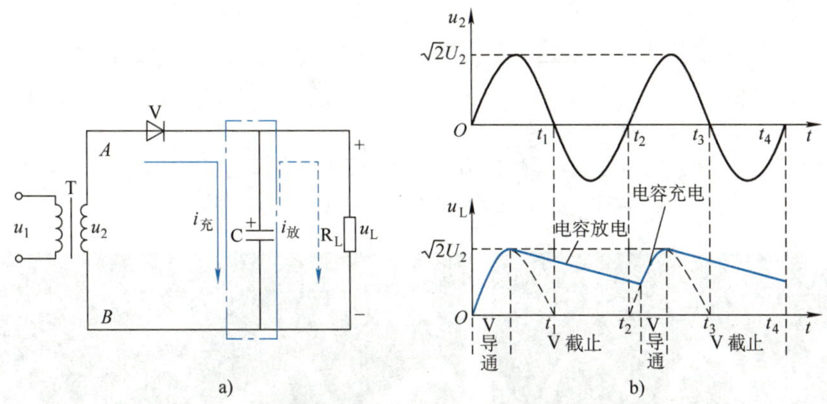

图 5-17 单相半波整流电容滤波电路及其工作波形

a）单相半波整流电容滤波电路 b）滤波电路工作波形

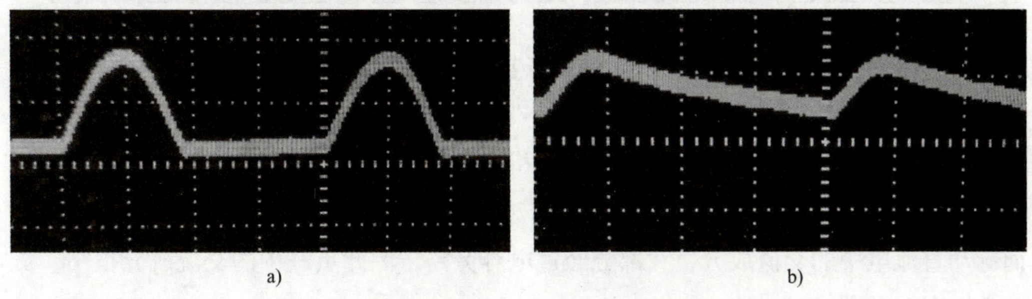

图 5-18 单相半波整流电容滤波电路的输出波形

a）未加电容以前的输出波形 b）加入电容滤波后的输出波形

假设接通电源前，电容 C 两端电压为零。当 u_2>0 时，二极管 V 导通，u_2 向电容 C 充电，忽略二极管正向电阻，则充电很快到达 u_2 的峰值，此后 u_2 按正弦规律下降。由于电容两端电压不能突变，仍保持较高的电压，这时，因 u_C>u_2，V 承受反向电压截止，电容 C 通过 R_L 进行放电。由于 C 和 R_L 较大，放电速度很慢，随着放电的进行，u_C 下降，直到下一个周期 u_2>u_C 时，二极管 V 再次导通，C 再次被充电，如此重复。通过这种周期性充放电，达到滤波的目的。图 5-17b 所示为滤波电路的理论工作波形。

图 5-19a 所示为单相桥式整流电容滤波电路，图 5-20 所示为实测的输出波形，图 5-19b 所示为其理论工作波形，由于在 u_2 的一个周期内电容充放电两次，输出就更加平滑了。

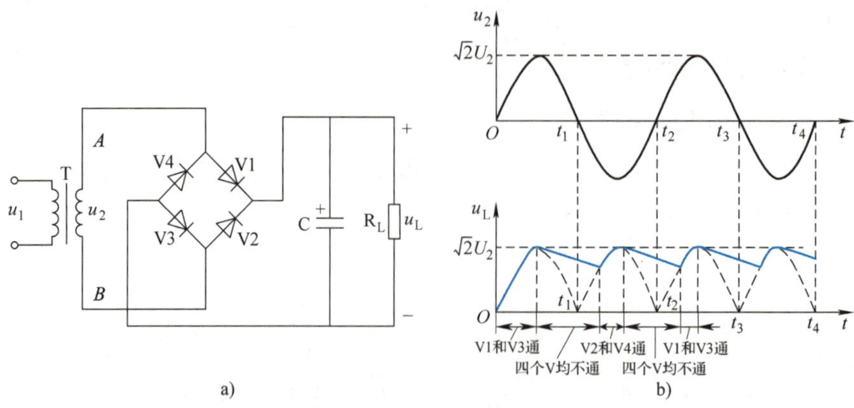

图 5–19　单相桥式整流电容滤波电路及其工作波形

a）单相桥式整流电容滤波电路　b）电容滤波工作波形

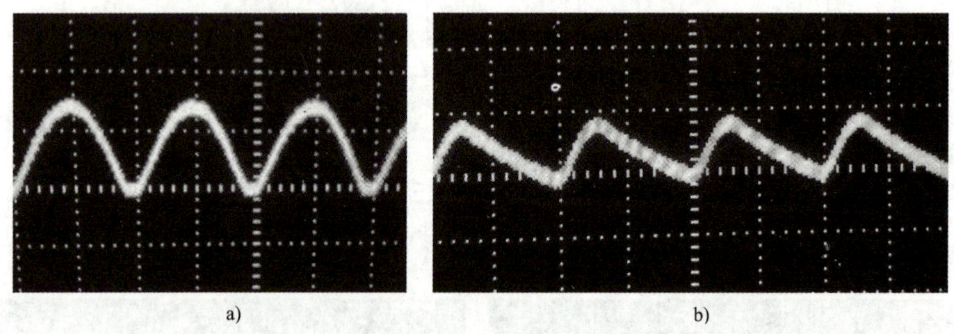

图 5–20　单相桥式整流电容滤波电路的输出波形

a）未加电容以前的输出波形　b）加入电容滤波后的输出波形

对电容滤波的工作原理也可做如下分析：电容具有“隔直通交”作用，对于整流输出脉动直流电中的直流成分，电容相当于开路，因此其直流成分都加在负载两端，而脉动直流电中的交流成分，大部分经过电容旁路，因此负载中的交流成分很小，负载电压变得平滑。

2. 有关参数计算

单相半波整流和桥式整流经电容滤波后，有关电压和电流的估算可参考表 5–5。

表 5–5　单相整流电容滤波电路电压和电流的估算公式

整流电路形式	输入交流电压（有效值）	电容滤波电路输出电压 U_L		整流器件上电压、电流	
		负载开路时电压	带负载时的电压（估算值）	最高反向工作电压 U_{Rm}	通过的平均电流 I_F
半波整流	U_2	$\sqrt{2}U_2$	U_2	$2\sqrt{2}U_2$	I_L
桥式整流	U_2	$\sqrt{2}U_2$	$1.2\,U_2$	$\sqrt{2}U_2$	$\frac{1}{2}I_L$

在负载 R_L 一定的条件下，电容 C 容量越大，滤波效果越好。为了获得较好的滤波效果，在实际电路中，选择滤波电容的容量时，常按下述公式选取：

$$C \geqslant \frac{(3\sim5)T}{2R_L}$$

式中，C 为滤波电容，单位为 F；T 为交流电的周期，单位为 s；R_L 为负载电阻，单位为 Ω。

由于采用的是电解电容，考虑到电网电压 ±10% 的波动，电容器的耐压值应满足：

$$U_C > 1.1\sqrt{2}U_2$$

在半波整流电路中，为获得较好的滤波效果，电容容量应选的更大些。

滤波电容器型号的选定应查有关器件手册，并取电容器的系列标称值。

小提示

滤波电容容量较大，一般用电解电容，应注意电容的正极接高电位，负极接低电位，否则易击穿而爆裂。电解电容的耐压应大于它实际工作时所能承受的最大电压。

【例 5–5】 在单相桥式整流电容滤波电路中，要求输出直流电压为 18 V，负载电流为 60 mA。试选择合适的整流二极管和滤波电容。

解：

（1）整流二极管的选择

电源变压器的二次侧电压为

$$U_2 = \frac{U_L}{1.2} = \frac{18\ \text{V}}{1.2} = 15\ \text{V}$$

流过每只二极管的平均电流为

$$I_F = \frac{1}{2}I_L = \frac{1}{2} \times 60\ \text{mA} = 30\ \text{mA}$$

每只二极管承受的最高反向工作电压为

$$U_{Rm} = \sqrt{2}U_2 = 1.414 \times 15\ \text{V} \approx 21\ \text{V}$$

根据以上求得的参数，经查手册，可选用 2CZ82A 型整流二极管（I_{FM}=100 mA，U_{RM}=25 V）。

（2）滤波电容的选择

负载电阻为

$$R_L = \frac{U_L}{I_L} = \frac{18\ \text{V}}{60 \times 10^{-3}\ \text{A}} = 300\ \Omega$$

已知市电频率为 50 Hz，周期为 0.02 s。故电容器容量为

$$C \geqslant \frac{(3\sim5)T}{2R_L} = \frac{(3\sim5) \times 0.02\ \text{s}}{2 \times 300\ \Omega} \approx 100\sim167\ \mu\text{F}$$

电容器的耐压值为

$$U_C > 1.1\sqrt{2}U_2 \approx 1.1 \times 1.41 \times 15\ \text{V} \approx 23.3\ \text{V}$$

经查有关器件手册，可选用容量为 500 μF，耐压值为 50 V 的电解电容。

3. 电路特点

（1）接入滤波电容后，二极管的导通时间变短了，工作电流较大，特别是在接通电源瞬间会产生很大的浪涌电流。一般浪涌电流是正常工作电流 I_L 的 5 ~ 7 倍。为了保证二极管的安全，选二极管参数时，正向平均电流的参数应留有足够的裕量。

（2）经电容滤波后，输出波形变得平滑，输出电压的平均值升高。

（3）电容放电时间常数 $\tau=R_LC$ 越大，输出电压 U_L 越高，滤波效果也越好；反之，则输出电压低且滤波效果差，如图 5-21 所示。

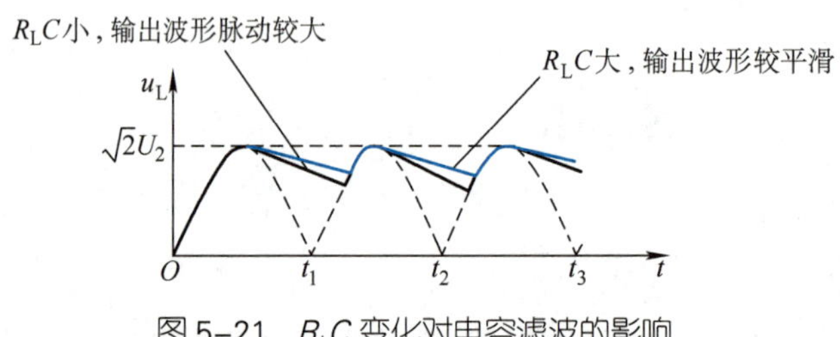

图 5-21 R_LC 变化对电容滤波的影响

（4）电容滤波电路适用于负载电流较小的场合。

想一想

电容滤波电路为什么在接通电源的瞬间会产生较大的浪涌电流？

知识拓展

倍压整流电路

在一些需要高电压、小电流的地方，常常使用倍压整流电路。倍压整流，可以把较低的交流电压，用耐压较高的整流二极管和电容器整流输出一个较高的直流电压。一般来说，倍压整流电路按输出电压与输入电压的倍数关系，可分为二倍压、三倍压及多倍压整流电路。

二倍压整流电路如图 5-22 所示，它由两只整流二极管和两只电容器组成。

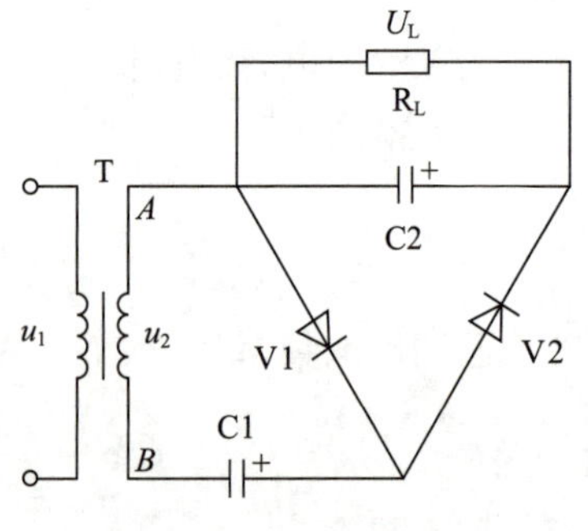

图 5-22 二倍压整流电路

二倍压整流电路的工作原理分析如下：

当 u_2 为正半周，即 A 端为正，B 端为负时，二极管 V1 导通，V2 截止，电容 C1 充电，C1 上电压极性为右正左负，最大值可达$\sqrt{2}U_2$。

当 u_2 为负半周，即 A 端为负，B 端为正时，C1

上电压与变压器二次侧电压相加，使 V2 导通，V1 截止，电容 C2 充电，C2 上电压极性为右正左负，最大值可达 $2\sqrt{2}U_2$。

在二倍压整流电路的基础上，再加一个整流二极管 V3 和一个滤波电容器 C3，就可以组成三倍压整流电路，如图 5-23 所示。

按此种办法，增加多个二极管和相同数量的电容器，即可组成多倍压整流电路，如图 5-24 所示。当倍数 n 为奇数时，输出电压从下端取出；当 n 为偶数时，输出电压从上端取出。

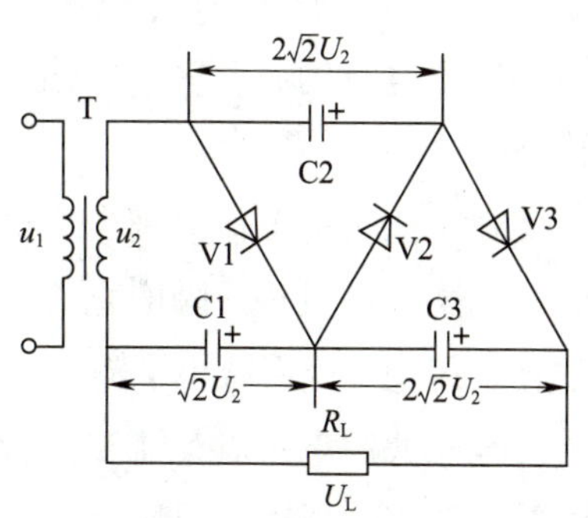

图 5-23 三倍压整流电路

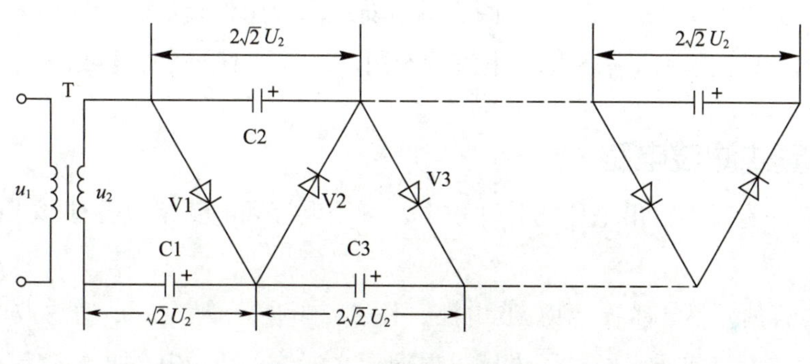

图 5-24 多倍压整流电路

二、电感滤波电路

当一些电气设备需要脉动小、输出电流大的直流电源时，若采用电容滤波电路，则电容容量必定很大，二极管的冲击电流也很大，这就使得二极管和电容器的选择很困难，在此情况下，往往采用电感滤波电路。

图 5-25a 所示为电感滤波电路，其中电感 L 与负载 R_L 串联。

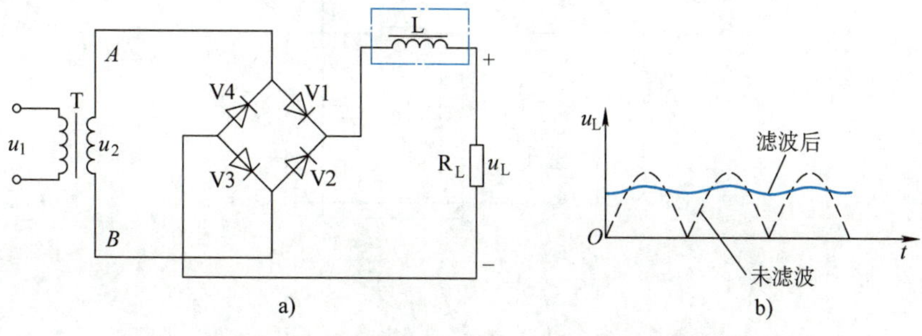

图 5-25 带有电感滤波的单相桥式整流电路及其工作波形
a）电感滤波电路 b）电感滤波工作波形

由于通过电感的电流不能突变，电感与负载串联，流过负载的电流也不会突变，所以输出电流的波形平滑，输出电压的波形也平滑，图 5-25b 所示为电感滤波后的工作波形。

电感滤波的工作原理也可做如下分析：电感对交流呈现很大的阻抗，交流成分降到了电感上，电感线圈的直流电阻很小，若忽略导线的电阻，则可认为直流成分直接加在负载上，因而减小了输出电压的脉动成分，从而达到滤波的目的。

电感滤波电路对整流二极管没有电流冲击。一般来说，电感 L 越大，R_L 越小，滤波效果越好。所以，电感滤波电路适用于负载电流较大的场合，一般 L 取几亨到几十亨。为了增大 L 的值，电感多用带铁芯的线圈，但其体积大，较笨重，成本高，输出电压低。

有的整流电路负载是电动机线圈、继电器线圈等感性负载，如同串入了一个电感线圈，负载本身就起到了平滑脉动电流的作用，这时可不再另加滤波器。

三、复式滤波电路

为了进一步减小输出电压的脉动程度，可用电容和电感组成各种形式的复式滤波电路。

图 5-26a 所示为 LC-г 型滤波电路，图 5-26b 所示为 LC-π 型滤波电路。其中 LC-г 型滤波电路实质上经过了电感、电容两次滤波，所以其输出的直流电压和电流更为平滑。LC-π 型滤波电路有三个元件进行滤波，所以滤波效果比 LC-г 型的滤波效果好。

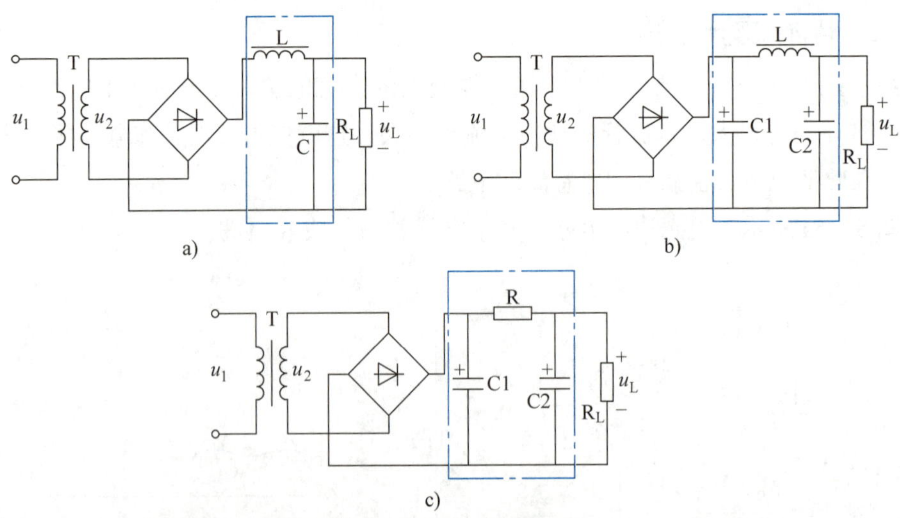

图 5-26　复式滤波电路

a）LC-г 型滤波电路　b）LC-π 型滤波电路　c）RC-π 型滤波电路

图 5-26c 所示为 RC-π 型滤波电路。在负载电流不大的情况下，为降低成本，缩小体积，减小质量，可选用电阻器 R 来代替 L。但电阻 R 对交流和直流成分均产生压降，故会使输出电压下降。一般 R 取几十到几百欧。

当一级复式滤波达不到输出电压的平滑性要求时，可以增加级数。

四、电子滤波电路

上面所讲的 RC-π 型滤波电路中，R 越大，滤波效果越好，但同时在电阻上产生的电压损失也越大，为解决这对矛盾，可采用晶体三极管代替电阻 R，构成电子滤波电路，如图 5-27 所示。

由图 5-27 可知，当三极管工作在放大状态时，基极电流很小，所以电阻 RP 可以取很大的值。由 RP 和 C1 组成的滤波电路的滤波效果很好，这样可以得到脉动极小的基极电压。当 RP 调定后，三极管 V 就获得一个稳定的基极电流，相应的集电极电流也十分稳定。在工作过程中，输入脉动的直流电压，虽然集电极和发射极间的电压有变化，但由于集电极电流基本不变，负载两端的电压也基本不变。输出的直流成分经电容 C2 进一步滤波，可以获得一个电压损失很少、交流成分很小的平滑直流电压。该电路一般应用在整流电流不是很大，但滤波效果要求高的场合。

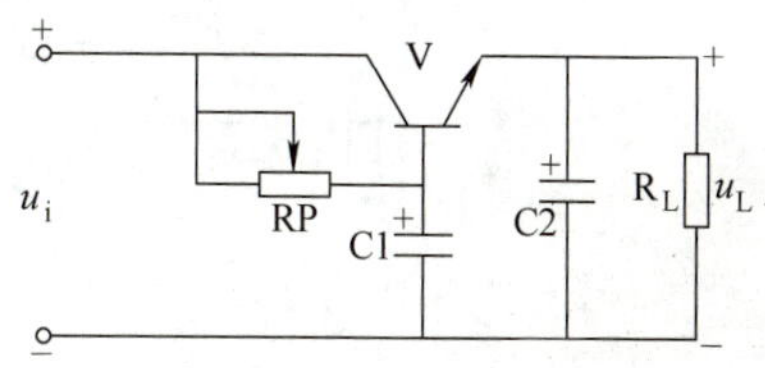

图 5-27 电子滤波电路

以上讨论了常见的几种滤波电路，它们的特性不一。在表 5-6 中，以全波整流为例列举了常用滤波电路的性能。

表 5-6 常用滤波电路的性能

滤波电路	性能				
	输出电压 U_L	适用范围	对整流二极管的冲击电流	负载能力	滤波效果
电容滤波电路	1.2 U_2	电流较小	大	较强	较差
电感滤波电路	0.9 U_2	电流大	小	强	较差
LC-Γ 型滤波电路	0.9 U_2	电流大	小	强	较好
LC-π 型滤波电路	1.2 U_2	电流较小	大	较强	好
RC-π 型滤波电路	1.2 U_2	电流小	大	差	较好

§5-3 稳压电路

学习目标

1. 熟悉稳压二极管的工作特性和主要参数。
2. 掌握简单稳压电路的组成、稳压原理及电路特点。
3. 掌握三极管串联稳压电路的组成、稳压原理，能计算输出电压的调节范围。

交流电经整流、滤波后已经变成比较平滑的直流电，但还不够稳定，如果电源电压波动或负载发生变化，输出直流电压也会随着变化。例如，电网电压升高时，输出的直流电压必然增大。为了获得稳定性好的直流电源，在整流、滤波之后还要接入稳压电路。

目前，中小功率设备中广泛采用的稳压电路有并联稳压电路、串联稳压电路和集成稳压电路等。

一、稳压二极管的工作特性和主要参数

1. 工作特性

稳压二极管的图形符号如图 5-28a 所示。

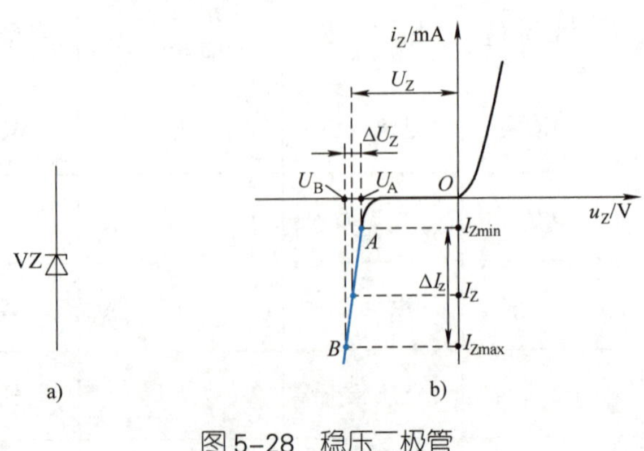

图 5-28 稳压二极管
a）图形符号 b）伏安特性曲线

稳压二极管简称稳压管，是一种特殊的面接触型半导体硅二极管。它的伏安特性曲线如图 5-28b 所示。通过伏安特性曲线，可以看出其正向特性与普通二极管相似，而其反向击穿特性曲线很陡。

在正常情况下，稳压管工作在反向击穿区，由于曲线很陡，反向电流在大范围内变化时其两端电压却基本保持不变，因而具有稳压作用。只要控制反向电流不超过一定的值，管子就不会过热而损坏。

那么，为什么普通二极管不允许工作在反向击穿区，而稳压管却可以工作在反向击穿区呢？这是因为普通二极管进入击穿区后，如果反向电压再增加，反向电流会急剧上升，温度升高，超出管子的最大耗散功率，会导致管子 PN 结发热烧毁。而硅稳压管是采用特殊工艺制造的，它的 PN 结可承受较大的反向电流和耗散功率，因此可以工作在反向击穿区。

小提示

硅稳压管应用时应注意：

（1）在电路中需反接（即稳压管的负极接电路中的高电位，正极接低电位）才能稳定电压（稳压管加正向电压时性质与普通二极管相同）。若接反，相当于电源短路，电流过大会使稳压管过热烧毁。

（2）稳压管必须在电源电压高于它的稳压值时才能稳压。

（3）使用时如果一个稳压管的稳压值不够，可以将多个稳压管串联使用，但绝对不能并联使用。

2. 主要参数

稳压管的主要参数反映了稳压管的性能及其使用极限，它是使用管子和选择管子的依据。稳压管的主要参数见表 5-7。

表 5-7 稳压管的主要参数

名称	符号	说明
稳定电压	U_Z	稳压管的反向击穿电压，它是稳压管正常工作时两端所呈现的电压
最大稳定电流	I_{Zmax}	稳压管正常工作时允许通过的最大电流，使用时，实际电流不得超过此值，否则会损坏
最小稳定电流	I_{Zmin}	稳压管进入正常工作状态所必需的最小电流，使用时，通过稳压管的电流不能小于此值，否则稳压管将截止
稳定电流	I_Z	稳压管正常工作时反向电流的参考数值，一般情况下，稳定电流在最大稳定电流和最小稳定电流之间

续表

名称	符号	说明
最大耗散功率	P_{ZM}	稳压管正常工作时所能承受的最大耗散功率。在数值上，它等于稳定电压 U_Z 和最大稳定电流 I_{Zmax} 的乘积，即 $P_{ZM}=U_ZI_{Zmax}$ 在实际应用中，由于稳定电压是固定的，为了使稳压管的实际耗散功率小于 P_{ZM}，必须限定通过稳压管的电流，使之不超过最大稳定电流 I_{Zmax}，否则温度过高，会影响稳压效果，甚至损坏稳压管。一般情况下，大功率稳压管工作时要加装散热装置

此外，还有动态电阻和电压温度系数等参数。动态电阻反映了稳压管的稳压性能，动态电阻越小，稳压性能越好。电压温度系数是指温度变化对稳定电压的影响作用，反映了稳压管的温度稳定性。电压温度系数越小，温度稳定性越好，即稳定电压受温度变化的影响越小。

一般情况，在要求温度稳定性较高的场合，可以用具有温度补偿作用的稳压管，如 2DW230，如图 5–29 所示。使用时一只稳压管处于反向击穿状态，另一只稳压管处于正向导通状态，两只稳压管相互补偿。

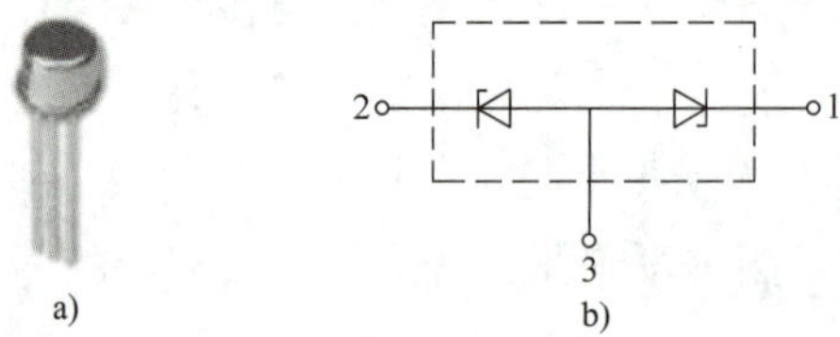

a)　　b)

图 5–29　具有温度补偿作用的稳压管 2DW230

a）外形　b）内部结构

不同型号的稳压管参数值不同，常用稳压管的主要参数见表 5–8。

表 5–8　常用稳压管的主要参数

型号	参数					
	稳定电压 U_Z/V	稳定电流 I_Z/mA	最大稳定电流 I_{Zmax}/mA	动态电阻 r_Z/Ω	电压温度系数 C_{TV}/（%·℃$^{-1}$）	最大耗散功率 P_{ZM}/W
2CW55	6.2 ~ 7.5	10	33	≤ 15	≤ 0.06	0.25
2CW140	13.5 ~ 17	30	170	≤ 25	≤ 0.10	3

二、简单稳压电路

1．电路组成

图 5–30 所示为简单稳压电路。图中稳压管 VZ 反向并联在负载 R_L 两端，所以又称为并联稳压电路。

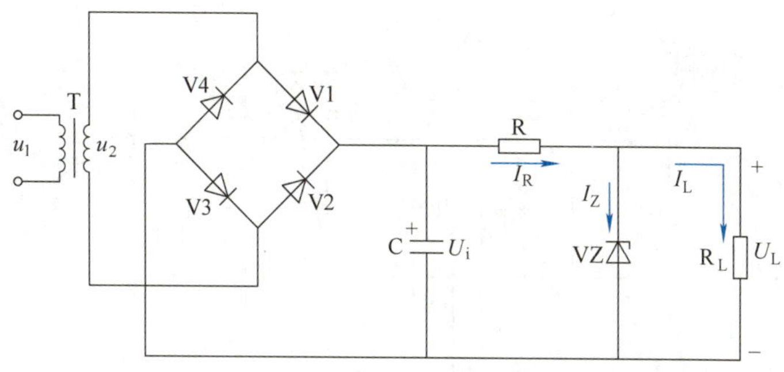

图 5–30 简单稳压电路

2. 稳压原理

（1）当负载电阻不变，电网电压升高时，稳压过程如下：

$$U_i\uparrow \rightarrow U_L\uparrow \rightarrow I_Z\uparrow \rightarrow I_R\uparrow \rightarrow U_R\uparrow \rightarrow U_L\downarrow$$

反之亦然。

（2）当电网电压不变，负载电阻减小时，稳压过程如下：

$$R_L\downarrow \rightarrow U_L\downarrow \rightarrow I_Z\downarrow \rightarrow I_R\downarrow \rightarrow U_R\downarrow \rightarrow U_L\uparrow$$

反之亦然。

综上所述，利用稳压管电流的变化，引起限流电阻 R 两端电压的变化，从而达到稳压的目的。稳压管起调整作用，为调整管；电阻 R 不但起限流作用，还起调压作用。

并联稳压电路结构简单，设计制作容易，但输出电压受到稳压管自身参数的限制，因此适用于输出电压固定且负载电流变化范围不大的场合。当负载电流较大且要求稳压性能较好时，可采用串联稳压电路。

三、三极管串联稳压电路

1. 电路组成

图 5–31 所示为带放大环节的三极管串联稳压电路。它由四部分组成：调整部分（调整管 V1）、取样电路（R3、RP、R4 组成的分压器）、基准电路（稳压管 VZ 和 R2 组成的稳压电路）、比较放大电路（放大管 V2 等）。R1 既是放大管 V2 的集电极电阻，又是调整管 V1 的偏置电阻。

2. 稳压原理

当电网电压升高或负载电阻 R_L 增大时，输出电压有上升的趋势，其稳压过程如下：

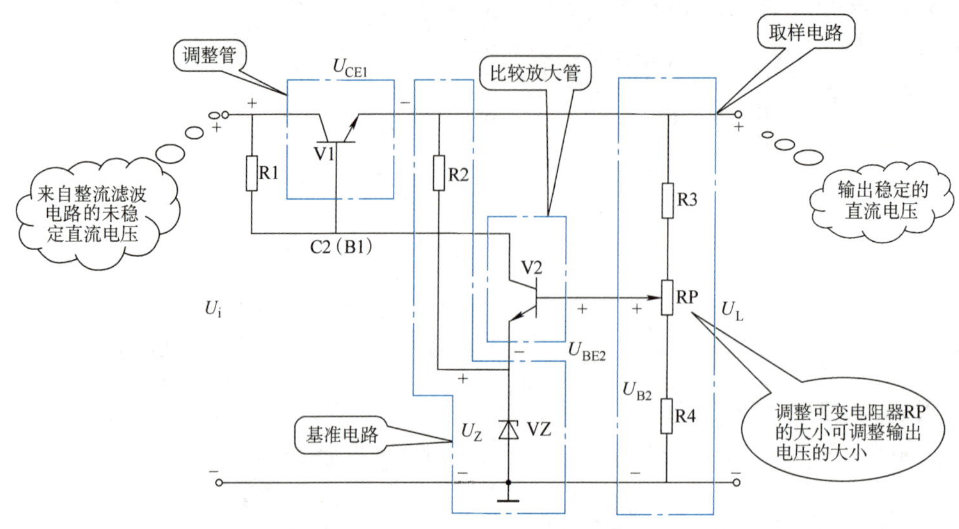

图 5-31　带放大环节的三极管串联稳压电路

$$U_L\uparrow \rightarrow U_{B2}\uparrow \rightarrow U_{BE2}\uparrow \rightarrow I_{B2}\uparrow \rightarrow U_{C2}(U_{B1})\downarrow \rightarrow U_{CE1}\uparrow$$

$(R_L)\uparrow$

$$\rightarrow U_L\downarrow$$

上面的过程也可概括为：

$$U_L\uparrow \rightarrow U_{CE1}\uparrow \rightarrow U_L\downarrow$$

同理，当电网电压降低或 R_L 减小时，稳压过程与之相反。可概括为：

$$U_L\downarrow \rightarrow U_{CE1}\downarrow \rightarrow U_L\uparrow$$

由上面分析可知，带放大环节的串联稳压电路是通过取样电路从输出电压 U_L 中取出，送给 V2 管基极 U_{B2}，U_{B2} 与基准电压 U_Z 相比较，然后 V2 对差值进行放大后控制调整管，调节其管压降 U_{CE1}，从而使输出电压保持稳定。调整管工作在线性放大状态，与负载串联，因此，三极管串联稳压电路又称为线性稳压电路。

3. 输出电压的调节

当忽略 V2 管的基极电流时

$$U_{B2}\approx\frac{R_4+R_{P(下)}}{R_3+R_4+R_P}U_L$$

忽略 U_{BE2}，上式整理得

$$U_L\approx\frac{R_3+R_4+R_P}{R_4+R_{P(下)}}U_Z$$

RP 为可变电阻器，改变滑动触点位置，即可调节输出电压 U_L 的大小。

4. 调整管的选用

在串联稳压电路中，调整管是核心元件。为使稳压电路正常工作，必须保证调整管始终工作于放大状态，并要求在各极限条件下调整管都不会损坏。具体要求如下：

（1）调整管的管压降 U_{CE} 应适当，一般取 3 ~ 8 V。若 U_{CE} 过大，会导致功率损耗过大，管子发热；若 U_{CE} 过小，又容易进入饱和区，失去调整能力。

（2）调整管的极限参数应满足：

$$I_{CM} \geqslant 1.5 I_{LM}$$

$$U_{(BR)CEO} \geqslant U_{imax} - U_{Lmin}$$

$$P_{CM} \geqslant 1.5\, I_{LM} U_{(BR)CEO}$$

式中，U_{imax}——最大输入电压，考虑电网电压允许 ±10% 的波动，U_{imax}=1.1 U_i，V；

I_{LM}——最大负载电流，A；

U_{Lmin}——最小输出电压，V。

在稳压电路中，负载电流 I_L 要流过调整管，当一只三极管的电流不能满足要求时，可以给原有的调整管再配上一个或几个“助手”，即将特性一致的三极管并联起来使用，如图 5-32a 所示。调整管常采用大功率管，大功率管的 β 较小，为提高 β，可以采用复合管，如图 5-32b 所示。

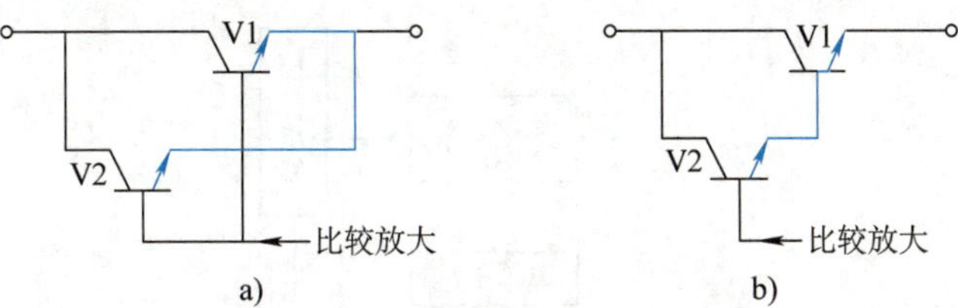

图 5-32 调整管的并联与复合使用

a）调整管的并联使用 b）调整管的复合使用

【例 5-6】 在图 5-31 所示三极管串联稳压电路中，已知基准电压 U_Z=6 V，R_3=R_P=R_4=300 Ω，调整管的管压降 U_{CE} 不小于 2 V，U_{BE} 忽略不计，前级电路为桥式整流电容滤波电路。求：

（1）稳压电路输出电压 U_L 的调节范围。

（2）RP 滑动触点位于中点时的 U_L。

（3）为使调整管能正常工作，变压器二次侧电压有效值 U_2 的最小值。

解：

（1）当 RP 滑到最上端时，输出电压最小

$$U_{Lmin} = \frac{R_3 + R_P + R_4}{R_4 + R_{P(下)}} U_Z = \frac{300 + 300 + 300}{300 + 300} \times 6\ \text{V} = 9\ \text{V}$$

当 RP 滑到最下端时，输出电压最大

$$U_{Lmax}=\frac{R_3+R_P+R_4}{R_4+R_{P(下)}}U_Z=\frac{300+300+300}{300+0}\times 6\ V=18\ V$$

所以，输出电压的调节范围是 9 ~ 18 V。

（2）当 RP 滑动触点位于中点时

$$U_L=\frac{R_3+R_P+R_4}{\frac{1}{2}R_P+R_4}U_Z=\frac{300+300+300}{\frac{1}{2}\times 300+300}\times 6\ V=12\ V$$

（3）因为三极管的 U_{CE} 不小于 2 V，所以稳压电路的输入电压应至少为

$$U_i=U_{Lmax}+U_{CE}=18\ V+2\ V=20\ V$$

又因桥式整流电容滤波电路的输出电压 $U_i\approx 1.2\,U_2$，所以变压器二次侧电压的有效值最小应为

$$U_2=\frac{U_i}{1.2}=\frac{20\ V}{1.2}\approx 16.7\ V$$

通过以上分析可知，串联稳压电路主要由四大部分组成，分别为取样电路、比较放大电路、基准电路和调整管，其组成框图如图 5-33 所示。

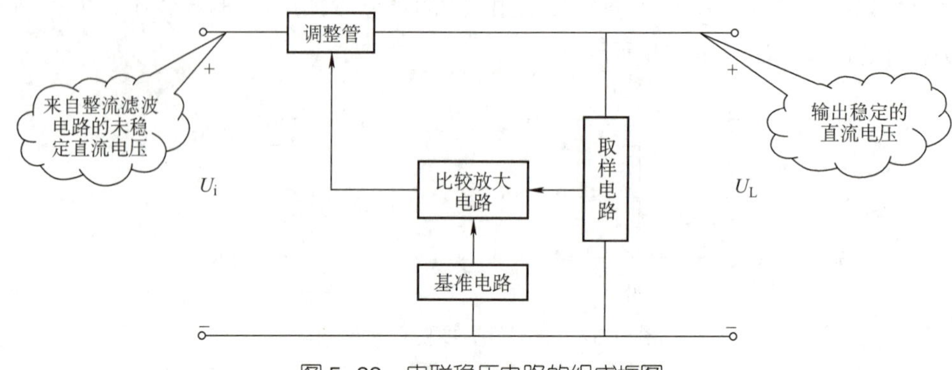

图 5-33　串联稳压电路的组成框图

技能训练 9　三极管串联稳压电路的安装与调试

训练目标

1. 能正确识读三极管串联稳压电路工作原理图，说出电路各组成部分的作用，会分析三极管串联稳压电路的工作过程。

2. 能正确识别和检测所用元器件，并结合电路原理图和印制电路板，找到对应元

器件的安装位置。

3. 能按要求和计划正确使用工具进行线路焊接和安装。

4. 能根据外观和测试结果判断电路是否满足工艺和性能要求，能判断电路是否存在故障，并顺利排除故障。

5. 会调整输出电压的大小，能正确运用示波器测量输入、输出信号的波形和幅值，并正确记录测试结果，及时总结测试和安装技巧。

6. 训练过程中能自觉遵守安全操作规范，训练结束后能自觉清理场地、归置物品。

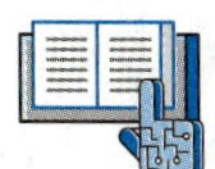

训练准备

1. 仪器设备和工具准备

交流电源（12 V）、示波器、万用表（指针式或数字式）和常用电子装配工具等。

2. 元器件准备

训练所需元器件清单见表 5-9。

表 5-9 元器件清单

代号	名称	型号 / 规格	数量	代号	名称	型号 / 规格	数量
R1	碳膜电阻器	3 kΩ	1	C1 ~ C4	瓷片电容器	0.01 μF	4
R2	碳膜电阻器	150 Ω	1	C5	电解电容器	1 000 μF/25 V	1
R3	碳膜电阻器	1 kΩ	1	C6 ~ C8	电解电容器	100 μF/25 V	3
R4、R6	碳膜电阻器	47 kΩ	2	C9	电解电容器	220 μF/25 V	1
R5、R7	碳膜电阻器	2 kΩ	2	VD1 ~ VD4	二极管	1N4007	4
R8	碳膜电阻器	270 Ω	1	VZ	稳压二极管	1N4733A，5.1 V	1
RP	电位器	1 kΩ	1	J1	螺栓式端子	2 位	1
V1、V2	三极管	8050	2	J2	螺栓式端子	2 位	1
V3	大功率管	D880	1		散热片	15 mm × 10 mm × 20 mm，黑色无针	1

训练内容

一、实训电路分析

图 5-34 所示为三极管串联稳压电路。整个电源电路由桥式整流、电容滤波和串联稳压电路三部分组成。桥式整流电路上的四个整流二极管 VD1 ~ VD4 上均并联一个电容（C1 ~ C4）。因整流电路后面接容量较大的滤波电容，开机瞬间，会产生很大的冲击电流，致使通过二极管的电流过大，严重的会烧毁二极管。若在整流二极管两端并联电容，电容相当于短路，可起保护二极管的作用，还有旁路高频干扰信号的作用。

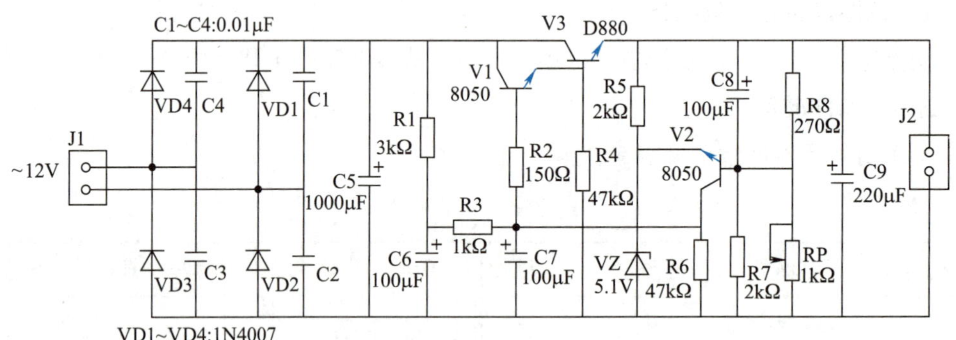

图 5-34　三极管串联稳压电路

该串联稳压电路由基准电路、取样电路、比较放大电路和调整电路四部分组成。

（1）基准电路

VZ 为 V2 的发射极提供稳定的基准电压。R5 保证 VZ 有合适的工作电流，C8 为加速电容，用于误差电压滤波。

（2）取样电路

R8 和 RP 组成输出电压的取样电路，将其变化量的一部分送入 V2 基极，调节 RP 可调节输出电压的大小。

（3）比较放大电路

V2 为比较放大管，它将稳压电路输出电压的取样电压与基准电压比较，把其变化量放大送至复合调整管，控制 V3 的导通程度。

（4）调整电路

V1、V3 组成复合调整管，V3 是大功率管，与负载串联，用于调整输出电压。R1、R2、R3 为复合调整管的偏置电阻，R3 与 C6 和 C7 构成 RC-π 型滤波电路，用于减小纹波电压，为 V1 和 V2 提供纹波较小的电源电压。R4 为复合调整管反向穿透电流提供通路，防止温度升高时失控。

二、装配电路

1. 识读电路原理图和印制板装配图。

2. 制订实训计划，准备电子装配工具及仪器仪表，做好设备安全防护措施。

3. 元器件识别与检测

（1）清点元器件

按照表 5-9 核对元器件的数量、型号和规格，并把标称值填入表 5-10 中。如有短缺、差错应及时补缺和更换。

（2）元器件检测

用万用表电阻挡检测电阻器的阻值；用数字式万用表的电容挡检测电容器的电容；用指针式万用表的电阻挡检测电容器的好坏；用万用表电阻挡检测三极管的引脚极性、管型并判断其好坏，把检测结果填入表 5-10 中。若有不符合质量要求的元器件，应剔除和更换。

图 5-35 D880 引脚排列

D880 是大功率管，引脚顺序与小功率三极管不同，如图 5-35 所示。利用万用表检测其极性、管型及性能的方法与小功率三极管相同，但检测大功率管时，应使用 R×1 挡或 R×10 挡。另外，与大功率管的外壳相连的电极为集电极。

表 5-10 元器件的标称值及检测结果

代号	标称值	检测值	代号	标称值	检测值
R1			C6		
R2			C7		
R3			C8		
R4			C9		
R5			代号	检测结果	
R6			VD1		
R7			VD2		
R8			VD3		
RP			VD4		
C1			VZ		
C2			V1		
C3			V2		
C4			V3		
C5					

4. 电路装配

装配过程中，严格遵守安全规范、环保制度和企业管理标准，遵守电气作业规程，做好安全防护措施。先用螺钉把大功率管与散热片紧密固定在一起，再把大功率管插入电路板进行引脚的焊接。特别要注意，千万不要让三个引脚之间有短路。装配好的三极管串联稳压电路板如图 5-36 所示。

图 5-36　安装好的三极管串联稳压电路板

5. 自检与互检

安装完成后，对照原理图仔细检查电路是否安装正确，导线、焊点是否符合要求，有无漏焊、错焊和搭锡，电源有没有接错。检查时应特别注意：元器件引脚之间有无短路，电源的正、负极性有无接反，正、负极之间有无短路现象，电源线、地线是否接触可靠；电解电容极性有无接反，三极管引脚接线有无接错；测量时应直接测量元器件引脚，这样可以同时发现是否有接触不良的地方。先进行自检与互检，待教师确认无误后，再接上电源通电测试。

三、电路调试

确认没有接错后，接通 12 V 交流电源，用示波器观察输入、输出波形。若无输出波形，应立即断电检查是否有断路、短路，大功率管是否不正常发热。排除故障后，再接通电源，观察输出波形，测量输出信号幅值。调节 RP，观察输出信号的波形，测量输出信号幅值，并将输出结果记录在表 5-11 中。

测试过程中，不能凭感觉和印象，要始终借助仪器，边记录，边分析，边解决问题。如电路出现故障，把故障现象和排除故障方法记录在表 5-12 中。

表 5-11 测试数据记录

输入波形及电压	输出波形及电压
U_i =_________V	U_{o1} =________V
	U_{o2}=________V

表 5-12 故障现象和排除故障方法

故障现象	
排除方法及步骤	

四、清理现场

按照现场管理规范清理场地，归置物品。

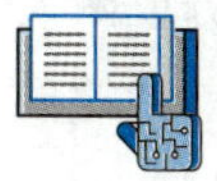

训练测评

对自己在本次训练中的综合表现进行评价。扫描右侧二维码可查看评价项目、内容及标准。

§5-4 集成稳压器

学习目标

1. 了解常用集成稳压器的引脚排列，熟悉三端集成稳压器的分类、主要参数及使用方法。

2. 熟悉三端集成稳压器的应用电路。

随着半导体集成电路工艺的迅速发展，现在常把串联稳压电路中的取样、基准、比较放大、调整及保护环节等集成于一个半导体芯片上，构成集成稳压器，它具有体积小、质量轻、使用方便、可靠性高等优点，因而得到广泛应用。下面介绍三端集成稳压器。

一、三端集成稳压器的型号和参数

常用的三端集成稳压器有塑料壳和金属壳两种封装形式，其外形如图 5-37 所示。

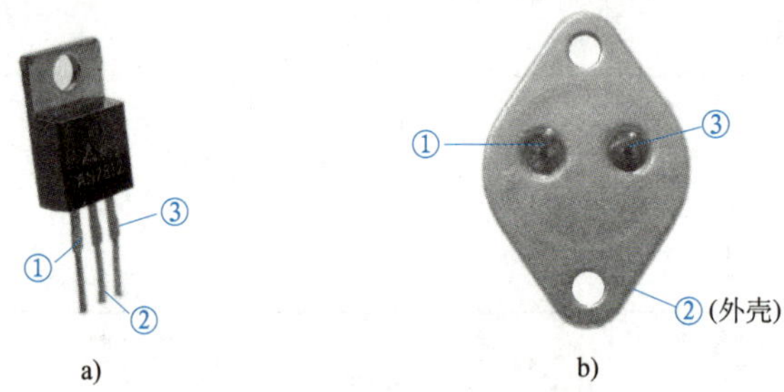

图 5-37 三端集成稳压器外形

a）塑料壳封装 b）金属壳封装

三端集成稳压器已经标准化、系列化，按照它们的性能和用途不同可以分成两大类，一类是固定输出三端集成稳压器，另一类是可调输出三端集成稳压器。前者的输出电压是不变的，后者可在外电路上对输出电压进行连续调节。

1. 三端固定输出集成稳压器

三端固定输出集成稳压器有输入端、输出端和公共端三个引出端。常用的 CW78×× 系列是正压输出，CW79×× 系列是负压输出。CW78×× 系列和 CW79×× 系列外形一样，但引脚不同，功能也不同，各引脚与其功能的对应关系见表 5-13。

表 5-13 三端固定输出集成稳压器各引脚的功能

引脚	功能	
	CW78×× 系列	CW79×× 系列
1	输入端	公共端
2	公共端	输入端
3	输出端	输出端

其型号意义如下：

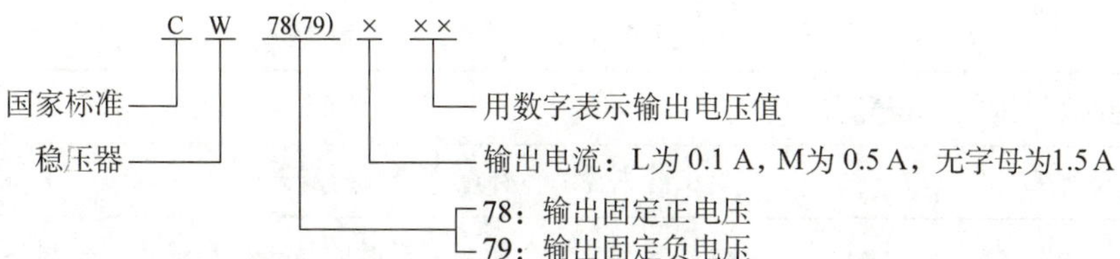

型号中的“××”表示该电路输出电压值，分别为 ±5 V、±6 V、±9 V、±12 V、±15 V、±18 V、±24 V，共七种，可根据实际需要选择使用。例如，CW7809 输出电压为 9 V，CW7912 输出电压为 −12 V。

2. 三端可调输出集成稳压器

三端固定输出集成稳压器的输出电压不可调，三端可调输出集成稳压器不仅输出电压可调，而且稳压性能优于固定式，它的三个引出端分别为输入端、输出端和调整端。其可调输出电压也有正、负之分，常用的 CW117/217/317 是正压输出，CW137/237/337 是负压输出。它们的输出电压分别为 ±（1.2 ~ 37）V，连续可调。其外形与 CW78×× 系列和 CW79×× 系列相似，但引脚排列及功能均不同。三个引脚与其功能的对应关系见表 5-14。

表 5-14 三端可调输出集成稳压器各引脚的功能

引脚	功能	
	CW117/217/317 系列	CW137/237/337 系列
1	调整端	调整端
2	输出端	输入端
3	输入端	输出端

根据国家标准，其型号意义如下：

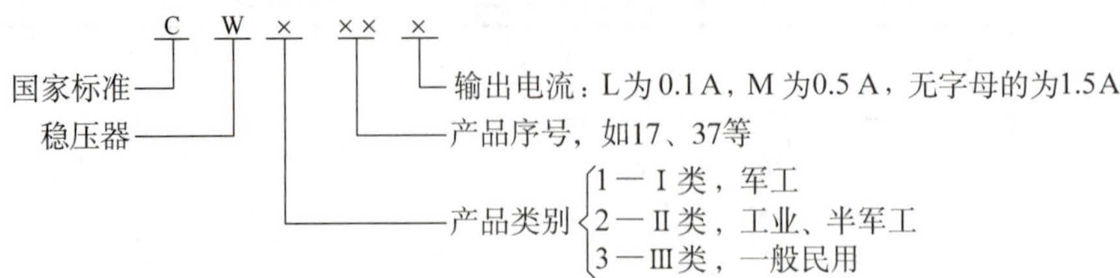

国产三端集成稳压器的封装形式有 F–1 型、F–2 型、TO–92 型、S–1 型、S–7 型等多种，对于三个引脚的排列和它们的功能，不同型号或不同厂家的产品可能并不相同，使用时一定要注意查看说明书。

3. 三端集成稳压器的主要参数

三端集成稳压器的主要参数见表 5–15。

表 5–15　三端集成稳压器的主要参数

主要参数	符号	说明
最大输入电压	U_{imax}	稳压器正常工作时允许输入的最大电压
输出电压范围	U_L	稳压器参数符合指标要求时的输出电压范围。三端集成稳压器的电压偏差范围一般为 ±5%
最大输出电流	I_{LM}	保证稳压器安全工作时允许输出的最大电流
最小输入输出压差	$(U_i-U_L)_{min}$	能保证稳压器正常工作所要求的输入电压与输出电压的最小差值。输入、输出压差要大于 3 V，压差太小，会使稳压器性能变差，甚至不起稳压作用；压差太大，又会增大稳压器自身消耗的功率，并使最大输出电流减小

此外还有一些其他参数，这里不再一一列举。表 5–16 和表 5–17 分别列出了一些三端固定输出集成稳压器和三端可调输出集成稳压器的极限参数，以供参考。

表 5–16　CW78××、CW79×× 集成稳压器部分极限参数

参数	符号	额定值			
		CW78××，CW78M××	CW78L××	CW79××，CW79M××	CW79L××
最大输入电压 /V	U_{imax}	5 ~ 18，24，35，40	5 ~ 9，12 ~ 18，24，30，35，40	−5 ~ −18，−24，−35，−40	−5 ~ −9，−12 ~ −18，−24，−30，−35，−40
耗散功率 /W	P_{DM}	≥ 7.5（F–1 型，S–7 型），≥ 15（F–2 型）	≥ 0.5（B–3D 型）	≥ 7.5（F–1 型，S–7 型），≥ 15（F–2 型）	≥ 0.5（B–3D 型）

表 5-17 CW117/217/317 和 CW137/237/337 集成稳压器部分极限参数

参数	符号	额定值		
		CW117/217/317，CW137/237/337	CW117M/217M/317M，CW137M/237M/337M	CW117L/217L/317L，CW137L/237L/337L
输入输出压差 /V	$\lvert U_i - U_L \rvert$	≤ 40		
耗散功率 /W	P_{DM}^{*}	≥ 7.5（S-7 型） ≥ 15（F-2 型）	≥ 7.5（F-1 型 S-7 型）	≥ 0.5（B-3D 型）

注：* 表示需加足够大的散热片。

二、三端集成稳压器的应用

三端集成稳压器内部电路设计完善，辅助电路齐全，只需连接很少的外围元件，就能构成一个完整的电路，并可以实现提高输出电压、扩展输出电流，以及输出电压可调等多种功能。下面介绍几种常见的应用电路。

1. 三端固定输出集成稳压电路

（1）基本应用电路

图 5-38 所示为三端固定输出集成稳压器的基本应用电路。电路中，电容 C1 用于减小输入电压的脉动和防止过电压，C2 用于削弱电路的高频干扰，并具有消振作用。

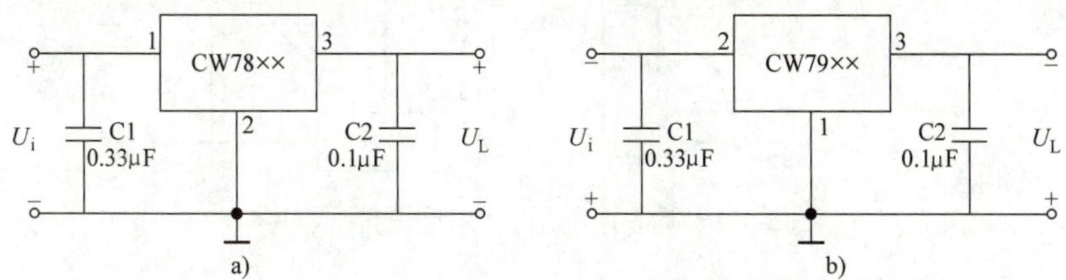

图 5-38 三端固定输出集成稳压器的基本应用电路

a）正电压输出 b）负电压输出

（2）提高输出电压的稳压电路

当实际需要的直流电压超过集成稳压器规定值时，可外接一些元件来适当提高输出电压。图 5-39 所示电路为可提高输出电压的稳压电路。图中 R1、R2 为外接的电阻。输出电压为

$$U_L = \left(1 + \frac{R_2}{R_1}\right) U_{\times\times}$$

式中，$U_{\times\times}$——集成稳压器的额定电压。

（3）扩大输出电流的稳压电路

CW78×× 系列三端集成稳压器输出电流最大只有 1.5 A，当某些场合需要更大电流时，可采用图 5-40 所示电路来扩大输出电流。电路输出的电流为

$$I_L=I_o+I_C$$

式中，I_o——CW78×× 的输出电流；

I_C——外接大功率管的集电极电流。

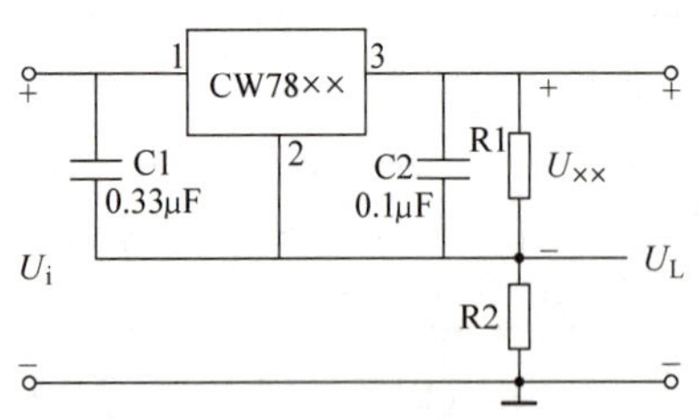

图 5-39　可提高输出电压的稳压电路

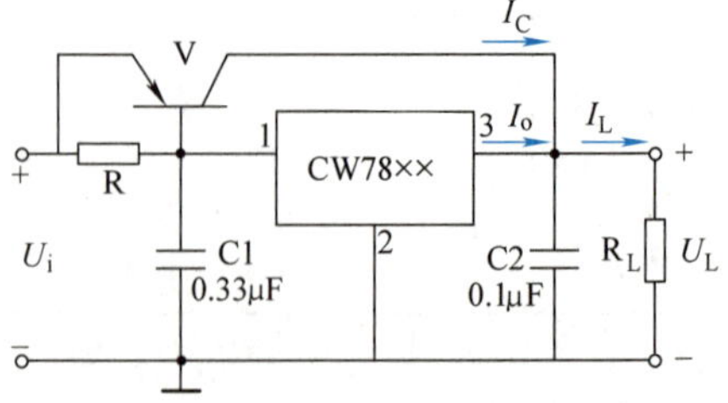

图 5-40　可扩大输出电流的稳压电路

（4）同时输出正、负电压的稳压电路

在电子电路中，常常需要同时输出正、负电压的双向直流电源，由集成稳压器组成的这种电源形式较多，图 5-41 便是其中一种。该电路具有共同的公共端，可以同时输出正、负电压。

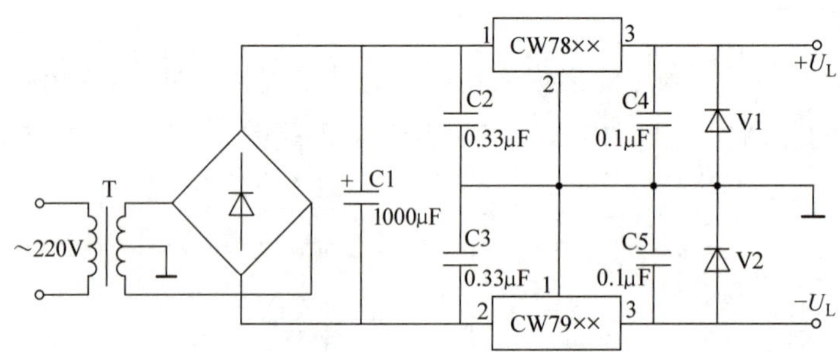

图 5-41　同时输出正、负电压的稳压电路

2. 三端可调输出集成稳压电路

（1）基本应用电路

图 5-42 所示为三端可调输出集成稳压器的基本应用电路。电路中，电容 C1 用于减小输入电压的脉动和防止过电压，C2 用于削弱电路的高频干扰，并具有消振作用。

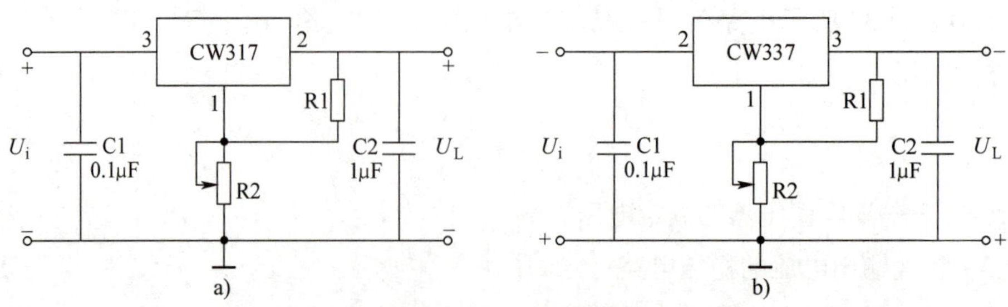

图 5-42　三端可调输出集成稳压器的基本应用电路

a）正电压输出　b）负电压输出

电路输出电压为

$$U_L \approx 1.25\left(1+\frac{R_2}{R_1}\right)\ \mathrm{V}$$

使用中，R1 要紧靠在稳压器输出端和调整端接线，以免当输出电流大时，附加压降影响输出精度；R2 的接地点应与负载电流返回接地点相同，且 R1 和 R2 应选择同种材料制作的电阻，精度尽量高一些。

（2）外加保护的稳压电路

图 5-43 所示是由 CW317 构成的外加保护的稳压电路。为了减小 R2 上的纹波电压，在其两端并联了电容 C3。为了保护稳压器，在输入端和输出端间加入二极管 V1，在调整端和输出端间加入二极管 V2，分别为 C2 和 C3 提供一个放电回路。

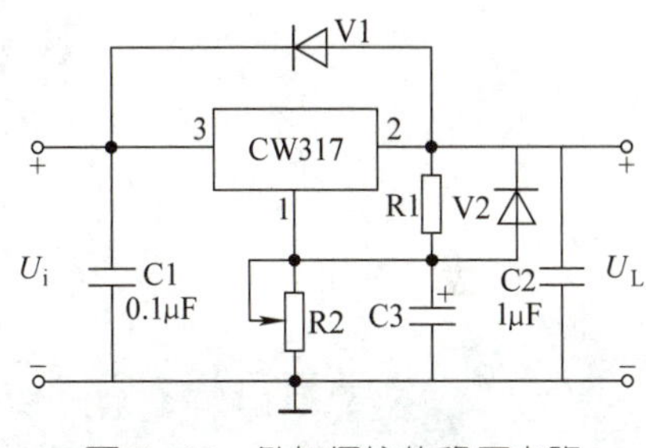

图 5-43 外加保护的稳压电路

上面介绍的只是一些三端集成稳压器常见的应用电路，实际上具体的应用电路不胜枚举，只要掌握了它们的基本工作原理，就可以演变出很多的实用电路。

知识拓展

三端集成稳压器使用注意事项

虽然三端集成稳压器应用电路简单，外围元件很少，但若使用不当，同样会出现稳压器被击穿或稳压效果不好的现象，正确使用集成稳压器，才能获得良好的效果。

（1）分清三个引脚。在接入电路之前，一定要分清引脚，避免因接错而损坏集成电路。此外，在安装时，要焊接牢固可靠。特别是接地端（或调整端）一定要焊接良好，否则在使用过程中，接地端（或调整端）的松动会导致输出端电压的波动，也可能损坏集成稳压器。

（2）为确保输出电压的稳定性，应保证最小输入输出压差不小于 3 V，否则，将不能稳压。但压差过大，稳压器的功耗增大，一般可取输入输出压差为 3 ~ 7 V。

（3）对要求加散热装置的，必须加装符合尺寸要求的散热装置，散热效果越好，它所能承受的功耗就越大。否则，若散热装置的面积不够大，内部调整管的结温达到保护动作点附近时，集成稳压器的稳压性能将变差。

（4）输入电压最大值不得超过允许的最大输入电压。固定输出集成稳压器输入电压不超过 35 V（CW7824 和 CW7924 不超过 40 V），可调输出集成稳压器输入电压不超过 40 V。

（5）为了提高稳压性能，应注意电路的连接布局。一般稳压电路不要离滤波电路太远，另外，输入线、输出线和地线应分开布设，采用较粗的导线且要焊牢。

（6）在拆装集成稳压器时要先断开电源。

§5-5 开关稳压电源

学习目标

1. 了解开关稳压电源的特点及类型。
2. 理解开关稳压电源的工作原理。
3. 了解 CW×524 和 CW496× 系列集成开关稳压器的引脚排列规律。
4. 了解 CW×524 和 CW496× 系列集成开关稳压器的典型应用电路。

以上讨论的稳压电源都属于线性稳压电源，其具有稳定性好、动态响应快、纹波小、干扰小、电路简单等优点，但其中的调整管工作在线性放大区，因此调整管功耗大，加上电源变压器笨重、耗能，使电源效率大为降低。为了解决调整管的散热问题，还要安装散热器，这必然要增大电源设备的体积和重量，在许多场合不能满足电子系统的需要。开关稳压电源与其相比具有明显的优势，因而广泛应用于电视机、计算机和航天电子设备等对稳压电源要求较高的场合中。

一、开关稳压电源的特点及类型

1. 开关稳压电源的特点

（1）功耗小，效率高

开关稳压电源中的调整管工作在开关状态，截止期间无电流，不消耗功率；饱和导通时，因饱和压降低，所以功耗低，电源效率高，一般可达 80% ~ 90%。

（2）体积小，重量轻

开关稳压电源没有采用笨重的工频变压器，直接引入电网电压，加之调整管的功耗大幅降低之后，又省去了较大的散热片，因此开关稳压电源的体积小、重量轻。

（3）稳压性能好，稳压范围宽

开关稳压电源的输出电压是由激励信号的占空比调节的，受输入电压幅度的影响小，开关稳压电源的稳压范围很宽，并允许电网电压有较大的波动。

（4）纹波和噪声较大

开关稳压电源纹波系数较大，交变电压和电流通过开关器件时，会产生尖峰干扰和谐波干扰。这些干扰若不采取一定的措施进行抑制、消除和屏蔽，就会严重地影响整机的正常工作。

由于开关稳压电源优点显著，故发展非常迅速，使用越来越广，尤其适用于大功率且负载固定、输出电压范围不大的场合。

2. 开关稳压电源的类型

开关稳压电源种类很多，分类方法也各不相同，常见的分类方法有如下几种：

（1）按开关管与负载之间的连接方式分为串联型和并联型开关稳压电源。

（2）按启动开关管的方式分为自激型和他激型开关稳压电源。自激型由开关管和脉冲变压器构成正反馈电路，形成自激振荡来控制开关管的导通和截止。他激型由附加的振荡器产生脉冲信号来控制开关管。

（3）按所用开关器件分为三极管开关稳压电源、功率 CMOS 管开关稳压电源和晶闸管开关稳压电源。

（4）按稳压控制的方式分为脉冲宽度调制型（PWM）、脉冲频率调制型（PFM）和混合调制型开关稳压电源。

（5）按开关管在电路中的数量和连接方式分为单管型、双管推挽型、四管全桥型开关稳压电源。

二、开关稳压电源的基本结构和工作原理

1. 基本结构

图 5-44 所示为并联型开关稳压电源框图。其主要由开关调整管、储能电路、取样比较电路、基准电路、脉冲调宽电路和脉冲发生电路等组成。储能电路由储能电感 L、储能电容 C 和续流二极管 VD 组成。因储能电感 L 与负载并联，所以称为并联型开关稳压电源。下面以并联型开关稳压电源为例，介绍开关稳压电源的工作原理。

2. 工作原理

由图 5-44 可见，开关调整管 V 具有周期性的开关作用，调整管开启（饱和导通），将输入端的能量注入储能电路，由储能电路滤波后送到负载。调整管开启时间越长、

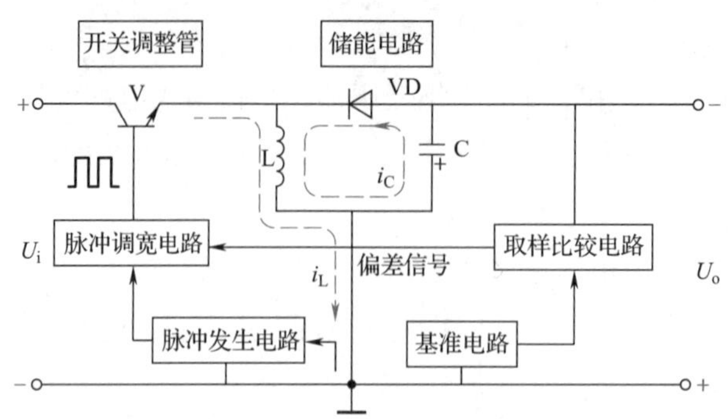

图 5-44 并联型开关稳压电源框图

注入储能电路的能量越多，输出电压越高。但调整管的开关时间受基极脉冲电压控制，这个脉冲电压由脉冲发生电路产生，受脉冲调宽电路控制，脉冲宽度越宽，调整管饱和导通的时间越长。而脉冲宽度又受取样电压与基准电压比较后的偏差电压控制。例如，输出电压升高时，取样电压升高，比较后偏差电压升高，使脉冲调宽电路的脉冲宽度变窄，调整管开启时间缩短，输入储能电路能量减少，使输出电压降低。当输出电压降低时，其变化过程与此相反。

下面结合图 5-45 再来讨论储能电路的工作情况。由于调整管在饱和导通期间，输入电压 U_i 通过调整管 V 加到储能电感 L 的两端，在电感 L 中产生不断增长的电流 i_L。由于电感 L 的自感作用，将产生上正下负的自感电动势，使续流二极管 VD 反向截止，这样电感 L 就将输入电压的能量转换成磁能储存在线圈中。

调整管饱和导通的时间越长，电感 L 中的电流 i_L 越大，储存的能量越多。

在调整管从饱和导通跳变到截止的瞬间，电源的输入电路被切断，电感 L 的自感电动势导致了续流二极管 VD 正向导通。这时电感 L 中的电流 i_L 将通过续流二极管向储能电容 C 充电，并同时向负载供电。

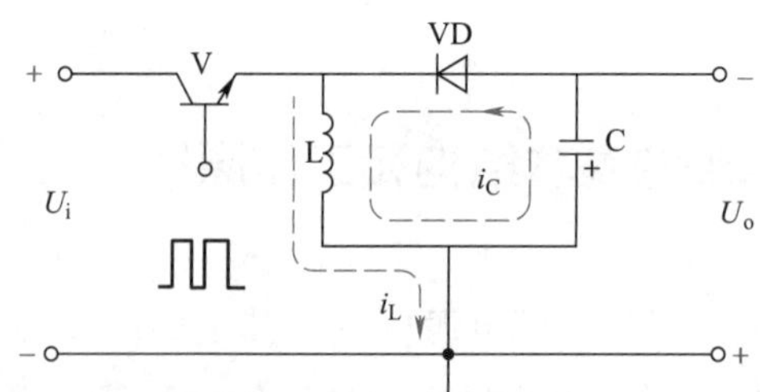

图 5-45 并联型开关稳压电源储能电路原理图

当调整管再次饱和导通时，虽然续流二极管 VD 反向截止，但可由储能电容释放能量向负载供电。

通过上面的分析可以归纳出开关稳压电源的工作原理：调整管饱和导通期间，储能电感储能，由储能电容向负载供电；调整管截止期间，储能电感释放能量对储能电容充电，同时向负载供电。这两个元件还同时具备滤波作用，使输出波形平滑。

有的并联型开关稳压电源，储能电感以互感变压器的形式出现，其电路如图 5-46 所示。它的优点是通过变压器的不同抽头，再加上各自的整流滤波电路，可以得到不同数值的多路直流电压输出。这种稳压电源在彩色电视机等设备中得到了广泛的应用。

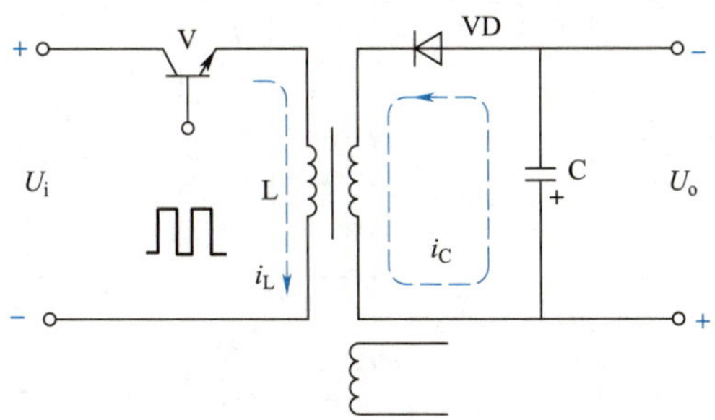

图 5-46 采用变压器的并联型开关稳压电路

三、常见的集成开关稳压器

集成开关稳压器的种类较多，通常可分为两大类：单片脉宽调制式（外接开关功率管）集成开关稳压器（如 CW1524/2524/3524）和单片集成开关稳压器（如 CW4960/4962）。

1. CW1524/2524/3524

CW1524/2524/3524 是单片脉宽调制式集成开关稳压器，该系列稳压器是采用双极型工艺制作的模拟、数字混合集成电路，其内部电路包括基准电压源、误差放大器、振荡器、脉宽调制器、触发器、两只输出功率晶体管及过电流过热保护电路等。

该系列集成开关稳压器的工作原理完全相同，区别在于工作温度不同：CW1524 的工作温度为 −55 ~ 150 ℃，CW2524 的工作温度为 −40 ~ 85 ℃，CW3524 的工作温度为 0 ~ 70 ℃。该系列集成开关稳压器的最大输入电压为 40 V，最高工作频率为 100 kHz，内部基准电压为 5 V，能承受的负载电流为 50 mA，每路输出电流为 100 mA，采用直插式 16 脚封装，引脚排列如图 5-47 所示。

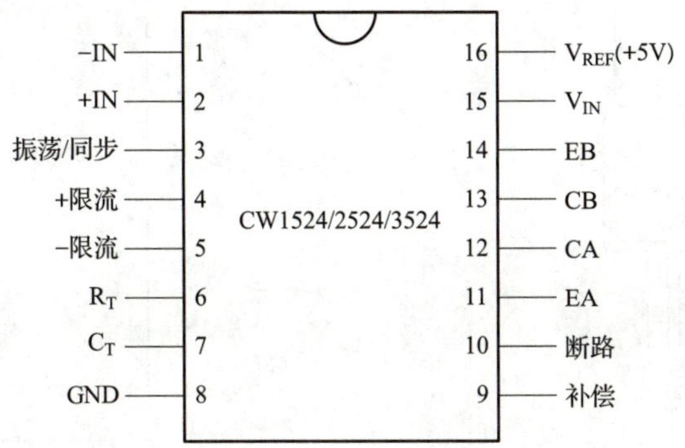

图 5-47 CW × 524 系列引脚排列

图 5-48 所示为由 CW1524 构成的典型开关稳压电源电路。

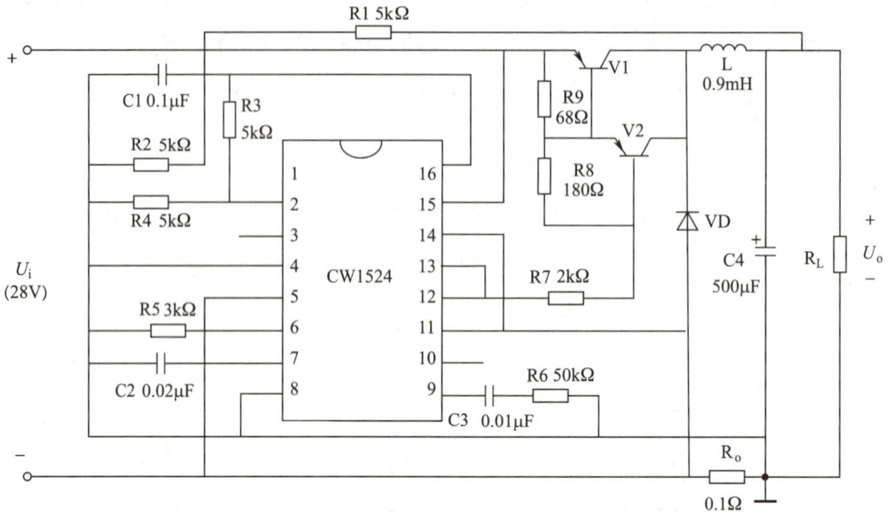

图 5-48　由 CW1524 构成的典型开关稳压电源电路

2. CW4960/4962

CW4960/4962 是一类降压型开关集成稳压器，是将开关功率管集成在芯片内部的单片集成开关稳压器。其内部电路完全相同，主要由基准电压源、误差放大器、脉冲宽度调制器、功率开关管以及软启动电路、输出过电流保护电路和芯片过热保护电路等组成，最大输入电压为 50 V，输出电压为 5.1 ~ 40 V 连续可调，占空比可在 0 ~ 100% 内调整，最高工作频率为 100 kHz，该器件具有慢启动、过电流保护、过热保护等功能。构成电路时，只需少量外围元件。

CW4960 的额定输出电流为 2.5 A，过电流保护范围为 3.0 ~ 4.5 A，用很小的散热片，采用单列 7 脚封装形式，如图 5-49 所示；CW4962 的额定输出电流为 1.5 A，过电流保护范围为 2.5 ~ 3.5 A，不用散热片，采用双列直插 16 脚封装，如图 5-50 所示。

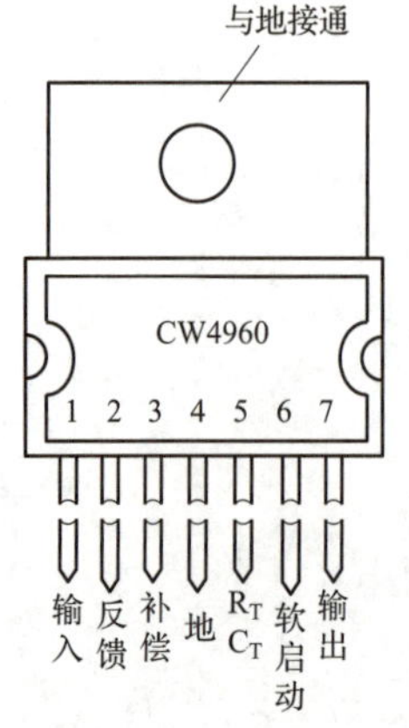

图 5-49　CW4960 引脚排列

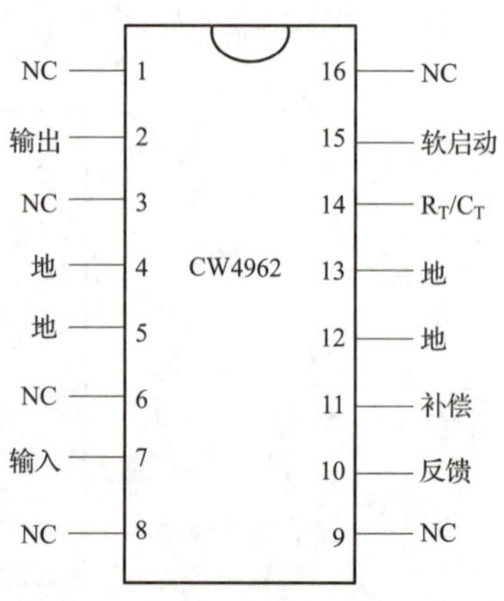

图 5-50　CW4962 引脚排列

图 5-51 所示为由 CW4960/4962 构成的典型应用电路。括号内为 CW4960 的引脚标号，该图为串联型开关稳压电路。输入端所接电容 C1 可减小输出电压的纹波；R_T、C_T 起到工作频率控制作用（$f=\frac{1}{2\pi R_T C_T}$，一般 R_T=1 ~ 27 kΩ，C_T=1 ~ 3.3 nF），C3 为软启动电容，一般为 1 ~ 4.7 μF；R_P、C_P 起到频率补偿作用，防止寄生振荡；R1、R2 为取样电阻，输出电压 $U_o=\frac{5.1\ (R_1+R_2)}{R_2}$，$R_1$、$R_2$ 的取值范围为 500 Ω ~ 10 kΩ。

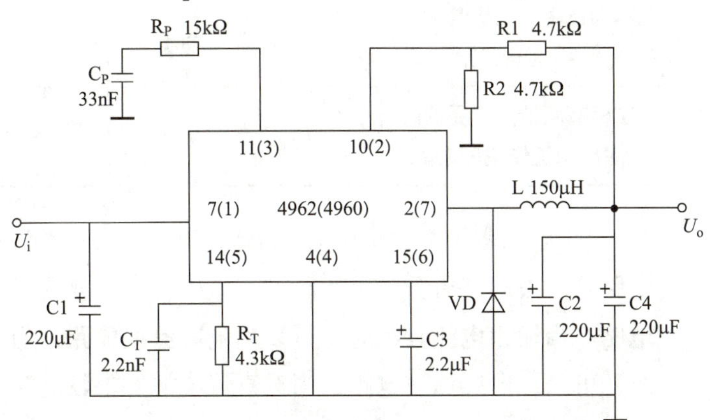

图 5-51　由 CW4960/4962 构成的典型应用电路

本章小结

1. 直流稳压电源由电源变压器、整流电路、滤波电路和稳压电路组成。整流电路将交流电变为脉动的直流电；滤波电路可减小脉动，使直流电压更加平滑；稳压电路的作用是在电网电压波动或负载发生变化时，保持输出电压基本不变。

2. 利用二极管的单向导电特性，可组成各种整流电路，完成整流功能。按交流电源不同可分为单相、三相整流电路，按输出波形不同可分为半波整流和全波整流电路。最常见的整流电路是单相桥式整流和三相桥式整流电路。各种整流电路部分电量的关系见表 5-18。其中，U_2 表示变压器二次侧电压的有效值，U_L 和 I_L 分别表示输出电压的平均值和输出电流的平均值，U_{Rm} 表示二极管两端所承受的最高反向工作电压。

3. 把若干只整流二极管按某种整流方式用绝缘瓷、环氧树脂等外壳封装成一体制成整流堆，整流堆又称为整流模块。常见的有半桥、全桥整流堆。

表 5-18　各种整流电路部分电量的关系

整流电路	单相半波整流电路	单相桥式整流电路	三相半波整流电路	三相桥式整流电路
输出电压平均值 U_L	$0.45\ U_2$	$0.9\ U_2$	$1.17\ U_2$	$2.34\ U_2$
输出电流平均值 I_L	$\frac{U_L}{R_L}$	$\frac{U_L}{R_L}$	$\frac{U_L}{R_L}$	$\frac{U_L}{R_L}$
通过每只二极管的平均电流 I_F	I_L	$\frac{1}{2}I_L$	$\frac{1}{3}I_L$	$\frac{1}{3}I_L$
二极管两端所承受的最高反向工作电压 U_{Rm}	$\sqrt{2}U_2$	$\sqrt{2}U_2$	$2.45U_2$	$2.45U_2$

4. 为了减小整流输出电压的脉动程度，常在整流之后接入滤波电路。滤波电路可分为电容滤波、电感滤波、复式滤波和电子滤波电路。当输出电流较小时，可采用电容滤波电路；当工作电流较大时，可采用电感滤波电路；当对直流电源要求较高时，可采用复式滤波或电子滤波电路。

5. 三相整流电路比单相整流电路输出电压脉动小，且输出功率较大。

6. 并联稳压电源通过稳压管电流的变化和限流电阻的调压作用，使输出电压稳定。其结构简单，但输出电压不可调，只适用于负载电流较小且变化范围也较小的场合。

7. 串联稳压电源主要由基准电路、取样电路、比较放大电路和调整管四部分组成。调整管接成射极输出形式，引入深度电压负反馈，从而使输出电压稳定。由于调整管始终工作在线性放大状态，功耗较大，因而效率较低。

8. 三端集成稳压器只有三个引出端：输入端、输出端和公共端（或调整端）。使用时要注意不同型号集成稳压器引脚排列及功能的差异，同时要注意电压、电流及耗散功率等参数不能超过极限值。

9. 开关稳压电源克服了线性稳压电源体积大、较笨重、稳压范围窄及效率低等缺点，广泛应用在电视机、计算机和航天电子设备等中。根据电源的能量供给电路的接法不同分为并联型和串联型两种。常见的集成开关稳压器有 CW1524/2524/3524 和 CW4960/4962 等。

第六章 门电路及组合逻辑电路

前几章我们讨论了电信号连续变化的模拟电路。从本章开始，我们将讨论电信号不连续变化的数字电路。模拟电路和数字电路是电子技术的两个重要组成部分。电子计算机、数字式仪表和数字控制装置等都是以数字电路为基础的。在一定程度上，数字电路的高速发展标志着现代电子技术的水平。

本章讨论的门电路是组成数字电路的基本单元电路。逻辑代数是分析和设计数字电路的主要工具，组合逻辑电路是数字电路的两大电路类型之一。

§6-1 分立元件门电路

学习目标

1. 理解与、或、非三种基本逻辑关系。
2. 掌握与门、或门、非门的逻辑功能，熟悉其逻辑符号。
3. 掌握与非门、或非门、异或门等复合逻辑门的逻辑功能，熟悉其逻辑符号，会写逻辑表达式和真值表。

门电路就是像“门”一样，按照一定条件“开”或“关”的电路。当条件满足时，门电路的输入信号就可以通过“门”而输出，否则，信号就不能通过“门”。因此，门电路的输入信号与输出信号之间存在着一定的因果关系，即逻辑关系，所以门电路又称为逻辑门电路。

在逻辑关系的描述中，通常只用到两种相反的工作状态，如开关的“通”与“断”、电灯的“亮”与“灭”、数字信号的“高电平”与“低电平”等。对这些事物相互对立的状态，常用“1”和“0”两个不同的符号来表示。如前述几种相互对立的状态中，前者用“1”表示，后者用“0”表示，这称为正逻辑体制；反之，称为负逻辑体制。本教材除非特别说明，均采用正逻辑体制。

小提示

“1”和“0”没有数值大小的概念，仅表示事物相互对立的两种状态。

门电路主要分为分立元件门电路和集成门电路两大类，分立元件门电路是学习门电路的基础。

一、“与”门电路

1.“与”逻辑关系

在图6-1所示电路中，只有当两个开关同时接通时，灯才亮；否则灯不会亮。这个例子说明，要使灯亮（结果），两个开关必须同时接通（条件全部具备），这种逻辑关系称为“与”。

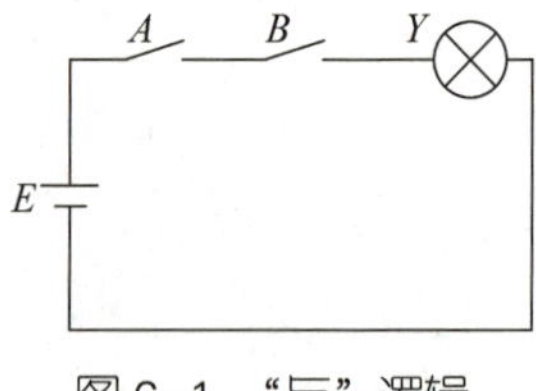

图6-1 “与”逻辑关系图

A、B表示条件（开关的状态），Y表示结果（灯的状态）。若用符号“1”表示开关通和灯亮，“0”表示开关断和灯灭，可得表6-1。这种用“1”和“0”表示条件的所有组合和对应结果的表格称为“真值表”。

表6-1 “与”门真值表

条件		结果
A	B	Y
0	0	0
1	0	0
0	1	0
1	1	1

表6-1中，A、B表示逻辑条件，又称为“逻辑变量”，Y表示逻辑结果。如果把结果与变量之间的关系用函数式表示，就可得到“与”门的逻辑表达式为

$$Y=A\cdot B$$

式中，“·”读作“与”，上式读作“Y等于A与B”，也可写作“$Y=AB$”。

逻辑与又称为逻辑乘。这是因为它和数学上的乘法运算规律相同，即

$$0\cdot0=0 \qquad 0\cdot1=0 \qquad 1\cdot0=0 \qquad 1\cdot1=1$$

实现“与”运算的电路称为“与”门，这种逻辑关系也可用电路符号表示，图 6-2 所示为“与”逻辑关系的符号，即“与”逻辑符号。它既用于表示逻辑运算，也用于表示相应的门电路。

2. 二极管“与”门电路

实现“与”逻辑关系的电路称为“与”门电路。

二极管具有导通和截止两种状态，常作为开关使用。利用二极管的开关特性可构成二极管“与”门。由二极管组成的“与”门电路如图 6-3 所示。该电路有两个输入端A、B，一个输出端Y。设“0”表示低电平（<0.35 V），“1”表示高电平（>2.4 V）。

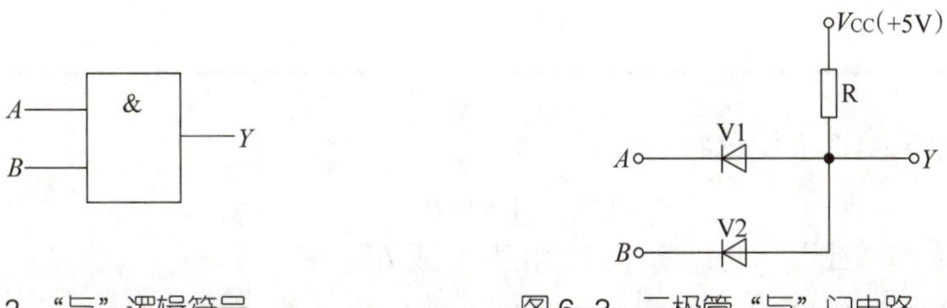

图 6-2 “与”逻辑符号　　图 6-3 二极管“与”门电路

功能分析：

（1）当输入端 $U_A=U_B=0$ V 时，V1、V2 均导通，输出 $U_Y=0.7$ V。

（2）当 $U_A=0$ V、$U_B=3$ V 时，因 V1 两端的正向电压高，所以优先导通，V2 截止，$U_Y=0.7$ V。

（3）当 $U_A=3$ V、$U_B=0$ V 时，因 V2 两端的正向电压高，所以优先导通，V1 截止，$U_Y=0.7$ V。

（4）当 $U_A=U_B=3$ V 时，V1、V2 均导通，输出 $U_Y=3.7$ V。

通过以上分析可知，该电路实现的是“与”逻辑关系，只有当输入全是高电平（条件都具备）时，输出才是高电平（事情才能发生），否则输出为低电平（条件不具备或只具备一个，事情就不发生）。

由“与”门真值表可看出，“与”门的逻辑功能为“全 1 出 1，有 0 出 0”。

二、“或”门电路

1.“或”逻辑关系

在图 6-4 所示电路中，只要两个开关中有一个接通，灯就能亮；只有当两个开关都断开时，灯才会灭。这个例子说

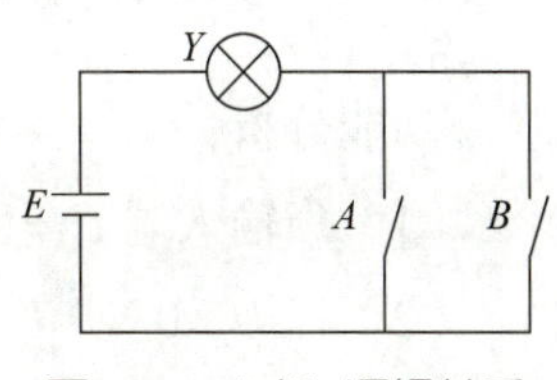

图 6-4 “或”逻辑关系

明，要使灯亮（结果），两个开关中就必须有一个或两个接通（只要一个或一个以上条件具备），这种逻辑关系称为“或”。

A、B 表示条件（开关的状态），Y 表示结果（灯的状态）。若用符号“1”表示开关通和灯亮，“0”表示开关断和灯灭，可得表 6-2 所示的真值表。

表 6-2 “或”门真值表

条件		结果
A	B	Y
0	0	0
1	0	1
0	1	1
1	1	1

这种逻辑关系也可用逻辑表达式表示为

$$Y=A+B$$

式中，“+”读作“或”，上式读作“Y 等于 A 或 B”。

逻辑或又称为逻辑加。其运算规律为

$$0+0=0 \qquad 0+1=1 \qquad 1+0=1 \qquad 1+1=1$$

实现或运算的电路称为“或”门，逻辑符号如图 6-5 所示。

2. 二极管“或”门电路

实现“或”逻辑关系的电路称为“或”门电路。

图 6-6 所示电路为有两个输入端的二极管“或”门电路。设“0”表示低电平，“1”表示高电平。

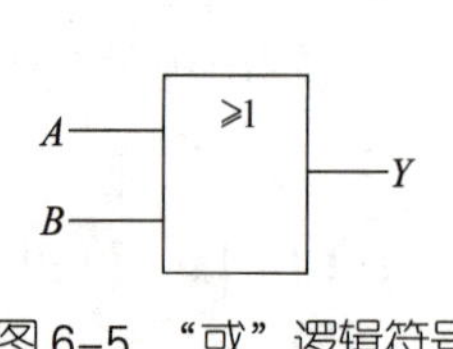

图 6-5 “或”逻辑符号

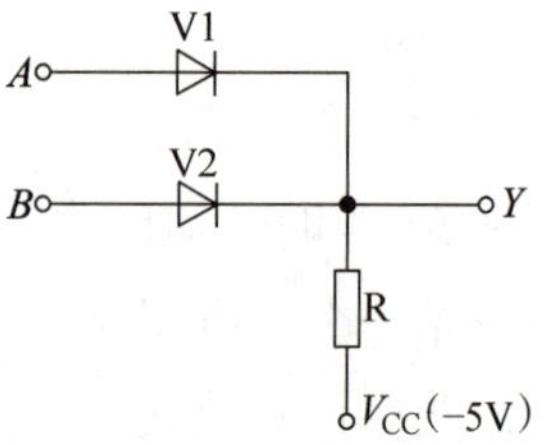

图 6-6 二极管“或”门电路

功能分析：

（1）当输入端 $U_A=U_B=0$ V 时，V1、V2 均导通，输出 $U_Y=0-0.7$ V$=-0.7$ V。

（2）当 $U_A=0$ V、$U_B=3$ V 时，因 V2 两端的正向电压高，所以优先导通，V1 截止，$U_Y=3$ V-0.7 V$=2.3$ V。

（3）当 U_A=3 V、U_B=0 V 时，因 V1 两端的正向电压高，所以优先导通，V2 截止，U_Y=3 V−0.7 V=2.3 V。

（4）当 U_A=U_B=3 V 时，V1、V2 均导通，输出 U_Y=2.3 V。

通过以上的分析可知，该电路实现的是“或”逻辑关系。只要输入中有一个（或一个以上）是高电平（至少有一个条件具备或全部条件都具备），输出就为高电平（事情就能发生），否则输出为低电平（条件都不具备，事情就不发生）。

由“或”门真值表可看出，“或”门的逻辑功能为“全 0 出 0，有 1 出 1”。

三、“非”门电路

1. “非”逻辑关系

在图 6–7 中，开关与灯并联，当开关断开时，灯亮；当开关接通时，灯灭。这个例子说明，要使灯亮（结果），开关总是呈相反的状态。这种逻辑关系称为“非”。

A 表示条件（开关的状态），*Y* 表示结果（灯的状态）。若用符号“1”表示开关通和灯亮，“0”表示开关断和灯灭，可得表 6–3 所示的真值表。

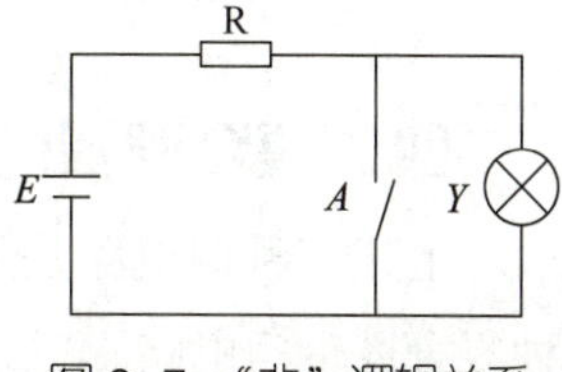

图 6–7 “非”逻辑关系

表 6–3 “非”门真值表

条件	结果
A	*Y*
0	1
1	0

这种逻辑关系的逻辑表达式为

$$Y=\overline{A}$$

式中，“¯”读作“非”或“反”。$\overline{A}$ 读作“*A* 非”或“*A* 反”。

实现“非”运算的电路称为“非”门，逻辑符号如图 6–8 所示。

2. 三极管“非”门电路

如图 6–9 所示为三极管“非”门电路。图中，三极管工作在饱和或截止两种状态。当三极管发射结承受正向电压时，三极管饱和导通，这时 $U_{CE}=U_{CES}\approx 0.2$ V；当三极管发射结承受反向电压时，三极管截止，三极管 C 极与 E 极相当于开路。

功能分析：

当 *A* 端为低电平时，三极管截止，输出 U_Y=5 V，为高电平；反之，当输入为高电平时，三极管饱和，输出 $U_Y\approx 0.2$ V，为低电平。

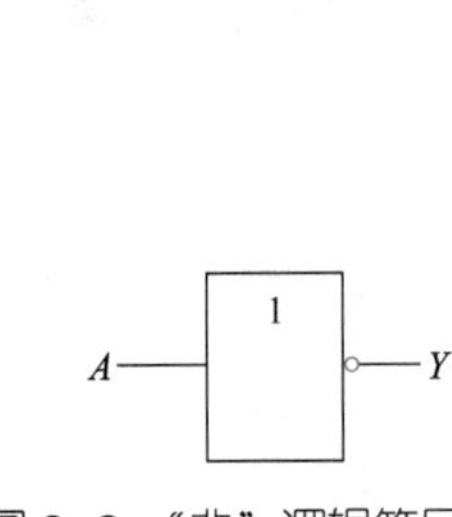

图 6-8 “非”逻辑符号

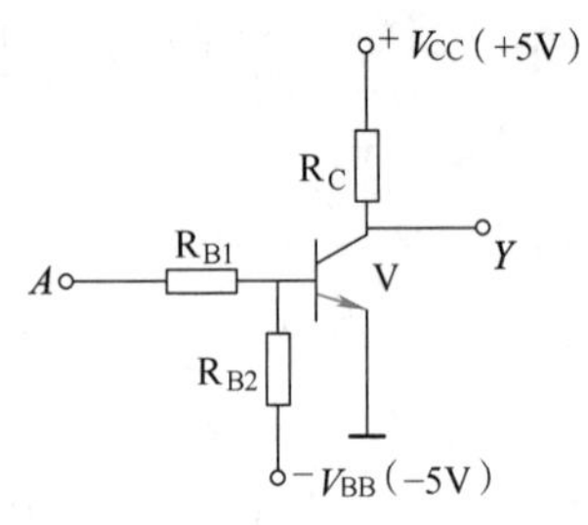

图 6-9 三极管“非”门电路

通过以上的分析可知，该电路实现的是“非”逻辑关系，当输入为低电平（条件不具备）时，输出就为高电平（事情就发生），否则输出为低电平（条件具备，事情就不会发生）。

由“非”门真值表可看出，“非”门的逻辑功能为输出始终和输入保持相反的状态，即有 0 出 1，有 1 出 0。

四、复合逻辑门电路

上述三种门电路是最基本的逻辑门，将这三种门电路进行适当的组合就能构成各种复合逻辑门电路。

1. “与非”门

在“与”门之后接一个“非”门，就构成了“与非”门，其逻辑结构和逻辑符号如图 6-10 所示。

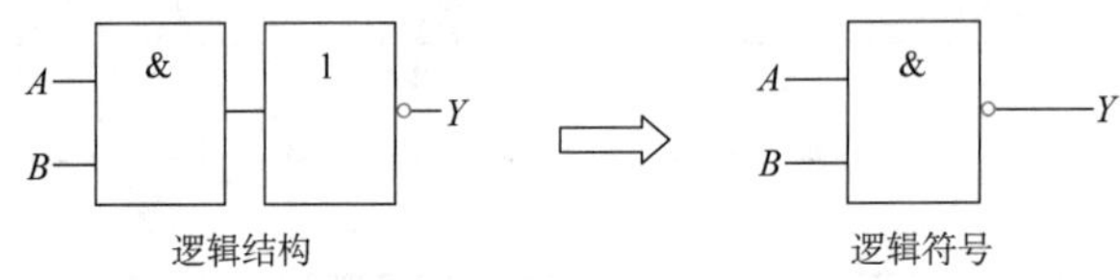

图 6-10 “与非”门逻辑结构和逻辑符号

“与非”门的逻辑表达式为

$$Y=\overline{AB}$$

“与非”门的真值表见表 6-4。

表 6-4 “与非”门真值表

条件		结果
A	*B*	*Y*
0	0	1
0	1	1
1	0	1
1	1	0

由真值表可知，“与非”门的逻辑功能为“有 0 出 1，全 1 出 0”。

2. “或非”门

在“或”门之后接一个“非”门，就构成了“或非”门，其逻辑结构和逻辑符号如图 6–11 所示。

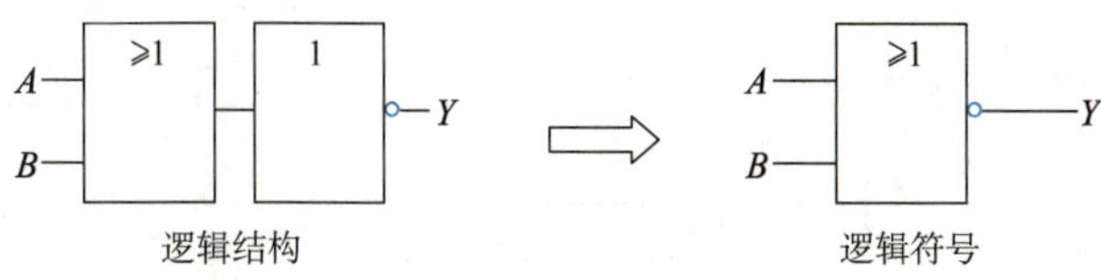

图 6–11 “或非”门逻辑结构和逻辑符号

“或非”门的逻辑表达式为

$$Y=\overline{A+B}$$

“或非”门的真值表见表 6–5。

表 6–5 “或非”门真值表

条件		结果
A	*B*	*Y*
0	0	1
0	1	0
1	0	0
1	1	0

由真值表可知，“或非”门的逻辑功能为“有 1 出 0，全 0 出 1”。

3. “异或”门

“异或”门由两个“与”门、两个“非”门及一个“或”门组合而成，其逻辑结构和逻辑符号如图 6–12 所示。

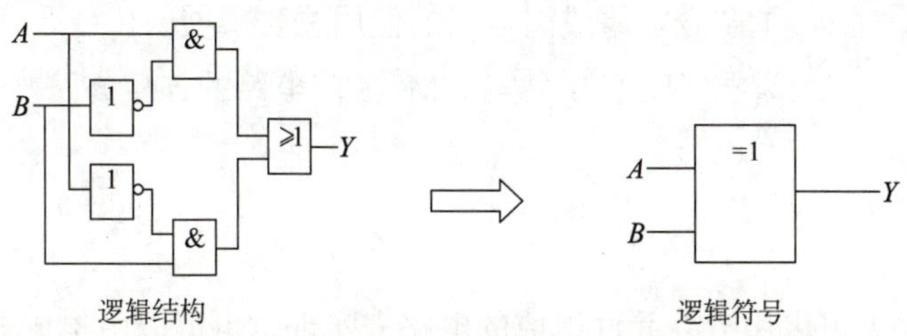

图 6–12 “异或”门逻辑结构和逻辑符号

“异或”门的逻辑表达式为

$$Y=A\overline{B}+\overline{A}B=A\oplus B$$

“异或”门的真值表见表 6–6。

表 6–6 “异或”门真值表

条件		结果
A	B	Y
0	0	0
0	1	1
1	0	1
1	1	0

由真值表可知，“异或”门的逻辑功能为“相同出 0，不同出 1”。

以上三种复合逻辑门电路都是常用的门电路。

§ 6–2 集成门电路

学习目标

1. 了解 TTL、CMOS 门电路的特点，掌握其逻辑功能，并能根据逻辑功能写出相应的逻辑符号、逻辑表达式和真值表。
2. 了解 CMOS 传输门和模拟开关电路，掌握其逻辑符号。
3. 掌握 OC 门和 TS 门的逻辑符号，了解其应用。
4. 了解数字集成门电路的使用注意事项。
5. 掌握 TTL 门电路与 CMOS 门电路的连接方法。

基本逻辑关系可以用分立元件组成的电路来实现，也可以由集成电路来实现。

随着电子技术的发展和电子集成技术的发展，出现了常用的小规模集成门电路，其中最常见的是 TTL 集成“与非”门（由晶体管——双极型三极管组成）和 CMOS 集成门（由 MOS 管——单极型三极管组成）。

一、TTL 集成“与非”门电路

图 6-13 所示为 TTL 集成“与非”门的典型电路，它由输入级、中间级和输出级三部分组成。

其中的输入级以多发射极晶体管 V1（多发射极晶体管的等效电路如图 6-14 所示）为主，它和电阻 R1 一起组成输入级，完成“与”逻辑功能，其每一个发射极都相当于一只二极管。

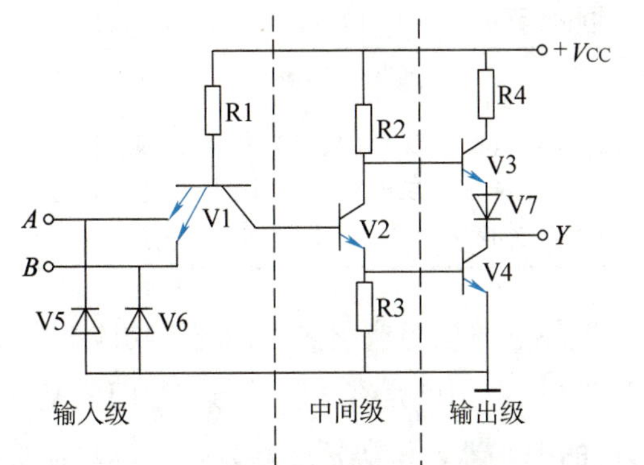

图 6-13 TTL 集成“与非”门的典型电路

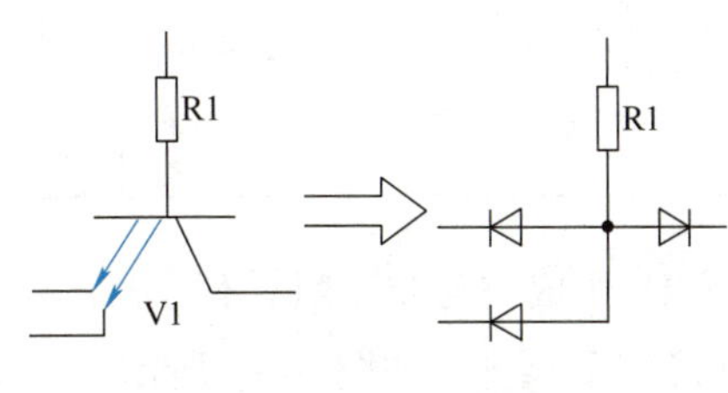

图 6-14 多发射极晶体管的等效电路

中间级以普通晶体管 V2 为主，它和电阻 R2、R3 一起组成中间级，完成“倒相”功能，即从它的集电极和发射极分别输出两个信号，去驱动输出级的 V3 和 V4 工作。

输出级以 V3 和 V4 为主，它们和 V7、R4 一起组成输出级。

通常，TTL 集成“与非”门的高电平为 3.6 V 左右，低电平为 0.3 V 左右。其输入端接二极管 V5 和 V6 的作用是限制输入端出现的负极性干扰脉冲，保护多发射极晶体管。

1. 逻辑功能分析

当输入端 A、B 为全“1”时，V1 的几个发射结都处于反偏状态，其集电极输出高电平，使 V2 和 V4 同时达到饱和导通，此时 V3 截止，输出端 Y 输出低电平“0”；当输入端 A、B 中至少有一个为“0”时，V1 的几个发射结中至少有一个处于饱和导通状态，其集电极输出低电平，使 V2 和 V4 截止，此时 V3 饱和导通，输出端 Y 输出高电平“1”。

可见，该电路实现了“与非”的逻辑功能，逻辑表达式为 $Y=\overline{AB}$，它的逻辑符号与分立元件“与非”门完全相同。

2. 主要参数

TTL 集成“与非”门的主要参数（见表 6-7）反映了电路的工作速度、抗干扰能力和驱动能力等。所以，了解这些参数的含义对合理安全地应用器件是很重要的。

表 6-7 TTL 集成“与非”门的主要参数

参数名称	符号	典型值	参数含义
输出高电平	U_{OH}	≥ 3.2 V	当输入端有“0”时，在输出端得到的输出电平
输出低电平	U_{OL}	≤ 0.35 V	当输入端全为“1”时，在输出端得到的输出电平
开门电平	U_{ON}	≤ 1.8 V	在额定负载条件下，使输出为“0”（V4 管饱和导通，即开门）所需的最小输入高电平值
关门电平	U_{OFF}	≥ 0.8 V	在额定负载条件下，使输出为“1”（V4 管截止，即关门）所需的最大输入低电平值
扇出系数	N_O	≥ 8	正常工作时能驱动的同类门的数目，也称负载能力
平均延迟时间	t_{pd}	≤ 40 ns	$t_{pd}=\frac{t_{PHL}+t_{PLH}}{2}$ 其中，t_{PHL} 表示输出电压由 1 跳变到 0 时的传输延迟时间； t_{PLH} 表示输出电压由 0 跳变到 1 时的传输延迟时间 反映了电路的工作速度

TTL 集成“与非”门具有广泛的用途，利用它可以组成很多不同逻辑功能的电路，其外形和引脚排列如图 6-15 所示。如 TTL“异或”门就是在 TTL“与非”门的基础上适当地改动和组合而成的；此外，后面讨论的编码器、译码器、触发器、计数器等逻辑电路也都可以由它来组成。

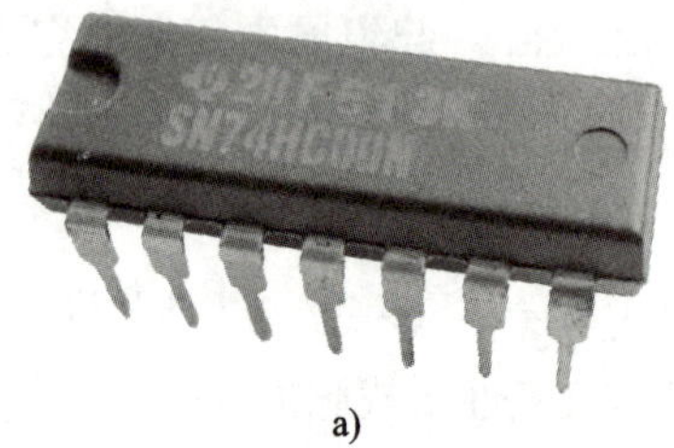

a)

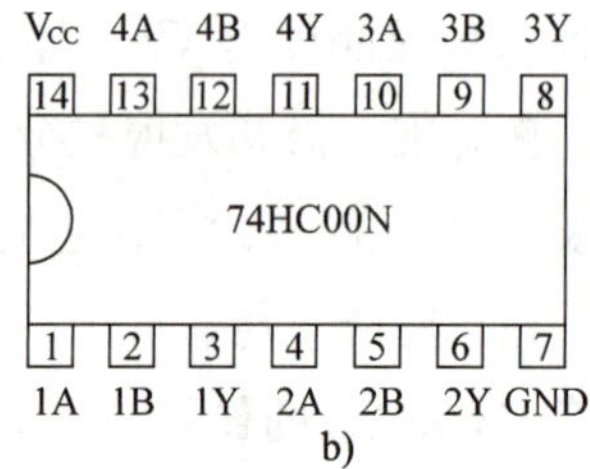

b)

图 6-15 TTL 集成“与非”门的外形和引脚排列

a）外形 b）引脚排列

二、MOS 集成门电路

MOS 集成门电路以绝缘栅场效应管为基本元件组成，MOS 场效应管有 PMOS 和 NMOS 两类。CMOS 集成门电路是由 PMOS 和 NMOS 组成的互补对称型逻辑门电路。它具有集成度更高、功耗更低、抗干扰能力更强、扇出系数更大等优点。

1. MOS 管特点

（1）NMOS 管

增强型 NMOS 管的电路符号如图 6-16a 所示。当 $U_{GS} \geq U_T$（U_T 为开启电压）时，NMOS 管导通，漏极 D 与源极 S

D G V_N S a)　D G V_P S b)

图 6-16 MOS 管的电路符号

a）NMOS 管 b）PMOS 管

间等效为一闭合的开关。反之，NMOS 管截止，D 与 S 间等效为一断开的开关。

（2）PMOS 管

增强型 PMOS 管的电路符号如图 6-16b 所示。PMOS 管与 NMOS 管相反。当 $U_{GS} \leqslant U_T$ 时，PMOS 管导通，D 与 S 间等效为一闭合的开关。反之，等效为一断开的开关。

2. 几种 CMOS 集成门电路

常见的有 CMOS “非” 门、CMOS “与非” 门和 CMOS “或非” 门，它们的逻辑功能与前面由分立元件构成的同类门电路相同，因此，其逻辑符号也一样。表 6-8 是这几种 CMOS 门电路的电路结构、工作原理和逻辑表达式（设 U_T=0）。

表 6-8 几种 CMOS 门电路的电路结构、工作原理和逻辑表达式

名称	电路结构	工作原理	逻辑表达式
非门	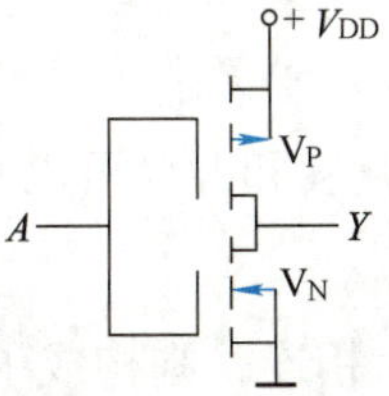 +V_{DD}, V_P, V_N, A, Y	当输入端 A 为低电平 “0” 时，V_P 导通，V_N 截止，输出端 Y 输出为高电平 “1”（接近于电源电压） 反之，输出为低电平	$Y=\overline{A}$
与非门	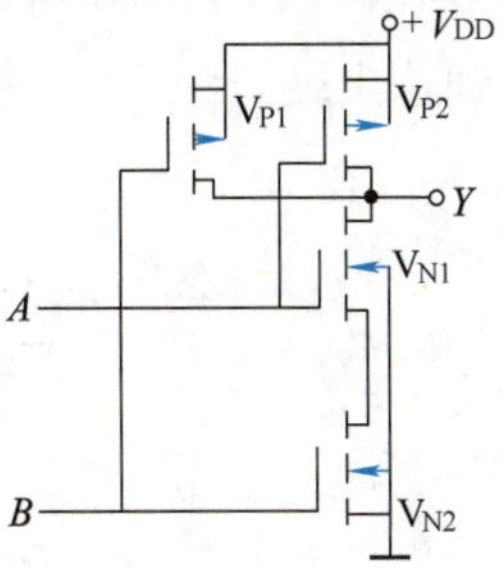 +V_{DD}, V_{P1}, V_{P2}, V_{N1}, V_{N2}, A, B, Y	当两个输入端 A、B 均为高电平时，V_{N1} 和 V_{N2} 导通，V_{P1} 和 V_{P2} 截止，输出为低电平 当输入端至少有一个为低电平时，V_{N1} 和 V_{N2} 中至少有一个截止，而 V_{P1} 和 V_{P2} 中至少有一个导通，故输出为高电平	$Y=\overline{AB}$
或非门	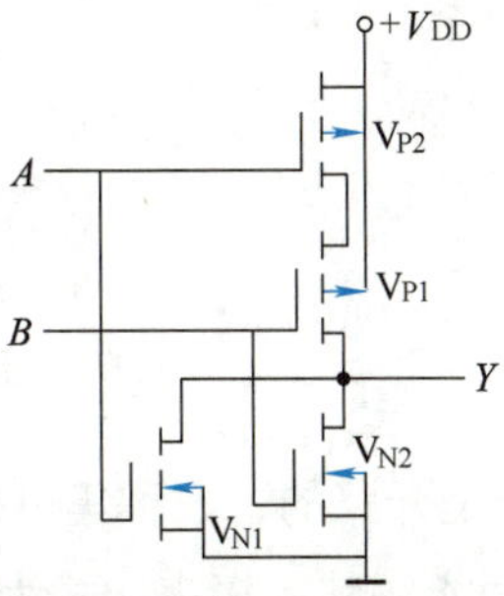 +V_{DD}, V_{P2}, V_{P1}, V_{N2}, V_{N1}, A, B, Y	当两个输入端 A、B 均为低电平时，V_{N1} 和 V_{N2} 均截止，V_{P1} 和 V_{P2} 均导通，输出为高电平 当输入端至少有一个为高电平时，V_{N1} 和 V_{N2} 中至少有一个导通，而 V_{P1} 和 V_{P2} 中至少有一个截止，故输出为低电平	$Y=\overline{A+B}$

3. CMOS 传输门和模拟开关

CMOS 传输门是一种控制信号能否通过的电子开关，具有对要传送的信号电平允

许通过和禁止通过的功能，其电路组成和逻辑符号如图 6–17 所示。由图可见，它由一只 NMOS 管和一只 PMOS 管并接而成，两管的源极接在一起作为输入端，漏极接在一起作为输出端，栅极分别加互补的控制信号 C 和 $\overline{C}$。

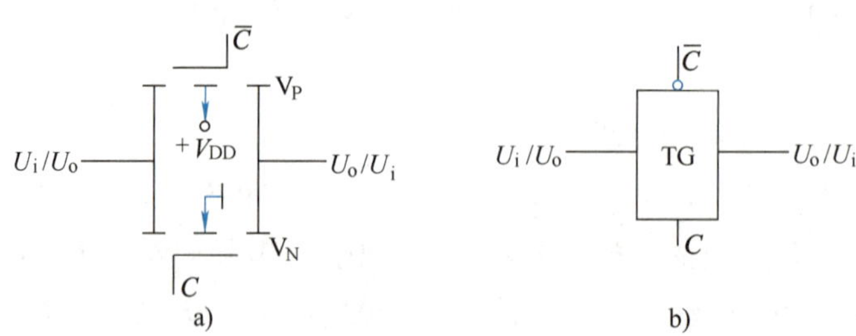

图 6–17　CMOS 传输门

a）电路组成　b）逻辑符号

当控制信号 C=0（$\overline{C}$=1），且输入信号 U_i 在 0 ~ V_{DD} 之间变动时，V_P 和 V_N 同时截止，相当于开关断开；当控制信号 C=1（$\overline{C}$=0），且输入信号 U_i 在 0 ~ V_{DD} 之间变动时，V_P 和 V_N 中至少有一个处于导通状态，输入信号几乎无损失地传送到输出端，相当于开关接通。这种传输是双向的，因为 MOS 管的漏极和源极可以互换，所以 CMOS 传输门又称为双向开关。

如果将 CMOS 传输门和反相器按如图 6–18a 所示相连，则构成了一个双向模拟开关。显然，当 C=1 时，传输门导通，开关接通，U_o=U_i；当 C=0 时，传输门截止，开关断开，输出与输入之间关断，输入信号不能传送到输出端。

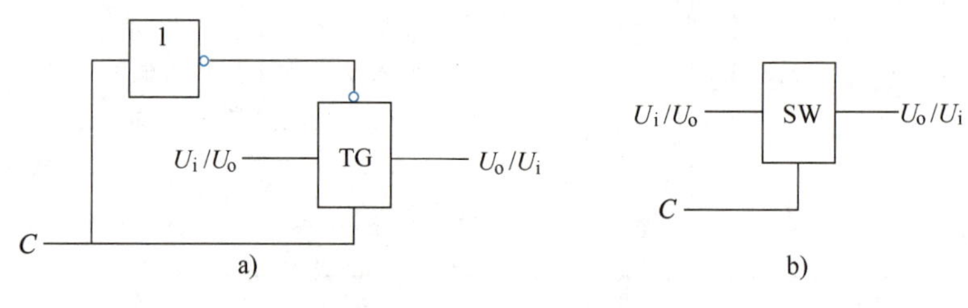

图 6–18　CMOS 模拟开关

a）电路组成　b）逻辑符号

三、其他类型集成门电路

1. 集电极开路与非门（OC 门）

在这种类型的电路内部，输出三极管的集电极是开路的，故称集电极开路与非门，也称集电极开路门，简称 OC 门。OC 门具有与非功能，其逻辑表达式为 $Y=\overline{ABC}$。

OC 门的逻辑符号如图 6–19a 所示。OC 门在电路中使用时，需要在其输出端 Y 与电源 V_{CC} 之间外接一个上拉电阻 R_L，如图 6–19b 所示。

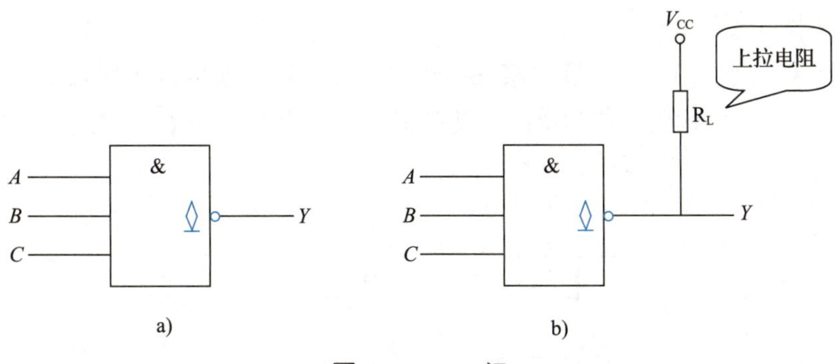

图 6-19　OC 门

a）逻辑符号　b）外接上拉电阻

74LS01 是一种常用的 OC 门，其外形和引脚排列如图 6-20 所示。

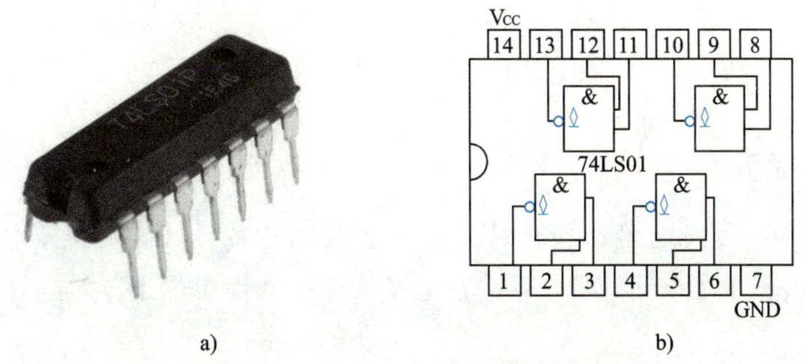

图 6-20　74LS01 的外形和引脚排列

a）外形　b）引脚排列

OC 门的主要应用如下：

（1）直接驱动发光二极管或小型继电器

图 6-21a 所示为用 OC 门驱动发光二极管的显示电路。该电路只有当输入均为高电平时，输出才为低电平，发光二极管才能导通发光。图 6-21b 所示为用 OC 门驱动小型继电器的电路，同样，也只有当输入均为高电平时，继电器 KA 才能得电动作。

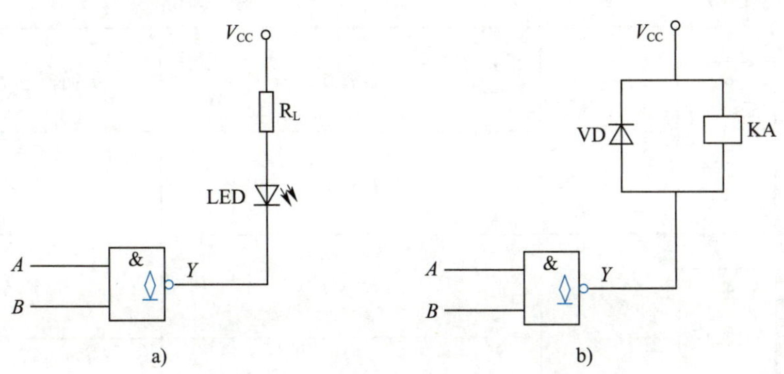

图 6-21　OC 门直接驱动小型负载

a）驱动发光二极管　b）驱动小型继电器

（2）实现线与功能

将几个 OC 门的输出端并联可实现与逻辑功能，这种连接方法称为线与。图 6–22 所示为由 3 个 OC 门构成的线与电路，其逻辑表达式为 $Y=\overline{AB}\cdot\overline{CD}\cdot\overline{EF}$。

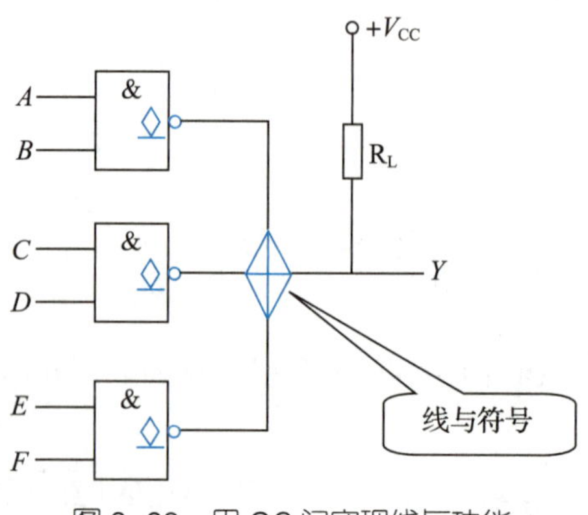

图 6–22　用 OC 门实现线与功能

小提示

一般门电路的输出端是不可直接相连的，因为可能会使门电路损坏。只有 OC 门的输出端才能直接相连，从而实现线与功能。

2. 三态门（TS 门）

三态门是传输门的一种，主要用于对信号传输的控制，又称 TS 门。它除了有一般门电路的高电平、低电平状态外，还可以呈高阻状态（或称禁止状态）。

三态门有多种，三态输出与非门的逻辑符号和逻辑功能见表 6–9。逻辑符号中 EN 为控制端，也称使能端。不加符号“○”表示高电平有效，加符号“○”表示低电平有效。输出端用“▽”表示。

表 6–9　三态输出与非门逻辑符号和逻辑功能

逻辑符号	逻辑功能	
A、B、EN 输入，EN 端不加“○”，& ▽ 输出 Y	$EN=0$	Y 呈高阻状态（开路）
	$EN=1$	$Y=\overline{AB}$
A、B、$\overline{EN}$ 输入，EN 端加“○”，& ▽ 输出 Y	$\overline{EN}=0$	$Y=\overline{AB}$
	$\overline{EN}=1$	Y 呈高阻状态（开路）

三态门主要用于实现多个数据或信号的总线传输。总线可以是单向传输，也可以是双向传输。

74LS125是一种常用的低电平有效型三态门，其外形和引脚排列如图6–23所示。

图6–23 74LS125的外形和引脚排列

a）外形 b）引脚排列

（1）用三态门构成单向总线

电路连接如图6–24所示。只有当某三态门的控制端为高电平时，该三态门才处于工作状态，其余三态门均处于高阻状态，而且任何时刻只能有一个三态门处于工作状态。这样，总线（或称母线）就能轮流接收各三态门的输出。

（2）用三态门构成双向总线

电路连接如图6–25所示。三态门G1控制端为高电平有效，G2控制端为低电平有效。当控制端EN为高电平时，G1工作，G2呈高阻状态，输入数据D_0经G1反相后送到总线上；当EN为低电平时，G1呈高阻状态，G2工作，来自总线的数据D_1经G2反相后输出$\overline{D_1}$。可见，通过EN的取值不同可控制数据的双向传输。这种用总线来传输数据或信号的方法，在计算机中被广泛采用。

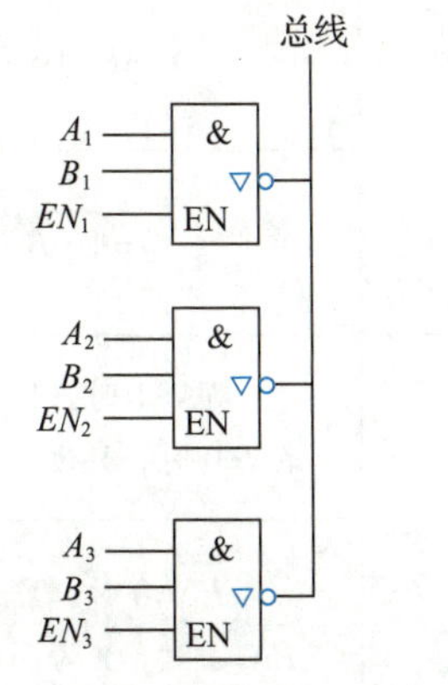

图6–24 用三态门构成单向总线

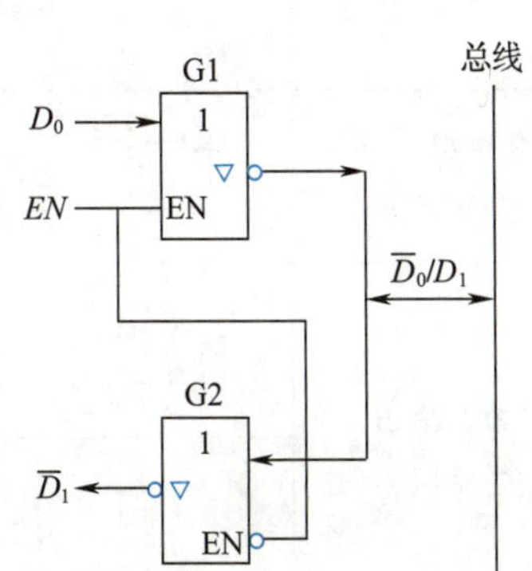

图6–25 用三态门构成双向总线

知识拓展

常用国标和国外逻辑符号对照表（见表 6-10）

表 6-10 常用国标和国外逻辑符号对照表

门电路名称	逻辑符号		逻辑表达式
	国标符号	国外常用符号	
与门	A、B；&；Y	A、B；Y	$Y=A\cdot B$
或门	A、B；≥1；Y	A、B；Y	$Y=A+B$
非门	A；1；Y	A；Y	$Y=\overline{A}$
与非门	A、B；&；Y	A、B；Y	$Y=\overline{A\cdot B}$
或非门	A、B；≥1；Y	A、B；Y	$Y=\overline{A+B}$
与或非门	A、B、C、D；&；≥1；Y	A、B、C、D；Y	$Y=\overline{AB+CD}$
异或门	A、B；=1；Y	A、B；Y	$Y=A\overline{B}+\overline{A}B$
同或门	A、B；=1；Y	A、B；Y	$Y=AB+\overline{A}\cdot\overline{B}$
集电极开路 OC 门	A、B；&；Y	A、B；Y	$Y=\overline{A\cdot B}$
三态输出非门	A、EN；1；EN；Y	EN；A；Y	$EN=1$ 时，$Y=\overline{A}$；$EN=0$ 时，Y 为高阻状态
	A、$\overline{EN}$；1；EN；Y	A；Y；$\overline{EN}$	$\overline{EN}=0$ 时，$Y=\overline{A}$；$\overline{EN}=1$ 时，Y 为高阻状态

四、集成门电路使用注意事项

1. TTL 门电路使用注意事项

（1）TTL 门电路的电源正端为 V_{CC}，负端为⊥（GND）。电源电压允许范围为 4.5 ~ 5.5 V，一般使用 5 V 电源。

（2）TTL 与非门多余输入端一般不要悬空，防止受外界干扰。TTL 与门（与非门）、或门（或非门）多余输入端处理方法分别见表 6–11、表 6–12。

表 6–11 TTL 与门（与非门）多余输入端处理方法

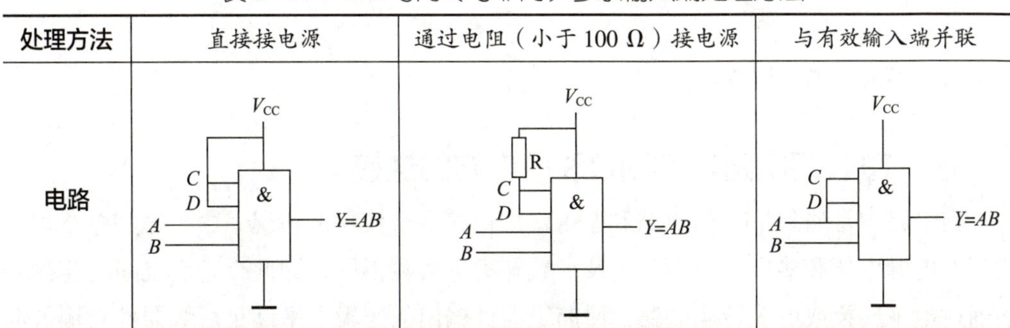

处理方法	直接接电源	通过电阻（小于 100 Ω）接电源	与有效输入端并联
电路	V_{CC}；C、D 接 V_{CC}；&；A、B；Y=AB	V_{CC}；R；C、D 经 R 接 V_{CC}；&；A、B；Y=AB	V_{CC}；C、D 与 A 并联；&；A、B；Y=AB

表 6–12 TTL 或门（或非门）多余输入端处理方法

处理方法	直接接地	通过电阻（小于 100 Ω）接地	与有效输入端并联
电路	V_{CC}；A、B；≥1；C、D 接地；Y=A+B	V_{CC}；A、B；≥1；C、D 经 R 接地；Y=A+B	V_{CC}；C、D 与 A 并联；≥1；A、B；Y=A+B

（3）除 OC 门和 TS 门外，TTL 门电路输出端不允许直接接电源 V_{CC}，也不允许并联使用。

（4）多余门中的输入端子接入的电平值以不影响输出值为原则。例如，图 6–26 中的多余门中的端子（H、I）应至少一个接 0，则得到希望的逻辑关系 $Y=\overline{ABCD+EFG}$。

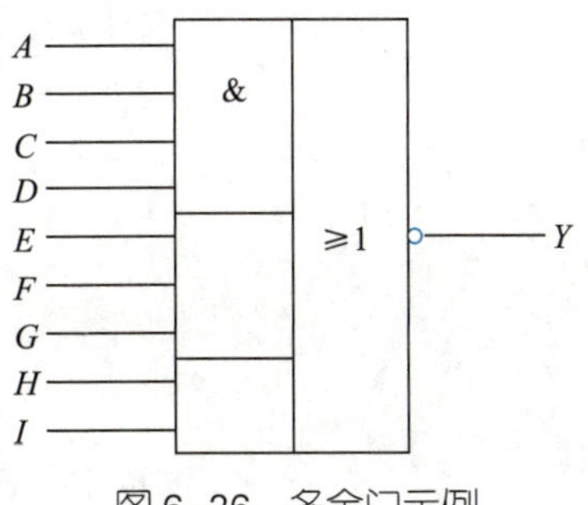

图 6–26 多余门示例

2. CMOS 门电路使用注意事项

（1）CMOS 门电路的正电源端为 V_{DD}，负电源端为 V_{SS}，使用时，通常将 V_{SS} 接地。接线时电源极性必须正确，不能接反。电源电压的允许范围较大，为 3 ~ 18 V，一般使用 5 ~ 15 V 电源。

（2）多余输入端不能悬空。通常在输入端和地之间接保护电阻，以防止拔下电路板后造成输入端悬空。与门（与非门）多余输入端接正电源 V_{DD} 端，或门（或非门）多余输入端接负电源 V_{SS} 端。注意尽量不要并联使用输入端。

（3）输出端不允许直接与 V_{DD} 或 V_{SS} 连接，不允许线与。

（4）开机时，先接通电源，后输入信号；关机时，先断信号，后断电源。

（5）CMOS 门电路应存放在具有良好静电屏蔽的导电容器内，或将全部引脚短路。

（6）焊接时电烙铁应接地良好，功率不得超过 20 W，利用电烙铁的余热进行焊接。

（7）不能带电插拔芯片。

五、TTL 门电路与 CMOS 门电路的连接

在电路中常遇到 TTL 门电路和 CMOS 门电路混合使用的情况，由于这些电路相互之间的电源电压和输入、输出电平及负载能力等参数不同，因此，它们之间的连接必须通过电平转换或电流转换电路，使前级器件输出的逻辑电平满足后级器件对输入电平的要求。逻辑器件的接口电路主要应考虑电平匹配和电流匹配两个问题。

1. TTL 门电路驱动 CMOS 门电路

由于 CMOS 门电路是电压驱动器件，输入阻抗高，所需电流小，因此电流驱动能力不会有问题，主要是电压驱动能力问题。TTL 门电路输出高电平的最小值为 2.4 V，而 CMOS 门电路的输入高电平一般高于 3.5 V，这就使二者的逻辑电平不能兼容。解决办法如下：

（1）可在 TTL 门电路输出端与电源之间接一个上拉电阻 R，如图 6–27 所示，使输出高电平提高到 3.5 V 以上，一般 R 的取值为 1 ~ 4.7 kΩ。

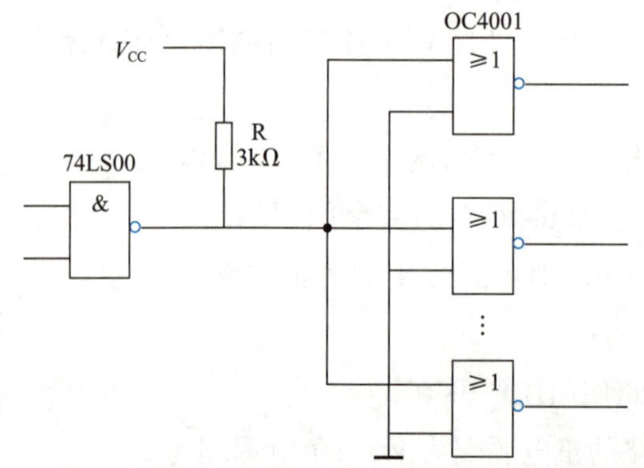

图 6–27　在 TTL 门电路输出端与电源之间接上拉电阻

（2）使用带电平转换作用的 CMOS 门（如 CC40109）实现电平转换，如图 6-28 所示。

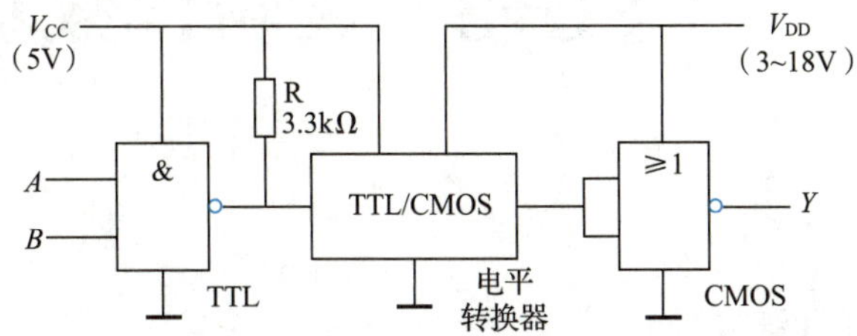

图 6-28 使用带电平转换作用的 CMOS 门实现电平转换

2. CMOS 门电路驱动 TTL 门电路

CMOS 门电路输出电平能满足要求，但由于其驱动电流小，因而对 TTL 门电路的驱动能力有限。为实现 CMOS 门电路和 TTL 门电路的连接，常采用以下几种办法：

（1）几个同功能的 CMOS 门电路并联使用，将其输入端并联，输出端也并联（TTL 门电路是不允许并联的），如图 6-29 所示。

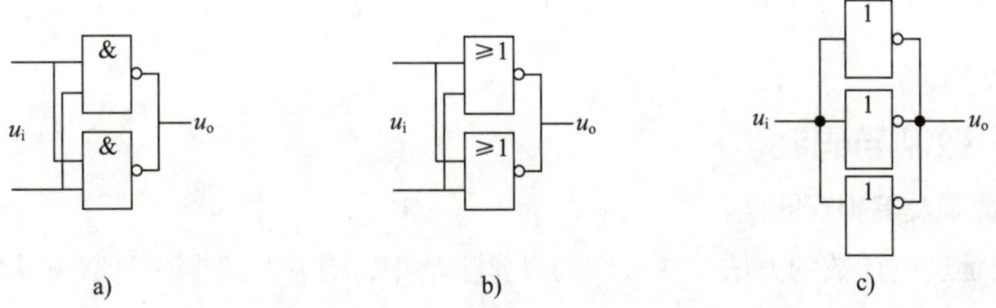

图 6-29 将 CMOS 门电路并联以提高带负载能力
a）与非门 b）或非门 c）非门

（2）选用 74HC/74HCT 系列 CMOS 门电路直接驱动 TTL 门电路。

（3）在 CMOS 门电路输出端增加一级 CMOS 驱动器（如 CC4010、CC40107）作为接口电路，如图 6-30a 所示。也可增加一级三极管放大器来扩展输出电流，如图 6-30b 所示。

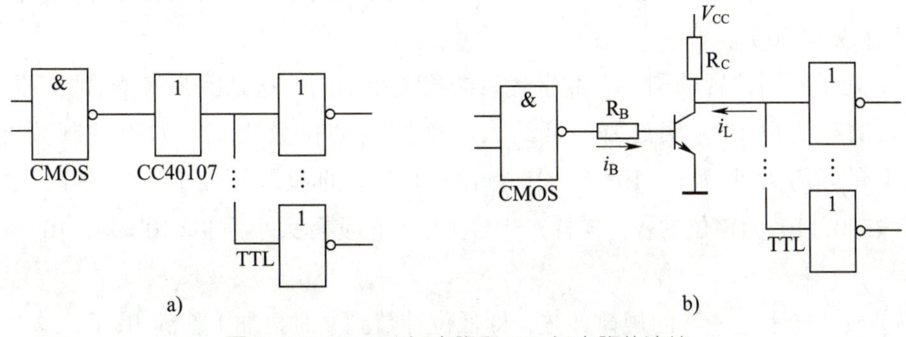

图 6-30 CMOS 门电路和 TTL 门电路的连接
a）增加一级 CMOS 驱动器 b）接入三极管放大器

§6-3 逻辑代数基础

学习目标

1. 能熟练地掌握二进制数和十进制数之间的转换，掌握逻辑代数的基本运算法则，会进行不同进制数的转换，熟悉 8421BCD 码的编码规则。

2. 掌握逻辑代数的基本定律、公式和规则，能运用逻辑代数法化简逻辑函数，掌握由真值表写逻辑表达式的方法，并能对逻辑电路图、逻辑表达式、真值表三者进行相互转换。

一、数制与码制

1. 数制及其相互转换

数制是进位计数的方法。在人们的日常生活中，有多种进制的计数方式，如平时计数用得最多的十进制、时钟计时用到的十二进制（或二十四进制）和六十进制、计算机电路中用的二进制等。那么各种进制有什么特点，同一个数又如何用不同进制来表示呢？

（1）十进制

1）十进制数有 0、1、2、3、4、5、6、7、8、9 十个数字符号，十进制数用它们中的若干个来表示，通常将计数数码的个数称为基数，十进制的基数为 10。如十进制数 396 用了一个 3、一个 9 和一个 6 来表示，为与其他进制的数区分开，通常记为 $(396)_{10}$ 或 $(396)_D$。

2）处于不同位置的同一个数字代表的数大小不同，这是因为该位的权不同，十进制数的权为以 10 为底的幂，幂的大小由所在的位数决定。如十进制数 396 中个位上的 6 的大小为 $6\times10^0=6$，其中 10^0 为该位的权。而百位上的 3 的大小为 $3\times10^2=300$，10^2 为该位的权。同样，十位上的 9 的实际大小为 $9\times10^1=90$，10^1 为该位的权。

3）按“逢十进一”的规律计数，即低位计数到 9 时再加 1 就满 10 了，这时应向高位进 1。如个位计数满 10 后应向十位进 1，同时本位归 0。

十进制数可以有许多位，其意义和计数方法同上。

（2）二进制

由于人们长期以来养成的习惯，生活中用十进制数计数给我们带来了方便，但在数字电路中要表示十进制数却十分烦琐。为了方便，在数字电路中常用二进制数来计数或用二进制编码来表示电路的工作状态。

1）任意一个二进制数都可用 0 和 1 两个数字符号来表示，所以其计数的基数为 2。如二进制数 1000110 用了 3 个 1 和 4 个 0 共 7 位来表示，常记为 $(1000110)_2$ 或 $(1000110)_B$。

2）同样，二进制数的权也是因所处位置的不同而不同，二进制数的权是以 2 为底的幂，幂的大小也由所在的位数决定。如二进制数 1000110 中的第 1 位（从右至左，注意不是第 0 位）上的 1 的大小为 $1\times2^1=2$，第 2 位上的 1 的大小为 $1\times2^2=4$，而第 6 位（最高位）的 1 的大小为 $1\times2^6=64$。此外，含 0 的各位乘以它相应的幂后均为 0。

3）按“逢二进一”的规律计数，即低位计数到 1 时再加 1 就满 2 了，这时应向高位进 1，同时本位归 0。二进制数的四则运算规则见表 6–13。

表 6–13 二进制数的四则运算规则

运算类型	运算规则
加法	0+0=0，0+1=1，1+0=1，1+1=10（低位满 2 向高位进 1）
减法	0–0=0，1–0=1，1–1=0，10–1=1（向高位借 1，本位当 2）
乘法	$0\times0=0$，$0\times1=0$，$1\times0=0$，$1\times1=1$
除法	$0\div1=0$，$1\div1=1$

与十进制数一样，二进制数也可以有许多位。那么如何用二进制数来表示一个十进制数或者用十进制数来表示一个二进制数呢？

（3）两种数制之间的相互转换

1）二进制数转换成十进制数

方法：乘权相加法。即将二进制数按权展开，然后各项相加，结果就是其对应的十进制数。

如：$(1000110)_2=1\times2^6+1\times2^2+1\times2^1=(70)_{10}$

2）十进制数转换成二进制数

方法：除 2 取余倒排法。即将十进制数除以 2 取余，并倒排列。具体方法就是：不断地用 2 去除某个十进制数，并依次记下余数，直到商为 0 为止，将每次整除得到的余数进行倒排列，即最先得到的余数为最低位，最后得到的余数为最高位，这样就得到与该十进制数等值的二进制数了。

如：$(396)_{10}=(\quad\quad)_2$？

所以，$(396)_{10}=(110001100)_2$。

2. 码制

在数字系统中，常用二进制数码来表示特定的信息。将若干个二进制数码 0 和 1 按一定规则排列起来表示某种特定的含义，称为二进制代码或二进制码。如在开运动会时，每个运动员都有一个号码，这个号码是表示不同的运动员，它并不表示数值的大小。

（1）自然二进制码

自然二进制码就是用一定位的二进制数来表示十进制数，表 6–14 为 20 以内的十进制数与二进制数之间的关系。

表 6–14　20 以内的十进制数与二进制数之间的关系

十进制数	二进制数	十进制数	二进制数	十进制数	二进制数	十进制数	二进制数	十进制数	二进制数
0	0	4	100	8	1000	12	1100	16	10000
1	1	5	101	9	1001	13	1101	17	10001
2	10	6	110	10	1010	14	1110	18	10010
3	11	7	111	11	1011	15	1111	19	10011

由表 6–14 可以看出，根据十进制数的大小不同，可以用不同位数的二进制数来表示十进制数。

（2）8421BCD 码

从表 6–14 可以看出，如果需要表示出 0 ~ 9 这 10 个十进制的数码，则至少需要四位二进制数来表示，BCD 码就使用了这种规则。8421BCD 码是一种有权码，即从高位到低位的各位二进制数码的权分别为 8、4、2、1。例如 8421BCD 码 0101，最高位的“0”具有权“8”，次高位的“1”具有权“4”，接下来的那个“0”具有权“2”，而最低位的“1”具有权“1”，将该代码的各位数码与其相应的权相乘再求和，得到十进制数“5”，因此，代码“0101”可代表十进制数 5。依次类推，十进制数 10 个代码的 8421BCD 码见表 6–15。

表 6–15　8421BCD 码及其所代表的十进制数

十进制数	8421BCD 码	十进制数	8421BCD 码
0	0000	5	0101
1	0001	6	0110
2	0010	7	0111
3	0011	8	1000
4	0100	9	1001

例如，十进制数 396 用 8421BCD 码表示出来就是 0011 1001 0110，即

$(396)_{10}=(0011\ 1001\ 0110)_{8421BCD}$

这与前面所述的十进制数 396 转换成的二进制代码不同，8421BCD 码更便于数字系统处理，因此使用较广。

二、逻辑代数及逻辑函数的化简

1. 逻辑代数

逻辑代数又称布尔代数或者开关代数，它是研究逻辑电路的数学工具。它与普通代数类似，只不过逻辑代数的变量只有两种取值："0" 和 "1"，这里的 "0" 和 "1" 仅代表两种相反的逻辑状态，并没有数量大小的含义，因而逻辑代数的运算规律也与普通代数有差别。

逻辑代数的基本公式和基本定律见表 6–16。

表 6–16　逻辑代数的基本公式和基本定律

公式或定律	逻辑运算	
	或运算	与运算
基本公式	$A+0=A$	$A\cdot 0=0$
	$A+1=1$	$A\cdot 1=A$
	$A+A=A$（重叠律）	$A\cdot A=A$（重叠律）
	$A+\overline{A}=1$（互补律）	$A\cdot\overline{A}=0$（互补律）
	$\overline{\overline{A}}=A$（非非律）	

续表

<table>
<tr><th colspan="2" rowspan="2">公式或定律</th><th colspan="2">逻辑运算</th></tr>
<tr><th>或运算</th><th>与运算</th></tr>
<tr><td rowspan="7">基本定律</td><td>交换律</td><td>$A+B=B+A$</td><td>$A\cdot B=B\cdot A$</td></tr>
<tr><td>结合律</td><td>$A+B+C=(A+B)+C=A+(B+C)$</td><td>$A\cdot B\cdot C=$
$(A\cdot B)\cdot C=A\cdot(B\cdot C)$</td></tr>
<tr><td>分配律</td><td>$A+BC=(A+B)(A+C)$</td><td>$A\cdot(B+C)=A\cdot B+A\cdot C$</td></tr>
<tr><td>反演律（摩根定律）</td><td>$\overline{A+B}=\overline{A}\cdot\overline{B}$</td><td>$\overline{A\cdot B}=\overline{A}+\overline{B}$</td></tr>
<tr><td rowspan="2">吸收律</td><td colspan="2">$A+A\cdot B=A$</td></tr>
<tr><td colspan="2">$A+\overline{A}B=A+B$</td></tr>
<tr><td>冗余律</td><td colspan="2">$AB+\overline{A}C+BC=AB+\overline{A}C$</td></tr>
</table>

利用以上所列的基本公式和基本定律，可以将逻辑表达式化简，从而使逻辑电路中的门电路个数减少，降低成本，提高电路工作的可靠性。

2. 逻辑函数的化简

逻辑函数的化简，一般讲就是要求得某个逻辑函数的最简“与－或”表达式，即符合“乘积项的项数最少”和“每个乘积项中包含的变量个数最少”这两个条件。

逻辑函数的化简是分析和设计数字电路时不可缺少的步骤。常用的化简方法有公式化简法（代数法）和卡诺图化简法，本书只介绍公式化简法。

公式化简法是利用基本公式和定律化简逻辑函数的方法。利用公式化简时，常采用以下几种方法。

（1）并项法

即利用 $A+\overline{A}=1$ 的关系，将两项合并为一项，并消去一个变量。例如：

$$Y=ABC+AB\overline{C}+A\overline{B}=AB(C+\overline{C})+A\overline{B}$$
$$=AB+A\overline{B}=A(B+\overline{B})=A$$

（2）吸收法

即利用 $A+AB=A$ 消去多余的项。例如：

$$Y=\overline{A}B+\overline{A}BCD=\overline{A}B$$

（3）消去法

即利用 $A+\overline{A}B=A+B$ 消去多余的因子。例如：

$$Y=AB+\overline{A}C+\overline{B}C=AB+(\overline{A}+\overline{B})C$$
$$=AB+\overline{AB}C=AB+C$$

（4）配项法

即利用 $A+\overline{A}=1$ 可在函数某一项中乘以 $(A+\overline{A})$，展开后消去更多的项。也可利用公式 $A+A=A$，在函数上加上多余的项，以便获得更简化的函数式。

化简逻辑函数时，往往是上述方法的综合应用。

【例 6–1】 化简逻辑函数 $Y=A\overline{B}+C+\overline{A}\,\overline{C}D+B\overline{C}D$。

解：

$$
\begin{aligned}
Y&=A\overline{B}+C+\overline{A}\,\overline{C}D+B\overline{C}D \\
&=A\overline{B}+C+\overline{C}(\overline{A}D+BD) && \text{（分配律）} \\
&=A\overline{B}+C+(\overline{A}D+BD) && \text{（吸收律：}A+\overline{A}\cdot B=A+B\text{）} \\
&=A\overline{B}+C+D(\overline{A}+B) && \text{（分配律）} \\
&=A\overline{B}+C+D(\overline{\overline{\overline{A}+B}}) && \text{（非非律）} \\
&=A\overline{B}+C+D(\overline{A\overline{B}}) && \text{（反演律）} \\
&=A\overline{B}+C+D && \text{（吸收律：}A+\overline{A}\cdot B=A+B\text{）}
\end{aligned}
$$

三、逻辑函数的表达方式及其互相转换

1. 逻辑函数的表达方式

逻辑电路的功能可用逻辑函数来表述。对于某一实际问题的功能要求，如果以逻辑自变量（原因）作为输入，以逻辑因变量（结果）作为输出，那么当输入量的取值确定后，输出量便随之确定，这种输出与输入之间的函数关系就称为逻辑函数。逻辑函数除可以用逻辑函数表达式（逻辑表达式）表示以外，还可以用相应的真值表以及逻辑电路图来表示。真值表与前述基本逻辑关系的真值表类似，就是将各个变量取真值（0 和 1）的各种可能组合列写出来，得到对应逻辑函数的真值（0 或 1）。逻辑电路图（逻辑图）是指由基本逻辑门或复合逻辑门等逻辑符号及它们之间的连线构成的图形。

2. 逻辑图与逻辑表达式的互换

（1）由逻辑图写出逻辑表达式

由逻辑图写出逻辑表达式的方法是：从输入端着手，逐级写出各级输出端的函数式，最后得到该逻辑图所表达的逻辑函数。

【例 6–2】 写出图 6–31 所示逻辑图的逻辑函数表达式。

解：

由图可知

$$
\begin{aligned}
&Y_1=A+\overline{B} \\
&Y_2=\overline{BC} \\
&Y=Y_1Y_2=(A+\overline{B})(\overline{BC})
\end{aligned}
$$

（2）由逻辑表达式画出逻辑图

由逻辑表达式画逻辑图的方法是：将表达式中的“与”“或”和“非”等基本逻辑运算用相应的逻辑符号表示，并将它们按运算的先后顺序连接起来。

【例 6–3】 画出逻辑函数 $Y=(A+B)\overline{AB}$ 的逻辑图。

解：

由表达式可看出，该式需要一个“或”门，实现（$A+B$）；一个“与非”门，实现 $\overline{AB}$；最后还需要一个“与”门，将上述两个门的输出作为其输入，从而得到该函数的逻辑图，如图 6–32 所示。

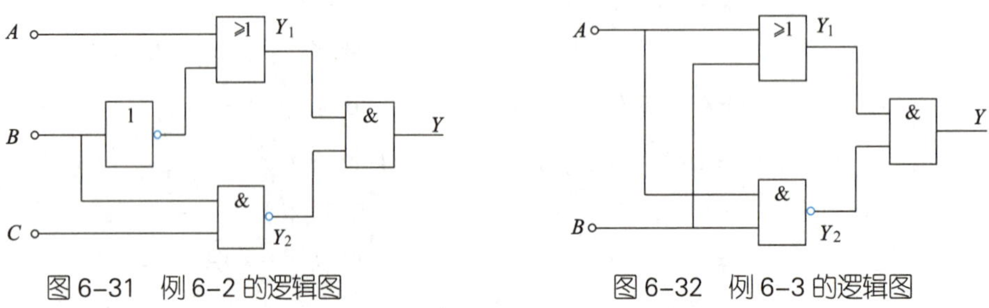

图 6–31　例 6–2 的逻辑图　　　图 6–32　例 6–3 的逻辑图

3. 逻辑表达式与真值表的互换

（1）由逻辑表达式列真值表

由逻辑表达式列写真值表的方法是：首先将函数中变量的各种可能取值（真值）全部列写出来，再将每一真值组合代入原逻辑表达式，计算（按逻辑运算规则）出函数的真值，并将输入变量值与函数值一一对应地列成表格，即得该函数的真值表。

【例 6–4】 列出逻辑函数 $Y=\overline{AB}\ \overline{B+C}$ 的真值表。

解：

由于此逻辑函数有三个变量 A、B、C，所以其真值组合共有 $2^3=8$ 种，按三位自然二进制代码的顺序可列写出其真值表，见表 6–17。

表 6–17　例 6–4 的逻辑函数的真值表

输入			输出	输入			输出
A	B	C	Y	A	B	C	Y
0	0	0	1	1	0	0	1
0	0	1	0	1	0	1	0
0	1	0	0	1	1	0	0
0	1	1	0	1	1	1	0

（2）由真值表写出逻辑表达式

由真值表写逻辑表达式的方法是：将表中函数值为 1 的所有真值组合找出，在每一组合中，变量取值为“0”的写成反变量，为“1”的写成原变量，这样一个组合就得到一个“与”项，再把这些“与”项相“或”即得表达式。

【例 6–5】 写出表 6–18 所列真值表的逻辑函数表达式。

解：

由表可以看出，有两个真值组合使函数 Y 的值为“1”，根据以上所述方法，可写

出该逻辑函数表达式为

$$Y=\overline{A}\,\overline{B}+AB$$

进一步还可以分析出其逻辑功能为：当输入相同（同为0或同为1）时，输出得到1；当输入相异（不同）时，输出得到0。这也是一种比较常用的逻辑，称为同或，记为

$$Y=A\odot B$$

表6-18　例6-5的逻辑函数的真值表

输入		输出
A	B	Y
0	0	1
0	1	0
1	0	0
1	1	1

技能训练10　三人表决器电路的安装与调试

训练目标

1. 能正确识读三人表决器电路工作原理图，会分析三人表决器电路的工作过程。

2. 能正确识别和检测所用元器件，并结合电路原理图和印制电路板，找到对应元器件的安装位置。

3. 能按要求和计划正确使用工具进行线路焊接和安装。

4. 能根据外观和测试结果判断电路是否满足工艺和性能要求，能判断电路是否存在故障，并顺利排除故障。

5. 能正确运用万用表测试集成电路引脚的电位值，观测发光二极管的状态，并正确记录测试结果，及时总结测试和安装技巧。

6. 训练过程中能自觉遵守安全操作规范，训练结束后能自觉清理场地、归置物品。

训练准备

1. 仪器设备和工具准备

直流稳压电源（+5 V）、数字式万用表和常用电子装配工具等。

2. 元器件准备

训练所需元器件清单见表 6–19。

表 6–19　元器件清单

代号	名称	型号 / 规格	数量	代号	名称	型号 / 规格	数量
R1 ~ R4	金属膜电阻器	470 Ω	4	LED	发光二极管	ϕ5 mm	1
U1	集成电路	74HC00，14P	1	SA、SB、SC	按键	6 mm × 6 mm × 5 mm	
U2	集成电路	74HC10，14P	1		螺栓式端子	2 位	1
C	瓷片电容器	0.01 μF	1		集成电路插座	14P	2

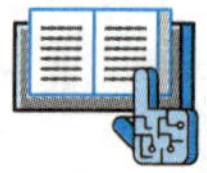

训练内容

一、实训电路分析

三人表决器电路原理图如图 6–33 所示。它是一个可供三人表决使用的逻辑电路。图中 74HC00 是四 2 输入与非门芯片，74HC10 是三 3 输入与非门芯片。

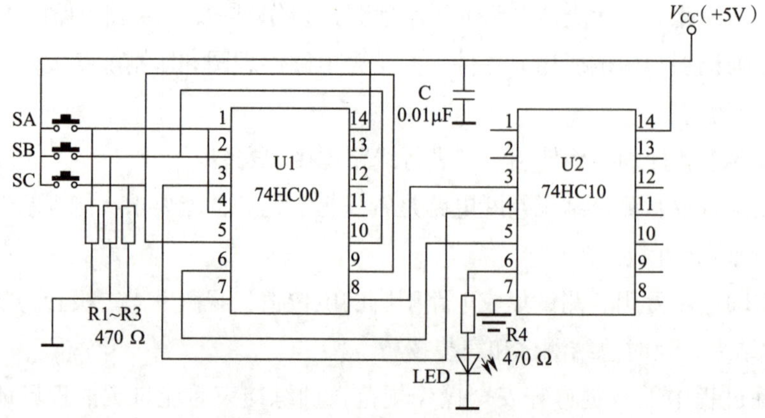

图 6–33　三人表决器电路原理图

每人有一按键（SA、SB 或 SC），如果赞成，按下该键，用“1”表示；如果不赞成，不按键，用“0”表示。表决结果用指示灯来表示，如果多数赞成，则指示灯亮，Y=1；反之则不亮，Y=0。

二、装配电路

1. 识读电路原理图和印制板装配图。

2. 制订实训计划，准备电子装配工具及仪器仪表，做好设备安全防护措施。

3. 元器件识别与检测

（1）清点元器件

按照表 6–19 核对元器件的数量、型号和规格，并把标称值填入表 6–20 中。如有短缺、差错应及时补缺和更换。

表 6–20 元器件的标称值及检测结果

代号	标称值	检测值	代号	检测结果
R1			LED	
R2			U1	
R3			U2	
R4			SA、SB、SC	
C				

（2）电阻器和电容器的检测

用万用表对电阻器和电容器进行检测，并把检测结果填入表 6–20 中。若有不符合质量要求的元器件，应剔除和更换。

（3）发光二极管的检测

使用万用表 R × 10 k 挡测出其正、反向电阻，将检测结果填入表 6–20 中。

（4）集成电路芯片 74HC00 和 74HC10 的检测

用万用表 R × 1 k 挡测出芯片任一引脚与接地端之间的正、反向电阻值，不应为零或无穷大（空脚除外）；否则，表明集成电路是坏的或者性能已变差。将芯片检测结果填入表 6–20 中。

4. 集成电路芯片 74HC00 和 74HC10 资料查询

使用集成电路芯片前，可利用有关手册或相关专业网站查阅相关资料，了解 74HC00 和 74HC10 的各引脚功能及引脚排列位置。

5. 电路装配

按照图 6–33 所示电路原理图，将元器件正确插装在印制电路板上后进行焊接固定。装配时应遵守电气作业规程，做好安全防护措施。安装好的三人表决器电路板如图 6–34 所示。

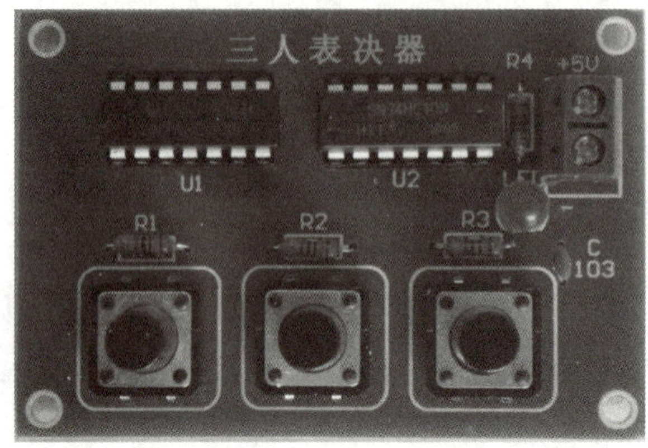

图 6–34 安装好的三人表决器电路板

6. 自检与互检

安装完成后，对照原理图仔细检查电路是否安装正确，导线、焊点是否符合要求。用万用表检测电源是否有短路问题，待确认无误后，插上集成电路，然后进行通电测试。集成电路应安装在相应的插座上，注意集成电路的缺口与集成电路插座缺口方向必须一致，将集成电路插入插座时，应避免插反及引脚未完全插入插座等现象。检查电路接线，应重点检查发光二极管极性，正、负电源有没有接错。先进行自检与互检，待教师确认无误后，再进行通电测试。

三、电路调试

确认没有接错后，接通 +5 V 直流电源。具体测试要求为：设三个按键按下时的状态（S_A、S_B、S_C）为“1”，未按下为“0”，按表 6–21 中的要求分别设置 S_A、S_B、S_C，用万用表分别测量 74HC10 芯片 3、4、5 号引脚的电位 V_A、V_B、V_C 和 6 号引脚的电位 V_Y，观察并记录发光二极管的状态，将测量值和发光二极管的状态填入表 6–21 中。

表 6–21 测试数据记录

S_A	S_B	S_C	V_A	V_B	V_C	V_Y	发光二极管状态
0	0	0					
0	0	1					
0	1	0					
0	1	1					
1	0	0					

续表

S_A	S_B	S_C	V_A	V_B	V_C	V_Y	发光二极管状态
1	0	1					
1	1	0					
1	1	1					

如电路出现故障，把故障现象和排除故障方法记录在表 6–22 中。

表 6–22 故障现象和排除故障方法

故障现象	
排除方法及步骤	

四、清理现场

按照现场管理规范清理场地，归置物品。

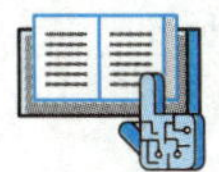

训练测评

对自己在本次训练中的综合表现进行评价。扫描右侧二维码可查看评价项目、内容及标准。

§6–4 组合逻辑电路

学习目标

1. 掌握组合逻辑电路的功能和特点，了解组合逻辑电路的一般分析方法和设计方法。

2. 了解编码器、译码器典型集成电路的引脚功能和使用方法。

3. 掌握七段半导体数码管的使用方法。

组合逻辑电路是数字逻辑电路中的一种类型，它是由若干个基本逻辑门电路和复合逻辑门电路组成的。组合逻辑电路的输入端可以有一个或多个输入变量，输出端也可以有一个或多个逻辑函数，是一种非记忆性逻辑电路。常见的组合逻辑电路有编码器、译码器、加法器、比较器、数据选择 / 分配器等，在数字技术系统中用途十分广泛。这里着重介绍编码器和译码器。

一、组合逻辑电路的特点与分析方法

数字逻辑电路分为组合逻辑电路和时序逻辑电路两大类。

组合逻辑电路的主要特点为在任一时刻电路的输出状态仅仅取决于该时刻电路的输入状态，而与电路原来所处的状态无关。从电路的形式上看，没有从输出端引回到输入端的反馈线，信号的流向只有从输入端到输出端一个方向。

分析组合逻辑电路，即由已知的逻辑图，写出输出逻辑函数表达式并化简，列出真值表，最后分析电路的逻辑功能，具体步骤如图 6–35 所示。

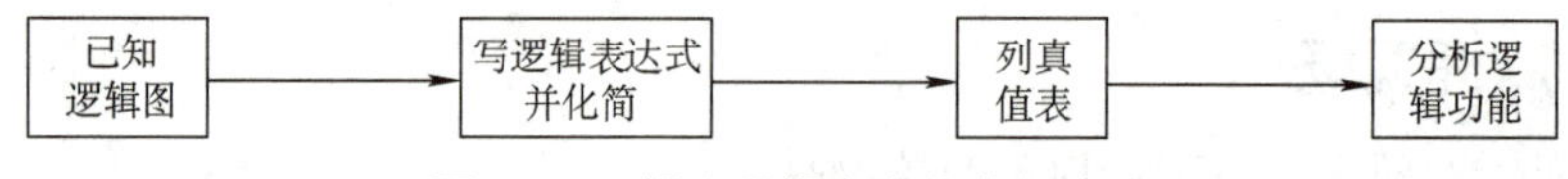

图 6–35　组合逻辑电路的分析步骤

【例 6–6】 分析图 6–36 所示组合逻辑电路的逻辑功能。

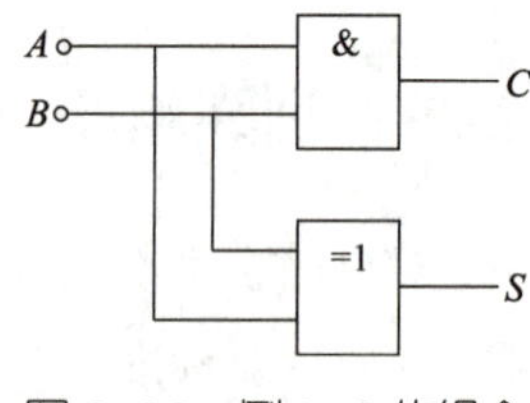

图 6–36　例 6–6 的组合逻辑电路

解：

由图，首先写出输出 C 和 S 的逻辑表达式

$$C=AB$$

$$S=A\oplus B$$

然后，根据表达式列出真值表，见表 6–23。

表 6–23　例 6–6 的真值表

输入变量		输出函数	
A	B	S	C
0	0	0	0
0	1	1	0
1	0	1	0
1	1	0	1

最后分析一下逻辑功能。从真值表可以看出，当把 A、B 看成两个一位二进制数时，S 就是它们的和，而 C 则是二者相加所得到的进位。所以，可以说这就是一个加法器，不过由于相加时没有考虑从低位来的进位，所以通常称该电路为半加器。

二、常见组合逻辑电路

编码器和译码器是常用的组合逻辑电路。编码就是用二进制代码表示特定对象的过程，编码器就是能够实现编码功能的数字电路。其输入为被编信号，输出为二进制代码。例如，常用的计算机的键盘下面就连接了编码器，当有个键被按下时，编码器就自动产生一个计算机能识别的二进制代码，以便于计算机进行相应的处理。译码是编码的逆过程，就是将给定的代码翻译成特定的信号（对象），译码器就是能实现译码功能的数字电路，可用于驱动显示电路或控制其他部件工作等。

1. 编码器

按输出代码种类的不同，编码器可分为二进制编码器和二－十进制编码器。

（1）二进制编码器

图 6–37 所示为一个三位二进制编码器的逻辑电路图，它是用三位二进制代码对 8 个对象（$2^3=8$）进行编码，由于输入有 8 个逻辑变量，输出有 3 个逻辑函数，所以又称为 8 线 –3 线编码器。

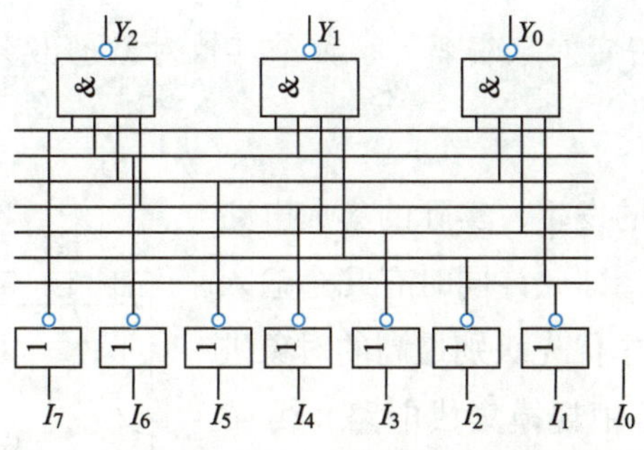

图 6–37　三位二进制编码器的逻辑电路图

根据前述的组合逻辑电路的分析方法，首先由逻辑图可以写出该编码器的输出函数表达式：

$$Y_2=I_4+I_5+I_6+I_7$$
$$Y_1=I_2+I_3+I_6+I_7$$
$$Y_0=I_1+I_3+I_5+I_7$$

由逻辑表达式可以列出该编码器的真值表，见表 6–24。

表 6–24　三位二进制编码器的真值表

输入（8 个）								输出		
I_0	I_1	I_2	I_3	I_4	I_5	I_6	I_7	Y_2	Y_1	Y_0
1	0	0	0	0	0	0	0	0	0	0

续表

输入（8个）								输出		
I_0	I_1	I_2	I_3	I_4	I_5	I_6	I_7	Y_2	Y_1	Y_0
0	1	0	0	0	0	0	0	0	0	1
0	0	1	0	0	0	0	0	0	1	0
0	0	0	1	0	0	0	0	0	1	1
0	0	0	0	1	0	0	0	1	0	0
0	0	0	0	0	1	0	0	1	0	1
0	0	0	0	0	0	1	0	1	1	0
0	0	0	0	0	0	0	1	1	1	1

可见，以上电路确实对 8 个对象进行了编码。

想一想

对某个特定对象编码时，如果其他对象也出现了输入为“1”的状态怎么办？

为了避免这种现象的发生，实际的集成电路常设计成优先编码方式，即允许同时有几个输入端出现“1”，但只对其中优先级别最高的对象进行编码。图 6–38 所示是中规模集成电路 8 线 –3 线优先编码器 74LS148 的引脚图，表 6–25 是它的功能真值表。其中，$\overline{IN_0}$ ~ $\overline{IN_7}$ 代表 8 位输入，$\overline{Y_2}$ ~ $\overline{Y_0}$ 代表 3 位输出。输入和输出均为低电平有效，即 $\overline{IN_0}$ ~ $\overline{IN_7}$ 或 $\overline{Y_2}$ ~ $\overline{Y_0}$ 为“0”时，表示有输入或输出信号。为了扩展功能，还增加了使能输入端 $\overline{EI}$、优先标志输出端 $\overline{GS}$ 和使能输出端 EO。

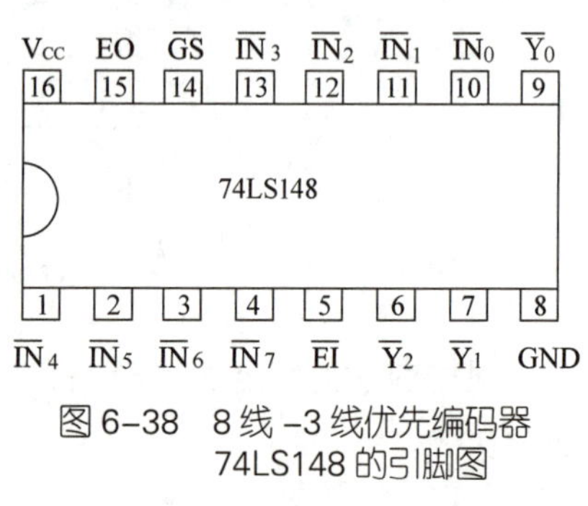

图 6–38　8 线 –3 线优先编码器 74LS148 的引脚图

由真值表可以看出优先顺序：$\overline{IN_7}$ 为最高优先，因为只要 $\overline{IN_7}$=0，不管其他输入端是 0 还是 1，输出总对应着 $\overline{IN_7}$ 的编码。优先从 $\overline{IN_7}$ 起，依次为 $\overline{IN_6}$、$\overline{IN_5}$、$\overline{IN_4}$、$\overline{IN_3}$、$\overline{IN_2}$、$\overline{IN_1}$，最低优先是 $\overline{IN_0}$。该电路的功能为当 $\overline{EI}$ 为低电平时允许编码工作，若输入端有多个为低电平，则只对其最高位编码，在输出端输出对应自然三位二进制代码的反码，此时，使能输出端 EO 为高电平，优先标志端 $\overline{GS}$ 为低电平；而当 $\overline{EI}$ 为高电平时，电路禁止编码工作。

表 6–25 8 线 –3 线优先编码器 74LS148 的功能真值表

输入（8 个对象和 1 个输入使能端）									输出				
$\overline{EI}$	$\overline{IN_0}$	$\overline{IN_1}$	$\overline{IN_2}$	$\overline{IN_3}$	$\overline{IN_4}$	$\overline{IN_5}$	$\overline{IN_6}$	$\overline{IN_7}$	$\overline{Y_2}$	$\overline{Y_1}$	$\overline{Y_0}$	$\overline{GS}$	EO
1	×	×	×	×	×	×	×	×	1	1	1	1	1
0	×	×	×	×	×	×	×	0	0	0	0	0	1
0	×	×	×	×	×	×	0	1	0	0	1	0	1
0	×	×	×	×	×	0	1	1	0	1	0	0	1
0	×	×	×	×	0	1	1	1	0	1	1	0	1
0	×	×	×	0	1	1	1	1	1	0	0	0	1
0	×	×	0	1	1	1	1	1	1	0	1	0	1
0	×	0	1	1	1	1	1	1	1	1	0	0	1
0	0	1	1	1	1	1	1	1	1	1	1	0	1
0	1	1	1	1	1	1	1	1	1	1	1	1	0

（2）二 – 十进制编码器

将十进制数 0 ~ 9 共 10 个对象用 BCD 码来表示的电路，称为二 – 十进制编码器。最常用的二 – 十进制编码器之一就是 8421BCD 编码器，也称为 10 线 –4 线编码器。它的逻辑电路图如图 6–39 所示，表 6–26 是它的简化真值表。

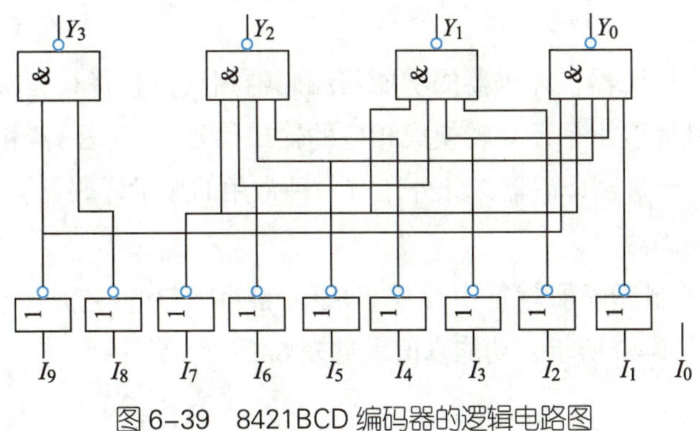

图 6–39 8421BCD 编码器的逻辑电路图

表 6–26 8421BCD 编码器的简化真值表

输入十进制数	输出（8421BCD 码）			
	Y_3	Y_2	Y_1	Y_0
0	0	0	0	0
1	0	0	0	1

续表

输入十进制数	输出（8421BCD 码）			
	Y_3	Y_2	Y_1	Y_0
2	0	0	1	0
3	0	0	1	1
4	0	1	0	0
5	0	1	0	1
6	0	1	1	0
7	0	1	1	1
8	1	0	0	0
9	1	0	0	1

由逻辑图或真值表可得输出各端的表达式如下：

$$Y_3=I_8+I_9$$

$$Y_2=I_4+I_5+I_6+I_7$$

$$Y_1=I_2+I_3+I_6+I_7$$

$$Y_0=I_1+I_3+I_5+I_7+I_9$$

二 - 十进制编码器也有优先编码器，常见型号有中规模集成电路 74HCT147 等，其工作原理类似于前述的二进制优先编码器。

2. 译码器

译码器也称为解码器，译码器的功能与编码器相反，它将具有特定含义的二进制代码按其原意“翻译”出来，并转换成相应的输出信号。与编码器相对应，也分为二进制译码器和二 - 十进制译码器，此外还有一种常用的显示译码器。

（1）二进制译码器

最常用的二进制译码器就是中规模集成电路 74LS138，它是一个 3 线 -8 线译码器，其引脚图如图 6-40 所示，功能真值表见表 6-27。

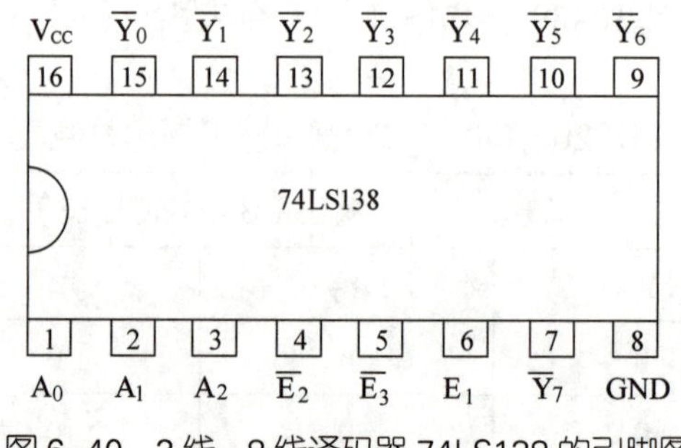

图 6-40　3 线 -8 线译码器 74LS138 的引脚图

表 6–27 3 线 –8 线译码器 74LS138 的功能真值表

输入						输出（8 个，低电平有效）							
控制端			代码输入端										
E_1	$\overline{E_2}$	$\overline{E_3}$	A_2	A_1	A_0	$\overline{Y_7}$	$\overline{Y_6}$	$\overline{Y_5}$	$\overline{Y_4}$	$\overline{Y_3}$	$\overline{Y_2}$	$\overline{Y_1}$	$\overline{Y_0}$
×	1	×	×	×	×	1	1	1	1	1	1	1	1
×	×	1	×	×	×	1	1	1	1	1	1	1	1
0	×	×	×	×	×	1	1	1	1	1	1	1	1
1	0	0	0	0	0	1	1	1	1	1	1	1	0
1	0	0	0	0	1	1	1	1	1	1	1	0	1
1	0	0	0	1	0	1	1	1	1	1	0	1	1
1	0	0	0	1	1	1	1	1	1	0	1	1	1
1	0	0	1	0	0	1	1	1	0	1	1	1	1
1	0	0	1	0	1	1	1	0	1	1	1	1	1
1	0	0	1	1	0	1	0	1	1	1	1	1	1
1	0	0	1	1	1	0	1	1	1	1	1	1	1

由引脚图和真值表可见，该译码器有 3 个输入端，为三位二进制代码；有 8 个输出端，为一组低电平有效的输出。当使能端 $E_1=1$，$\overline{E_2}=\overline{E_3}=0$ 时，译码器工作，根据输入 A_2 ~ A_0 的取值组合，使 $\overline{Y_7}$ ~ $\overline{Y_0}$ 的某一位输出为低电平。

（2）二 – 十进制译码器

典型的二 – 十进制译码器有很多种型号，其中，中规模集成电路 74HC42 的引脚图如图 6–41 所示，功能真值表见表 6–28。

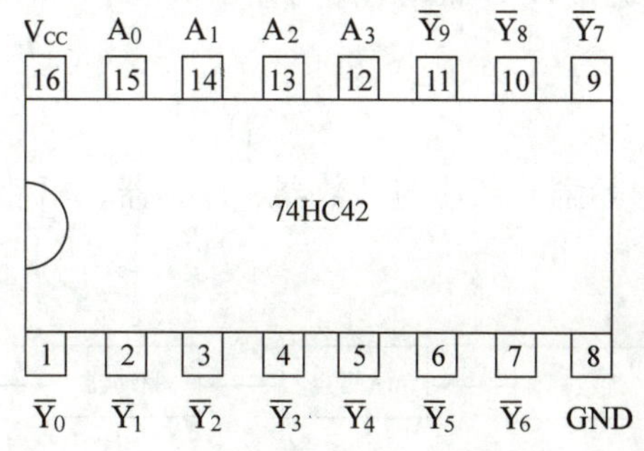

图 6–41 4 线 –10 线译码器 74HC42 的引脚图

表 6–28　4 线 –10 线译码器 74HC42 的功能真值表

序号	输入				输出（10 个）									
	A_3	A_2	A_1	A_0	$\overline{Y_9}$	$\overline{Y_8}$	$\overline{Y_7}$	$\overline{Y_6}$	$\overline{Y_5}$	$\overline{Y_4}$	$\overline{Y_3}$	$\overline{Y_2}$	$\overline{Y_1}$	$\overline{Y_0}$
0	0	0	0	0	1	1	1	1	1	1	1	1	1	0
1	0	0	0	1	1	1	1	1	1	1	1	1	0	1
2	0	0	1	0	1	1	1	1	1	1	1	0	1	1
3	0	0	1	1	1	1	1	1	1	1	0	1	1	1
4	0	1	0	0	1	1	1	1	1	0	1	1	1	1
5	0	1	0	1	1	1	1	1	0	1	1	1	1	1
6	0	1	1	0	1	1	1	0	1	1	1	1	1	1
7	0	1	1	1	1	1	0	1	1	1	1	1	1	1
8	1	0	0	0	1	0	1	1	1	1	1	1	1	1
9	1	0	0	1	0	1	1	1	1	1	1	1	1	1
伪码	1	0	1	0	1	1	1	1	1	1	1	1	1	1
	1	0	1	1	1	1	1	1	1	1	1	1	1	1
	1	1	0	0	1	1	1	1	1	1	1	1	1	1
	1	1	0	1	1	1	1	1	1	1	1	1	1	1
	1	1	1	0	1	1	1	1	1	1	1	1	1	1
	1	1	1	1	1	1	1	1	1	1	1	1	1	1

该译码器有 4 个输入端（四位 8421BCD 码）和 10 个输出端（10 个十进制的数码 0 ~ 9），所以也称为 4 线 -10 线译码器。对于 8421BCD 码以外的四位代码（称为无效码或伪码），输出端全为“1”，而该电路为输出低电平“0”有效，所以它拒绝“翻译”6 个伪码。

（3）显示译码器

显示数字或符号的显示器一般应与计数器、译码器、驱动器等配合使用，其框图如图 6–42 所示。

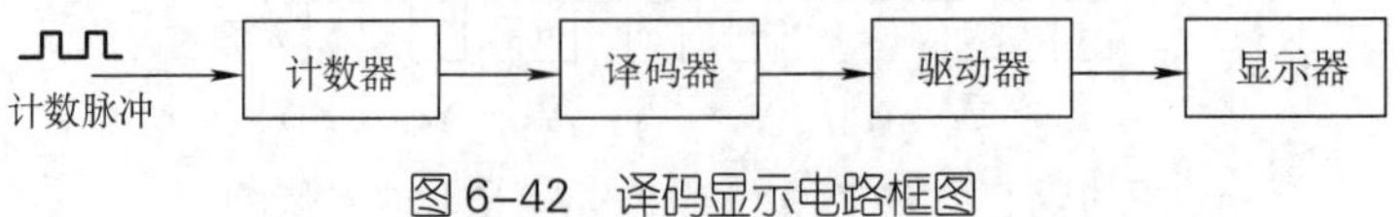

图 6–42　译码显示电路框图

在数字计算系统及数字式测量仪表（如数字式万用表）等中，常常需要把译码后获得的结果或数据直接以十进制数字的形式显示出来，因此，必须用译码器的输出去驱动显示器件。具有这种功能的译码器称为显示译码器。显示器件有多种形式，其中最常用的是七段数码显示器，如图 6–43 所示。

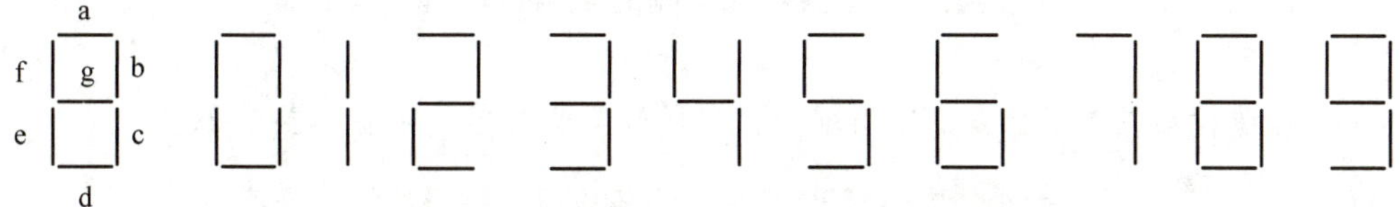

图 6–43 七段数码显示器及显示的数字图形

常用的显示器件有荧光数码管、液晶数码管（LCD）和半导体数码管（LED）等。七段半导体数码管是由七个发光二极管按“日”字排列的。按数码管内二极管连接方式的不同，可分为共阴极和共阳极两种，如图 6–44 所示。为防止电路中电流过大而烧坏二极管，在每一个二极管的支路中都串联了一个限流电阻。

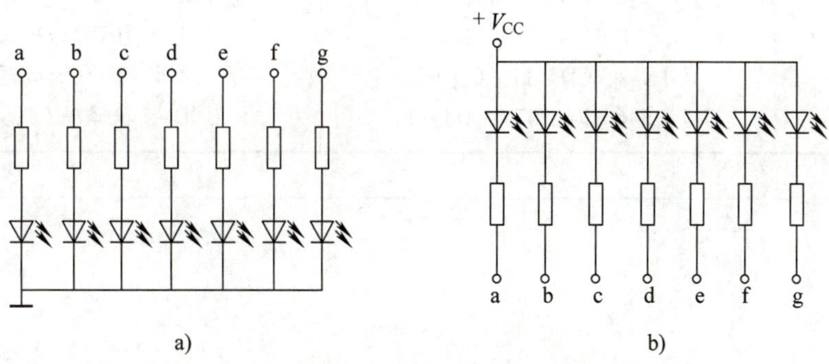

图 6–44 七段半导体数码管的连接方式
a）共阴极方式 b）共阳极方式

74LS47 是一种具有 BCD 码输入、开路输出的 4 线 –7 段译码 / 驱动的中规模集成电路，图 6–45 所示为其引脚图。

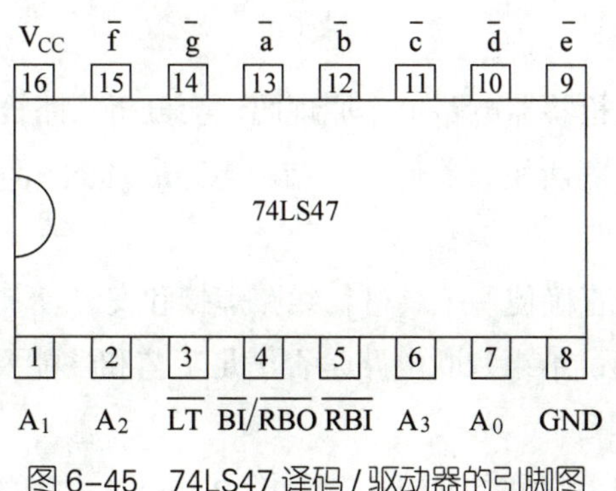

图 6–45 74LS47 译码 / 驱动器的引脚图

图中，A_3 ~ A_0 为 4 线输入（四位 8421BCD 码），$\overline{a}$ ~ $\overline{g}$ 为七段输出，输出为低电平有效。该集成电路的其他几个功能端在此不再赘述。

常用编码器和译码器的型号及功能

组合逻辑集成电路很多，常用编码器和译码器的型号及功能见表 6–29。

表 6–29　常用编码器和译码器的型号及功能

类型	型号	功能
编码器	74148　74LS148　74HC148 74147　74LS147　74HC147 74LS348	8 线 –3 线优先编码器 10 线 –4 线优先编码器（BCD 码输出） 8 线 –3 线优先编码器（三态输出）
译码器	74LS138　74HC138 74LS139　CD4555 74LS154　CD4514 74LS42　CD4511　CD4028 74LS46　74LS47　CD4511	3 线 –8 线译码器 双 2 线 –4 线译码器 4 线 –16 线译码器 4 线 –10 线译码器 BCD –7 段译码 / 驱动器

技能训练 11　八路抢答器电路的安装与调试

训练目标

1. 能正确识读八路抢答器电路工作原理图，会分析八路抢答器电路的工作过程。

2. 能正确识别和检测所用元器件，并结合电路原理图和印制电路板，找到对应元器件的安装位置。

3. 能按要求和计划正确使用工具进行线路焊接和安装。

4. 能根据外观和测试结果判断电路是否满足工艺和性能要求，能判断电路是否存在故障，并顺利排除故障。

5. 能正确运用万用表测试 CD4511 芯片 1、2、6、7 引脚的电位值，观测数码管显示的数字值，并正确记录测试结果，及时总结测试和安装技巧。

6. 训练过程中能自觉遵守安全操作规范，训练结束后能自觉清理场地、归置物品。

训练准备

1. 仪器设备和工具准备

直流稳压电源（+5 V）、数字式万用表和常用电子装配工具等。

2. 元器件准备

训练所需元器件清单见表 6–30。

表 6–30　元器件清单

代号	名称	型号 / 规格	数量	代号	名称	型号 / 规格	数量
R1 ~ R6	金属膜电阻器	10 kΩ	6	S1 ~ S9	轻触按键	5.2 mm × 5.2 mm	9
R7	金属膜电阻器	1 kΩ	1	B	蜂鸣器	5 V，9 mm × 5.5 mm	1
R8	金属膜电阻器	100 kΩ	1	LED	数码管	1 位，共阴极	1
R9 ~ R15	金属膜电阻器	330	7	J	螺栓式端子	2 位	1
C	电解电容器	10 μF/25 V	1	U	集成电路	CD4511，16P	1
VD1 ~ VD15	二极管	1N4148	15		集成电路插座	16P	1
V	三极管	9013	1				

训练内容

一、实训电路分析

八路抢答器电路原理图如图 6–46 所示。它是一个可同时进行八路优先抢答的抢答器，按键按下后，蜂鸣器发声，同时数码管显示优先抢答者的号数。抢答成功后，再按按键，显示不会改变，除非按复位键，复位后，显示清零，可继续抢答。S1 ~ S8 为抢答键，S9 为复位键。CD4511 为一块含有 BCD–7 段锁存 / 译码 / 驱动电路的集成电路，其中，1、2、6、7 脚为 BCD 码输入端；9 ~ 15 脚为显示输出端；3 脚（$\overline{LT}$）为测试输出端，当 $\overline{LT}$ 为 0 时，输出全为 1；4 脚（$\overline{BI}$）为消隐端，当 $\overline{BI}$ 为 0 时，输出全为 0；5 脚（LE）为锁存允许端，当 LE 为 0 时，允许译码输出，当 LE 由“0”变为

“1”时，译码器输出端保持原来的数值。

二、装配电路

1. 识读电路原理图和印制板装配图。

2. 制订实训计划，准备电子装配工具及仪器仪表，做好设备安全防护措施。

3. 元器件识别与检测

（1）清点元器件

按照表 6–30 核对元器件的数量、型号和规格，并把标称值填入表 6–31 中。如有短缺、差错应及时补缺和更换。

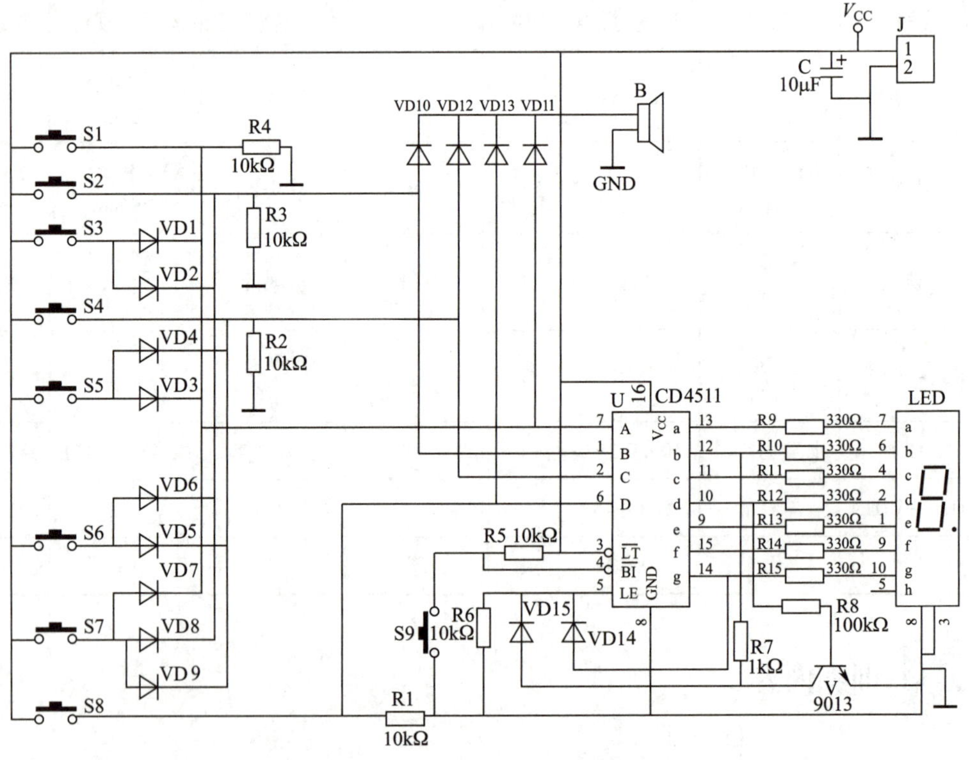

图 6–46　八路抢答器电路原理图

表 6–31　元器件的标称值及检测结果

代号	标称值	检测值	代号	标称值	检测值
R1			R4		
R2			R5		
R3			R6		

续表

代号	标称值	检测值	代号	标称值	检测值
R7			C		
R8			代号	检测结果	
R9			VD1 ~ VD15		
R10			V		
R11			LED		
R12			B		
R13			U		
R14			S1 ~ S9		
R15					

（2）元器件检测

1）用万用表对电阻器、电容器、二极管等元器件进行检测，并把检测结果填入表6–31中。若有不符合质量要求的元器件，应剔除和更换。

2）检测数码管。将数字式万用表红表笔接数码管的“–”公共端，黑表笔分别去接各段电极（a ~ h脚）。若万用表测得的电阻值在100 kΩ以内，说明该段的发光二极管导通，同时对应段会发光。若测到某个引脚时，电阻值为零，所对应的段也不发光，则说明被测段的发光二极管已经开路损坏。将测量情况填入表6–31中。

3）检测蜂鸣器。用数字式万用表对蜂鸣器进行检测，将挡位旋钮置于200 Ω挡，检测方法如下：在正常情况下，蜂鸣器正负引脚间的阻值应是一个固定值(一般为8 Ω或16 Ω)，当表笔接触引脚的瞬间或间断接触蜂鸣器引脚时，蜂鸣器会发出“吱吱”的声响，说明蜂鸣器是好的；若测得引脚间的阻值为无穷大、零或检测时未发出声响，则说明蜂鸣器已损坏。

4. CD4511和数码管的资料查询

CD4511和数码管使用前，可利用有关手册或相关专业网站查阅相关资料，了解CD4511和数码管的各引脚功能及引脚排列位置。

5. 电路装配

按照图6–46所示电路原理图，将元器件正确插装在电路板上后进行焊接固定。装配时应遵守电气作业规程，做好安全防护措施。安装好的八路抢答器电路板如图6–47所示。

图 6–47　安装好的八路抢答器电路板

6. 自检与互检

安装完成后，对照原理图仔细检查电路是否安装正确，导线、焊点是否符合要求。用万用表检测电源是否有短路问题，待确认无误后，插上集成电路，然后进行通电测试。集成电路应安装在相应的插座上，注意集成电路的缺口与集成电路插座缺口方向必须一致，将集成电路插入插座时，应避免插反及引脚未完全插入插座等现象。检查电路接线，应重点检查二极管、三极管、电解电容、蜂鸣器极性，正、负电源有没有接错。先进行自检与互检，待教师确认无误后，再进行通电测试。

三、电路调试

确认没有接错后，接通 +5 V 直流电源。具体测试要求为按表 6–32 中的要求分别设置八个按键的状态 S_1 ~ S_8（按下为“1”，未按为“0”）或者按下八个按键中的任意一个，用数字式万用表分别测量 CD4511 芯片 7、1、2、6 引脚的电位 V_A、V_B、V_C、V_D，同时观察并记录数码管显示的数字。按下复位键 S9，重复上述操作，将测量值和数码管显示的数值填入表 6–32 中。

表 6–32　测试数据记录

S_1	S_2	S_3	S_4	S_5	S_6	S_7	S_8	V_A	V_B	V_C	V_D	数码管显示数字
1	0	0	0	0	0	0	0					
0	1	0	0	0	0	0	0					
0	0	1	0	0	0	0	0					
0	0	0	1	0	0	0	0					
0	0	0	0	1	0	0	0					
0	0	0	0	0	1	0	0					
0	0	0	0	0	0	1	0					
0	0	0	0	0	0	0	1					

如电路出现故障，把故障现象和排除故障方法记录在表 6–33 中。

表 6–33 故障现象和排除故障方法

故障现象	
排除方法及步骤	

四、清理现场

按照现场管理规范清理场地，归置物品。

训练测评

对自己在本次训练中的综合表现进行评价。扫描右侧二维码可查看评价项目、内容及标准。

本章小结

1. 本章介绍了三种基本逻辑门电路——与门、或门和非门的电路结构及逻辑关系的表达方法，包括逻辑符号、真值表和逻辑表达式；介绍了集成门电路的常见形式——TTL 与非门，CMOS 非门、与非门、或非门，CMOS 传输门。这些门电路是组成数字电路的基本单元电路。

2. 门电路的输入和输出只有“高电平”和“低电平”两种状态，可用“1”和“0”两个符号来表示。这就是逻辑变量的可能取值，所以通常也称逻辑变量为二值量。二进制数 1、0 能代表数值大小，它们与逻辑变量的可能取值“1”和“0”具有不同的含义。本章介绍了常用的二进制和十进制的数制体系、相互转换的方法，以及 8421BCD 码的编码方法。

3. 逻辑代数是分析和设计数字电路的主要工具。本章对逻辑代数的常用公式和定律做了较详细的介绍，对逻辑函数的公式法化简做了详细介绍。逻辑代数中的逻辑变量就是前面所说的二值量，只具有“1”和“0”两种取值。

4. 组合逻辑电路的特点是电路在任一时刻的输出直接由该时刻的输入状态所决定，而与电路原来的状态无关。电路中没有反馈通路，也没有储能元件（记忆元件）。

5. 逻辑函数的表示方法有真值表、逻辑表达式、逻辑电路图等，这些不同表示方法之间可以相互转换。

6. 组合逻辑电路是由基本门电路组成的，常见的组合逻辑电路有编码器、译码器和加法器等。组合逻辑电路的输出仅与当时的输入信号有关，它是数字电路的两大类型电路之一。

7. 编码是用文字、符号或数字表示特定对象的过程，实现编码功能的电路称为编码器。主要类型有二进制编码器、二－十进制编码器和优先编码器。优先编码器可对输入信号按预先规定的先后次序进行编码，优先权高者先行编码输出。

8. 译码是编码的逆过程。常用的译码器有二进制译码器、二－十进制译码器、显示译码器等。

第七章
触发器及时序逻辑电路

第六章介绍的各种逻辑门及由它们组成的组合逻辑电路都不具有记忆功能。而在数字系统中，常常需要存储各种数字信息，因此需要具有记忆功能的电路。触发器是最常用的具有记忆功能的基本单元电路。时序逻辑电路是以触发器为基本单元构成的，常见的有计数器和寄存器。555 定时器是一种使用方便、功能灵活多样的集成器件，只需外接电阻、电容等少量元器件就可构成多谐波振荡电路、单稳态触发器和施密特触发器。本章最后讨论的数 / 模转换和模 / 数转换是利用数字系统处理模拟信号所必需的环节。

§7-1 触发器

学习目标

1. 了解触发器的基本特点。
2. 掌握基本 RS 触发器、同步 RS 触发器的电路组成和逻辑功能。
3. 掌握 JK 触发器、D 触发器、T 触发器的逻辑功能。

触发器具有记忆功能，它是构成时序逻辑电路最基本的单元电路。触发器能够存储一位二进制数码，具有以下基本特点：

（1）有两个稳定的工作状态，即“0”和“1”。

（2）在适当信号的作用下，两种稳定状态可以相互转换。

（3）输入信号消失后，能将获得的新状态保持下来。

触发器的种类很多，目前大量使用的都是集成触发器，但它们都是在基本 RS 触发器的基础上发展而来的。

一、RS 触发器

1. 基本 RS 触发器

（1）电路组成与逻辑符号

基本 RS 触发器由两个“与非”门交叉连接而成，如图 7-1 所示。电路有两个输入端$\overline{R}_D$、$\overline{S}_D$和两个输出端 Q、$\overline{Q}$。正常工作时，Q 和$\overline{Q}$ 总是互补状态。该电路有两个稳定状态，一个是 Q=0、$\overline{Q}$ =1 时，称为触发器的“0”状态；另一个是 Q=1、$\overline{Q}$ =0 时，称为触发器的“1”状态。利用这两个状态就可以存储（或记忆）一位二进制数码“0”或“1”。

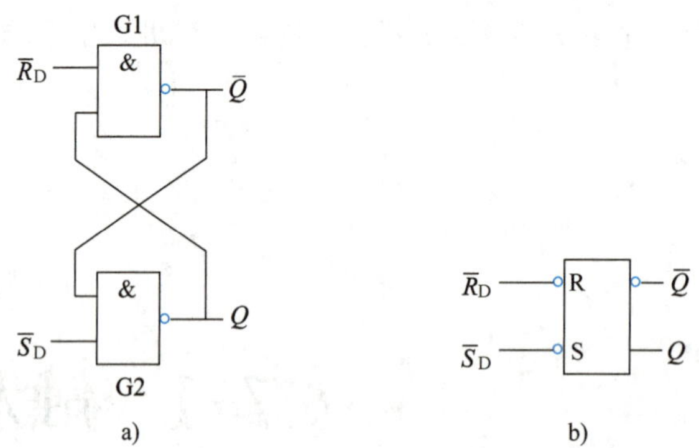

图 7-1 基本 RS 触发器的逻辑电路与逻辑符号

a）逻辑电路 b）逻辑符号

（2）工作原理

当$\overline{R}_D$ =0、$\overline{S}_D$ =1 时，“与非”门 G1 的输入有“0”，故$\overline{Q}$ =1，而此时“与非”门 G2 的输入为全“1”，故 Q=0，所以触发器处于“0”状态，与触发器的原状态无关，称$\overline{R}_D$ 为直接复位端。

当$\overline{R}_D$ =1、$\overline{S}_D$ =0 时，“与非”门 G2 的输入有“0”，故 Q=1，而此时“与非”门 G1 的输入为全“1”，故$\overline{Q}$ =0，所以触发器处于“1”状态，也与触发器的原状态无关，称 $\overline{S}_D$ 为直接置位端。

当$\overline{R}_D$ = $\overline{S}_D$ =1 时，若触发器原状态为“0”，“与非”门 G1 的输入有“0”，则输出$\overline{Q}$ =1，此时 Q=0，即触发器保持原状态“0”不变；若触发器原状态为“1”，“与非”门 G2 的输入有“0”，则输出 Q=1，此时$\overline{Q}$ =0，即触发器也保持原状态“1”不变。所以，不管触发器的原状态如何，触发器都将保持原状态不变。

当$\overline{R}_D=\overline{S}_D$ =0 时，“与非”门 G1 和 G2 的输出均为“1”，即 $Q=\overline{Q}$ =1，这不符合基本 RS 触发器的要求，因此这种情况应禁止出现。

（3）逻辑功能

基本 RS 触发器的逻辑功能可用简化真值表来描述，见表 7–1。

表 7–1 基本 RS 触发器的简化真值表

输入		输出		功能
$\overline{R}_D$	$\overline{S}_D$	Q^n（原状态）	Q^{n+1}（新状态）	
0	1	0 1	0 0	置 0
1	0	0 1	1 1	置 1
1	1	0 1	0（Q^n） 1（Q^n）	保持
0	0	0 1	× ×	不定（禁止）

由表 7–1 可见，基本 RS 触发器具有两个稳定状态“0”和“1”，当外加触发脉冲时，可以使触发器的状态置“0”、置“1”或保持原状态。在图 7–1 所示的“与非”门组成的基本 RS 触发器中，外加触发脉冲都是低电平有效，或称为负脉冲触发。所以在图 7–1 的逻辑符号中，$\overline{R}_D$ 和 $\overline{S}_D$ 输入端靠近方框处都用一个小圆圈来表示负脉冲触发；而输出端带小圆圈的代表$\overline{Q}$端，无小圆圈的代表 Q 端。

【例 7–1】 根据图 7–2 所给出的$\overline{R}_D$ 和$\overline{S}_D$ 端的输入波形，画出基本 RS 触发器 Q 和$\overline{Q}$端的波形。设触发器的初始状态为“0”。

解：

根据图中的$\overline{R}_D$ 和$\overline{S}_D$ 每一瞬间的状态去查真值表中对应的各个时刻 Q 和$\overline{Q}$的状态，从而画出相应的输出波形，如图 7–3 所示。

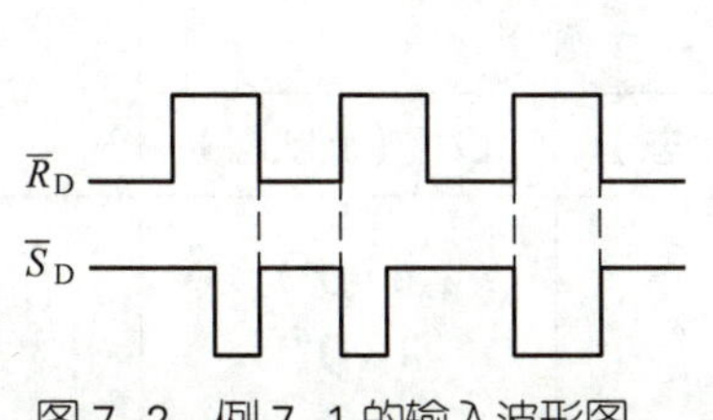

图 7–2 例 7–1 的输入波形图

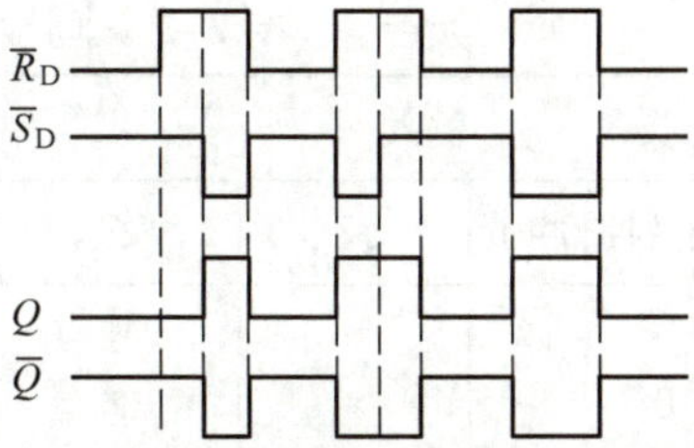

图 7–3 例 7–1 的输入和输出波形图

2. 同步 RS 触发器

在数字系统中，一般包含多个触发器，常常需要各触发器按一定的节拍同步动作，以取得系统的协调。为此引入一个同步信号去控制，称为时钟脉冲信号，简称时钟信号，用 *CP* 表示。受时钟控制的触发器称为同步触发器或钟控触发器。

（1）电路组成与逻辑符号

同步 RS 触发器的逻辑电路图如图 7–4a 所示。图中除有一个基本 RS 触发器外，还增加了两个“与非”门 G3 和 G4 作为控制门。图中，$\overline{R}_D$ 和 $\overline{S}_D$ 分别为异步置“0”和异步置“1”端，在时钟脉冲工作前，预先使触发器处于某一给定状态，而在时钟脉冲工作过程中，不受时钟脉冲 *CP* 的控制。

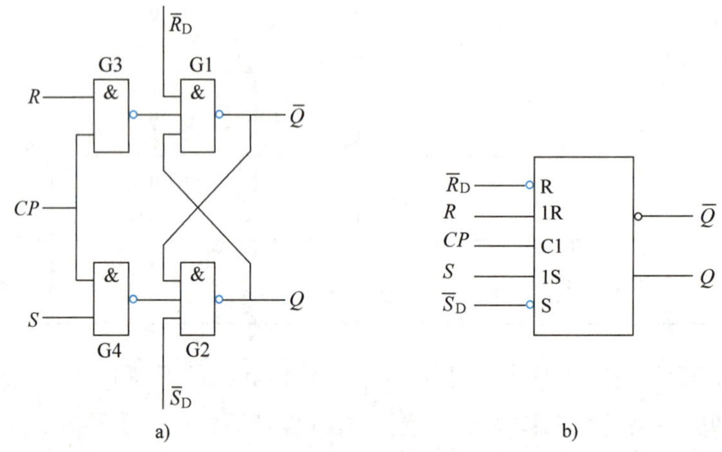

图 7–4　同步 RS 触发器的逻辑电路与逻辑符号

a）逻辑电路　b）逻辑符号

（2）逻辑功能

与基本 RS 触发器的分析方法类似，当 *CP*=0 时，“与非”门 G3、G4 被封锁，不管 *R*、*S* 端输入什么信号，G3、G4 的输出都为“1”，触发器保持原状态；当 *CP*=1 时，“与非”门 G3、G4 打开，输入信号 *R*、*S* 反相后被送到基本 RS 触发器的输入端，触发器按输入 *R* 和 *S* 的不同状态组合得到相应的输出状态，其简化真值表见表 7–2。

表 7–2　同步 RS 触发器的简化真值表

输入			输出		功能
CP（时钟脉冲）	*R*	*S*	Q^n（原状态）	Q^{n+1}（新状态）	
0	×	×	0 1	0（Q^n） 1（Q^n）	保持
1	0	1	0 1	1 1	置 1

续表

输入			输出		功能
CP（时钟脉冲）	R	S	Q^n（原状态）	Q^{n+1}（新状态）	
1	1	0	0 1	0 0	置 0
1	0	0	0 1	0（Q^n） 1（Q^n）	保持
1	1	1	0 1	× ×	不定 （禁止）

【例 7–2】 根据图 7–5 所给出的时钟脉冲 *CP* 和 *R*、*S* 端的输入波形，画出同步 RS 触发器 Q 和 $\overline{Q}$ 端的波形。设触发器的初始状态为“0”。

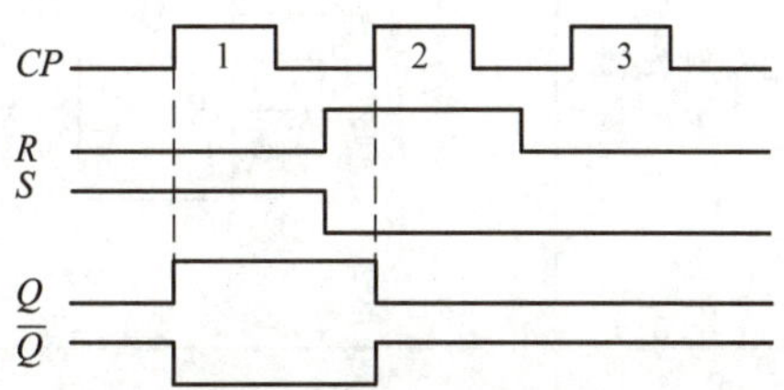

图 7–5　例 7–2 的输入和输出波形图

解：

根据同步 RS 触发器的真值表，观察每一个时钟脉冲高电平到来时的 *R*、*S* 的电平组合情况，得到 Q 端输出波形，最后再画出 $\overline{Q}$ 端的波形（与 Q 端波形反相）。

如果在 *CP*=1 期间，输入 *R*、*S* 发生了变化（受到干扰信号），输出也会发生相应的变化，为了解决这个问题，可以利用边沿触发器。

二、其他类型触发器

在基本 RS 触发器和同步 RS 触发器的基础上，还可以用少许的门电路或通过简单连线，构成主从型的 RS、JK、D 和 T 等各种逻辑功能的触发器，但由于这种主从结构的触发器存在或多或少的缺点，所以，目前大多采用性能优良的边沿触发器。

边沿触发器有个显著特点，就是只有在时钟脉冲 *CP* 的上升沿或下降沿的瞬间，触发器的新状态才取决于此时刻的输入信号状态，而其他时刻触发器均保持原状态不变。这个特点大大提高了触发器的抗干扰能力。

表 7–3 列出了常用的 JK、D 和 T 边沿触发器的逻辑符号和逻辑功能。在表中各触发器的逻辑功能除用简化真值表来表达以外，还用逻辑表达式——特征方程来表示，并指出了 *CP* 有效的时刻是上升沿还是下降沿。

表 7–3　常用的 JK、D 和 T 边沿触发器的逻辑符号和逻辑功能

触发器名称	逻辑符号	逻辑功能：真值表	逻辑功能：特征方程
JK 触发器	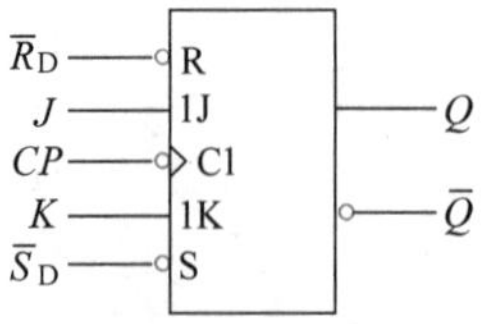 $\overline{R}_D$ —R J —1J CP —C1 K —1K $\overline{S}_D$ —S Q, $\overline{Q}$	J K Q^{n+1} 0 0 Q^n 0 1 0 1 0 1 1 1 $\overline{Q^n}$	$Q^{n+1}=J\overline{Q^n}+\overline{K}Q^n$ （CP 下降沿有效）
JK 触发器	$\overline{R}_D$ —R J —1J CP —C1 K —1K $\overline{S}_D$ —S Q, $\overline{Q}$	J K Q^{n+1} 0 0 Q^n 0 1 0 1 0 1 1 1 $\overline{Q^n}$	$Q^{n+1}=J\overline{Q^n}+\overline{K}Q^n$ （CP 上升沿有效）
D 触发器	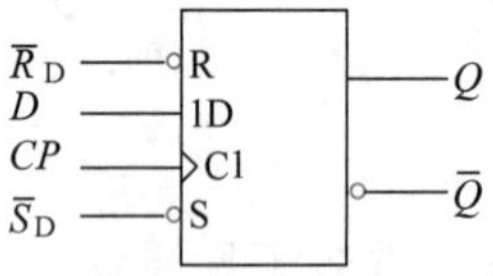 $\overline{R}_D$ —R D —1D CP —C1 $\overline{S}_D$ —S Q, $\overline{Q}$	D Q^{n+1} 0 0 1 1	$Q^{n+1}=D$ （CP 上升沿有效）
T 触发器	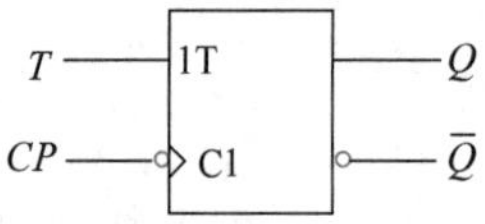 T —1T CP —C1 Q, $\overline{Q}$	T Q^{n+1} 0 Q^n 1 $\overline{Q^n}$	$Q^{n+1}=T\overline{Q^n}+\overline{T}Q^n$ $=T\oplus Q^n$ （CP 下降沿有效）

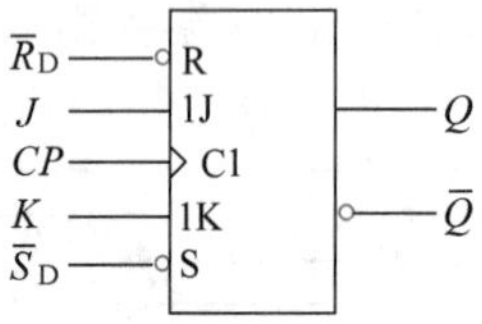

可以看出，表中 JK 触发器的功能最齐全，既有置“0”、置“1”的功能，还有“保持”“计数”的功能。所谓计数，就是记录时钟脉冲的个数，也可以称为“翻转”功能，因为每来一个 CP，触发器的新状态就与原状态相反。下降沿触发的 JK 触发器用得较普遍。

D 触发器的新状态输出仅是延迟了的输入，换句话说，要让触发器置“0”，只需使输入信号 D=0 即可，同理可使触发器置“1”。常用 D 触发器是上升沿触发的。

T 触发器具有“保持”和“翻转”功能，即当 T=0 时保持；当 T=1 时翻转，新状态总是原状态的相反状态，因此也称为计数触发器。可由 JK 触发器通过简单连线得到，如图 7–6 所示。

【例 7–3】 根据图 7–7 所给出的时钟脉冲 CP 和 J、K 端的输入波形，画出下降沿

触发的 JK 触发器的 Q 端的波形。设触发器的初始状态为“0”。

解：

根据 JK 触发器的真值表，观察每一个时钟脉冲下降沿到来那一刻 J、K 的电平组合情况，得到 Q 端输出波形，如图 7–7 所示。

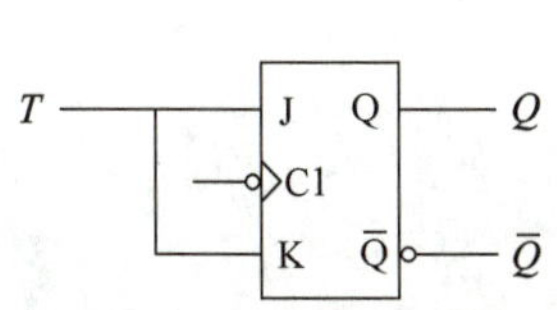

图 7–6　由 JK 触发器构成的 T 触发器

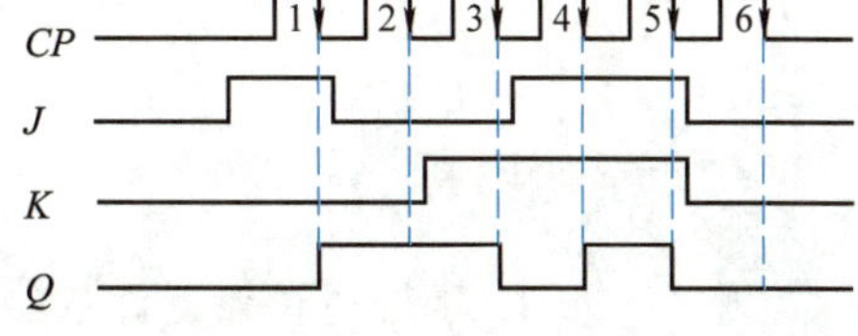

图 7–7　例 7–3 的输入和输出波形图

【例 7–4】 根据图 7–8 所给出的时钟脉冲 CP 和 D 端的输入波形，画出 CP 上升沿触发的 D 触发器 Q 和 $\overline{Q}$ 端的波形。设触发器的初始状态为“0”。

解：

根据 D 触发器的真值表，观察每一个时钟脉冲上升沿到来那一刻 D 端的电平情况，从而得到 Q 端输出波形，如图 7–8 所示。

【例 7–5】 根据图 7–9 所给出的时钟脉冲 CP 和 T 端的输入波形，画出下降沿触发的 T 触发器 Q 和 $\overline{Q}$ 端的波形。设触发器的初始状态为“0”。

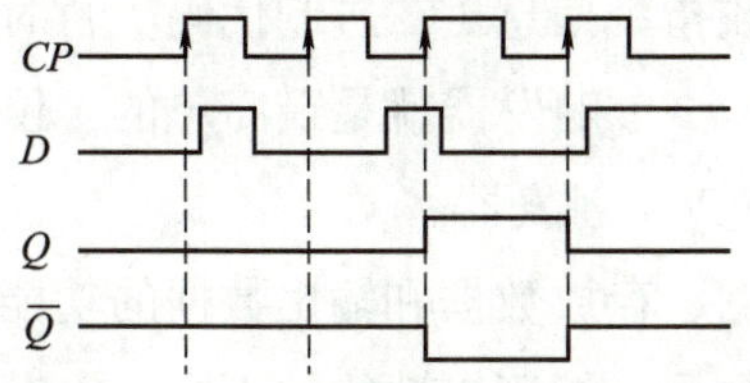

图 7–8　例 7–4 的输入和输出波形图

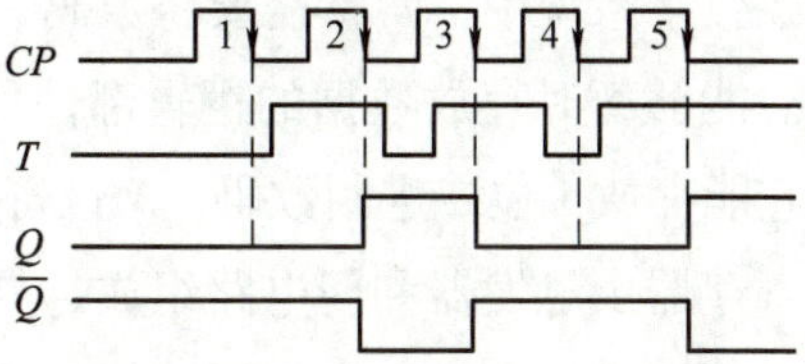

图 7–9　例 7–5 的输入和输出波形图

解：

根据 T 触发器的真值表，观察每一个时钟脉冲下降沿到来那一刻 T 端电平是“0”还是“1”，判断新状态是保持原状态还是与原状态相反，从而画出 Q 端输出波形，如图 7–9 所示。

三、集成触发器

像集成门电路一样，触发器也有 TTL 和 CMOS 两种。如图 7–10 所示为集成 D 边沿触发器 74HC74 的引脚排列，其中包含 2 个功能完全相同的 D 触发器，它们的逻辑功能与前述 D 触发器完全一样，在此不再赘述。

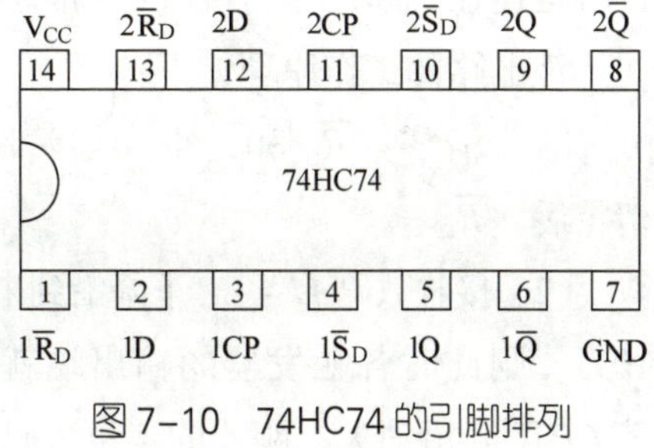

图 7–10　74HC74 的引脚排列

§7-2　常用的时序逻辑电路

学习目标

1. 掌握寄存器、计数器的功能和常见类型。
2. 能识读常用寄存器、计数器集成电路的引脚。

时序逻辑电路是数字电路的另一个重要组成部分，它与组合逻辑电路的功能不同，其特点是任一时刻电路的输出状态（新状态）不仅取决于该时刻的输入信号，而且与前一时刻电路的状态（原状态）有关。常用的时序逻辑电路有寄存器和计数器。

一、寄存器

在数字系统中，常常需要将数码、运算结果或指令信息（二进制代码）暂时存放起来。能够暂时存放数据的逻辑部件称为寄存器。1 个触发器就是最简单的 1 位寄存器，它能存放 1 位二进制数码，N 位寄存器内含有 N 个触发器。

寄存器由触发器和门电路组成，具有接收数据、存放数据和输出数据的功能。只有在得到接收指令时，寄存器才能接收要寄存的数据。按逻辑功能的不同，寄存器分为数码寄存器和移位寄存器。

1. 数码寄存器

用来存放二进制数码的寄存器称为数码寄存器。图 7–11 是由 D 触发器构成的 4 位数码寄存器的逻辑电路图，D_0 ~ D_3 为 4 位数码输入端，Q_0 ~ Q_3 为 4 位数码输出端。此外，该寄存器中每个触发器的复位端连在一起作为清零端$\overline{R}_D$，各个触发器的时钟脉冲端也连在一起，作为接收数码的控制端（让各触发器同时变化，称为同步）。

该电路的工作原理如下：

（1）清零：$\overline{R}_D=0$，寄存器清除原数码，Q_0 ~ Q_3 均为 0 态，即 $Q_3Q_2Q_1Q_0=0000$。清零后，$\overline{R}_D=1$。

（2）接收数码：当 CP 下降沿到来时，接收来自各个触发器 D 端的信号，若 $D_3D_2D_1D_0=1011$，则此时各触发器的输出端就为各个 D 端的信号，即为 $Q_3Q_2Q_1Q_0=1011$，这时，若 CP 下降沿消失，刚才的 4 位数码就存放在寄存器中了。

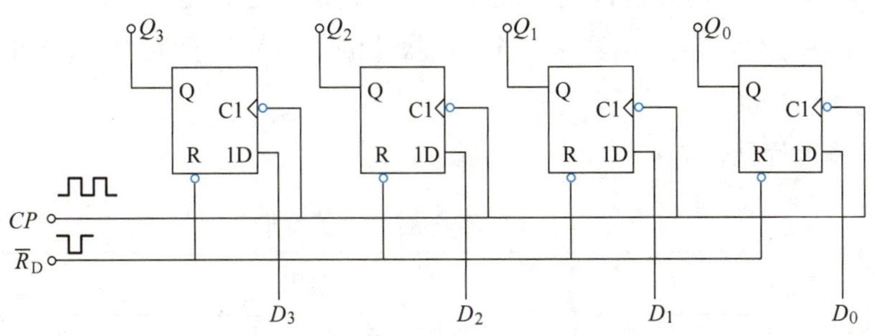

图 7–11 4 位数码寄存器的逻辑电路图

由于该寄存器能同时输入 4 位数码，同时输出 4 位数码，故又称为并行输入、并行输出寄存器。

2. 移位寄存器

具有存放数码和在时钟脉冲作用下逐位向左或向右移动功能的电路，称为移位寄存器。移位寄存器是在数码寄存器的基础上发展而成的，它不仅有存放数码的功能，还具有移位的功能。

移位寄存器分为单向移位寄存器和双向移位寄存器。

（1）单向移位寄存器

在移位脉冲作用下，所存数码只能向某一方向（左或右）移动的寄存器称为单向移位寄存器。

图 7–12 是用 D 触发器组成的 4 位左移寄存器，输入信号从最低位触发器 FF_0 的输入端 D_0 依次送入寄存器中（串行输入方式），输出可从 4 个触发器的 Q 端同时输出（并行输出方式），也可从最高位触发器的 Q_3 端依次输出（串行输出方式）。

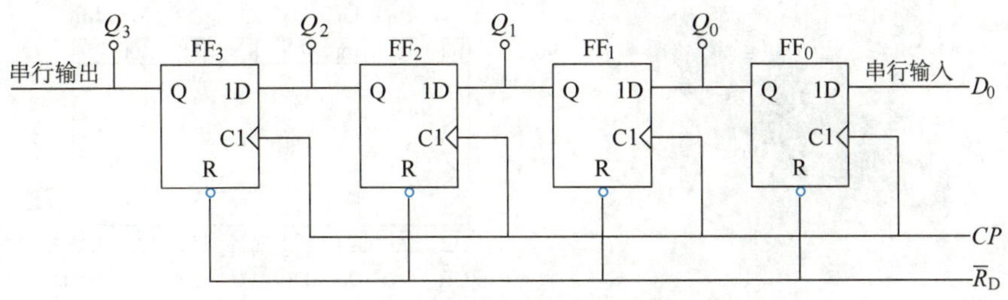

图 7–12 4 位左移寄存器的逻辑电路图

4 位左移寄存器的工作过程如下：假设左移输入的串行数码为 1011，首先使各个触发器清零，即让 $\overline{R}_D=0$，得到输出为 $Q_3Q_2Q_1Q_0$=0000。当第一个 CP 上升沿到来时，第一位数码“1”送入 D_0 端，使寄存器的输出状态 $Q_3Q_2Q_1Q_0$=0001。第二个 CP 上升沿到来后，一方面，第二位数码“0”送入 D_0 端；另一方面，刚才 Q_0 端的“1”左移送入 D_1 端，使得输出 $Q_3Q_2Q_1Q_0$=0010。如此进行下去，当第四个 CP 上升沿到来后，就

有 $Q_3Q_2Q_1Q_0$=1011。这时在各触发器输出端同时输出信号，便可并行输出刚才的 4 位数码 $Q_3Q_2Q_1Q_0$=1011。若连续再来 4 个 CP 脉冲的上升沿，则可从 Q_3 端串行输出这 4 位数码 1、0、1、1。

以上工作过程见表 7–4。

表 7–4　4 位左移寄存器的真值表

输入			输出				移位过程
CP 个数	$\overline{R}_D$	D_0	Q_3	Q_2	Q_1	Q_0	
0	0	×	0	0	0	0	清零
1	1	1	0	0	0	1	左移 1 位
2	1	0	0	0	1	0	左移 2 位
3	1	1	0	1	0	1	左移 3 位
4	1	1	1	0	1	1	左移 4 位

右移寄存器则是将信号从最高位触发器的 D 端串行输入信号，从最低位触发器的 Q 端串行输出信号的电路，其工作原理与左移寄存器类似。

（2）双向移位寄存器

双向移位寄存器同时具有左移与右移功能，它除有左移和右移两个串行输入端外，还应有左移、右移控制端，用以控制它完成左移或右移操作。

74LS194 是具有串行和并行输入、串行和并行输出的 4 位双向中规模集成移位寄存器，其外形和引脚排列如图 7–13 所示。

a)

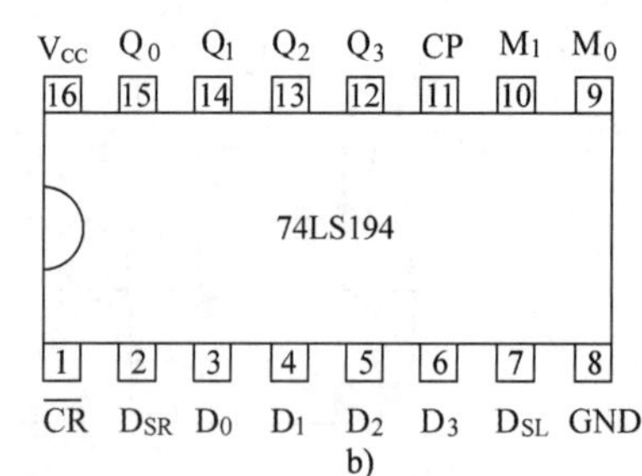

b)

图 7–13　74LS194 的外形和引脚排列

a）外形　b）引脚排列

图中 $\overline{CR}$ 为清零端，低电平有效；D_0 ~ D_3 为并行数据输入端；D_{SL}、D_{SR} 分别为左移、右移串行数据输入端；Q_0 ~ Q_3 为并行数据输出端；M_1、M_0 为工作方式控制端，对应它们的 4 种不同取值组合，寄存器分别执行保持、右移、左移和并行输入数据 4 种功能，其功能见表 7–5。

表 7-5 双向移位寄存器 74LS194 的功能表

清零端$\overline{CR}$	控制端		时钟脉冲端 CP	功能
	M_1	M_2		
0	×	×	×	清零：Q_i 全为“0”
1	0	0	×	保持：$Q_i^{n+1}=Q_i^n$
1	0	1	上升沿	串行输入、右移：$D_{SR}=Q_3$，$Q_{i-1}^{n+1}=Q_i^n$
1	1	0	上升沿	串行输入、左移：$D_{SL}=Q_0$，$Q_{i+1}^{n+1}=Q_i^n$
1	1	1	上升沿	并行输入：$Q_i=D_i$

利用 74LS194 很容易实现数据串行—并行的转换和并行—串行的转换。

知识拓展

常用集成移位寄存器的型号及功能

常用集成移位寄存器的型号及功能见表 7-6。

表 7-6 常用集成移位寄存器的型号及功能

类型	型号	功能
移位寄存器	74（54）LS164 74（54）HC164	8 位移位寄存器（串入 / 并出）
	74（54）LS165 74（54）HC165	8 位移位寄存器（并入 / 串出）
	74（54）LS166 74（54）HC166	8 位移位寄存器（串、并入 / 串出）
	74（54）LS194 74（54）HC194	4 位双向 8 位移位寄存器（并行存储）
	74（54）LS195 74（54）HC195	4 位双向移位寄存器（并行存储，J、K 输入）
	74（54）LS299 74（54）HC299	8 位移位寄存器（三态）
	74（54）LS589 74（54）HC589	8 位移位寄存器（三态，并入 / 串出）
	74（54）LS595 74（54）HC595	8 位移位寄存器（三态，串入 / 串、并出，输入锁存）
	74（54）LS597 74（54）HC597	8 位移位寄存器（串、并入 / 串出，输入锁存）

二、计数器

计数器是由触发器和门电路组成的一种时序电路，可以用来统计输入脉冲的个数（称为计数），还可以用来定时、分频或者进行数字运算等。

1. 计数器的分类

计数器的种类繁多，可按不同的分类标准进行分类。

（1）按照进位数制的不同，计数器可分为二进制计数器、十进制计数器和 N 进制（即任意进制）计数器。

（2）按照计数过程中计数变化的趋势是增加还是减少，计数器可分为加法计数器、减法计数器和可逆计数器（既可做加法计数，又可做减法计数）。

（3）按照时钟脉冲引入的方式（或者计数器中各触发器翻转的次序），计数器可分为异步计数器和同步计数器。

同步计数器就是组成计数器的所有触发器共用 1 个时钟脉冲（该时钟脉冲就是被计数的输入脉冲），使应该翻转的触发器在时钟脉冲的作用下同时翻转。

异步计数器中各级触发器的时钟并不都来源于计数脉冲，有的来源于其他触发器的输出端，因而各级触发器的状态转变不是同时进行，而是有先有后。因而分析异步计数器时必须特别注意各级触发器的时钟信号，以确定其状态转变时刻。

由于同步计数器在电路结构上较异步计数器复杂，所以下面着重介绍两个异步计数器。

2. 异步计数器

（1）异步二进制计数器

异步 3 位二进制加法计数器的逻辑电路图如图 7–14 所示。它由 3 个 JK 触发器组成，各触发器的 J、K 端均悬空（相当于 $J=K=1$），即各触发器处于“计数”状态。3 个触发器中只有最低位的时钟脉冲端接收计数器脉冲 CP，其他各级均是低位触发器的输出端 Q 接到高位触发器的时钟脉冲端，即 $CP_0=CP$，$CP_1=Q_0$，$CP_2=Q_1$。因此，只要低位触发器的状态从 1 变为 0，其 Q 端产生的下降沿就使高一位触发器翻转。

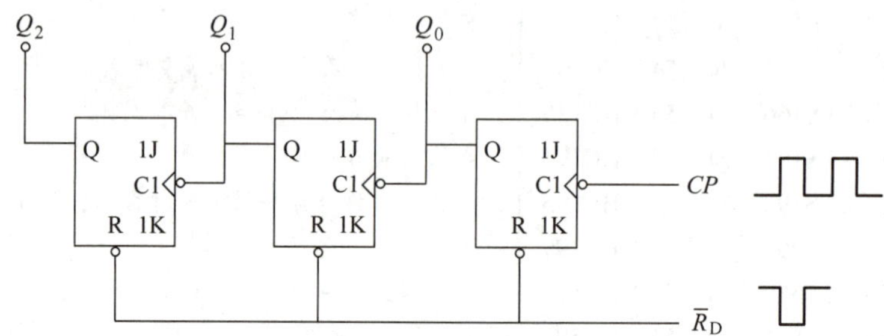

图 7–14　异步 3 位二进制加法计数器的逻辑电路图

异步 3 位二进制加法计数器的真值表见表 7–7。

表 7–7　异步 3 位二进制加法计数器的真值表

计数脉冲 CP 个数	原状态			新状态			触发脉冲有无下降沿		
	Q_2^n	Q_1^n	Q_0^n	Q_2^{n+1}	Q_1^{n+1}	Q_0^{n+1}	CP_2	CP_1	CP_0
0	0	0	0	0	0	0	无	无	无
1	0	0	0	0	0	1	无	无	有
2	0	0	1	0	1	0	无	有	有
3	0	1	0	0	1	1	无	无	有

续表

计数脉冲 CP 个数	原状态			新状态			触发脉冲有无下降沿		
	Q_2^n	Q_1^n	Q_0^n	Q_2^{n+1}	Q_1^{n+1}	Q_0^{n+1}	CP_2	CP_1	CP_0
4	0	1	1	1	0	0	有	有	有
5	1	0	0	1	0	1	无	无	有
6	1	0	1	1	1	0	无	有	有
7	1	1	0	1	1	1	无	无	有
8	1	1	1	0	0	0	有	有	有

异步 3 位二进制加法计数器的工作波形（称为时序图）如图 7–15 所示。

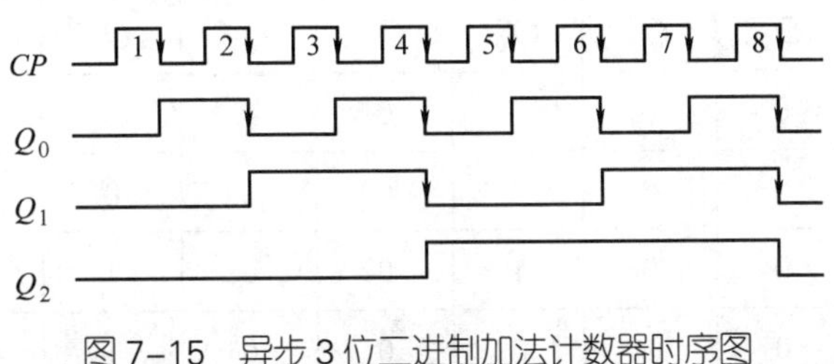

图 7–15 异步 3 位二进制加法计数器时序图

上面的异步 3 位二进制加法计数器是按照二进制数递增的顺序变化的。如果在逻辑图中将低位触发器的 $\overline{Q}$ 端接至高位触发器的时钟脉冲端，就可得到异步 3 位二进制减法计数器，如图 7–16 所示，其工作过程与加法计数器类似。

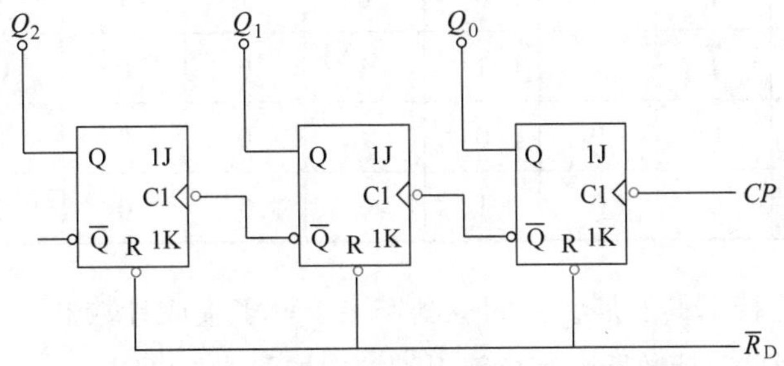

图 7–16 异步 3 位二进制减法计数器逻辑电路图

（2）异步十进制加法计数器

由于人们日常生活、工作中更习惯于使用十进制计数，所以十进制计数器的使用非常广泛。图 7–17 就是一种异步十进制加法计数器的逻辑电路图。按照前面所述的分析方法，可以得到其真值表（见表 7–8）。由表可见，当计数到 1001（即十进制数 9）时，再来 1 个时钟脉冲就归零（向高位进一，同时本位归零）成为 0000。

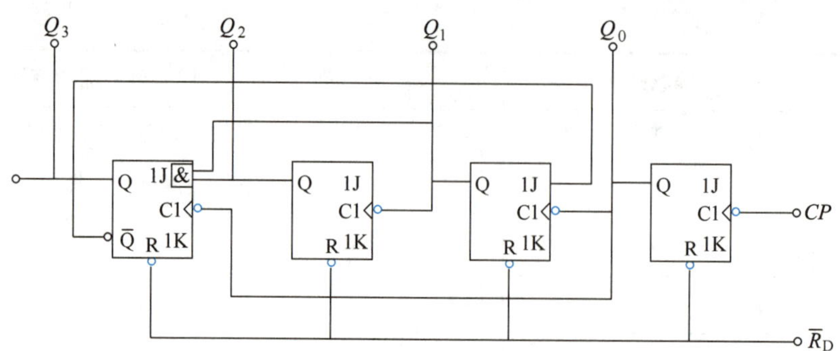

图 7–17　异步十进制加法计数器的逻辑电路图

表 7–8　异步十进制加法计数器的真值表

计数脉冲 CP 个数	原状态				新状态				进位输出
	Q_3^n	Q_2^n	Q_1^n	Q_0^n	Q_3^{n+1}	Q_2^{n+1}	Q_1^{n+1}	Q_0^{n+1}	C
0	0	0	0	0	0	0	0	0	0
1	0	0	0	0	0	0	0	1	0
2	0	0	0	1	0	0	1	0	0
3	0	0	1	0	0	0	1	1	0
4	0	0	1	1	0	1	0	0	0
5	0	1	0	0	0	1	0	1	0
6	0	1	0	1	0	1	1	0	0
7	0	1	1	0	0	1	1	1	0
8	0	1	1	1	1	0	0	0	0
9	1	0	0	0	1	0	0	1	0
10	1	0	0	1	0	0	0	0	1

由于电子工艺技术的发展，人们也制作出了许多集成计数器，74LS190 就是一种中规模集成十进制可逆计数器，其外部引脚排列如图 7–18 所示。

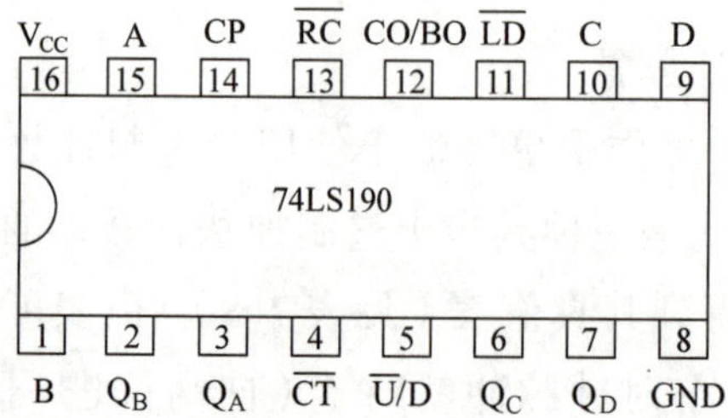

图 7–18　集成十进制可逆计数器 74LS190 的外部引脚排列

74LS190 既可以进行十进制加法计数，又可以进行十进制减法计数，由 $\overline{U}/D$ 端控制：当 $\overline{U}/D$=0 时，做加法计数；当 $\overline{U}/D$=1 时，做减法计数。此外，它还有预置数功能端 $\overline{LD}$、使能控制端 $\overline{CT}$、串行时钟输出端 $\overline{RC}$（便于级联）、进位 / 借位输出端 CO/BO 等，它的功能表见表 7–9。

表 7–9 集成十进制可逆计数器 74LS190 的功能表

$\overline{LD}$	$\overline{CT}$	$\overline{U}/D$	D	C	B	A	CP	Q_D	Q_C	Q_B	Q_A	CO/BO	$\overline{RC}$
0	×	×	0	1	0	1	×	0	1	0	1	0	0
1	0	0	×	×	×	×	上升沿	0	0	0	0	0	0
1	0	0	×	×	×	×	上升沿	0	0	0	1	0	0
1	0	0	×	×	×	×	上升沿	0	0	1	0	0	0
1	0	0	×	×	×	×	—	—	—	上升沿	上升沿	—	—
1	0	0	×	×	×	×	上升沿	1	0	0	0	0	0
1	0	0	×	×	×	×	上升沿	1	0	0	1	1	上升沿
1	0	1	×	×	×	×	上升沿	0	0	0	0	1	上升沿
1	0	1	×	×	×	×	上升沿	1	0	0	1	0	0
1	0	1	×	×	×	×	上升沿	1	0	0	0	0	0
1	0	1	×	×	×	×	—	—	—	上升沿	上升沿	—	—
1	0	1	×	×	×	×	上升沿	0	0	1	0	0	0
1	0	1	×	×	×	×	上升沿	0	0	0	1	0	0
1	1	×	×	×	×	×	×	不变	不变	不变	不变	不变	1

利用集成计数器可以构成其他任意进制的计数器，例如，电子钟、电子表中的二十四进制、十二进制、六十进制，也可以构成 100 进制计数器等。

知识拓展

常用集成计数器的型号及功能

常用集成计数器的型号及功能见表 7–10。

表 7–10 常用集成计数器的型号及功能

类型	型号	功能
计数器	7468	双十进制计数器
	74LS90 74LS290	十进制计数器
	74LS92	十二分频计数器
	74LS93 74LS293	4 位二进制计数器

续表

类型	型号	功能
计数器	74LS160	同步十进制计数器
	74LS161	同步4位二进制计数器（异步清零）
	74LS162	同步十进制计数器（同步清零）
	74LS163	同步4位二进制计数器（同步清零）
	74LS168　74LS190	可预置同步十进制可逆计数器
	74LS169　74LS191	可预置同步4位二进制可逆计数器
	74LS390　74LS490	双4位十进制计数器

§7-3　555定时器及其应用电路

学习目标

1. 熟悉555定时器电路的逻辑功能。
2. 会用555定时器构成多谐波振荡器、单稳态触发器和施密特触发器。
3. 了解多谐波振荡器、单稳态触发器和施密特触发器的工作过程。
4. 会计算多谐波振荡器的振荡频率及单稳态触发器的输出脉冲宽度。

555集成定时器是一种模拟电路和数字电路相结合的中规模集成电路，因其内部有3个阻值均为5 kΩ的电阻串接成分压器，又因其常在波形产生与变换等应用电路中起定时作用，故称为555定时器，或称为555时基电路。通常只需外接几个阻容元件，就可以构成各种不同用途的脉冲电路，如多谐波振荡器、单稳态触发器、施密特触发器等。555定时器电路主要有TTL集成定时电路和CMOS集成定时电路两大类，它们的逻辑功能与外引线排列都完全相同。双极型产品型号最后数码为555，CMOS型产品型号最后数码为7555。

一、555 定时器的电路结构

555 定时器的内部电路结构如图 7–19 所示。

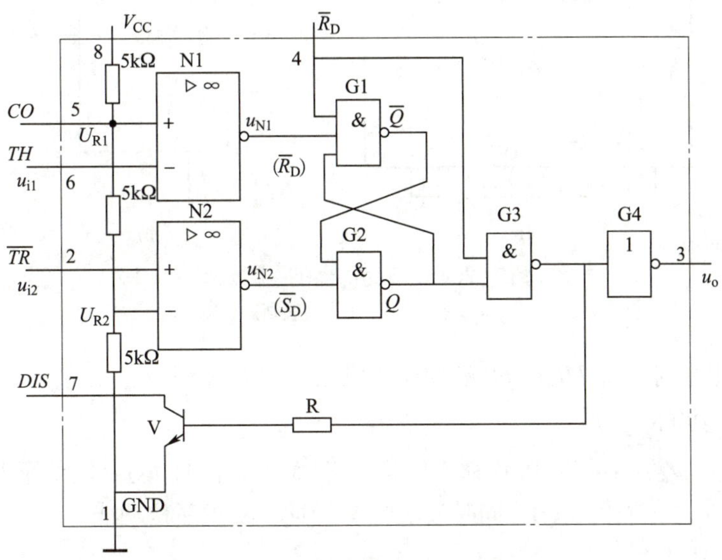

图 7–19 555 定时器的内部电路结构

555 定时器含有两个电压比较器 N1、N2，一个由“与非”门组成的基本 RS 触发器，一个放电管 V，一个由 3 个 5 kΩ 电阻组成的分压器以及一个由 G3、G4 组成的输出缓冲单元。

N1 和 N2 为两个电压比较器，它们的基准电压由 3 个 5 kΩ 的电阻分压得到。$U_{R1}=\frac{2}{3}V_{CC}$为比较器 N1 的基准电压，*TH*(高电平触发输入端，阈值输入端) 为其输入端。$U_{R2}=\frac{1}{3}V_{CC}$为比较器 N2 的基准电压，$\overline{TR}$（低电平触发输入端）为其输入端。*CO* 为控制端，当外接固定电压 U_{CO} 时，$U_{R1}=U_{CO}$、$U_{R2}=\frac{1}{2}U_{CO}$。$\overline{R}_D$ 为复位端，也称为直接置 0 端。

二、555 定时器的引脚和逻辑功能

1. 引脚功能

555 定时器共有 8 个引脚，如图 7–20a 所示，图 7–20b 所示为其一般画法。按照标号各端功能依次为：1 脚为接地端，2 脚为低电平触发输入端，3 脚为输出端，4 脚为复位端，5 脚为电压控制端（不用时，要经 0.01 μF 的电容接地，以防引入干扰），6 脚为高电平触发输入端，7 脚为放电端，8 脚为电源端。

2. 逻辑功能

（1）直接复位功能

$\overline{R}_D$ 为低电平时，输出 $u_o=0$，实现直接复位。正常工作时，$\overline{R}_D$ 端必须为高电平。

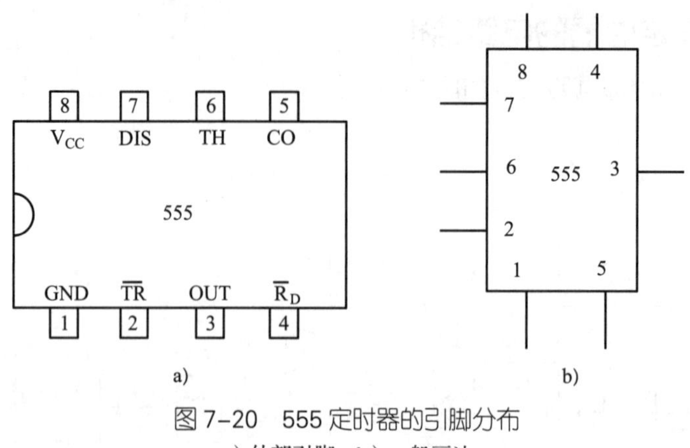

图 7-20　555 定时器的引脚分布

a）外部引脚　b）一般画法

$\overline{R}_D$ 为高电平时，设 TH 和 $\overline{TR}$ 端的输入电压分别为 u_{i1} 和 u_{i2}。

（2）复位功能

当 $u_{i1}>U_{R1}$、$u_{i2}>U_{R2}$ 时，比较器 N1 和 N2 的输出 $u_{N1}=0$、$u_{N2}=1$，基本 RS 触发器被置 0，$Q=0$，$\overline{Q}=1$，输出 $u_o=0$，同时放电管 V 导通，实现复位功能。

（3）置位功能

当 $u_{i1}<U_{R1}$、$u_{i2}<U_{R2}$ 时，$u_{N1}=1$、$u_{N2}=0$，基本 RS 触发器被置 1，$Q=1$，$\overline{Q}=0$，输出 $u_o=1$，同时放电管 V 截止，实现置位功能。

当 $u_{i1}>U_{R1}$、$u_{i2}<U_{R2}$ 时，$u_{N1}=0$、$u_{N2}=0$，基本 RS 触发器输出不定，输出 $u_o=1$，同时放电管 V 截止，实现置位功能。

（4）保持功能

当 $u_{i1}<U_{R1}$、$u_{i2}>U_{R2}$ 时，$u_{N1}=1$、$u_{N2}=1$，基本 RS 触发器维持原状态不变，放电管和输出状态也保持不变，实现保持功能。

根据以上的分析，555 定时器可实现直接复位、复位、置位、保持 4 种功能。列出 555 定时器的功能，见表 7-11。

表 7-11　555 定时器功能表

输入			输出		功能
低电平触发输入（u_{i2}）	高电平触发输入（u_{i1}）	复位（$\overline{R}_D$）	输出（u_o）	放电管（V）	
×	×	0	0	导通	直接复位
$>\frac{1}{3}V_{CC}$	$>\frac{2}{3}V_{CC}$	1	0	导通	复位
$<\frac{1}{3}V_{CC}$	$>\frac{2}{3}V_{CC}$	1	1	截止	置位
$<\frac{1}{3}V_{CC}$	$<\frac{2}{3}V_{CC}$	1	1	截止	置位
$>\frac{1}{3}V_{CC}$	$<\frac{2}{3}V_{CC}$	1	不变	不变	保持

三、555 定时器的典型应用

1. 多谐波振荡器

多谐波振荡器是一种常用的脉冲波形发生器，在接通电源后，它不需外加信号就能产生一定频率和幅度的矩形波。因该矩形波中含有多谐波成分，故称多谐波振荡器。

（1）电路组成

用 555 定时器可构成多谐波振荡器，如图 7–21a 所示。图中，R1、R2 和 C 为外接定时元件。两个触发端 $\overline{TR}$（2 脚）和 TH（6 脚）连接在一起，取电容 C 两端的电压为触发信号。电容 C_0 为旁路电容，防止干扰信号。

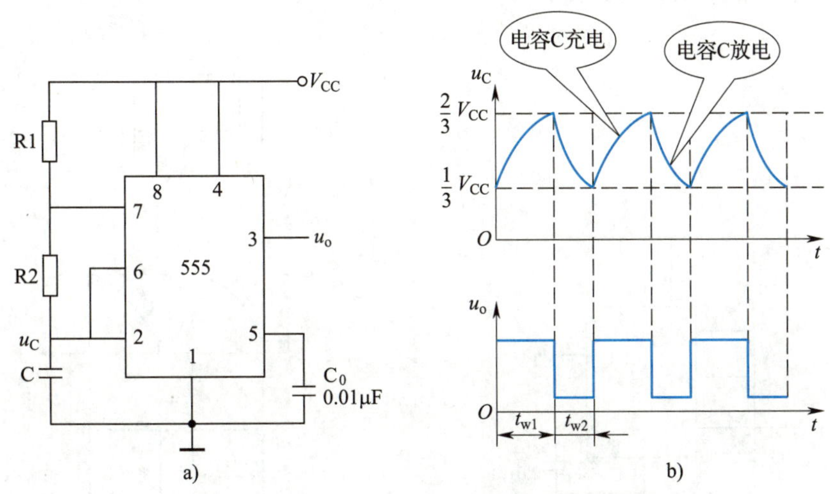

图 7–21 由 555 定时器构成的多谐波振荡器

a）电路图 b）波形图

（2）工作过程

刚接通电源瞬间，电容器 C 两端电压 u_C=0，即 $u_C < \frac{1}{3}V_{CC}$，电路输出高电平，内部放电管截止，V_{CC} 通过 R1、R2 对 C 充电，u_C 按指数规律上升；当 u_C 上升到 $\frac{2}{3}V_{CC}$ 时，电路状态翻转，触发器被复位，输出低电平，电容通过内部放电管放电，u_C 随之下降；当 u_C 下降到 $\frac{1}{3}V_{CC}$ 时，触发器又实现置位。如此反复循环，在输出端就得到一个周期性的方波脉冲，其工作波形如图 7–21b 所示。

（3）振荡周期及频率

经理论推导可得，其振荡周期为

$$T=0.7（R_1+2R_2）C$$

振荡频率为

$$f=\frac{1}{0.7(R_1+2R_2)C}$$

显然，R1、R2 和 C 为外接定时电阻和电容。合理改变 R_1、R_2 和 C 的值，可输出振荡频率符合要求的脉冲信号。

2. 单稳态触发器

采用触摸式延时开关控制照明灯，当手触摸开关时，照明灯点亮，持续一段时间后自动熄灭，利用单稳态触发器可以实现这一控制功能。单稳态触发器是指有一个稳态和一个暂稳态的波形变换电路。该电路在外加触发信号的作用下，能产生一定宽度和幅度的矩形波脉冲信号，但这是一个暂时的稳定状态，经过一段时间又能自动返回稳态。

（1）电路组成

用 555 定时器可构成单稳态触发器，如图 7-22a 所示。图中，R、C 为定时元件，输入触发信号加在 $\overline{TR}$ 端（2 脚）。

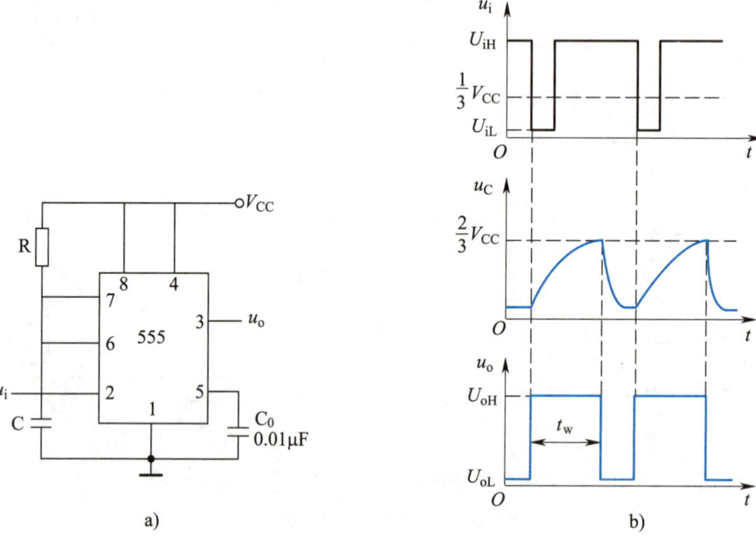

图 7-22　由 555 定时器构成的单稳态触发器

a）电路图　b）波形图

（2）工作过程

1）稳态

无触发信号时，相当于 2 脚 $\overline{TR}$ 输入高电平。当接通电源后 V_{CC} 经 R 向 C 充电，使 u_C 上升，当 $u_C \geq \frac{2}{3}V_{CC}$ 时，触发器复位，输出 u_o 为低电平，放电管 V 饱和导通，电容 C 放电，电路输出保持低电平，电路进入稳定状态。

2）触发进入暂稳态

当输入触发脉冲 u_i 下降沿到来时，触发信号 $u_i < \frac{1}{3}V_{CC}$，触发器发生翻转，输出 u_o 为高电平，放电管 V 截止，电路进入暂稳态。

3）自动返回稳态

在暂稳态期间，V_{CC} 通过电阻 R 对电容 C 充电，但当电容电压上升到 $u_C \geq \frac{2}{3}V_{CC}$

时，电路又发生翻转，u_o 为低电平，V 导通，电容 C 放电，电路又自动返回到触发前的稳定状态。

该电路工作波形如图 7–22b 所示。

（3）输出脉冲宽度 t_w

输出脉冲宽度 t_w 就是暂稳态持续的时间，即电容器 C 两端电压从 0 到 $\frac{2}{3}V_{CC}$ 所用的时间。经理论推导可得输出脉冲宽度为

$$t_w \approx 1.1RC$$

由上式可看出，单稳态触发器的脉冲宽度 t_w 仅取决于 R 和 C 的值，与电压大小和输入触发脉冲宽度无关。调节 R、C 的值，即可调节 t_w。

小提示

为保证单稳态触发器正常工作，外加触发脉冲的幅度应低于 $\frac{1}{3}V_{CC}$，脉冲宽度应小于输出脉冲宽度 t_w。

3. 施密特触发器

（1）电路组成

施密特触发器是一种具有回差特性的双稳态触发器。将 555 定时器的 2 脚 $\overline{TR}$ 和 6 脚 TH 相连作为触发输入端，便构成了施密特触发器，如图 7–23a 所示。

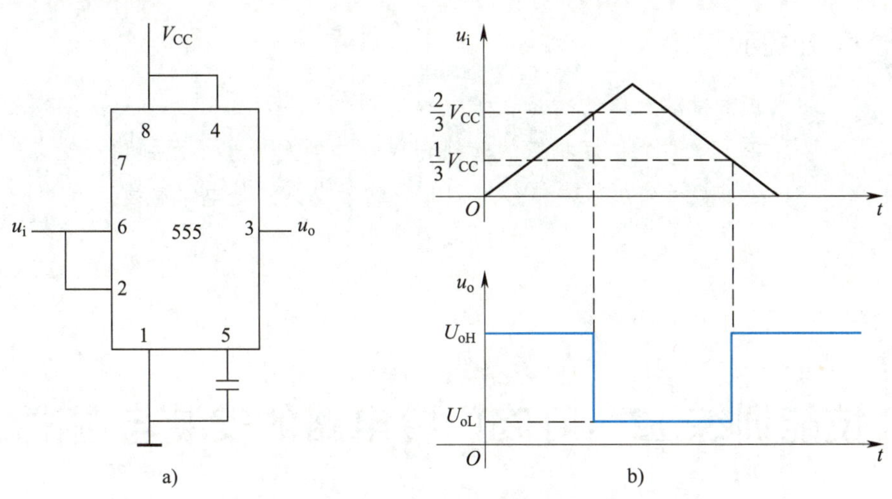

图 7–23 由 555 定时器构成的施密特触发器

a）电路图 b）波形图

（2）工作过程

1）当输入信号 $u_i < \frac{1}{3}V_{CC}$ 时，基本 RS 触发器置 1，即 Q=1，$\overline{Q}$=0，输出 u_o 为高电平；当 $\frac{1}{3}V_{CC} < u_i < \frac{2}{3}V_{CC}$ 时，电路维持原态不变，输出 u_o 仍为高电平。

2）当输入信号增加到 $u_i \geq \frac{2}{3}V_{CC}$ 时，RS 触发器置 0，即 Q=0，$\overline{Q}$=1，输出 u_o 为低电平，电路处于第二稳态；u_i 再增加，只要满足 $u_i \geq \frac{2}{3}V_{CC}$，电路就维持该状态不变。若 u_i 下降，只要满足 $\frac{1}{3}V_{CC} < u_i < \frac{2}{3}V_{CC}$，电路状态仍然维持不变。

3）当输入信号下降到 $u_i \leq \frac{1}{3}V_{CC}$时，触发器再次置 1，电路又翻转，输出为高电平，电路就由第二稳态返回第一稳态。

当输入三角波信号时，从施密特触发器的 u_o 端可得到方波输出。其工作波形如图 7-23b 所示。

由以上分析可知，在输入信号上升过程中，当 $u_i \geq \frac{2}{3}V_{CC}$ 时，输出由高电平变为低电平，即上限触发电压 $U_{T+} = \frac{2}{3}V_{CC}$；而在输入信号下降过程中，当 $u_i \leq \frac{1}{3}V_{CC}$ 时，输出由低电平变为高电平，即下限触发电压 $U_{T-} = \frac{1}{3}V_{CC}$。这两个触发电压之间的差值称为回差电压，又称滞回电压，其值为

$$\Delta U_T = U_{T+} - U_{T-} = \frac{2}{3}V_{CC} - \frac{1}{3}V_{CC} = \frac{1}{3}V_{CC}$$

若在电压控制端 5 脚外接可调电压 U_{CO}（1.5 ~ 5 V），可以改变回差电压 ΔU_T 的大小。

施密特触发器的回差特性意味着，输入电压在回差电压 ΔU_T 范围内变化对输入无影响，因此，可有效抑制输入端噪声电压所引起的误触发，提高电路的抗干扰能力。

小提示

施密特触发器的特点在于它也有两个稳定状态，但与一般触发器的区别在于这两个稳定状态的转换需要外加触发信号，而且稳定状态的维持也要依赖于外加触发信号，因此它的触发方式是电平触发。

技能训练 12　叮咚门铃电路的安装与调试

训练目标

1. 能正确识读叮咚门铃电路工作原理图，分析叮咚门铃电路的工作过程，熟悉 555 定时器及其应用电路。

2. 能正确识别和检测所用元器件，熟悉 555 定时器的功能及外引脚排列。

3. 能结合电路原理图和印制电路板，找到对应元器件的安装位置。

4. 能按要求和计划正确使用工具进行线路焊接和安装。

5. 能根据外观和测试结果判断电路是否满足工艺和性能要求，能判断电路是否存在故障，并顺利排除故障。

6. 能正确运用示波器和数字频率计观测输出信号的波形和频率，并正确记录测试结果，及时总结测试和安装技巧。

7. 训练过程中能自觉遵守安全操作规范，训练结束后能自觉清理场地、归置物品。

训练准备

1. 仪器设备和工具准备

直流稳压电源（+4.5 V）、数字频率计、数字式万用表、示波器及常用电子装配工具等。

2. 元器件准备

训练所需元器件清单见表 7-12。

表 7-12 元器件清单

代号	名称	型号 / 规格	数量	代号	名称	型号 / 规格	数量
R1	碳膜电阻器	33 kΩ	1	U	555 定时器	NE555	1
R2	碳膜电阻器	15 kΩ	1		集成电路插座	8P	1
R3、R4	碳膜电阻器	22 kΩ	2	S	按钮开关	TS-1109，4.5 mm × 4.5 mm	1
V1、V2	二极管	1N4148	2		针座	XH2.54-2P	2
C1	电解电容器	22 μF/100 V	2	B	扬声器	4 Ω/1.5 W	
C2、C3	瓷片电容器	0.01 μF	1		三节电池盒		1

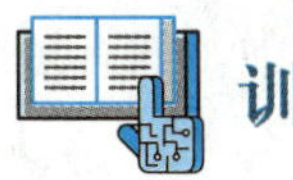

训练内容

一、实训电路分析

叮咚门铃电路原理图如图 7-24 所示。该门铃电路能发出音质优美的“叮”“咚”声。叮咚门铃电路由集成电路 NE555 与二极管 V1、V2，电阻 R1、R2、R3、R4，电容 C1、C2、C3，按钮 S 及扬声器 B 等组成。

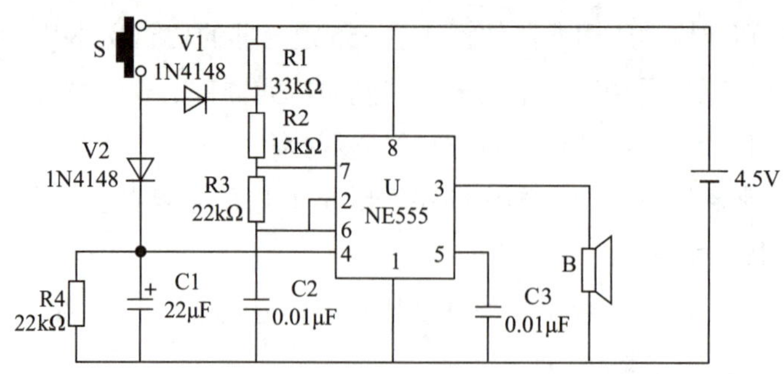

图 7–24　叮咚门铃电路原理图

在没有按下按钮 S 时，电路未接通，C1 不进行充电，因而 C1 两端的电压为 0，端口 4（复位端）一直处于低电平，导致端口 3 输出一直为 0，扬声器无法工作。电源通过 R1、R2、R3 给 C2 进行充电，充满电后，其电压约为电源电压。

当按下按钮 S 时，电源经过二极管 V2 对 C1 进行充电，其两端电压升高，端口 4 的电压也开始逐渐升高。当 C1 端电压上升为高电平时，即端口 4 输入的是高电平，555 定时器启动，V1、R2、R3、C2 组成的多谐波振荡器开始工作，输出信号频率为 f_1。

当断开按钮 S 时，R4 和 C1 组成回路，C1 开始放电。同时 R1、R2、R3、C2 组成的多谐波振荡器开始工作，输出频率为 f_2。当 C1 放电完毕时，端口 4 又恢复低电平，555 定时器停止工作。

输出端接扬声器后，当输出端有电流时就会使扬声器发声。而且输出端频率不同，发出的声音也不同。本电路中设计了两种不同的频率，因此扬声器就会发出“叮”“咚”两种不同的声音。

二、装配电路

1. 识读电路原理图和印制板装配图。

2. 制订实训计划，准备电子装配工具及仪器仪表，做好设备安全防护措施。

3. 元器件识别与检测

（1）清点元器件

按表 7–12 核对元器件的数量、型号和规格，并把标称值填入表 7–13 中。如有短缺、差错，应及时补缺和更换。

表 7–13　元器件的标称值及检测结果

代号	标称值	检测值	代号	检测结果
R1			V1	
R2			V2	

续表

代号	标称值	检测值	代号	检测结果
R3			S	
R4			B	
C1			U	
C2				
C3				

（2）元器件检测

用万用表对元器件进行检测，并把检测结果填入表 7–13 中。若有不符合质量要求的元器件，应剔除和更换。

（3）555 定时器资料查询

555 定时器使用前，可利用有关手册或相关专业网站查阅相关资料，了解 555 定时器的各引脚功能及引脚排列位置。

4. 电路装配

按照图 7–24 所示电路原理图将元器件正确插装在电路板上后进行焊接固定。由于 555 定时器外接端子比较多，很容易接错，应特别检查 555 定时器的 1 脚是否接地，8 脚是否接电源。555 定时器应安装在相应的插座上，注意 555 定时器的缺口与 555 定时器插座缺口方向必须一致，将 555 定时器插入插座时，应避免插反及引脚未完全插入插座等现象。装配好的叮咚门铃电路板如图 7–25 所示。

图 7–25 叮咚门铃电路板

5. 自检与互检

安装完后，对照原理图仔细检查电路是否安装正确，导线、焊点是否符合要求，电解电容器的极性和二极管的极性有无接错。先进行自检与互检，待教师确认无误后，再插上 555 定时器，通电测试。

三、电路调试

接通 +4.5 V 直流电源，输出端接示波器，按下按钮，听扬声器发出的声音，观察输出波形并记录输出波形的频率，将测试结果填入表 7–14 中。

表 7–14　测试结果记录表

按钮状态	输出波形	输出频率 /Hz	扬声器发出的声音
按下			
松开			

如电路出现故障，把故障现象和排除故障方法记录在表 7–15 中。

表 7–15　故障现象和排除故障方法

故障现象	
排除方法及步骤	

四、清理现场

按照现场管理规范清理场地，归置物品。

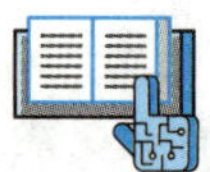

训练测评

对自己在本次训练中的综合表现进行评价。扫描右侧二维码可查看评价项目、内容及标准。

§7-4 数 / 模与模 / 数转换器

学习目标

1. 了解数 / 模和模 / 数转换的概念及其应用。
2. 了解模 / 数转换器的结构和各信号的互换过程。

随着数字技术的发展，数字系统的应用日益普及。工农业生产和生活中的物理量如温度、压力和流量等非电模拟量经传感器转换成电压或电流模拟信号，然后转换成数字信号，即可通过数字系统进行处理。将模拟信号转换成数字信号的电路称为模 / 数转换器，简称 ADC。经数字系统处理后的数字信号有时还需要再转换成相应的模拟信号作为最后输出。将数字信号转换成模拟信号的电路称为数 / 模转换器，简称 DAC。ADC 与 DAC 是数字系统中不可缺少的组成部分。

图 7-26 所示为典型的数字控制系统框图。

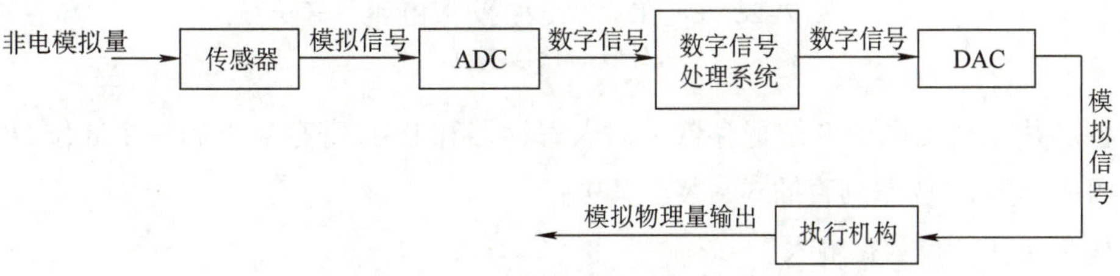

图 7-26 典型数字控制系统框图

一、数 / 模转换器（DAC）

DAC 的主要作用是将输入的数字信号转换成模拟信号（电压或电流）。一个 n 位 DAC 的组成框图如图 7-27 所示，它由参考电压源、输入寄存器、模拟开关、电阻译码网络以及运算放大器组成。

输入寄存器是并行输入、并行输出的缓冲寄存器，用来暂存输入的 n 位二进制数码；模拟开关受相应的二进制代码控制，将电阻译码网络中的电阻恰当地与运算放大器接通；电阻译码网络通常有“T”形和倒“T”形的结构形式，常由阻值为 R 和 $2R$

的两类电阻构成，以保证精度；运算放大器对各位代码所对应的电流进行求和，并转换成相应的模拟电压输出。

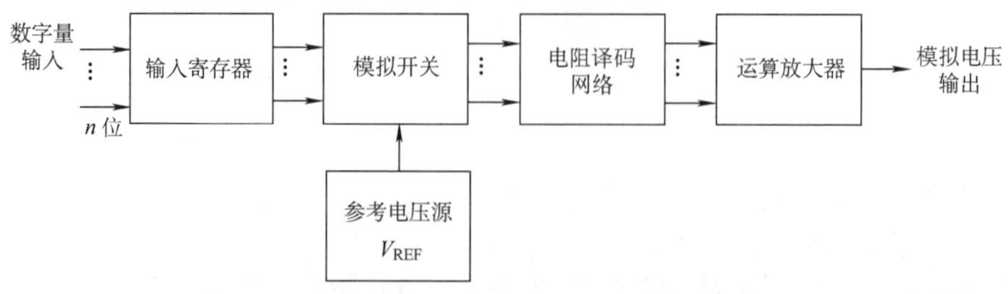

图 7-27　n 位 DAC 的组成框图

目前 DAC 的集成芯片型号很多，中规模集成芯片 DAC0832 是一种 CMOS 工艺的集成 8 位单片 DAC，其外形和引脚排列如图 7-28 所示。

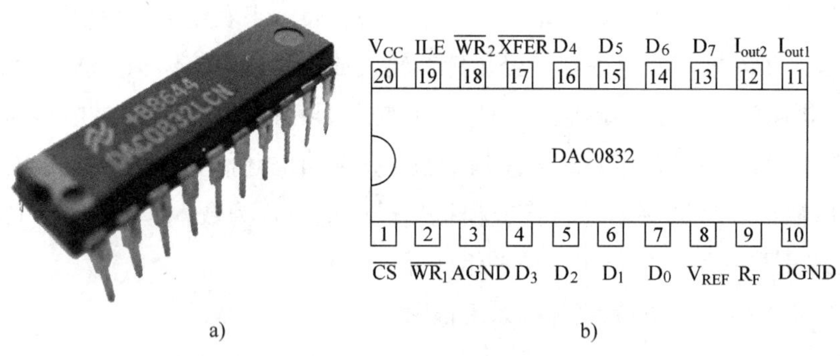

图 7-28　8 位 DAC0832 的外形和引脚排列
a) 外形　b) 引脚排列

该芯片主要由两个 8 位寄存器（输入寄存器和 DAC 寄存器）和一个 8 位 D/A 转换器组成，为 20 脚双列直插式封装。其中：

D_0 ~ D_7：8 位数据输入。

I_{out1}、I_{out2}：模拟电流输出 1、模拟电流输出 2。

R_F：外接反馈电阻。

V_{REF}：基准参考电压。

V_{CC}：电源电压。

DGND、AGND：数字地、模拟地。

$\overline{CS}$：低电平有效的片选信号。

ILE：高电平有效的输入锁存使能信号，与$\overline{WR_1}$、$\overline{CS}$共同控制输入寄存器选通。

$\overline{WR_1}$：写信号 1，低电平有效，当$\overline{CS}$ =0，*ILE*=1 时，$\overline{WR_1}$才能将数据线上的数据写入输入寄存器中。

$\overline{WR_2}$：写信号 2，低电平有效，当$\overline{XFER}$ = $\overline{WR_2}$ =0 时，将输入寄存器中的值写入

DAC 寄存器中。

$\overline{XFER}$：控制传输信号，低电平有效，控制$\overline{WR}_2$选通 DAC 寄存器。

模拟地是指模拟信号及基准电源的参考地；其余信号的参考地包括工作电源地，时钟、数据、地址、控制等数字逻辑地都是数字地。

DAC0832 是电流输出型，它本身输出的模拟量是电流，应用时需外接运算放大器，使之成为电压型输出。

二、模 / 数转换器（ADC）

ADC 的主要作用是将输入的模拟信号转换成数字信号。根据模拟信号在时间上是连续的而数字信号是离散的特点，进行 A/D 转换。A/D 转换只能在一系列选定的瞬间对输入的模拟信号取样，然后再把这些取样值转换成用二进制代码表示的数字量输出。所以通常要经过采样、保持、量化和编码四个步骤才能完成 A/D 转换，如图 7–29 所示。

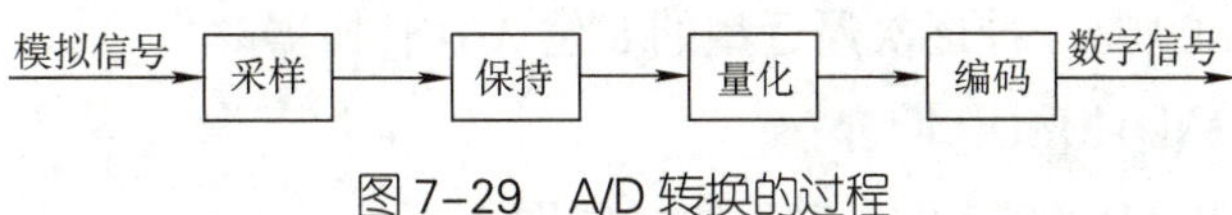

图 7–29　A/D 转换的过程

完成以上四个步骤的电路分为采样 – 保持电路和量化 – 编码电路两部分。

1. 采样 – 保持电路

采样就是对连续变化的模拟信号定时进行测量，抽取样值。通过采样，一个在时间上连续变化的模拟信号就转换为随时间断续变化的脉冲信号。把每次采样取得的电压值转换为相应的数字量，需经过量化、编码的过程，所以在每次采样后的转换期间，输入的采样值应保持不变，直到下一个采样脉冲的到来，再采样新的电压信号，这就是保持电路的功能。通常采样与保持是由同一电路一次完成的，所以统称为采样 – 保持电路。图 7–30 所示是采样 – 保持电路及其波形图。

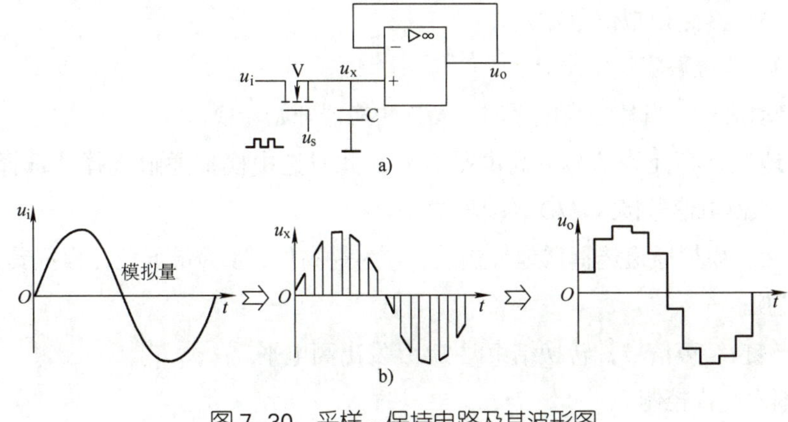

图 7–30　采样 – 保持电路及其波形图

a）电路图　b）波形图

2. 量化－编码电路

从采样－保持电路输出的信号虽然已成为阶梯波，但阶梯形的幅值仍然是连续变化的，所以要把采样－保持后的阶梯信号按指定要求划分成某个最小量化单位的整数倍，这个过程称为量化。把量化后的结果用代码表示出来，称为编码。例如，把 0～1 V 的电压转换为三位二进制代码的数字信号，即把 1 V 的电压分成八个等级，最小量化单位为$\frac{1}{8}$，其量化与编码过程如图 7–31 所示。

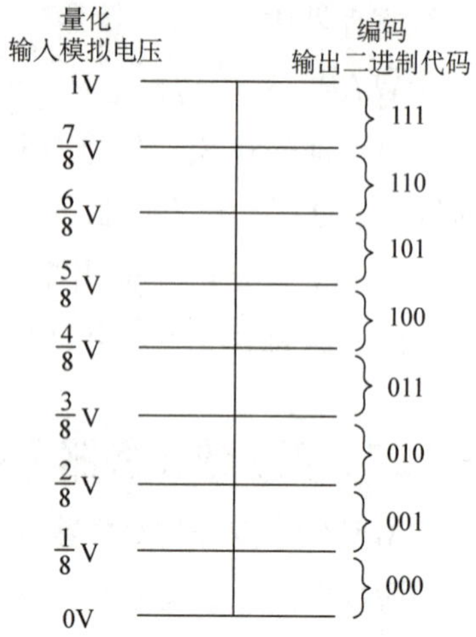

图 7–31　量化与编码过程示意图

经过上述处理后，模拟信号就转换成一系列的代码，这些代码就是 A/D 转换的输出结果。

ADC 的型号比较多，有双积分型、逐次逼近型和并行比较型等。下面介绍的中规模集成电路 ADC0809 是一种逐次逼近型的 8 位 A/D 转换器。

3. 集成电路 ADC0809 简介

图 7–32 所示是 ADC0809 的外部引脚功能图。

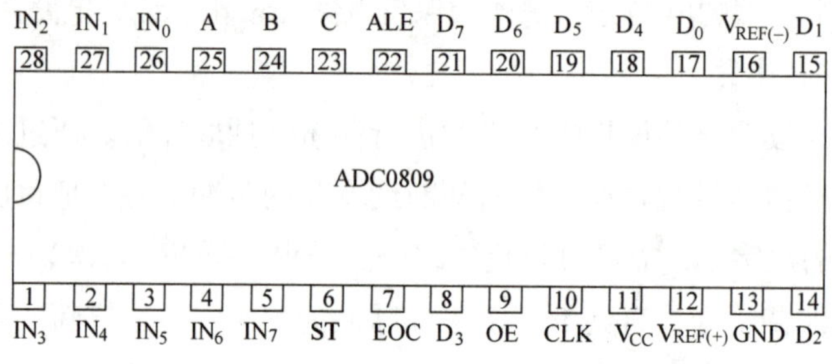

图 7–32　ADC0809 的外部引脚功能图

图 7–32 中各引脚的功能如下：

IN_0 ～ IN_7：8 路模拟信号输入。

D_0 ～ D_7：8 位数字量输出。

ST：启动信号，当其为高电平时，A/D 转换器开始转换。

ALE：地址锁存允许信号，高电平有效，此时选中模拟通道选择器选择的一路，并将其代表的模拟信号接入 A/D 转换器之中。

A、*B*、*C*：模拟通道选择器地址输入，*C* 为最高位，*A* 为最低位，根据其选择一路进行 A/D 转换。

EOC：转换结束信号，转换结束时 *EOC* 发出高电平。

OE：输出允许控制。

CLK：时钟信号。

$V_{REF(+)}$、$V_{REF(-)}$：A/D 转换器的参考电压。

V_{CC}：电源电压。

GND：地。

本章小结

1. 本章首先介绍了构成时序逻辑电路的基本单元电路——触发器，它是具有记忆功能、可以存储一位二进制信息的单元电路。常见的触发器按逻辑功能来分可分为基本 RS 触发器、D 触发器、JK 触发器和 T 触发器。

2. 时序逻辑电路是数字电路的另一大类电路，它在任一时刻的输出不仅取决于该时刻的输入信号，而且还与电路的原状态有关。从结构上看，就是有反馈线的电路。常见的时序逻辑电路有计数器和寄存器，本章着重介绍了二进制计数器和十进制计数器的基本原理。

3. 555 定时器是一种使用方便、功能灵活多样的集成器件。只需外接电阻、电容等少量元件就可以构成多谐波振荡电路、单稳态触发器和施密特触发器等。

4. 数 / 模转换器 DAC0832 和模 / 数转换器 ADC0809 是利用数字系统处理模拟信号必须用到的集成芯片，这里较为详细地介绍了它们的引脚功能及其应用。

第八章
晶闸管及其应用电路

晶闸管是晶体闸流管的简称，又称可控硅整流管，俗称可控硅（SCR），是一种用硅材料制成的大功率半导体器件，主要用于整流、逆变、调压、调速、开关和变频等方面。应用最多的是晶闸管的整流，它具有输出电压可调等特点。晶闸管的种类很多，本章主要介绍普通晶闸管的工作特性、主要参数及其应用电路。

§8-1 晶闸管

学习目标

1. 掌握晶闸管的结构、符号及作用。
2. 熟悉晶闸管导通和关断的条件。
3. 理解晶闸管的可控单向导电性。
4. 熟悉晶闸管的主要参数。
5. 了解国产普通型晶闸管型号的含义。
6. 了解快速晶闸管、双向晶闸管和逆导晶闸管及其图形符号。

一、晶闸管的结构、符号

图 8-1a 所示为晶闸管的结构。晶闸管外部有三个电极，内部由 P、N、P、N 四

层半导体构成，最外层的P层和N层分别引出阳极A和阴极K，中间的P层引出门极（或称控制极）G，内部有三个PN结。图8-1b所示为晶闸管的电路图形符号，文字符号用V或VT表示。图8-2所示为常见晶闸管的外形。

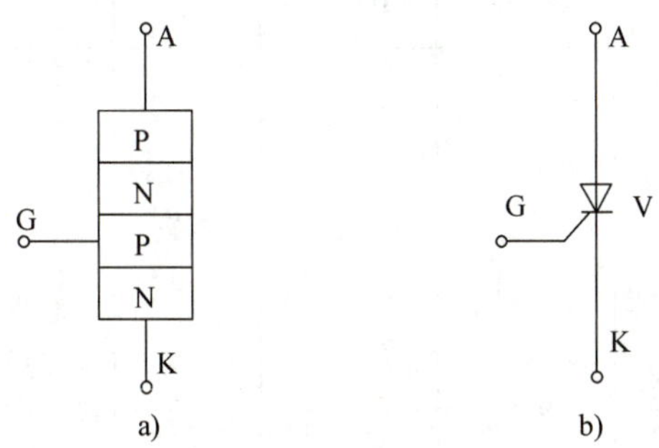

图8-1 晶闸管的结构和符号

a）晶闸管的结构 b）晶闸管的符号

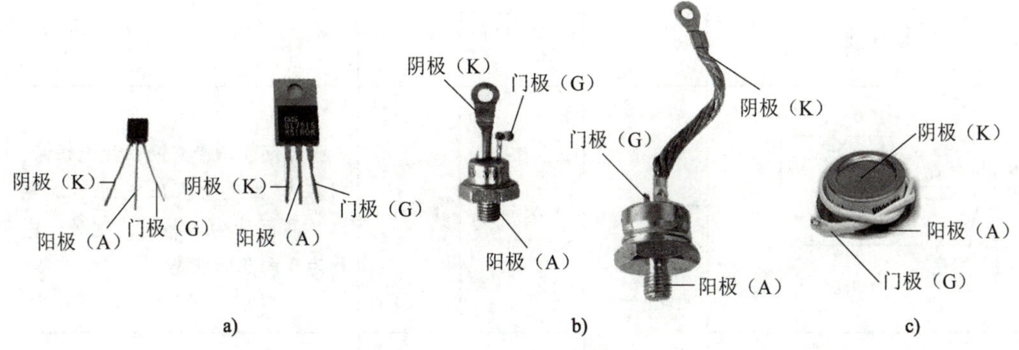

图8-2 常见晶闸管的外形

a）塑封式 b）螺栓式 c）平板式

二、晶闸管的工作特性

实验

通过一个实验，观察晶闸管导通和关断的规律，说明晶闸管的工作特性。实验电路及实验现象见表8-1。电路图中晶闸管阳极A、阴极K、负载（这里是小灯泡）和阳极电源E_A构成的回路称为主电路。晶闸管门极G、阴极K、开关S、限流电阻R_G和门极电源E_G构成的回路称为触发电路。

表 8–1　晶闸管导通和关断实验

<table>
<tr><th rowspan="2">实验电路</th><th colspan="2">实验时晶闸管的条件</th><th rowspan="2">实验现象</th><th rowspan="2">结论</th></tr>
<tr><th>阳极电压</th><th>门极电压</th></tr>
<tr><td> 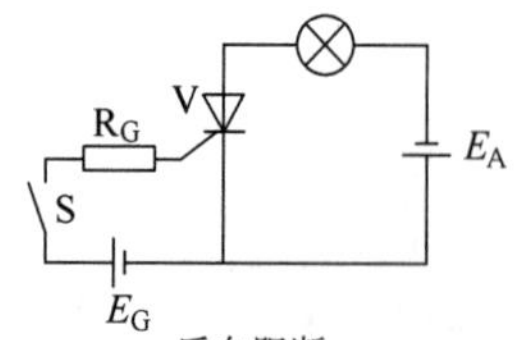反向阻断</td><td rowspan="2">反向</td><td>正向</td><td>不亮</td><td rowspan="2">当晶闸管承受反向阳极电压时，无论门极是否有电压，也无论门极承受正向还是反向电压，晶闸管均不导通，这种状态称为反向阻断状态</td></tr>
<tr><td> 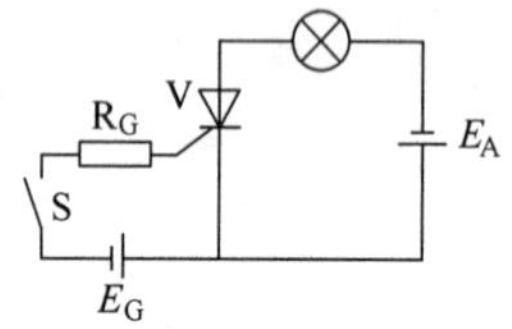反向阻断</td><td>反向</td><td>不亮</td></tr>
<tr><td> 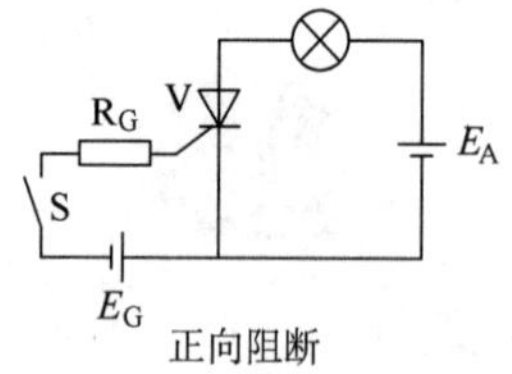正向阻断</td><td rowspan="3">正向</td><td>反向</td><td>不亮</td><td>当晶闸管承受正向阳极电压时，门极加上反向电压或者不加电压，晶闸管均不导通，这种状态称为正向阻断状态</td></tr>
<tr><td> 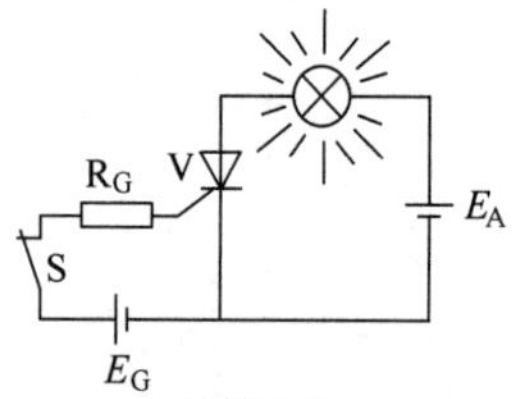触发导通</td><td>正向</td><td>亮</td><td>当晶闸管承受正向阳极电压时，门极加上正向电压，晶闸管导通，这种状态称为正向导通状态。这就是晶闸管的闸流特性，即可控特性</td></tr>
<tr><td> 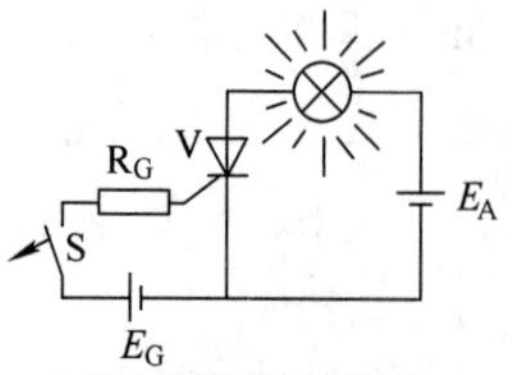除去触发信号仍导通</td><td>断开触发电路</td><td>亮</td><td>晶闸管一旦导通后维持阳极电压不变，将触发电路断开，晶闸管仍然处于导通状态，门极对管子不再具有控制作用，门极只起触发作用</td></tr>
</table>

通过上述实验可知，晶闸管导通和关断具有一定的条件，见表 8–2。

表 8–2 晶闸管导通和关断的条件

项目	说明
晶闸管导电的特点	（1）晶闸管具有单向导电特性 （2）晶闸管的导通是通过门极控制的 （以上两点可归纳为晶闸管具有可控的单向导电特性）
晶闸管导通的条件	（1）阳极与阴极间加正向电压 （2）门极与阴极间加正向电压，这个电压称为触发电压 （以上两个条件必须同时满足，晶闸管才能导通）
导通后的晶闸管关断的条件	（1）降低阳极与阴极间的电压，使通过晶闸管的电流小于维持电流 I_H （2）阳极与阴极间的电压减小为零 （3）给阳极与阴极间加反向电压 （只要具备其中一个条件就可使导通的晶闸管关断）

通过上述实验可知晶闸管的工作特性如下：

（1）晶闸管一旦触发导通，就能维持导通状态，门极失去控制作用。要使导通的晶闸管关断，必须减小阳极电流到维持电流 I_H 以下。

（2）晶闸管具有“可控”的单向导电特性，所以晶闸管又称单向可控硅。由于门极所需的电压、电流比较低（电流只有几十至几百毫安），而阳极 A 与阴极 K 可承受很大的电压，通过很大的电流（电流可大到几百安培以上），因此，晶闸管可实现弱电对强电的控制。

三、晶闸管的主要参数

晶闸管的参数很多，在生产实践中，人们最关心的是晶闸管在阻断状态下能够承受多大的正、反向电压，它在导通时通过多大的电流，导通的管子想关断需要有什么条件等。表 8–3 给出了晶闸管的主要参数及其含义。

小提示

晶闸管在正向工作时，可能处于导通状态，也可能处于阻断状态。晶闸管的参数中，断态和通态都是为了区分正向的两种不同状态，因此，“正向”二字可省去。

表 8-3　晶闸管的主要参数

参数	符号	说明	
断态重复峰值电压	U_{DRM}	结温为额定值时，门极断开，允许重复加在晶闸管 A、K 间的正向峰值电压。一般这一电压比正向转折电压小 100 V	通常情况下，U_{DRM} 和 U_{RRM} 两者相差不大，统称为峰值电压，俗称额定电压。若两者不等，则取其较小的电压
反向重复峰值电压	U_{RRM}	结温为额定值时，门极断开，允许重复加在晶闸管 A、K 间的反向峰值电压。一般这一电压比反向击穿电压小 100 V	
通态平均电流	$I_{T(AV)}$	在规定的环境温度和散热条件下，结温为额定值时，允许通过的工频正弦半波电流的平均值	
通态平均电压	$U_{T(AV)}$	在规定的环境温度和散热条件下，晶闸管通以半波额定电流时，阳极与阴极间管压降的平均值，一般为 1 V 左右。此值越小越好，可降低电路损耗和减少元件发热量。	
维持电流	I_H	在规定的环境温度下，门极断路时，维持晶闸管继续导通所必需的最小电流，一般为几十到几百毫安。它是晶闸管由通到断的临界电流，要使晶闸管关断，必须使正向电流小于 I_H	

四、晶闸管的型号

国产普通型晶闸管的型号有 3CT 系列和 KP 系列。各部分含义如下：

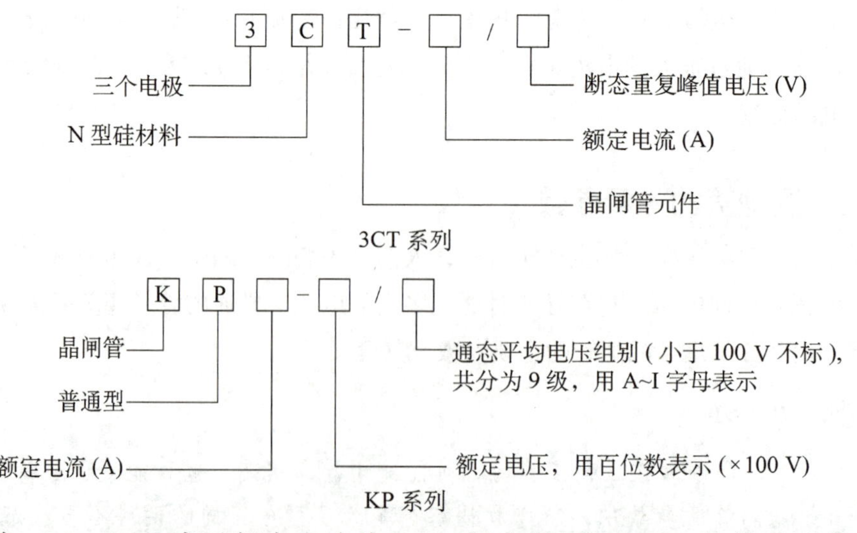

例如，3CT-5/500 表示额定电流为 5 A，额定电压为 500 V 的普通型晶闸管；KP100-12 G 表示额定电流为 100 A，额定电压为 1 200 V，正向通态平均电压组别为 G 的普通反向阻断型晶闸管。常用 KP 系列晶闸管的主要参数见表 8-4。

表 8–4 常用 KP 系列晶闸管的主要参数

型号	通态平均电流 $I_{T(AV)}$ /A	通态峰值电压 U_T /V	重复峰值电压 U_{RRM} 和 U_{DRM} /V	重复峰值电流 I_{RRM} 和 I_{DRM} /mA	重复平均电流 $I_{RS(AV)}$ 和 $I_{DS(AV)}$ /mA	浪涌电流 I_{TSM} /kA	门极触发电流 I_{GT} /mA	门极触发电压 U_{GT} /V	断态电压临界上升率 $du/dt/(V\cdot\mu s^{-1})$	结温范围 T_j /℃	推荐散热器型号
KP5	5	≤ 2.2	500 ~ 1 800	≤ 8	≤ 1.0	0.09	≤ 60	≤ 3.5	25 ~ 1 000（分挡）	−40~100	SZ13
KP20	20	≤ 2.2	500 ~ 1 800	≤ 10	≤ 1.0	0.36	≤ 100	≤ 3.5			SZ15
KP50	50	≤ 2.4	500 ~ 1 800	≤ 2.0	≤ 2.0	0.94	≤ 200	≤ 3.5			SZ16
KP100	100	≤ 2.6	500 ~ 1 800	≤ 40	≤ 4.0	1.9	≤ 200	≤ 4		−40~125	SZ17
KP200	200	≤ 2.6	100 ~ 4 000	≤ 40	≤ 4.0	2.5	≤ 200	≤ 4			SF12
KP300	300	≤ 2.6	100 ~ 4 000	≤ 50	≤ 8.0	3.8	≤ 250	≤ 4			SF12
KP500	500	≤ 2.6	100 ~ 4 000	≤ 60	≤ 8.0	6.3	≤ 350	≤ 5			SF15、SS11
KP1 000	1 000	≤ 2.6	100 ~ 4 000	≤ 120	≤ 10	12	≤ 450	≤ 5			SS13

注：I_{RRM} 为反向重复峰值电流，I_{DRM} 为断态重复峰值电流，$I_{RS(AV)}$ 为反向重复平均电流，$I_{DS(AV)}$ 为断态重复平均电流。

知识拓展

晶闸管的派生器件

1. 快速晶闸管

快速晶闸管如图 8–3 所示，包括所有专用设计晶闸管，有常规的快速晶闸管和工作在更高频率（10 kHz 以上）的高频晶闸管。它们主要用于斩波电路和中、高频逆变电路中。从关断时间来看，普通晶闸管一般为数百微秒，而快速晶闸管为数十微秒，高频晶闸管则为 10 μs 左右。

图 8–3　快速晶闸管

2. 双向晶闸管

双向晶闸管可被认为是由一对反并联连接的普通晶闸管集成的，如图 8–4 所示。它有两个主电极 T1、T2 和一个门极 G，门极使器件在主电极的正反两个方向均可被触发导通。其电路图形符号如图 8–4b 所示。双向晶闸管的门极加正、负触发脉冲都能导通。

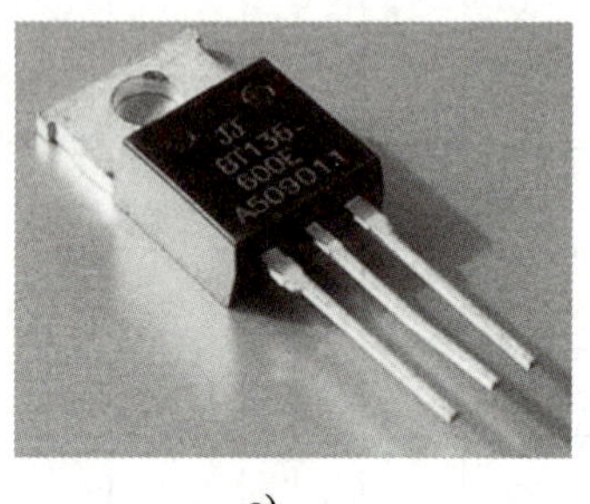

a)

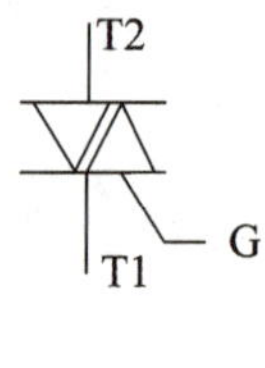

b)

图 8–4　双向晶闸管

a）外形　b）图形符号

3. 逆导晶闸管

逆导晶闸管是将晶闸管与整流二极管反向并联加工制造在同一个硅片上的功率集成器件，如图 8–5 所示。这种器件不具有承受反向电压的能力，一旦承受反向电压即开通。与普通晶闸管相比，逆导晶闸管具有正向压降小、关断时间短、高温特性好、额定结温高等优点，用于不需要阻断反向电压的电路中。

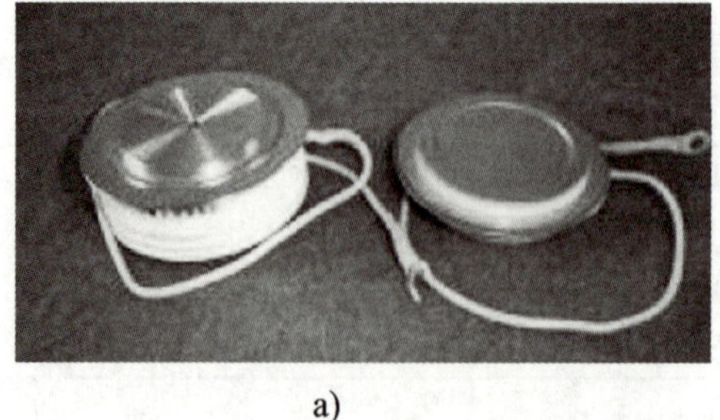

a)

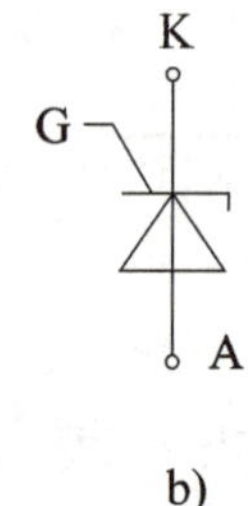

b)

图 8–5　逆导晶闸管

a）外形　b）图形符号

§8-2 晶闸管整流电路

学习目标

1. 熟练掌握单相可控整流电路的工作原理，会绘制不同控制角下的输出电压和电流波形，会计算输出电压、电流，会选择晶闸管与整流二极管。

2. 了解单相可控整流电路带感性负载时的失控现象，掌握其消除方法。

3. 会分析三相可控整流电路带纯阻性负载时的工作原理，了解不同控制角下输出电压的波形，掌握不同电路的移相范围，并能计算三相可控整流电路输出电压、电流。

晶闸管组成的整流电路在交流电压不变的情况下，可以方便地改变直流输出电压的大小，即可控整流。可控整流可实现交流到可变直流的转换。晶闸管组成的可控整流电路具有体积小、质量轻、效率高以及控制灵敏等优点，目前已取代直流发电机组，用作直流拖动调速装置，广泛用于机床、轧钢、造纸、电解、电镀、光电、励磁等领域。

为了研究问题方便起见，在分析过程中，除特别说明，一般情况下，负载为纯阻性，变压器为理想变压器，晶闸管为理想管（即晶闸管被触发导通时，等效电阻为零；加反向电压或未触发时，等效电阻为无穷大）。

一、单相可控整流电路

单相可控整流电路，常见的有单相半波可控整流电路和应用较多的单相半控桥式整流电路。

1. 单相半波可控整流电路

（1）电路组成及工作原理

将单相半波整流电路中的二极管换成晶闸管即构成单相半波可控整流电路，如图 8-6 所示。

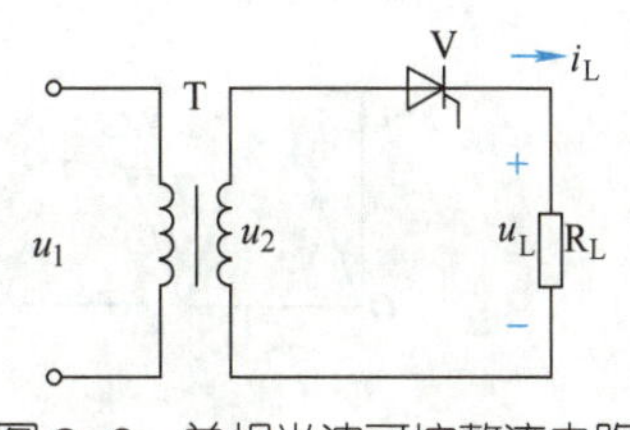

图 8-6 单相半波可控整流电路

把晶闸管从开始承受正向阳极电压到触发开始导通之间的电角度称为控制角，用 α 表示。

u_2 为正半周（即 0 ~ π）时，晶闸管 V 承受正向电压，如果 V 的门极上没有触发脉冲，则 V 处于正向阻断状态，输出电压 $u_L=0$。

若在某时刻（控制角 α）加入触发脉冲 u_g，V 导通，导通电流的方向如图 8–6 中 i_L 所示。在 $\omega t=\alpha \sim \pi$ 期间，尽管触发脉冲 u_g 已消失，但晶闸管仍保持导通，直到 u_2 过零（$\omega t=\pi$）时，通过晶闸管 V 的电流小于其维持电流，晶闸管自行关断。在此期间 $u_L=u_2$，极性为上正下负，通过晶闸管 V 的电流 $i_V=i_L$。

u_2 为负半周（即 π ~ 2π）时，晶闸管 V 由于承受反向电压而继续关断，直到下一个周期到来再施加触发脉冲 u_g，晶闸管将再次导通，如此循环往复，在负载上得到单一方向的直流电压。图 8–7 所示为控制角为 α 时的理论波形和用示波器实测的波形。

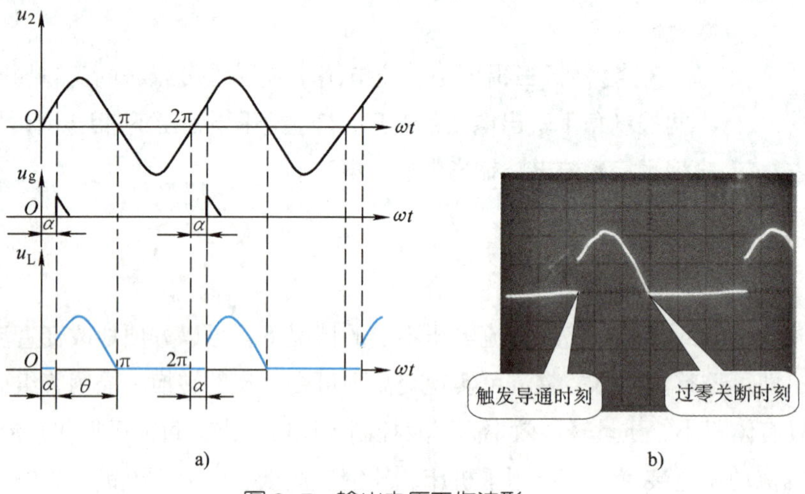

图 8–7　输出电压工作波形

a）理论波形　b）实测波形

晶闸管在一个周期内导通的电角度称为导通角，用 θ 表示，显然，$\theta=\pi-\alpha$。控制角 α 越大，导通角 θ 越小。

控制角 α 分别为 0°、30°、60°、90°、180° 时电路的理论波形和用示波器实测的波形分别如图 8–8、图 8–9、图 8–10、图 8–11 和图 8–12 所示。

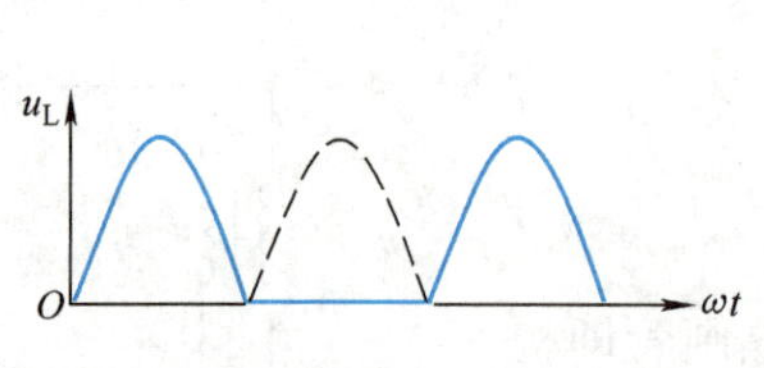

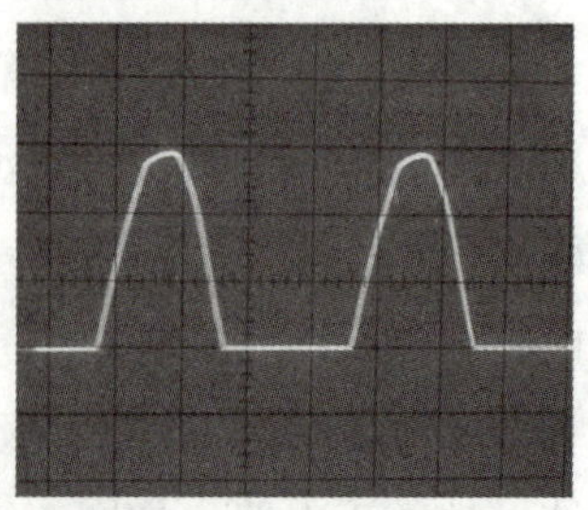

图 8–8　α =0° 时输出电压波形

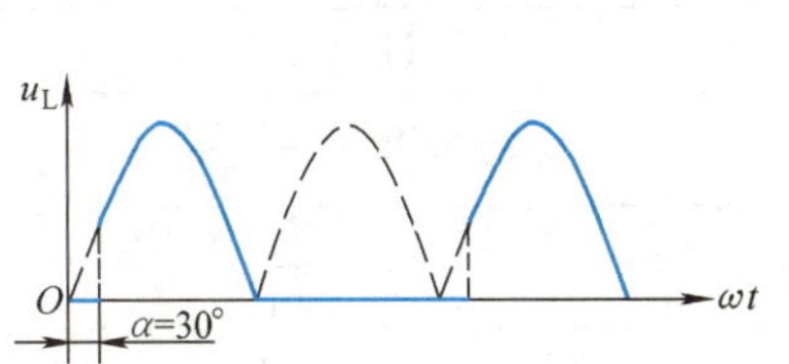

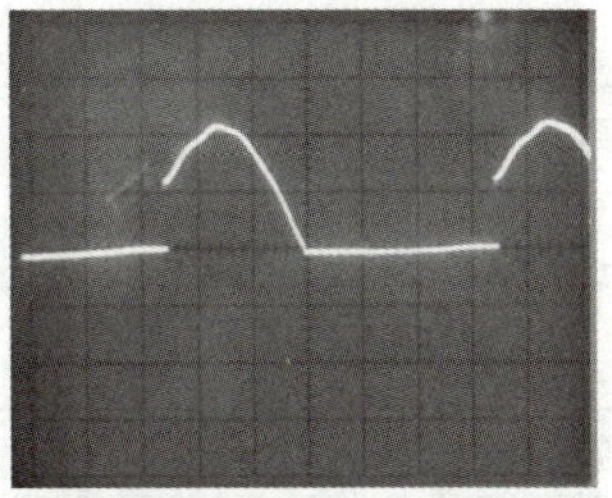

图 8-9 α =30° 时输出电压波形

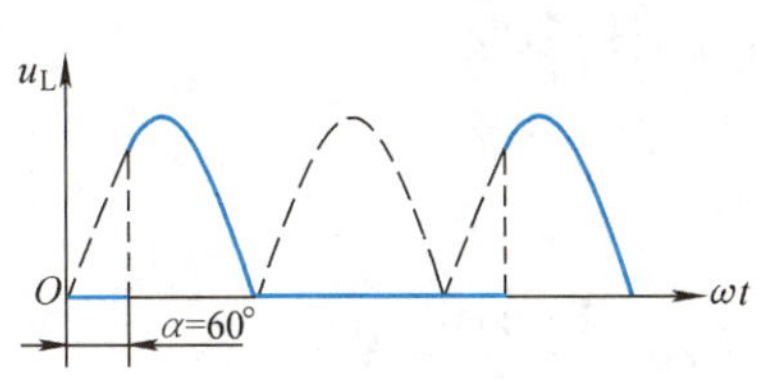

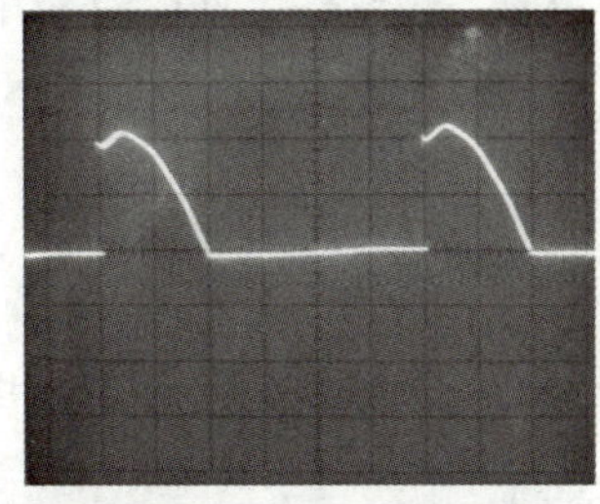

图 8-10 α =60° 时输出电压波形

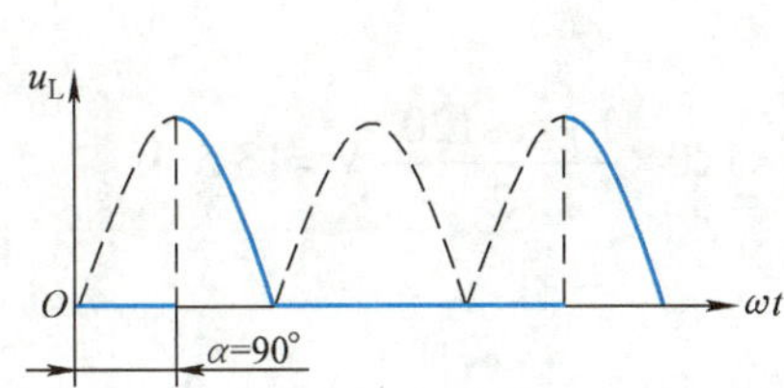

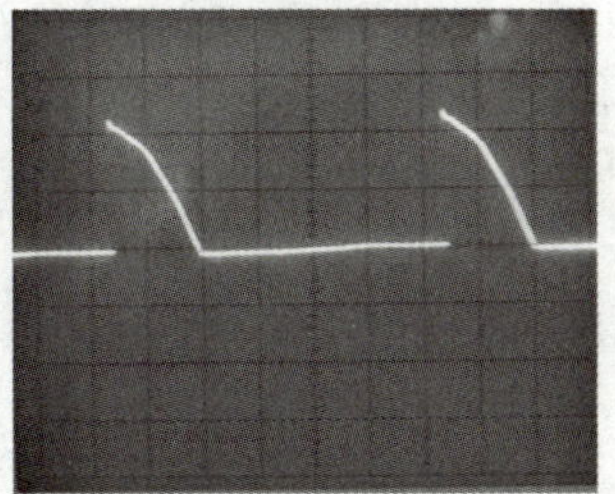

图 8-11 α =90° 时输出电压波形

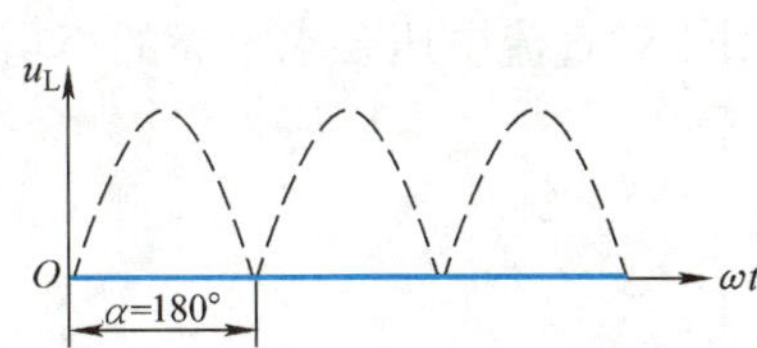

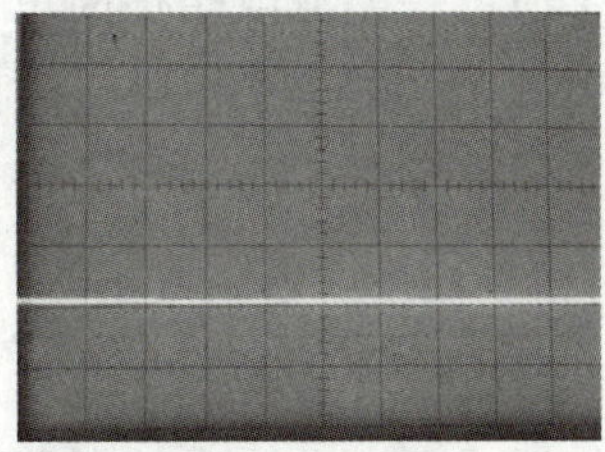

图 8-12 α =180° 时输出电压波形

由输出波形可见，改变控制角 α 的大小，即改变触发脉冲在每周期内触发的时刻，u_L 的波形也随之改变，其波形只出现在正半周：当 α =0° 时，输出波形与单相半波整流电路相同，输出电压最大；α 增大，输出电压减小；α =180° 时，u_L=0。单相半波可控整流电路 α 角的移相范围为 0° ~ 180°。

（2）主要参数计算

单相半波可控整流电路参数计算公式，见表 8-5。

表 8-5　单相半波可控整流电路参数计算公式

电路参数	计算公式
输出电压平均值	$U_L=0.45U_2\frac{1+\cos\alpha}{2}$
负载电流平均值	$I_L=\frac{U_L}{R_L}$
通过晶闸管的电流平均值	$I_{t(AV)}=I_L$
晶闸管承受的最大电压	$U_{Rm}=\sqrt{2}U_2$

【例 8–1】 在图 8–6 所示电路中，变压器二次侧电压 U_2=120 V，当控制角分别为 0°、90°、120°、180° 时，负载上的平均电压分别是多少？

解：

α =0° 时

$$U_L=0.45U_2\frac{1+\cos\alpha}{2}=0.45\times120\times\frac{1+\cos0^\circ}{2}\text{ V}=54\text{ V}$$

α =90° 时

$$U_L=0.45U_2\frac{1+\cos\alpha}{2}=0.45\times120\times\frac{1+\cos90^\circ}{2}\text{ V}=27\text{ V}$$

α =120° 时

$$U_L=0.45U_2\frac{1+\cos\alpha}{2}=0.45\times120\times\frac{1+\cos120^\circ}{2}\text{ V}=13.5\text{ V}$$

α =180° 时

$$U_L=0.45U_2\frac{1+\cos\alpha}{2}=0.45\times120\times\frac{1+\cos180^\circ}{2}\text{ V}=0\text{ V}$$

（3）电路特点

单相半波可控整流电路很简单，只用一只晶闸管，调整很方便。但由于整流输出电压脉动大、设备利用率不高等原因，只适用于对直流电压要求不高的小功率可控整流设备中。

2. 单相半控桥式整流电路

（1）电路组成及工作原理

将单相桥式整流电路中两只整流二极管换成两只晶闸管便组成了单相半控桥式整流电路，如图 8–13 所示。晶闸管 V1、V2 的阴极接在一起，组成共阴极的电路形式；二极管 V3、V4 组成共阳极的电路形式。

触发脉冲同时送给 V1、V2 两管的门极，能触发导通的是阳极电位高的那只晶闸管；V1 或 V2 导通时，V3 和 V4 中阴极电位低的二极管才能导通。

u_2 处于正半周时，晶闸管 V1 和二极管 V4 承受正向电压，如果未加触发电压，则晶闸管处于正向阻断状态，输出电压 u_L=0。

若在某时刻（控制角 α ）加入触发脉冲 u_g，晶闸管 V1 触发导通，导通电流的方向如图 8-13 中的实线所示。这时晶闸管 V2 和二极管 V3 均承受反向电压而关断。在 $\omega t=\alpha \sim \pi$ 期间，尽管触发脉冲 u_g 已消失，但晶闸管仍保持导通，直至 u_2 过零（$\omega t=\pi$）时，晶闸管自行关断。在此期间，$u_L=u_2$，极性为上正下负，$i_{V1}=i_{V4}=i_L$。

u_2 处于负半周时，晶闸管 V2 和二极管 V3 承受正向电压，只要触发脉冲 u_g 到来，晶闸管就导通。导通电流的方向如图 8-13 中的虚线所示。这时晶闸管 V1 和二极管 V4 均承受反向电压而关断。输出电压 $u_L=u_2$，仍为上正下负，$i_{V2}=i_{V3}=i_L$。当 u_2 过零时，V2 关断，如此循环往复。图 8-14 所示为控制角为 α 时，输出电压的波形。

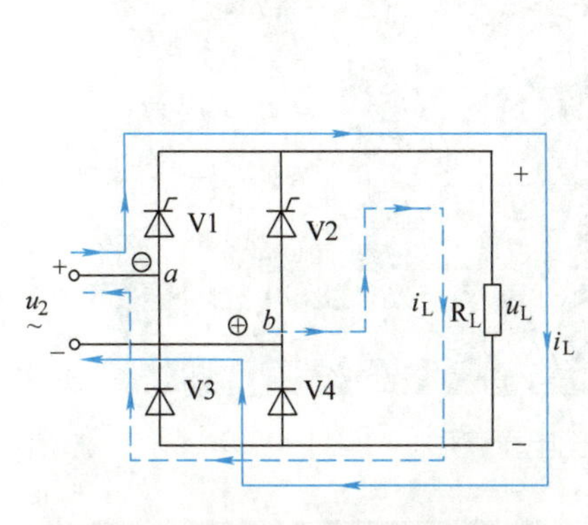

图 8-13 单相半控桥式整流电路

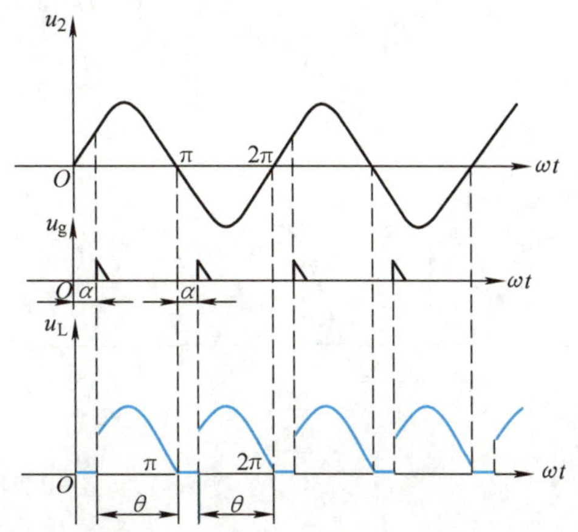

图 8-14 输出电压的工作波形

图 8-15、图 8-16、图 8-17、图 8-18 和图 8-19 是控制角 α 分别为 0°、30°、60°、90° 和 180° 时输出电压的理论波形和用示波器实测的波形。

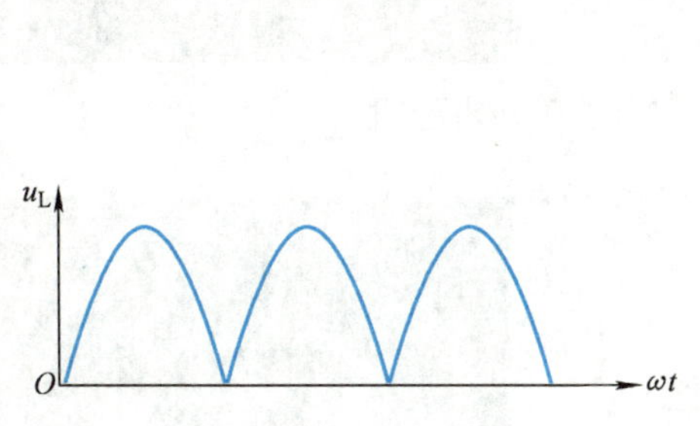

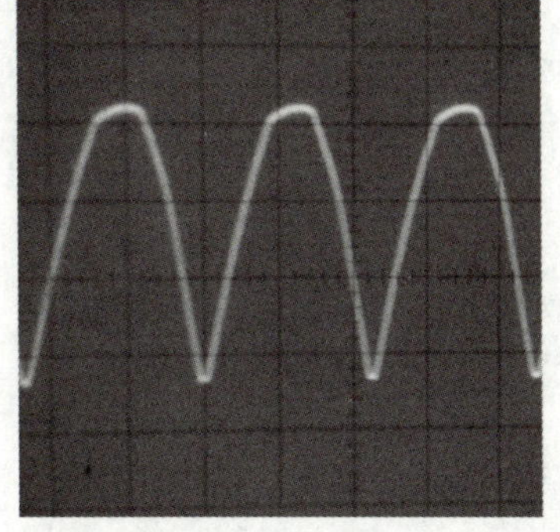

图 8-15 α =0° 时的输出电压波形

改变控制角的大小，就能改变整流电路输出电压 u_L 的大小：当 α =0° 时，输出波形同单相桥式整流电路，输出电压最大；α 增大，输出电压减小；当 α =180° 时，u_L=0。单相半控桥式整流电路的移相范围为 0° ~ 180°。

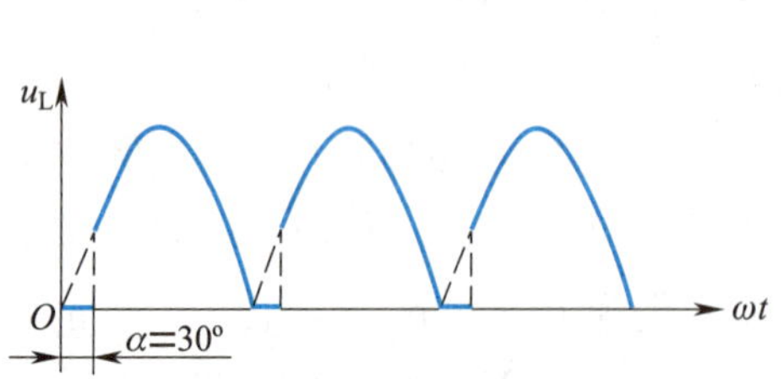

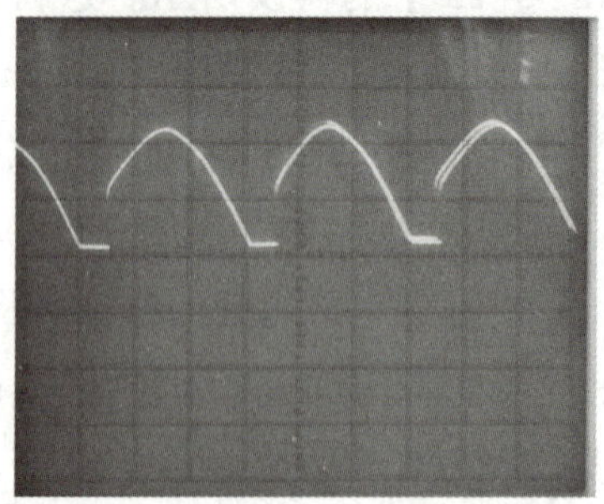

图 8-16　α =30° 时的输出电压波形

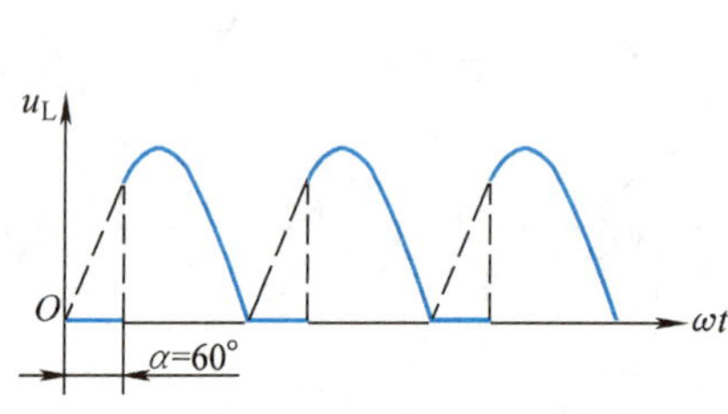

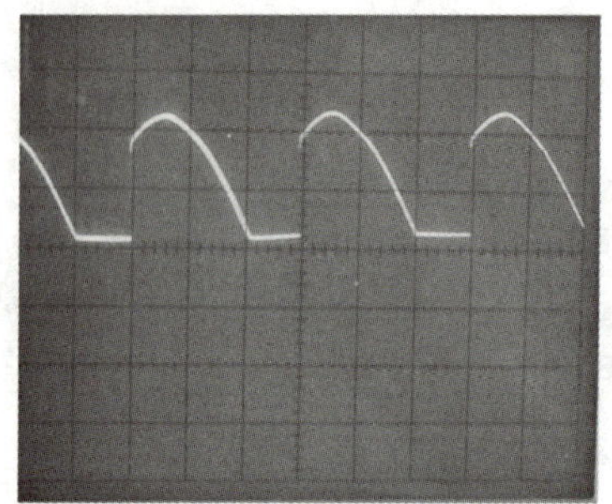

图 8-17　α =60° 时的输出电压波形

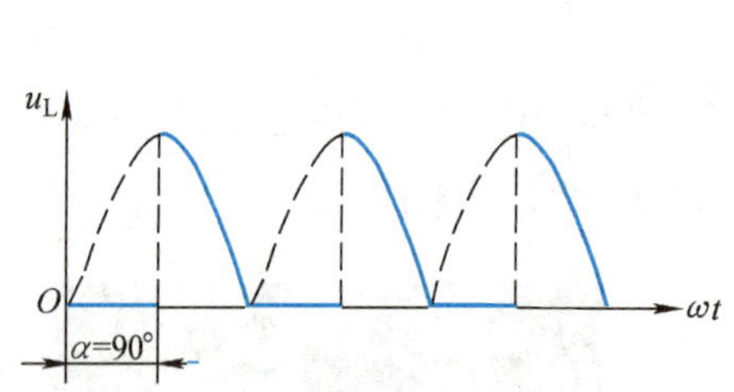

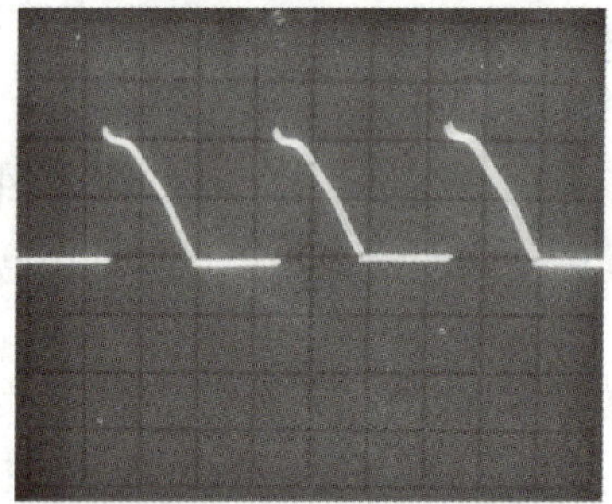

图 8-18　α =90° 时的输出电压波形

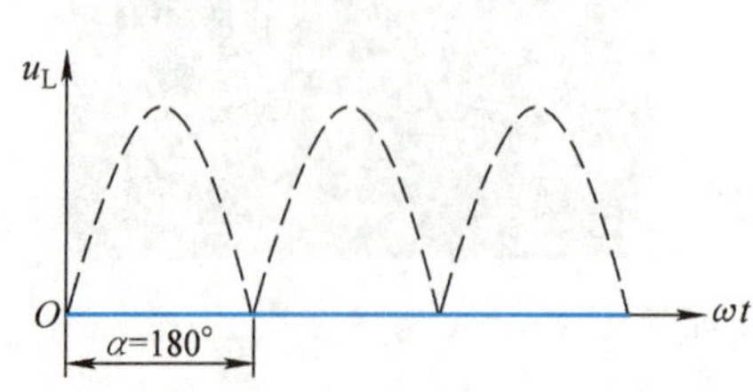

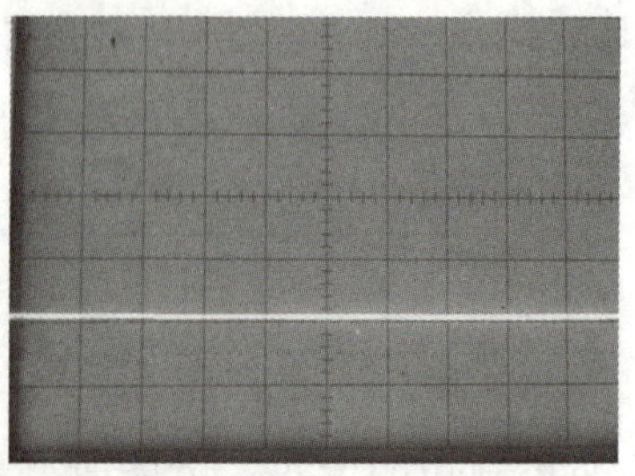

图 8-19　α =180° 时的输出电压波形

（2）主要参数计算

单相半控桥式整流电路参数计算公式，见表 8-6。

表 8-6 单相半控桥式整流电路参数计算公式

电路参数	计算公式
输出电压平均值	$U_L=0.9U_2\frac{1+\cos\alpha}{2}$
负载电流平均值	$I_L=\frac{U_L}{R_L}$
通过晶闸管的电流平均值	$I_{t(AV)}=\frac{1}{2}I_L$
晶闸管承受的最大电压	$U_{Rm}=\sqrt{2}U_2$

【例 8-2】 一单相半控桥式整流电路，输入电压 U_2=220 V，R_L=5 Ω，要求输出电压的范围为 0 ~ 150 V，试求最大平均输出电流 I_{Lm} 和晶闸管的导通角范围。

解：

最大平均输出电流为

$$I_{Lm}=\frac{U_{Lm}}{R_L}=\frac{150\ \text{V}}{5\ \Omega}=30\ \text{A}$$

当输出电压为 150 V 时，由 $U_L=0.9U_2\frac{1+\cos\alpha}{2}$ 可得

$$\cos\alpha=\frac{2U_L}{0.9U_2}-1=\frac{2\times150\ \text{V}}{0.9\times220\ \text{V}}-1\approx0.51$$

查表得 $\alpha\approx60°$，则

$$\theta=180°-60°=120°$$

显然，α=180° 时输出电压为零，导通角为零，所以晶闸管的导通角的范围是 0° ~ 120°。

（3）电路特点

与单相半波可控整流电路相比，整流输出电压较大，脉动较小，设备利用率较高，所以应用较广。

图 8-20 所示为另一种单相桥式可控整流电路，它只用一只晶闸管 V5，V5 在电路中不承受反向电压，只要给晶闸管加上触发信号，晶闸管就会被触发导通，其作用相当于接在负载电路中的一只开关。R_L 上得到的波形和单相半控桥式整流电路一样。其工作过程读者可自行分析。

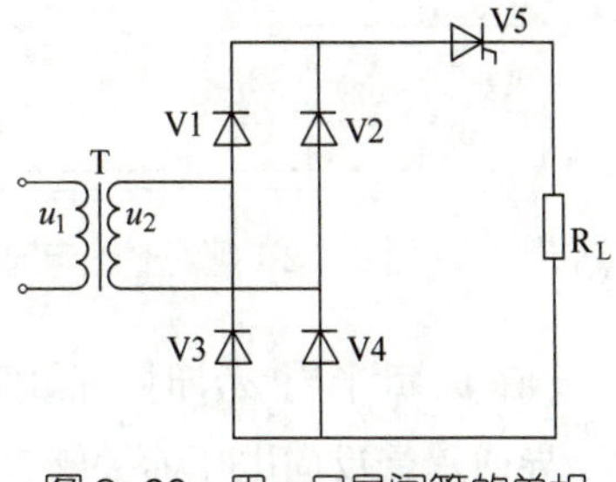

图 8-20 用一只晶闸管的单相桥式可控整流电路

小提示

晶闸管前不能接滤波电容 C，否则当电源电压过零时，会影响晶闸管的关断。

前面介绍的各种晶闸管整流电路，均假设负载是纯阻性的。但在生产实际中，负载通常都是感性的，例如各种电动机的励磁绕组、各种电感线圈等；也有的负载是蓄电池（充电）或直流电动机的电枢等。这些负载的工作情况和纯阻性负载有很大的不同。

3. 感性负载对晶闸管整流的影响

当通过线圈的电流发生变化时，线圈会产生感应电动势并阻碍电流的变化，所以通过线圈的电流不能突变。下面以图 8–21 所示的感性负载单相半控桥式整流电路为例，分析感性负载对整流电路的影响。

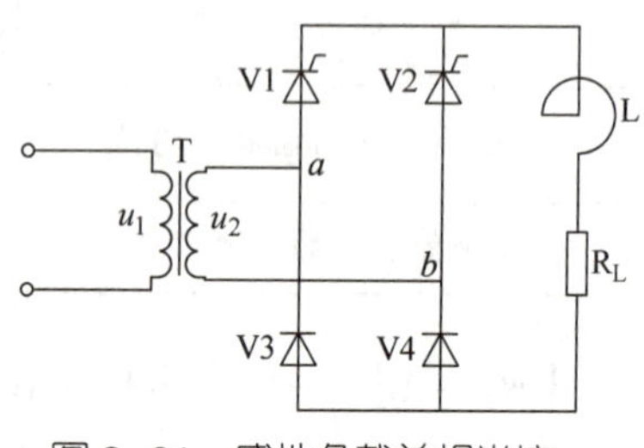

图 8–21　感性负载单相半控桥式整流电路

（1）正常工作情况

当 u_2 在正半周时，ωt_1 时晶闸管 V1 被触发导通，负载电流 i_L 的流向如图 8–22 中蓝色实线所示。在 ωt_1 ~ 180° 区间，$u_L=u_2$，$i_{V1}=i_{V4}=i_L$。当电感 L 的值足够大时，电流 i_L 的波形可看成是一条与坐标横轴平行的直线。当 ωt=180° 时，u_2=0，此后 u_2 将要变负，电流 i_L 要减小，电感 L 产生自感电动势 e_L（下正上负）。在 e_L 的作用下，V1 和 V3 承受正向电压，使电流 i_L 经 V1 和 V3 进行续流，V4 承受反向电压关断，这一过程称为自然续流，电流方向如图 8–23 中蓝色虚线所示，其换流过程称为自然换流。在 180° ~ ωt_2 区间，u_L=0，$i_{V1}=i_{V3}=i_L$。

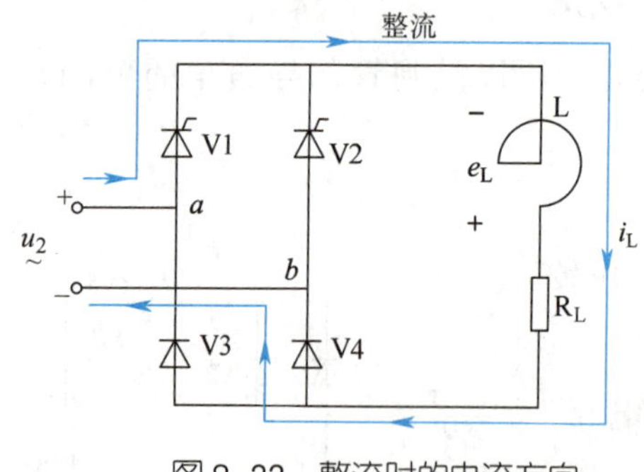

图 8–22　整流时的电流方向

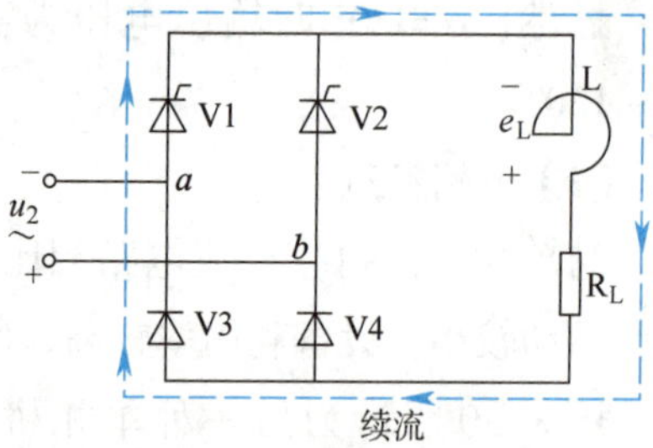

图 8–23　续流时的电流方向

在 u_2 负半周 ωt_2 时，晶闸管 V2 被触发导通。在 ωt_2 ~ 360° 区间，$u_L=u_2$，V1 因 V2 导通承受反向电压而关断，$i_{V2}=i_{V3}=i_L$ 是反向电流。当 ωt=360° 时，u_2=0，此后 u_2 将要变正，电流 i_L 要减小，电感 L 产生自感电动势 e_L（下正上负）。在 e_L 的作用下，V2 和 V4 承受正向电压，在 360° ~ ωt_3 区间，电流 i_L 经 V2 和 V4 自然续流，V3 承受反向电压关断，u_L=0。输出电压波形如图 8–24 所示。

（2）失控现象

当把控制角 α 增大到 180° 或突然切断触发信号时，电路可能发生失控现象。

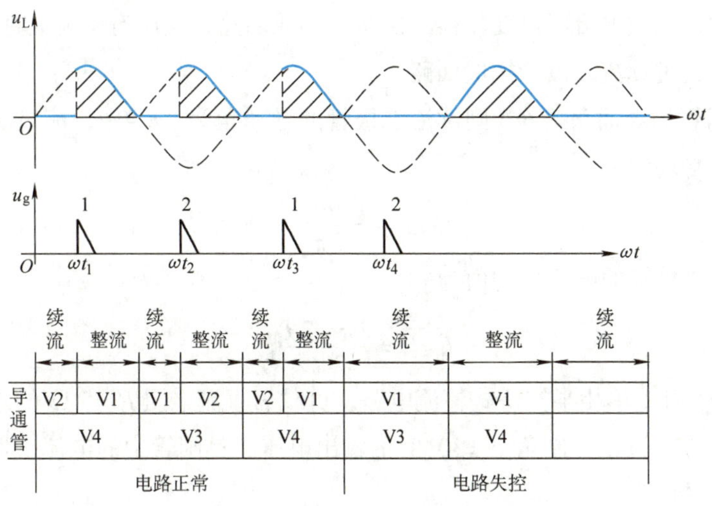

图 8-24　输出电压波形

在 ωt_3 时刻，电源电压 u_2 处于正半周，触发电路正常送出触发脉冲 u_{g1}，使晶闸管 V1 被触发导通，此时，V1 和 V4 导通，电路处于整流状态，负载电流 i_L 的流向如图 8-22 中蓝色实线所示。当电源电压 u_2 过零进入负半周时，负载电流 i_L 由 V4 换流到 V3，V1 和 V3 导通，电路进入自然续流状态，其流向如图 8-23 中蓝色虚线所示。

在 ωt_4 时刻，电源电压 u_2 处于负半周，触发电路本应送出触发脉冲 u_{g2}。但由于某种原因触发脉冲 u_{g2} 突然丢失，这时 V2 无法导通，只要电感 L 中储存的能量足够大，图 8-23 中的续流过程将继续进行，直至电源电压 u_2 的负半周结束。

当 u_2 再次过零进入正半周时，V1 承受正向电压继续导通，负载电流 i_L 由 V3 换流到 V4，电路再次进入整流状态，负载电流 i_L 的流向再次如图 8-22 中蓝色实线所示。如此循环下去，使 V1 管无法关断，电路输出的电压波形如图 8-24 所示。

（3）加续流二极管后工作情况

在生产实际中，一旦电路出现失控，导通的晶闸管将因过热而损坏，若负载是电动机，将使电动机无法立即停车。为了防止半控桥式整流电路失控现象的发生，必须采取预防措施，其方法是在负载两端并联一只续流二极管 V5，如图 8-25 所示。

当 u_2 过零变负时，续流二极管 V5 承受正向电压而导通，晶闸管承受反向电压而关断。此时 i_L 不再经变压器，而是改经续流二极管流通。如果忽略二极管的正向压降，则此时 $u_L \approx 0$。u_L 波形与纯阻性负载时的波形相同，但是 i_L 的波形却是连续的，且负载电流基本维持不变。电感 L 越大，电流波形就越接近一条直线。

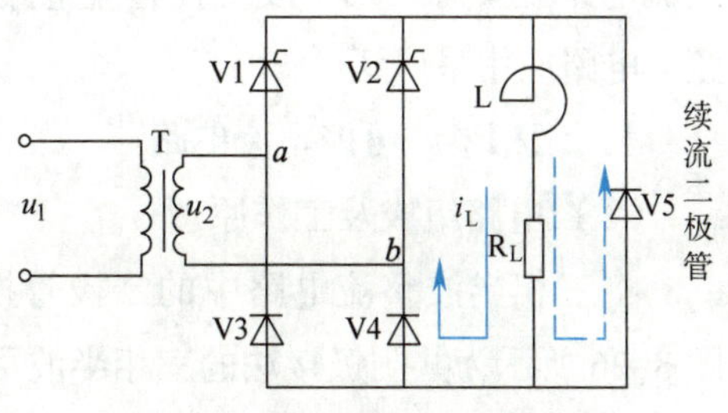

图 8-25　加续流二极管的电路图

通过上面对电路的分析可以看出，当整

流元件导通时，负载电流经过变压器二次绕组构成回路；当所有整流元件都不导通时，负载中的电流通过续流二极管构成回路。

如果晶闸管的导通角为θ，则续流二极管的导通角为$2\pi-2\theta$，流过晶闸管和整流二极管的电流平均值为

$$I_{t(AV)}=\frac{\theta}{2\pi}I_L$$

流过续流二极管的电流平均值为

$$I'_{t(AV)}=\frac{2\pi-2\theta}{2\pi}I_L$$

【例 8–3】 有一单相半控桥式整流电路，负载为直流电阻R_L=5 Ω 的感性负载，输入电压U_2=220 V，试求控制角 α =30° 时的输出电压、晶闸管中的电流平均值和续流二极管中的电流平均值。

解：

当 α =30° 时

$$U_L=0.9U_2\frac{1+\cos\alpha}{2}=0.9\times220\ \text{V}\times\frac{1+\cos30^\circ}{2}\approx185\ \text{V}$$

负载电流的平均值为

$$I_L=\frac{U_L}{R_L}=\frac{185\ \text{V}}{5\ \Omega}=37\ \text{A}$$

流过晶闸管的电流平均值为

$$I_{t(AV)}=\frac{\theta}{2\pi}I_L=\frac{\pi-\alpha}{2\pi}I_L=\frac{\pi-\frac{\pi}{6}}{2\pi}\times37\ \text{A}\approx15\ \text{A}$$

流过续流二极管的电流平均值为

$$I'_{t(AV)}=\frac{2\pi-2\theta}{2\pi}I_L=\frac{2\pi-2\times\left(\pi-\frac{\pi}{6}\right)}{2\pi}\times37\ \text{A}\approx6\ \text{A}$$

二、三相可控整流电路

对于大功率的负载，如果用单相可控整流电路，将造成供电线路三相的不平衡，影响电网的供电质量，所以中型以上的整流装置都采用三相可控整流电路。三相可控整流电路主要有三相半波可控整流电路和三相半控桥式整流电路，其中三相半控桥式整流电路应用最广泛。

1. 三相半波可控整流电路

（1）电路组成及工作原理

将三相半波整流电路中的二极管换成晶闸管即构成三相半波可控整流电路，如图 8–26 所示为共阴极接法的三相半波可控整流电路。

三相半波可控整流电路的电源由三相整流变压器供电，也可直接由三相四线制交

流电网供电。

三相交流相电压的波形如图 8–27 所示，波形图中的交点 1、2、3 为电源相电压正半波相邻波形的交点，称为自然换相点，是三相半波可控整流电路各相晶闸管控制角 α 的起始点。在自然换相点之后，共阴极电路中阳极电位最高的晶闸管和共阳极电路中阴极电位最低的晶闸管受到触发时才能导通，并使另外两相的晶闸管承受反向电压而关断，输出电压为该相的相电压。

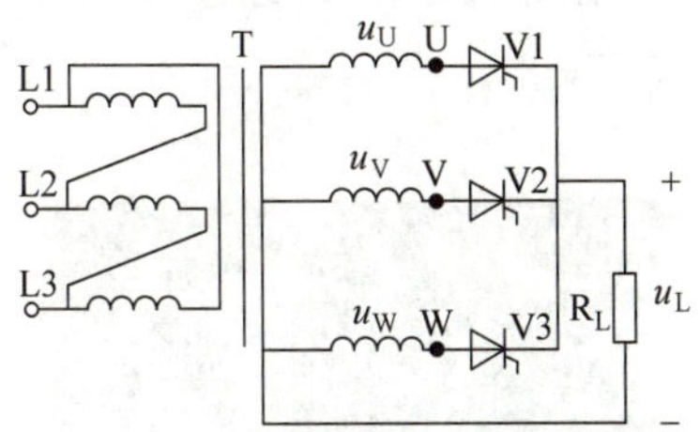

图 8–26 三相半波可控整流电路

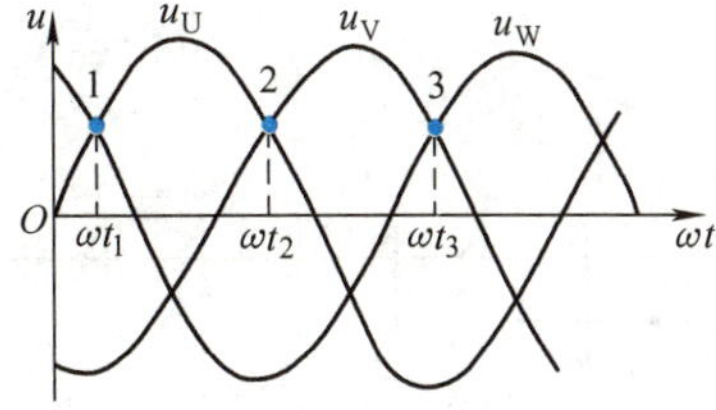

图 8–27 三相交流相电压波形

以共阴极电路为例，在一个周期中的工作情况如下：

当过 U 相自然换相点（1 点）α 时，触发电路有触发脉冲 u_{g1}，V1 被触发导通；当电源电压为零时，V1 关断，这期间输出电压 u_L 的波形同 U 相的相电压 u_U 的波形，且 $u_L=u_U$。

当过 V 相自然换相点（2 点）α 时，有触发脉冲 u_{g2}，V2 被触发导通，V1 因承受反向电压而关断，这期间输出电压 u_L 波形同 u_V 的波形，且 $u_L=u_V$。

同样，当过 W 相自然换相点（3 点）α 时，V3 被触发导通，V2 因承受反向电压而关断，这期间输出电压 u_L 波形由 u_V 波形换成 u_W 的波形，且 $u_L=u_W$。下一个周期到来重复上述过程。

控制角 α 不同，工作波形也不一样。图 8–28、图 8–29、图 8–30 和图 8–31 所示分别是控制角 α 为 0°、30°、60° 和 90° 时电路工作的理论波形和用示波器实测的波形。

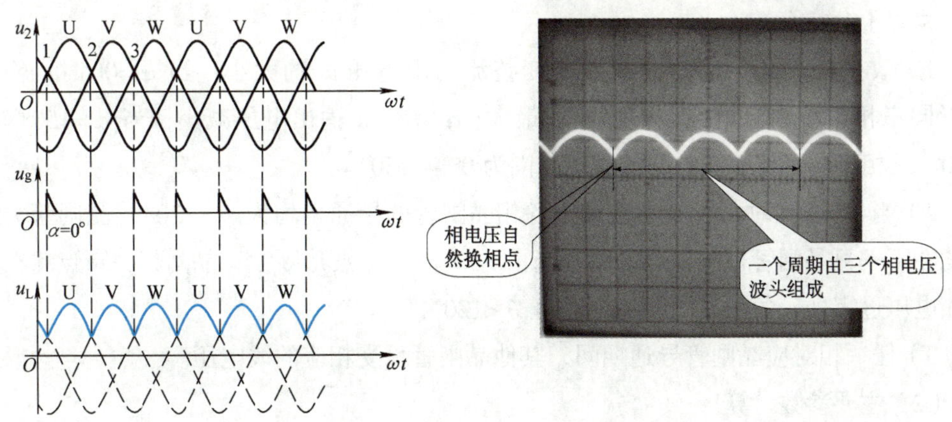

图 8–28 α =0° 时的输出电压波形

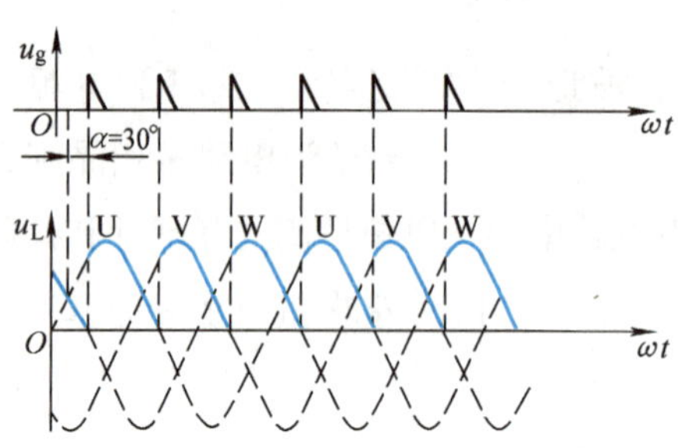

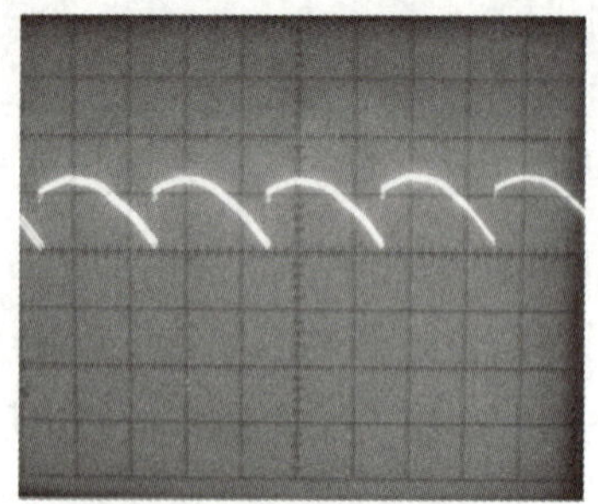

图 8-29　α =30° 时的输出电压波形

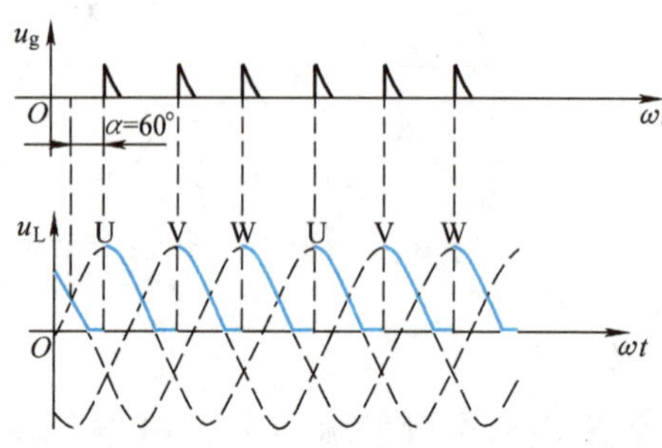

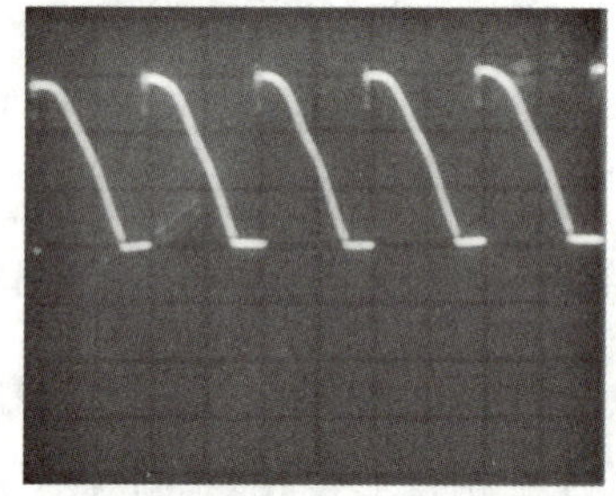

图 8-30　α =60° 时的输出电压波形

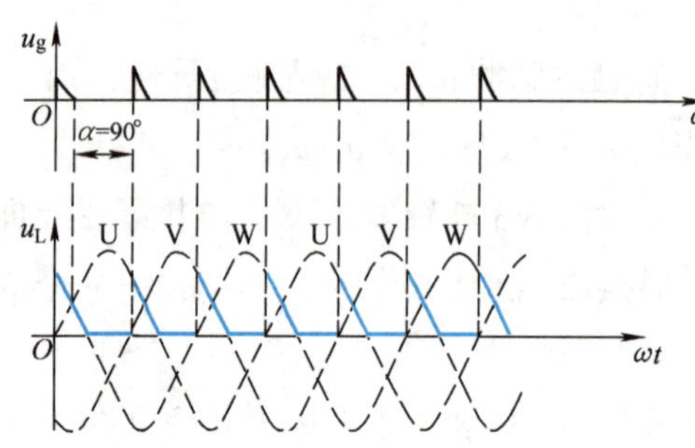

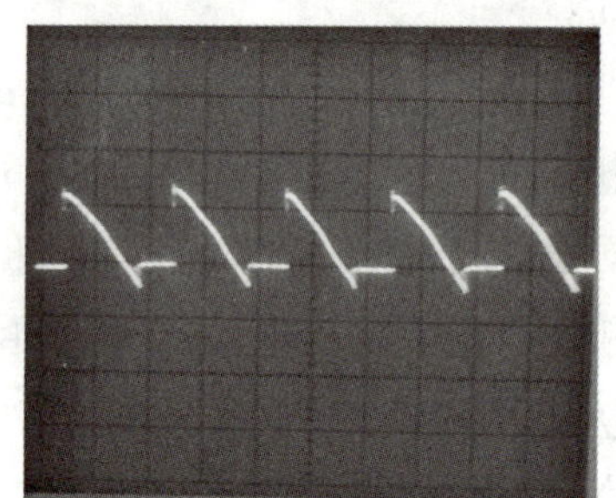

图 8-31　α =90° 时的输出电压波形

由以上分析可知：

1）改变控制角的大小，就能改变整流输出电压 u_L 的大小：当 $\alpha=0°$ 时，输出波形同三相半波整流电路，输出电压最大；α 增大，输出电压减小；当 $\alpha=150°$ 时，$u_L=0$。三相半波可控整流电路的移相范围为 0° ~ 150°。

2）当 $\alpha \leqslant 30°$ 时，u_L 波形连续，各相晶闸管的导通角均为 $\theta=120°$，晶闸管关断点均在下一只晶闸管被触发导通时；当 $\alpha>30°$ 时，u_L 波形断续，晶闸管关断点均在各自相电压过零处，各相晶闸管的导通角 $\theta<120°$。

3）任一相对应晶闸管导通期间，其他晶闸管承受相应的线电压。

（2）主要参数计算

三相半波可控整流电路参数计算公式，见表 8-7。

表 8–7 三相半波可控整流电路参数计算公式

电路参数	计算公式
输出电压平均值	① $0° \leqslant \alpha \leqslant 30°$ 时 $U_L=1.17U_2\cos\alpha$ ② $30° < \alpha \leqslant 150°$ 时 $U_L=0.675U_2\left[1+\cos\left(\frac{\pi}{6}+\alpha\right)\right]$
负载电流平均值	$I_L=\frac{U_L}{R_L}$
通过晶闸管的电流平均值	$I_{t(AV)}=\frac{1}{3}I_L$ （$0° \leqslant \alpha \leqslant 150°$）
晶闸管承受的最大电压	$U_{Rm}=\sqrt{6}U_2=2.45U_2$

（3）电路特点

对三相电源来说，三相半波可控整流电路比单相可控整流电路输出电压高，脉动小，电源平衡性好。但如果直接由电网供电，各相中都有较大的直流成分，会造成电网损耗。如果由变压器供电，由于铁芯直流磁化，效率将较低。实际电工设备常采用输出电压较高、脉动小、电源平衡性好、效率高的三相半控桥式整流电路。

2. 三相半控桥式整流电路

（1）电路组成及工作原理

图 8–32 所示为三相半控桥式整流电路。电路是由共阳极的三相半波整流电路和共阴极的三相半波可控整流电路串联而成。

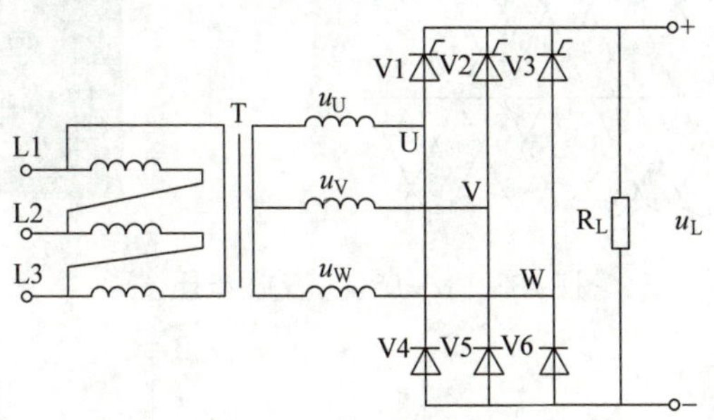

图 8–32 三相半控桥式整流电路

共阳极组的三只整流二极管（V4、V5、V6）总是在自然换相点（相电压波形负半周交点）自然换到比阴极电位更低（最负）的一相中去；共阴极组的三只晶闸管（V1、V2、V3）要在触发后才能换相到阳极电位最高的一相中去。而在任何时刻必须有共阴极组的一只晶闸管和共阳极组的一只二极管同时导通，才能使整流电流流通。

在 $\omega t_1 \sim \omega t_3$ 期间，U 相电压最高，若 ωt_1 时刻 u_{g1} 触发 V1 管，V1 管导通，而其中 $\omega t_1 \sim \omega t_2$ 期间，V 相电位最低，V5 导通，电流通路为：U 相→ V1 → R_L → V5 → V 相，电源电压 u_{UV} 通过 V1、V5 加于负载，输出电压 $u_L=u_{UV}$。

在 $\omega t_2 \sim \omega t_3$ 期间，U 相电位仍最高，而 W 相电位最低，这时，V1 管仍导通，而整流二极管由 V5 换流到 V6，电流通路为：U 相→ V1 → R_L → V6 → W 相，电源电压 u_{UW} 通过 V1、V6 加于负载，输出电压 $u_L=u_{UW}$。

在 ωt_3 时刻，如果 u_{g2} 还未出现，V2 不能导通，V1、V6 继续维持导通，输出电压 $u_L=u_{UW}$。

在 $\omega t_3 \sim \omega t_4$ 期间，V 相电位最高，W 相电位最低，若 u_{g2} 触发 V2，V2 导通，而 V1 因承受反向电压而关断，晶闸管由 V1 换为 V2 导通，V6 因承受正向电压继续导通，电流通路为：V 相→ V2 → R_L → V6 → W 相，输出电压 $u_L=u_{VW}$。

同样，其他情况以此类推。控制角 α 不同，工作波形也不同，图 8–33、图 8–34、图 8–35 和图 8–36 所示分别是 α 为 0°、30°、60° 和 90° 时电路工作的理论波形和用示波器实测的波形。

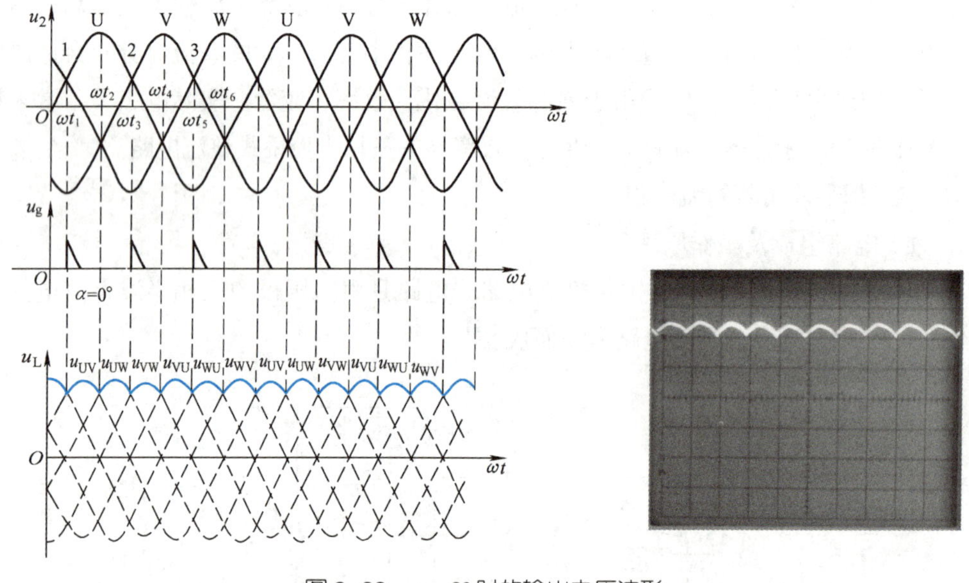

图 8–33　α =0° 时的输出电压波形

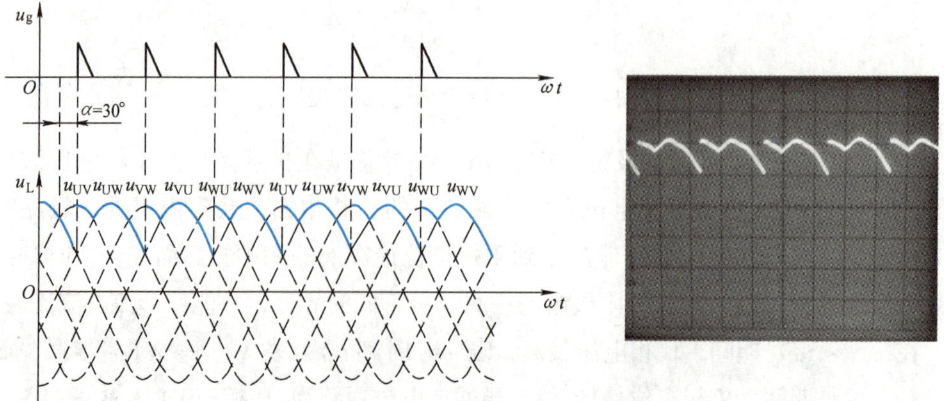

图 8–34　α =30° 时的输出电压波形

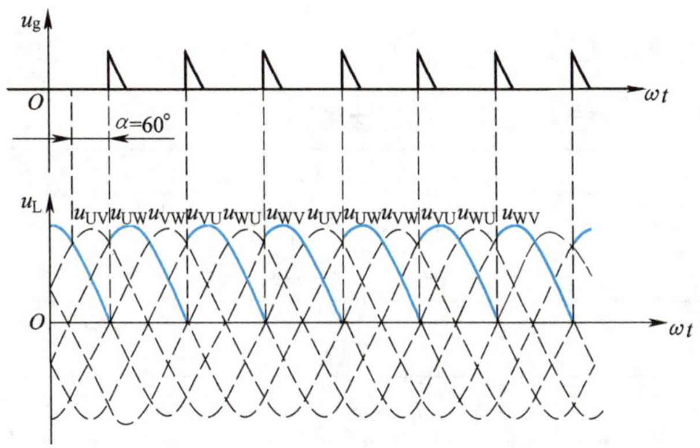

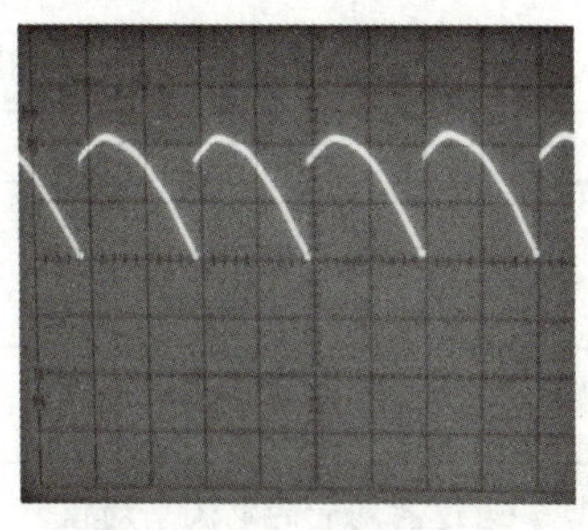

图 8-35　α =60° 时的输出电压波形

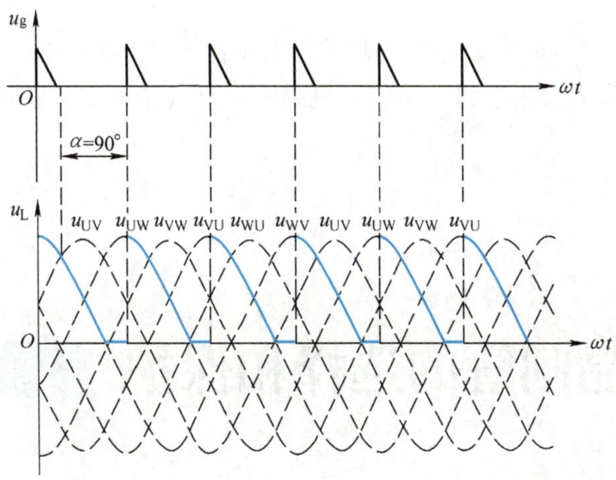

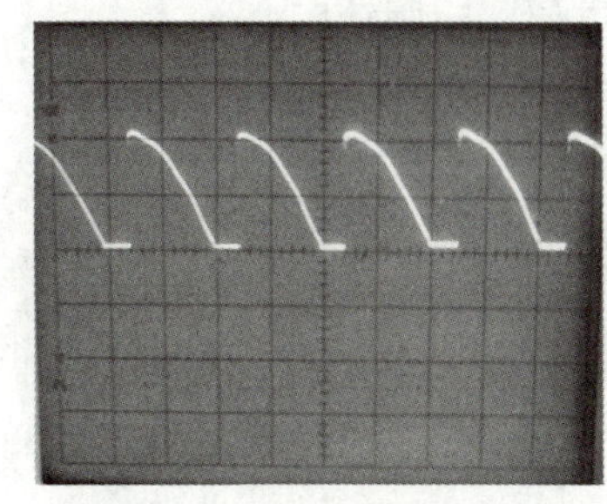

图 8-36　α =90° 时的输出电压波形

由以上分析可知：

1）改变控制角的大小就能改变整流电路输出电压 u_L 的大小：当 α =0° 时，输出波形同三相桥式整流电路，输出电压最大；α 增大，输出电压减小；当 α =180° 时，u_L=0。三相半控桥式整流电路的移相范围为 0° ~ 180°。

2）三相半控桥式整流电路中，当 $\alpha \leqslant 60°$ 时波形连续，晶闸管导通角 θ =120°；当 α >60° 时波形断续，晶闸管关断点均在各自相电压过零处，晶闸管导通角 θ <120°。

3）任一相对应晶闸管导通期间，其他晶闸管都承受相应的线电压。

小提示

如果触发脉冲在自然换相点之前加入，输出电压将会发生缺相，这在实际生产中必须避免。

（2）主要参数计算

三相半控桥式整流电路参数计算公式见表 8–8。

表 8–8　三相半控桥式整流电路参数计算公式

电路参数	计算公式
输出电压平均值	$U_L=2.34U_2\dfrac{1+\cos\alpha}{2}$ （$0°\leqslant\alpha\leqslant180°$）
负载电流平均值	$I_L=\dfrac{U_L}{R_L}$
通过晶闸管的电流平均值	$I_{t(AV)}=\dfrac{1}{3}I_L$
晶闸管承受的最大电压	$U_{Rm}=\sqrt{6}U_2=2.45U_2$

（3）电路特点

三相半控桥式整流电路使用了三只晶闸管，需三套触发电路，输出电压较高，且脉动较小，输出电压连续可调范围比三相半波可控整流电路宽，其线路简单、经济、方便，应用较广。

§8–3　晶闸管的选择和保护

学习目标

1. 对不同的单相可控整流电路，能选择与之适应的晶闸管。
2. 了解晶闸管的过电压和过电流保护电路。

一、晶闸管的选择

晶闸管的特性参数很多，在实际安装与维修时主要考虑的是晶闸管的额定电压和额定电流，即 U_{RRM} 和 $I_{T(AV)}$。

1. 电压等级的选择

晶闸管承受的正、反向电压与电源电压、控制角 α 及电路的形式有关。一般可按下面的经验公式估算，即

$$U_{RRM} \geqslant (1.5 \sim 2)\,U_{Rm}$$

式中，U_{Rm} 是晶闸管在工作中实际承受的反向峰值电压。

2. 电流等级的选择

晶闸管的过载能力差，一般是按电路最大平均电流来选择的，即

$$I_{T(AV)} \geqslant (1.5 \sim 2)\,I_{t(AV)}$$

式中，$I_{t(AV)}$ 是实际通过晶闸管的最大平均电流。

【例 8-4】 负载为纯阻性的单相半控桥式整流电路输出的直流电压 U_L=0 ~ 60 V，直流电流为 0 ~ 10 A，试计算晶闸管在工作中实际承受的反向峰值电压 U_{Rm} 与通过晶闸管的最大平均电流 $I_{t(AV)}$，并选择合适的晶闸管。

解：

设输出直流电压最大（60 V）时的控制角 α =0°，则由 $U_L = 0.9U_2\dfrac{1+\cos\alpha}{2}$ 可得

$$U_2 = \frac{2U_L}{0.9\times(1+\cos\alpha)} = \frac{2\times 60\ \text{V}}{0.9\times(1+\cos 0°)} \approx 67\ \text{V}$$

考虑到整流器件上压降等因素，取 U_2 值比计算值高 10%，即取

$$U_2 = 74\ \text{V}$$

晶闸管承受的反向峰值电压为

$$U_{Rm} = \sqrt{2}U_2 = 1.41\times 74\ \text{V} = 104\ \text{V}$$

晶闸管应取的反向峰值电压为

$$U_{RRM} \geqslant (1.5\sim2)\,U_{Rm} = (1.5\sim2)\times 104\ \text{V} = 156\sim208\ \text{V}$$

通过晶闸管的最大平均电流为

$$I_{t(AV)} = \frac{1}{2}I_L = \frac{1}{2}\times 10\ \text{A} = 5\ \text{A}$$

晶闸管应取的通态平均电流为

$$I_{T(AV)} \geqslant (1.5\sim2)\,I_{t(AV)} = (1.5\sim2)\times 5\ \text{A} = 7.5\sim10\ \text{A}$$

所以，可选用通态平均电流为 10 A、额定电压为 200 V 的 KP10-2 型晶闸管。

【例 8-5】 一只接有续流二极管的单相半控桥式整流电路，R_L=5 Ω，输入电压 U_2=220 V，晶闸管的控制角 α =60°。试计算：

（1）晶闸管应取的反向峰值电压。

（2）通过晶闸管的实际平均电流，并选择合适的管型。

解：

（1）晶闸管应取的反向峰值电压

晶闸管承受的反向峰值电压为

$$U_{Rm} = \sqrt{2}U_2 = 1.41\times 220\ \text{V} \approx 310\ \text{V}$$

晶闸管应取的反向峰值电压为

$$U_{RRM} \geqslant (1.5\sim2)U_{Rm}=(1.5\sim2)\times310\text{ V}=465\sim620\text{ V}$$

（2）通过晶闸管的实际平均电流

输出的直流电压为

$$U_L=0.9U_2\frac{1+\cos\alpha}{2}=0.9\times220\text{ V}\times\frac{1+\cos60°}{2}=148.5\text{ V}$$

通过负载的平均电流为

$$I_L=\frac{U_L}{R_L}=\frac{148.5\text{ V}}{5\ \Omega}\approx30\text{ A}$$

$$\theta=\pi-\frac{\pi}{3}=\frac{2}{3}\pi$$

通过晶闸管的实际平均电流为

$$I_{t(AV)}=\frac{\theta}{2\pi}I_L=\frac{\frac{2}{3}\pi}{2\pi}\times30\text{ A}=10\text{ A}$$

晶闸管应取的通态平均电流为

$$I_{T(AV)}\geqslant(1.5\sim2)I_{t(AV)}=(1.5\sim2)\times10\text{ A}=15\sim20\text{ A}$$

所以，可选取通态平均电流为 20 A、额定电压为 600 V 的 KP20–6 型晶闸管。

二、晶闸管的保护

普通晶闸管承受过电流和过电压的能力很差，即使短时间的过电流和过电压，也可能导致晶闸管的损坏。在使用中，除了要使它的工作条件留有充分的余地外，还要采取一定的保护措施。

1．过电压保护

晶闸管设备在运行过程中，会受到交流供电电网的操作过电压和雷击过电压的侵袭，在变压器一次侧拉闸、整流装置直流侧切断开关、晶闸管由导通转变为阻断等情况下，电感中都会产生很高的电动势，使晶闸管承受很高的电压，过电压虽然持续的时间极短，但也可能使晶闸管误导通，甚至被击穿损坏。因此，通常采用阻容吸收保护电路或压敏电阻等进行过电压保护。

阻容吸收保护电路是利用阻容元件来吸收过电压，其实质是当电路切断瞬间，电感回路产生的磁场能量（感应电动势）被电容吸收转换为电场能，然后电容又通过电阻放电，将电场能释放出来，从而抑制过电压，保护晶闸管。阻容吸收元件在电路中的接入方法有三种，如图 8–37 所示。

压敏电阻在电路中的接入方法也有三种，如图 8–38 所示，图中 RV 为压敏电阻。

2．过电流保护

由于晶闸管的热容量很小，它在大功率条件下产生过电流时，温度会急剧升高，若超过允许值，晶闸管就会损坏。产生过电流的原因主要有负载过载、短路，晶闸管损坏，触发电路或控制系统有故障等。

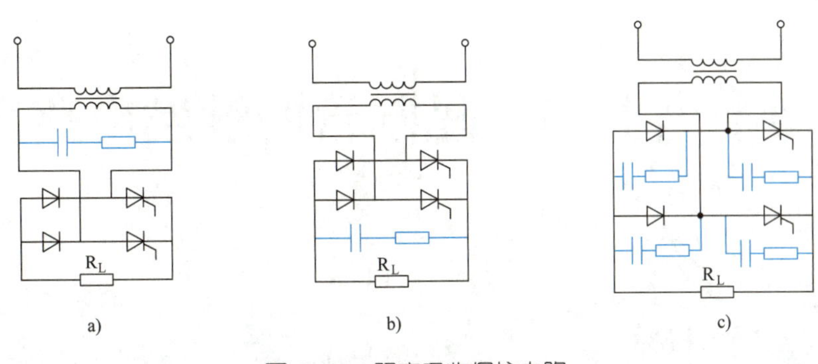

图 8-37 阻容吸收保护电路

a）交流侧保护 b）直流侧保护 c）直接保护

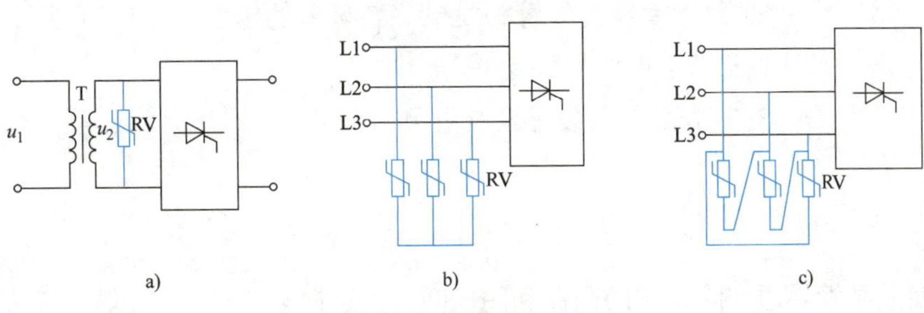

图 8-38 压敏电阻保护电路

a）单相电路中的接法 b）三相电路中的Y形接法 c）三相电路中的△形接法

过电流保护的作用是，一旦有过电流产生威胁晶闸管时，能在允许时间内快速地将过电流切断，以防晶闸管损坏。因此，在实际中，常采用快速熔断器进行过电流保护。快速熔断器保护电路有三种接法，如图 8-39 所示。

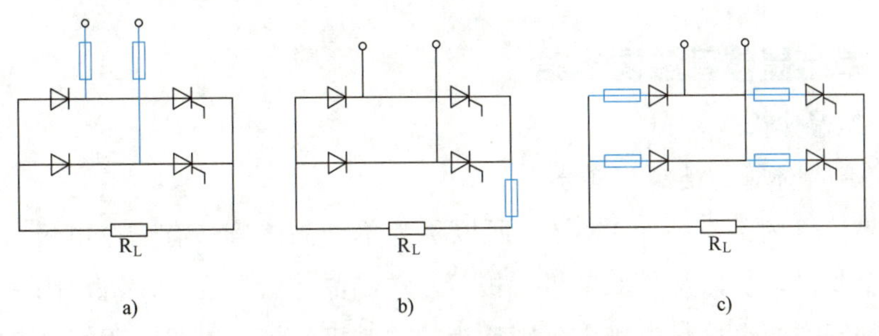

图 8-39 过电流保护

a）交流侧保护 b）直流侧保护 c）直接保护

小提示

快速熔断器熔断时间比普通熔断器短，所以实际使用时，切不可用普通熔断器来代替快速熔断器；否则，一旦发生过电流，普通熔断器还未来得及熔断，晶闸管就已经烧毁了。

§8-4 晶闸管的触发电路

学习目标

1. 掌握单结晶体管的结构、符号、特点及作用。
2. 熟悉单结晶体管触发电路各环节的组成、工作原理、工作点波形的形成、电路的特点等。
3. 了解集成触发器及其应用。

要使晶闸管导通，除在它的阳极和阴极间加上正向电压外，还必须在它的门极加上适当的触发信号（电压、电流）。这种为晶闸管提供触发信号的电路称为触发电路。对触发电路的要求是，与主电路同步，能平稳移相且有足够的移相范围，脉冲前沿陡且有足够的幅值与脉宽，稳定性与抗干扰性能好，等等。

触发电路的种类很多，主要有单结晶体管触发电路和发展很快的集成触发电路。

一、单结晶体管触发电路

1. 单结晶体管

（1）单结晶体管的结构、符号

单结晶体管内部有一个 PN 结，所以称为单结晶体管；有三个电极，分别是发射极和两个基极，所以又称双基极二极管。单结晶体管是在一块高电阻率的 N 型硅片两端分别制作两个接触电极 [分别称为第一基极和第二基极，用符号 B1（b1）和 B2（b2）表示]，在硅片的另一侧靠近第二基极 B2 处制作一个 PN 结，并在 P 型硅片上引出发射极 E，如图 8-40a 所示，其符号如图 8-40b 所示，外形如图 8-40c 所示。

单结晶体管的等效电路如图 8-40d 所示。E 与 B1 之间为一个 PN 结，相当于一只二极管。R_{B1} 表示 B1 与 E 之间的电阻，R_{B2} 表示 B2 与 E 之间的电阻。在正常工作时，R_{B1} 随发射极电流 I_E 的变化而变化，I_E 增大，R_{B1} 减小。R_{B2} 与 I_E 无关，且 $R_{B1}>R_{B2}$。两基极 B1 与 B2 之间的电阻 $R_{BB}=R_{B1}+R_{B2}$。

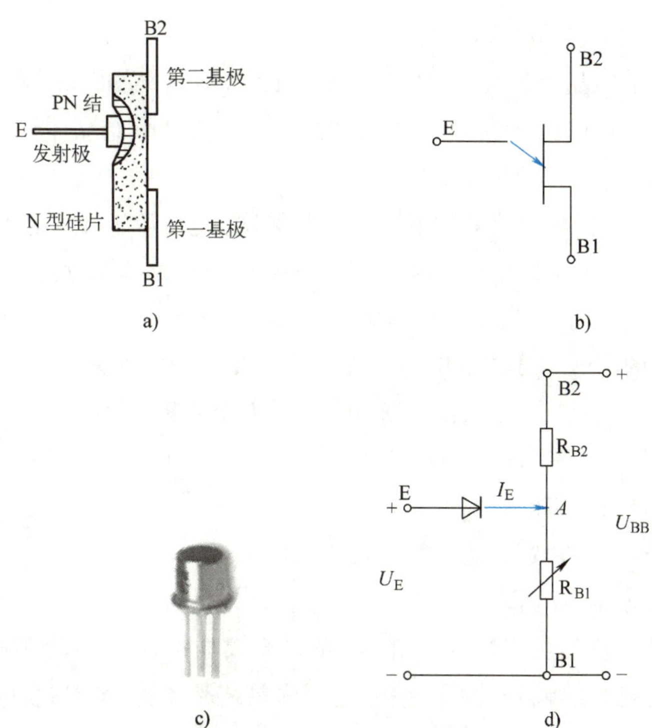

图 8-40 单结晶体管

a）结构 b）符号 c）外形 d）等效电路

若在两基极 B2、B1 间加上正电压 U_{BB}，则 A 点电压为

$$U_A = \frac{R_{B1}}{R_{B1}+R_{B2}}U_{BB} = \frac{R_{B1}}{R_{BB}}U_{BB} = \eta U_{BB}$$

式中，η——分压比，其值一般为 0.3 ~ 0.9。

（2）单结晶体管的伏安特性

图 8-41 所示为单结晶体管的伏安特性曲线。

当 $U_E<U_A$ 时，PN 结反向截止，单结晶体管也截止，对应曲线中 P 点以前的区域，称为截止区。

当 $U_E \geqslant U_A$ 时，PN 结正向导通，I_E 显著增加，R_{B1} 阻值迅速减小，U_E 相应下降。电压随电流增加反而下降的特性，称为“负阻特性”。管子由截止区进入负阻区的临界点 P，称为“峰点”，与其对应的发射极电压和电流，分别称为峰点电压 U_P 和峰点电流 I_P，其中 $U_P=\eta U_{BB}+U_D$，U_D 为二极管正向压降（约为 0.7 V）。

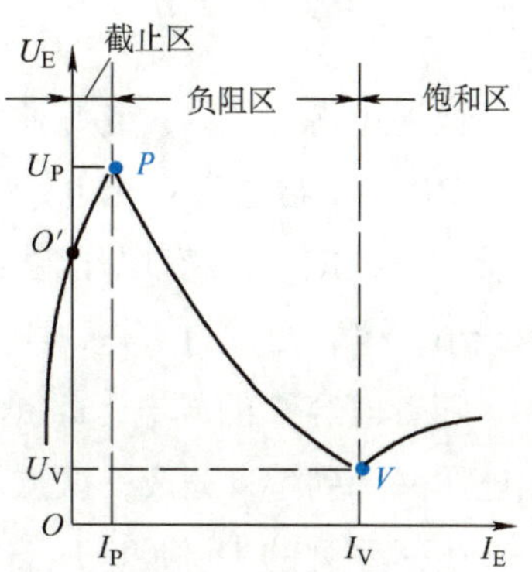

图 8-41 单结晶体管的伏安特性曲线

随着 I_E 上升，U_E 下降，当降到 V 点后，U_E 不再下降，V 点称为“谷点”，与其对应的发射极电

压和电流，称为谷点电压 U_V 和谷点电流 I_V。

过了 V 点，单结晶体管又恢复正阻特性，即 U_E 随 I_E 增加而缓慢地上升，但变化很小，所以谷点右边的区域称为饱和区。显然 U_V 是维持单结晶体管导通的最小发射极电压，如果 $U_E<U_V$，管子重新截止。

综上所述，单结晶体管具有如下特点：当发射极电压等于峰点电压 U_P 时，单结晶体管导通。导通后，发射极电压 U_E 减小，当发射极电压 U_E 减小到谷点电压 U_V 时，管子又由导通转变为截止。一般单结晶体管的谷点电压为 2 ~ 5 V。

单结晶体管的型号有 BT31、BT33、BT35 等，其中“B”表示半导体，“T”表示特种管，“3”表示 3 个电极，第四个数字表示耗散功率分别为 100 mW、300 mW、500 mW。

（3）单结晶体管引脚的辨别

单结晶体管引脚的辨别方法如图 8–42 所示。

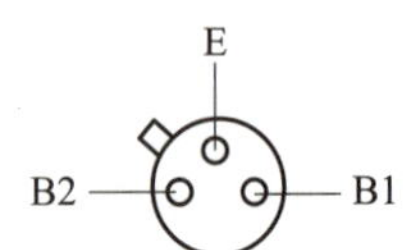

图 8–42　单结晶体管引脚的辨别方法

2. 单结晶体管振荡电路

利用单结晶体管的负阻特性和 RC 电路的充放电特性，组成频率可调的振荡电路，用来产生晶闸管的触发脉冲。该电路又称单结晶体管脉冲振荡电路，其电路如图 8–43a 所示。工作原理分析如下：

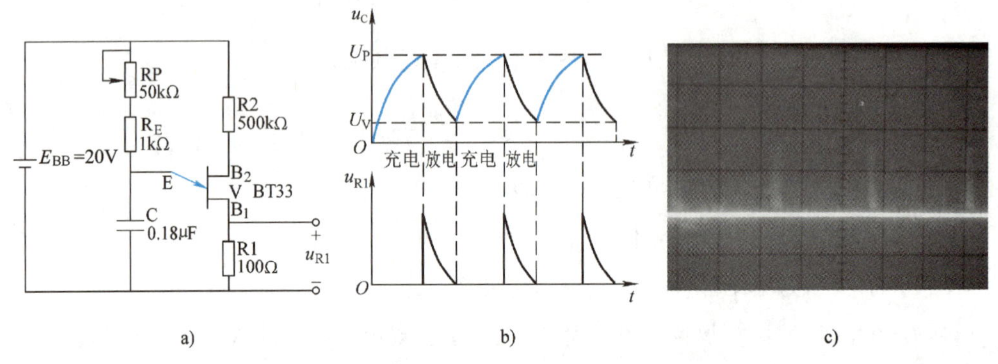

图 8–43　单结晶体管振荡电路及其工作波形
a）电路　b）理论波形　c）实测波形

接通电源 E_{BB} 后，电源通过 R2、R1 加在单结晶体管的两个基极上，同时，电源通过 RP、R_E 给电容 C 充电，电容两端电压 u_C 按指数规律增加，当 $u_C<U_P$ 时，单结晶体管截止，R1 上没有电压输出。当 u_C 达到峰点电压 U_P 时，单结晶体管导通，R_{B1} 迅速减小，电容 C 通过 R_{B1}、R1 迅速放电，在 R1 上形成脉冲电压。

随着电容 C 的放电，u_C 迅速下降，当 $u_C<U_V$ 时，单结晶体管截止，放电结束，输出电压又降到零，完成一次振荡。电源对电容再次充电，并重复上述过程，于是在 R1 上产生一系列的尖脉冲电压。如图 8–43b 所示为其理论输出波形，图 8–43c 所示为用示波器实测的波形。

通过对上述电路工作过程的分析可知，振荡过程的形成利用了单结晶体管的负阻特性和 RC 的充放电特性。改变 RP 的阻值（或电容 C 的大小），便可改变电容充电的快慢，使输出脉冲波形前移或后移，从而控制晶闸管的触发导通时刻。显然 $\tau=RC$ 大时，触发脉冲后移，控制角增大；τ 小时，触发脉冲前移，控制角减小。

3. 单结晶体管触发电路

图 8–44 所示为一个具有触发电路的单相半控桥式整流电路，图的上半部分是单结晶体管触发电路。该电路与图 8–43 相比除电源不同之外，其余均相同。

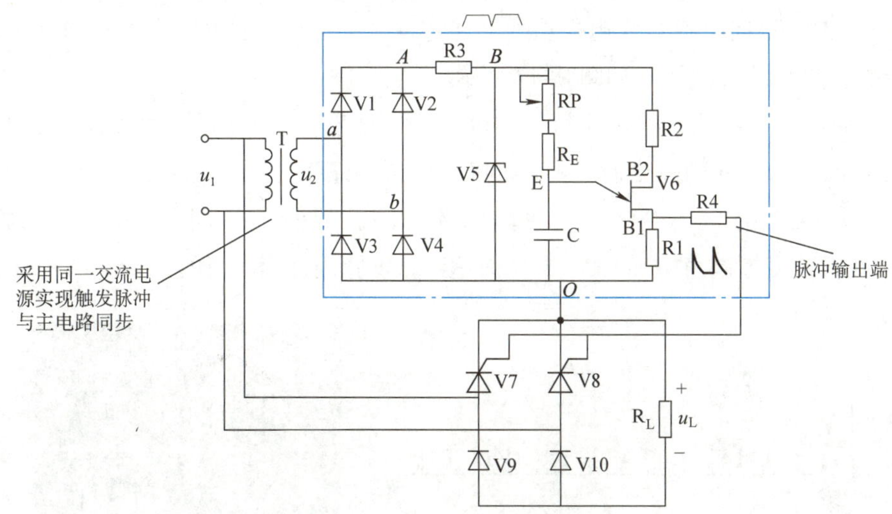

图 8–44 单结晶体管同步触发电路

交流电经桥式整流，得到如图 8–45 所示整流输出电压波形，再经稳压管的稳压，在稳压管两端得到如图 8–46 所示梯形波。此梯形波电压和交流电压同步，由于梯形波电压和交流电压同时为零，所以保证了触发电路的触发电压与交流电源电压的同步。该同步电压作为电源又通过 RP、R_E 向电容 C 充电，电容两端的电压 u_C 按指数规律上升。单结晶体管的发射极电压等于电容两端的电压 u_C。

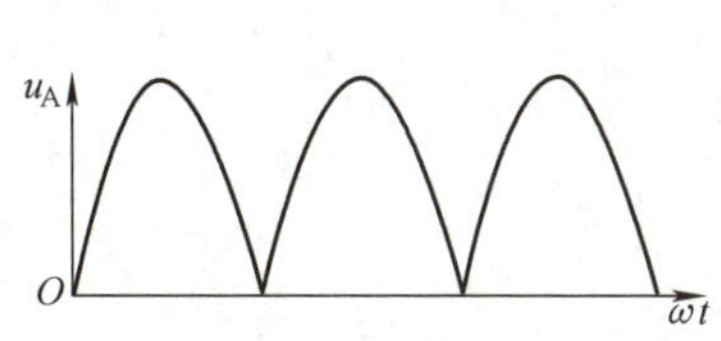

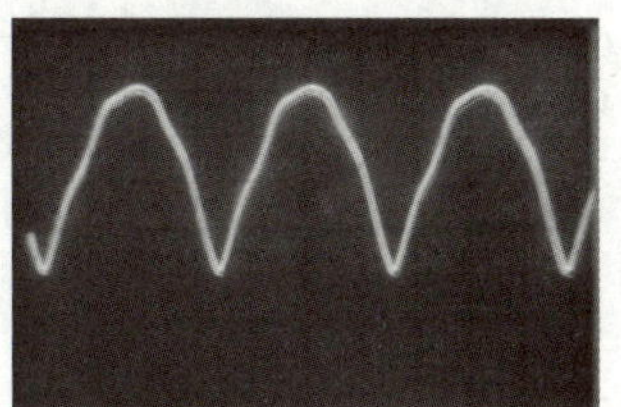

图 8–45 整流输出电压波形

当 u_C 小于峰点电压 U_P 时，单结晶体管处于截止状态，输出 $u_g=0$。

当 u_C 上升到等于 U_P 时，单结晶体管由截止变为导通，其电阻 R_{B1} 急剧减小，于是电容 C 经 E → B1 → R1 迅速放电，放电电流在 R1 上转变为尖脉冲电压 u_g。

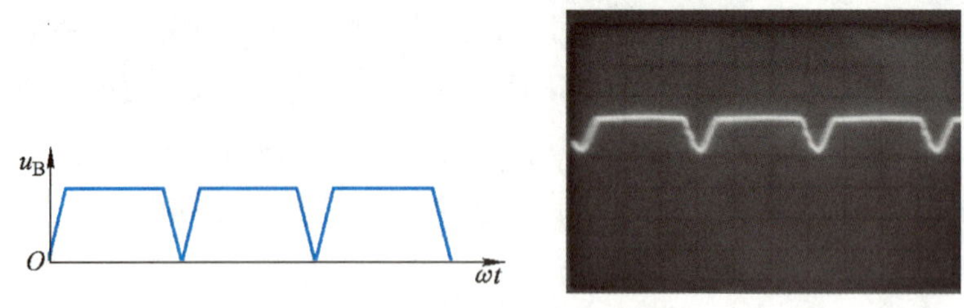

图 8-46　稳压管两端的电压波形

当 u_C 下降到单结晶体管的谷点电压 U_V 以下时，单结晶体管截止。截止以后，电源再次经 RP、R_E 向电容 C 充电，重复上述过程。于是在电阻 R1 上通过 R4 得到一个又一个的脉冲电压 u_g 波形，如图 8-47 所示。

由于每半个周期内，第一个脉冲将使晶闸管触发，后面的脉冲均无作用，因此，只要改变每半周内的第一个脉冲产生的时间，即可改变控制角的大小。若电容 C 充电较快，u_C 很快达到 U_P，第一个脉冲输出的时间就提前。在实际应用中，通过改变 RP 的大小可改变控制角 α 的大小，从而达到触发脉冲移相的目的。

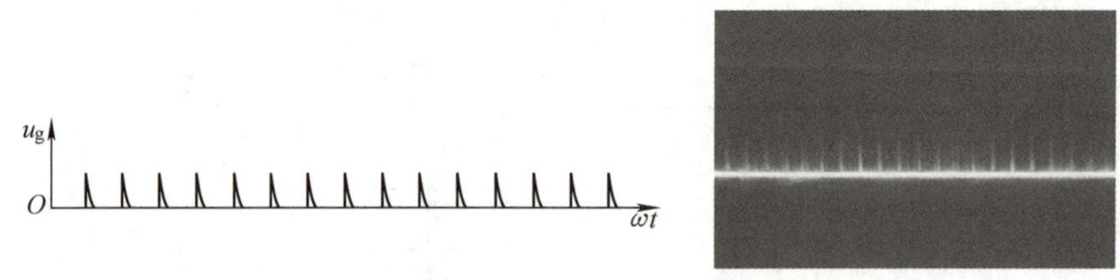

图 8-47　输出脉冲波形

4. 实际应用电路

图 8-44 所示单结晶体管触发电路中的电位器只能手动调节。在需要自动控制触发脉冲的场合，常利用控制电压进行移相控制，触发电路如图 8-48 所示。

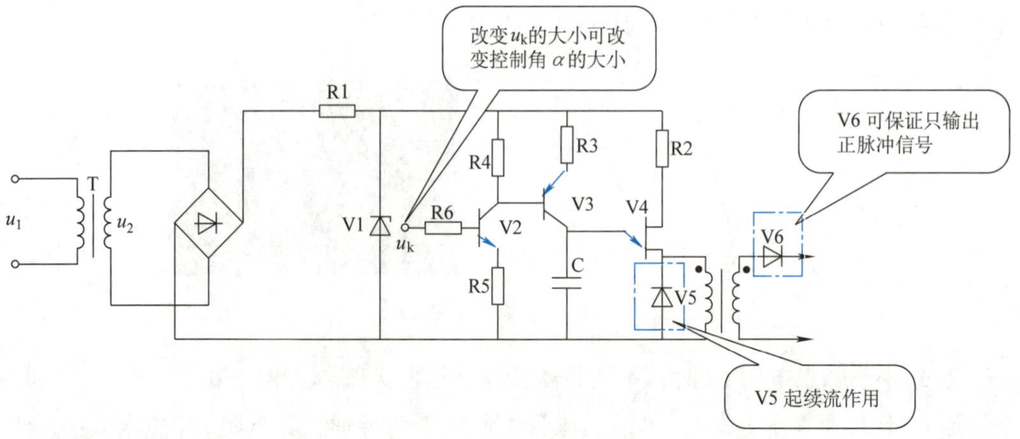

图 8-48　自动控制的单结晶体管触发电路

三极管V2和V3组成直接耦合的放大电路。控制电压u_k经V2放大后加到V3。当u_k增大时，V2的I_{C2}增大，V2的集电极电压U_{C2}下降，从而使V3的I_{C3}增大，V3的集—射极间的等效电阻变小，电容C充电加快，控制角减小。反之，控制角增大。因此，V3相当于一个可变的电阻，改变控制电压u_k便可控制输出脉冲。这样，由控制电压u_k实现了对可控整流电路输出电压的自动控制。

由单结晶体管组成的触发电路，具有简单、可靠、触发脉冲前沿陡、抗干扰能力强以及温度补偿性能好等优点，多用于50 A以下的中小容量晶闸管的单相可控整流电路中。

二、集成触发器

随着电力电子技术的发展，近年来开始应用集成触发器，如KJ、KC系列集成触发器和KCZ系列集成触发组件等。图8-49所示为采用集成触发器的单相半控桥式整流电路。

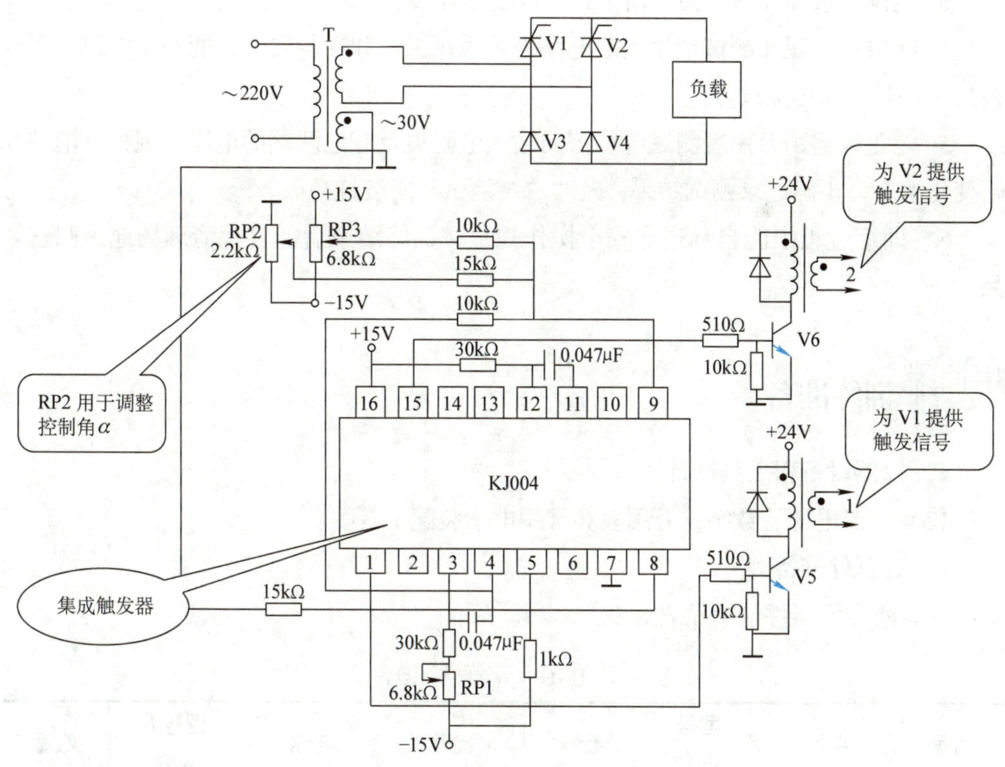

图8-49 集成触发器的应用

交流同步电压经外接电阻加到集成触发器KJ004的8端，在同步电压的正半周，1端输出一个触发脉冲，经三极管V5放大后送至晶闸管V1的门极。15端输出的脉冲与1端输出的脉冲相位差180°，该脉冲经三极管V6放大后送至晶闸管V2的门极。调节RP2可改变控制角 α 的大小。

技能训练 13　调光灯电路的安装与调试

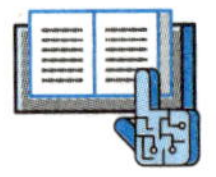

训练目标

1. 能正确识读调光灯电路工作原理图，会分析调光灯电路的工作过程。

2. 能正确识别和检测所用元器件，并结合电路原理图和印制电路板，找到对应元器件的安装位置。

3. 能按要求和计划正确使用工具进行线路焊接和安装。

4. 能根据外观和测试结果判断电路是否满足工艺和性能要求，能判断电路是否存在故障，并顺利排除故障。

5. 能正确运用万用表测试电位器的输入电阻值及灯泡两端的电压，观察灯泡的亮暗变化状态，正确记录测试结果，及时总结测试和安装技巧。

6. 训练过程中能自觉遵守安全操作规范，训练结束后能自觉清理场地、归置物品。

训练准备

1. 仪器设备和工具准备

12 V 交流电源、数字式万用表和常用电子装配工具等。

2. 元器件准备

训练所需元器件清单见表 8–9。

表 8–9　元器件清单

代号	名称	型号 / 规格	数量	代号	名称	型号 / 规格	数量
R1	碳膜电阻器	470 Ω	1	V1	单结晶体管	BT33	1
R2	碳膜电阻器	47 Ω	1	V2	晶闸管	MCR100–6	1
R3	碳膜电阻器	20 kΩ	1	VD1 ~ VD4	二极管	1N4007	4
RP	电位器	1 MΩ	1	EL	灯泡	12 V	1
C	电容器	0.022 μF	1				

训练内容

一、实训电路分析

调光灯电路原理图如图 8–50 所示。本电路首先把 220 V 的交流电压变成 12 V 的交流电压，然后给调光电路供电。VD1~VD4 组成的桥式整流电路不但为晶闸管阳极提供正向电压，还经过 R1、R2 加在单结晶体管的两个基极上，同时经过电阻 R3、RP 给电容器 C 充电，单结晶体管振荡电路为晶闸管可控整流电路提供触发信号。

接通电源后，交流电经桥式整流后的直流电压，经过电阻 R3、RP 给电容器 C 充电，C 两端的电压 u_C 按指数规律增大，当 $u_C<U_P$ 时，单结晶体管截止，R2 上没有电压输出，晶闸管由于无触发信号不会导通，灯泡不会亮。

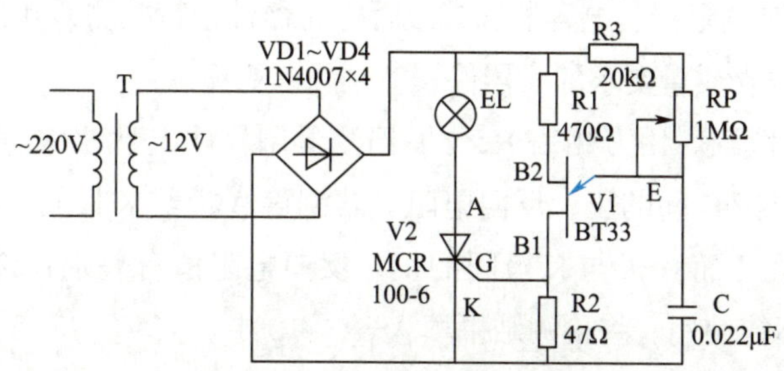

图 8–50 调光灯电路原理图

当 u_C 达到单结晶体管的峰点电压 U_P 时，单结晶体管导通，电容 C 迅速放电，u_C 减小，给晶闸管提供一个尖脉冲触发信号，晶闸管导通，灯泡变亮。

当 u_C 小于单结晶体管的谷点电压 U_V 时，单结晶体管截止，放电结束，直流电源对电容 C 再次充电，并重复上述过程，在 R2 上产生一系列尖脉冲电压。

改变 RP 的阻值，便可改变电容充电的快慢，控制晶闸管的触发导通时刻，改变输出电压的大小，改变灯泡的亮暗。显然 $\tau = RC$ 大时，触发脉冲后移，控制角增大，晶闸管导通角减小，灯泡变暗；τ 小时，触发脉冲前移，控制角减小，晶闸管导通角增大，灯泡变亮。

二、装配电路

1. 识读电路原理图和印制板装配图。

2. 制订实训计划，准备电子装配工具及仪器仪表，做好设备安全防护措施。

3. 元器件识别与检测

（1）清点元器件

按照表 8–9 核对元器件的数量、型号和规格，并把标称值填入表 8–10 中。如有短缺、差错，应及时补缺和更换。

表 8-10　元器件的标称值及检测结果

代号	标称值	检测值	代号	检测结果
R1			V1	
R2			V2	
R3			VD1 ~ VD4	
RP			EL	
C				

（2）元器件检测

1）用万用表对电阻器、电容器和二极管等元器件进行检测，并把检测结果填入表 8-10 中。若有不符合质量要求的元器件，应剔除和更换。

2）晶闸管的检测。用万用表 R×1 k 挡测量阳极 A 与阴极 K 间、门极 G 与阴极 K 间和阳极 A 与门极 G 间的正、反向电阻。若测得 A 极与 K 极间、A 极与 G 极间正、反向电阻为无穷大，而 G 极与 K 极间的正、反向电阻值有差别，说明晶闸管质量良好，否则晶闸管不能使用。将检测结果填入表 8-10 中。

3）单结晶体管的检测。用万用表测得基极 B1、B2 与发射极 E 之间的正向电阻很小，反向电阻很大；基极 B1、B2 之间的正、反向电阻为一固定值，则表明单结晶体管 BT33 正常。将检测结果填入表 8-10 中。

4. 电路装配

按照图 8-50 所示电路原理图，将元器件正确插装在印制电路板上后进行焊接固定。所有元器件应尽量贴近印制电路板安装。电位器要用螺母固定在印制电路板上。安装好的调光灯电路板如图 8-51 所示。

图 8-51　调光灯电路板

5. 自检与互检

安装完成后，对照原理图仔细检查电路是否安装正确，导线、焊点是否符合要求。用万用表检测电源是否有短路问题，检查电路接线是否有问题，应特别检查二极管、晶闸管及单结晶体管极性有无接错，正、负电源有无接错。先进行自检与互检，待教师确认无误后，再进行通电测试。

三、电路调试

确保电路连接无误后接上灯泡，开始调试。调试过程中应注意安全，防止触电。接通电源，旋转电位器手柄，观察灯泡亮度的变化。在表 8–11 所列的三种情况下，测量电路中各点的电位，并做好记录。

表 8–11 测试数据记录

灯泡状态	元器件各点电位						断开交流电源，测量电位器的阻值
	V2			V1			
	V_A	V_K	V_G	V_{B1}	V_{B2}	V_E	
灯泡最亮							
灯泡微亮							
灯泡不亮							

如电路出现故障，把故障现象和排除故障方法记录在表 8–12 中。

表 8–12 故障现象和排除故障方法

故障现象	
排除方法及步骤	

四、清理现场

按照现场管理规范清理场地，归置物品。

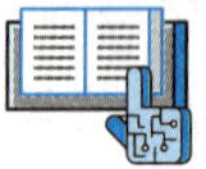

训练测评

对自己在本次训练中的综合表现进行评价。扫描右侧二维码可查看评价项目、内容及标准。

知识拓展

典型全控型电力电子器件

通过控制信号既可以控制其导通，又可以控制其关断的电力电子器件被称为全控型器件，又称自关断器件。这类器件很多，门极可关断晶闸管、电力晶体管、电力场效应晶体管和绝缘栅双极晶体管均属于此类。

1. 门极可关断晶闸管

门极可关断晶闸管（gate turn-off thyristor，GTO）是晶闸管的一种派生器件，如图 8-52 所示。通过在门极施加正脉冲电流使其触发导通，在门极施加负脉冲电流使其关断，是一种全控型器件，其电压、电流容量比普通晶闸管大得多，在高电压、大容量的斩波器和逆变器中有广泛的应用。

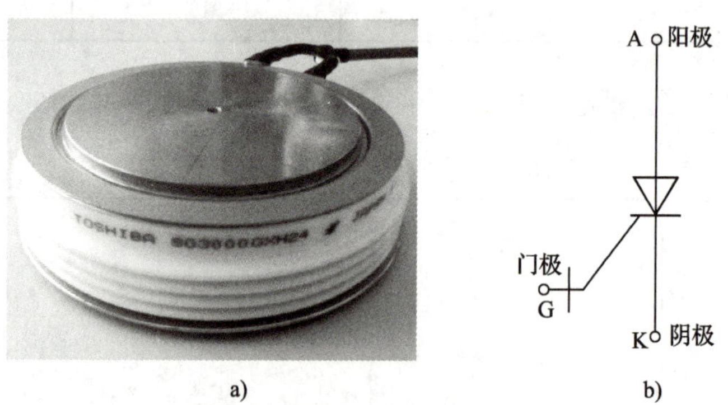

图 8-52　门极可关断晶闸管

a）实物外形　b）图形符号

2. 电力晶体管

电力晶体管（giant transistor，GTR）是一种耐高电压、大电流的双极结型晶体管（bipolar junction transistor，BJT），外形如图 8-53 所示。其与普通晶体管具有一样的基本工作原理，主要优点是耐压高，电流大，开关特性好，开关时间仅为几微秒，比晶闸管短得多，也短于 GTO。它的缺点是耐冲击能力差，易受二次击穿而损坏。20 世纪

80年代以来，在中、小功率范围内取代了晶闸管，在电源、电机控制、通用逆变器等中等容量、中等频率的电路中应用广泛。

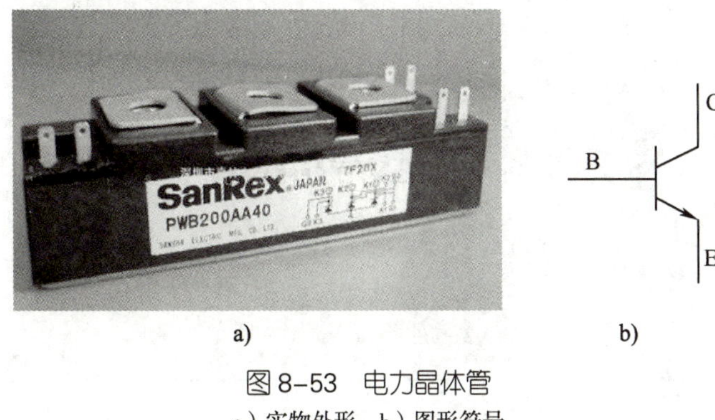

图 8-53 电力晶体管

a）实物外形 b）图形符号

3. 电力场效应晶体管

电力场效应晶体管也分为结型和绝缘栅型，但通常主要指绝缘栅型中的MOS型。电力MOS场效应晶体管［power metal-oxide-semiconductor field effect transistor，简称电力MOSFET（power MOSFET）］如图8-54所示。电力MOSFET的特点是用栅极电压来控制漏极电流。其优点是驱动电路简单，需要的驱动功率小，开关速度快，工作频率高，不会发生二次击穿，热稳定性优于GTR等；缺点是电流容量小，耐压低，一般适用于功率不超过10 kW的电力电子装置。

图 8-54 电力 MOSFET

a）实物外形 b）图形符号

4. 绝缘栅双极晶体管

绝缘栅双极晶体管（insulated gate bipolar transistor，IGBT或IGT）是将MOSFET和GTR结合于一体制成的复合型器件，如图8-55所示。绝缘栅双极晶体管综合了MOSFET栅极控制的优点和双极型晶体管的大电流优点。它是电压控制器件，不需要输入电流，开关速度快，工作频率高，驱动方便；双极型晶体管工作使得它具有较小的导通电压，损耗低。IGBT投放市场后，取代了GTR和一部分MOSFET的市场，成为中、小功率电力电子设备的主导器件。IGBT的应用范围一般都在耐压600 V以上、电流 10 A 以上、频率 1 kHz 以上的区域，多用于工业用电机、民用小容量电机、变换器（逆变器）、照相机的频闪观测器、感应加热电饭锅等产品中。

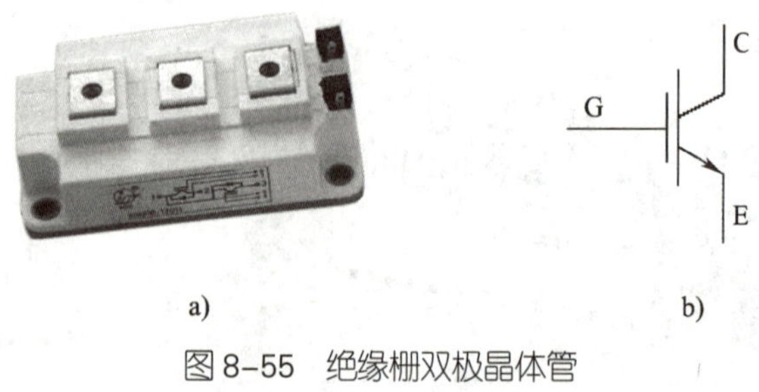

图 8-55　绝缘栅双极晶体管
a）实物外形　b）图形符号

§8-5　晶闸管的其他应用电路

学习目标

1. 理解整流与逆变的区别。
2. 了解有源逆变和无源逆变的概念，了解逆变电路的能量传递关系。
3. 掌握有源逆变的工作原理及逆变条件。
4. 了解电压型和电流型逆变电路。
5. 了解变频器的分类。
6. 了解变频器和单相交流调压器的基本工作原理。

整流电路可以把交流电变换为直流电，在生产实践中，利用晶闸管电路也可以把直流电变换为交流电，这种对应于整流的逆向过程，称为逆变。直流电逆变为交流电的电路称为逆变电路。当交流侧和电网相连时，这种逆变电路称为有源逆变电路。如果交流侧接负载，即将直流电逆变为某一频率或频率可调的交流电为负载供电，称为无源逆变。

一、有源逆变电路

将逆变电路的交流侧接到交流电网上，把直流电逆变成同频率的交流电反送到电网去，这种逆变电路称为有源逆变电路。应用于直流电动机的可逆调速、绕线型异步电动机的串级调速、高压直流输电和太阳能发电等方面。

1. 直流发电机－电动机系统的功率传递

图 8–56 中，G 是直流发电机，M 是电动机，R 是回路中的等效电阻。下面分析直流发电机与电动机间的能量转换。

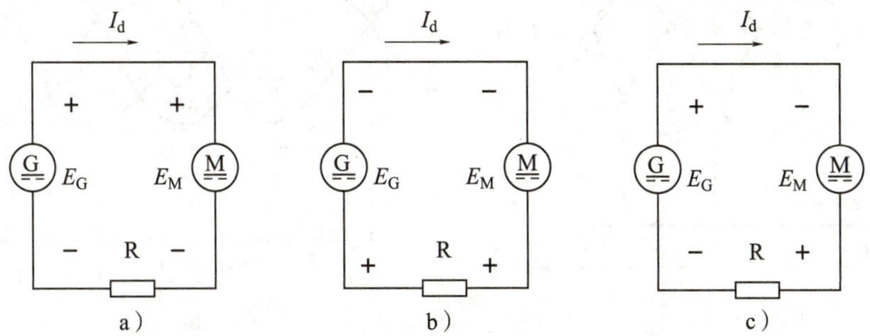

图 8–56 直流发电机、电动机之间的能量转换

a）两电动势同极性 $E_G>E_M$ b）两电动势同极性 $E_G<E_M$ c）两电动势反极性

图 8–56a 中，G 与 M 同极性相连，M 作为电动机运行，$E_G>E_M$，电流 I_d 从 G 流向 M，其大小为

$$I_d=\frac{E_G-E_M}{R}$$

此时，G 发出功率，M 吸收功率，电阻消耗功率。

图 8–56b 中，G 与 M 同极性相连，M 作为发电机运行，E_G 与 E_M 极性均与图 8–56a 相反，同时，$E_M>E_G$，电流 I_d 从 M 流向 G，M 发出功率，G 吸收功率，M 上的机械能转变为电能反送给 G。例如，卷扬机下降或电动机下坡行驶时，使直流电动机作为发电机制动运行，电动机的位能转变为电能反送到交流电网中去。

图 8–56c 中，G 与 M 反极性相连，G 和 M 均输出电能向电阻 R 供电，这时电流 I_d 大小为

$$I_d=\frac{E_G+E_M}{R}$$

由于 R 一般很小，实际上相当于两电源短路，在实际工作中应避免发生这种情况。

2. 有源逆变电路的工作原理

以提升机提升重物和下放重物为例，用三相半波可控整流电路代替图 8–56 中的发电机 G 给电动机 M 供电，讨论有源逆变电路的工作原理，如图 8–57 所示。

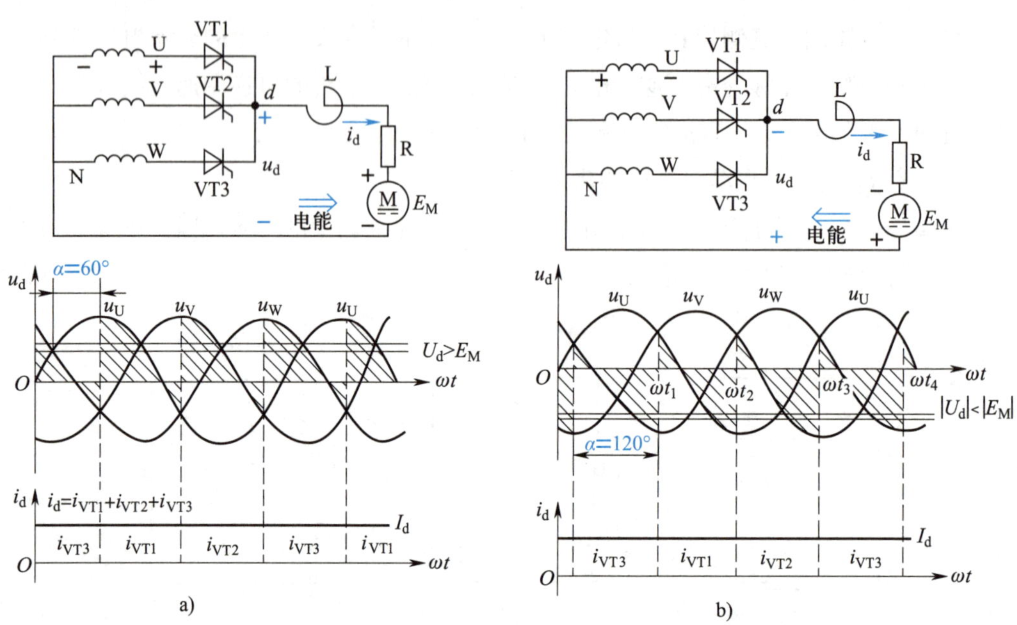

图 8–57　三相半波可控整流电路整流与逆变

a）整流电路　b）逆变电路

（1）提升重物，整流电路工作在整流状态

提升重物时，可控直流电压 U_d 代替电源 E_G，向直流电动机供电。大电感负载时，$U_d=1.17U_2\cos\alpha$，当控制角 α 在 0° ~ 90° 范围内时，按三相半波整流的触发脉冲安排原则，依次触发三相晶闸管，可在负载侧得到整流输出电压 U_d，$U_d>0$，U_d 与 E_M 的方向如图 8–57a 所示。由于 $U_d>E_M$，电能由交流侧输向直流侧。提升重物时，整流器为电源，输出功率，电动机为负载，吸收功率，工作在电动状态，电流为

$$I_d=\frac{U_d-E_M}{R}$$

因 R 很小，其两端电压也很小，因此，$U_d\approx E_M$。当 α 减小时，U_d 增大，电磁转矩增大，电动机转速提高；反之，当 α 增大时，电动机转速减小。所以，改变晶闸管控制角 α，可以很方便地对电动机进行调速，从而改变提升机的速度。

（2）下放重物，整流电路工作在逆变状态

下放重物时，电动机反转，产生的电动势也相反，为了防止两电动势顺向串联，则要求 U_d 极性也必须反过来，如图 8–57b 所示。这时整流电路控制角 α 必须进入 90° ~ 180° 范围内。当 α 在 90° ~ 180° 范围内变化时，输出电压的瞬时值 u_d 在整个周期内有正有负或全部为负，且负面积大于正面积，故输出平均电压为负值，其极性是上负下正，与整流时相反。电流为

$$I_d=\frac{E_M-U_d}{R}$$

为了维持 I_d 的流通，E_M 应稍大于 U_d。此时电动机由重物带动，运行在发电状态，产生的直流功率通过整流电路逆变为 50 Hz 交流功率反送给电网，这就是有源逆变工作状态。

由于晶闸管的单向导电性，逆变时 I_d 方向未变，电动机电磁转矩的方向也未变。当重物下降时，电磁抱闸通电松开，电动机在下降重物的带动下反转并逐渐加速，产生的电动势也逐渐增加，可调节 α 到大于 90°，当 $E_M>U_d$ 时有 I_d 流过，电动机产生制动转矩，当制动转矩增大到与重物产生的机械转矩相等时，重物保持匀速下降，在 90° ~ 180° 之间调节 α 值，就可方便地改变重物匀速下降的速度。

3. 实现有源逆变的条件

通过以上分析，可以发现实现有源逆变必须同时满足以下两个条件：

（1）要有直流电动势，如直流电机的电枢电势或蓄电池等，其极性和晶闸管的导通方向一致，数值大于 U_d，才能提供逆变能量。

（2）晶闸管的控制角 $\alpha>90°$，使直流侧输出平均电压为负值，才能把直流功率逆变为交流功率返送回电网。

以上两个条件缺一不可。

想一想

为什么逆变时控制角大于 90°？

二、无源逆变电路

1. 无源逆变电路的基本工作原理

逆变器的交流侧不与电网连接，而是直接接到负载，即将直流电逆变成某一频率的交流电供给负载，这种逆变电路称为无源逆变电路。其在交流电动机变频调速、感应加热、不停电电源等方面应用十分广泛，是构成电力电子技术的重要内容。下面以图 8-58a 所示单相桥式逆变电路为例分析其最基本的工作原理。图中开关 S1 ~ S4 是桥式电路的四个桥臂，它们由电力电子器件及其辅助电路组成。当开关 S1、S4 闭合，S2、S3 断开时，负载电压 u_o 左正右负；当开关 S2、S3 闭合，S1、S4 断开时，u_o 为负，其波形如图 8-58b 所示。这样，就把直流电转变成了交流电，改变两组开关的切换频率，即可改变输出交流电的频率。

当负载为纯阻性时，输出电流 i_o 与输出电压 u_o 波形相同，且为同相位。当负载为感性时，i_o 的相位滞后 u_o，两者的波形形状不同，如图 8-58b 所示。

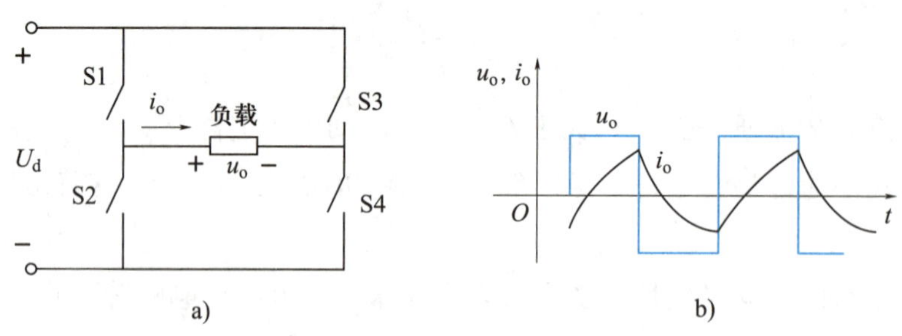

图 8-58　逆变电路及其波形举例

a）无源逆变电路原理图　b）感性负载上的电压、电流波形

2. 电压型逆变电路与电流型逆变电路

无源逆变电路根据输入直流电源特点不同分为电压型和电流型逆变电路。

（1）电压型逆变电路

电压型逆变电路具有以下特点：

1）直流侧并联大电容，输入直流电源为恒压源，直流回路呈现低阻抗。

2）由于直流恒压源的钳位作用，交流侧输出电压波形为矩形波。交流侧输出电流波形和相位因负载阻抗角不同而变化。

3）当交流侧为阻感负载时，需要提供无功功率，直流侧电容起缓冲无功能量的作用。为了给交流侧向直流侧反馈的无功能量提供通道，逆变桥各臂都并联了反馈二极管。

电压型逆变电路主要有半桥式、单相全桥式和三相桥式三种。图 8-59 所示为电压型半桥和单相全桥两种逆变电路。

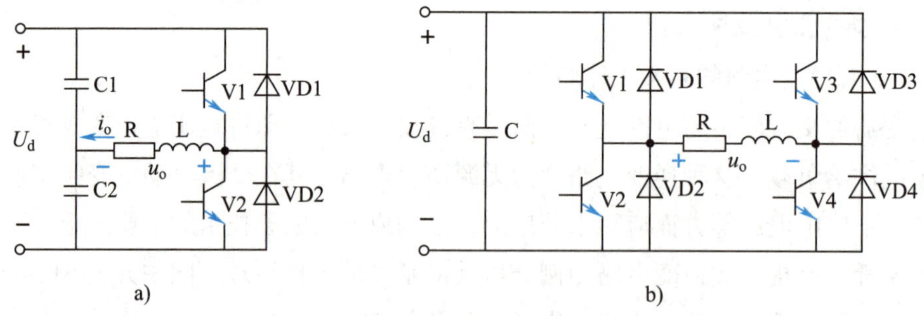

图 8-59　电压型逆变电路

a）半桥逆变电路　b）全桥逆变电路

（2）电流型逆变电路

电流型逆变电路具有以下特点：

1）电流型逆变器的输入端串接有大电感，输入直流电源为恒流源，直流回路呈现高阻抗。

2）电路中开关器件的作用仅是改变直流电流的流通路径，因而交流侧输出电流波形是矩形，而且与负载阻抗角无关。交流侧输出电压波形和相位因负载阻抗角不同而变化。

3）当交流侧为阻感负载时，直流侧电感起缓冲无功能量的作用。因为反馈无功能量时直流电流并不反向，所以不必像电压型逆变电路那样给开关器件反并联二极管。

电流型逆变电路主要有单相桥式逆变电路和三相桥式逆变电路。图 8-60 所示为电流型三相桥式逆变电路。在电流型逆变器中，为了吸收换流时负载电感储存的能量，一般在交流侧设置电容器。在换流时，由于负载电感中的电流给电容充电，使电流型逆变器的输出中出现了浪涌电压。

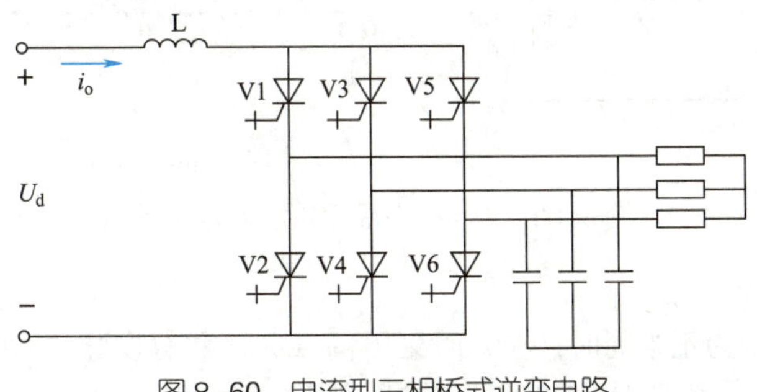

图 8-60 电流型三相桥式逆变电路

三、变频器

将某一频率的电源转换成另一频率（或频率可调）的电源称为变频。变频器可分为交—交变频器和交—直—交变频器两大类。

交—交变频器是一种直接变频器，可由两组反向并联的整流器组成，如图 8-61 所示。如果令正组整流器和反组整流器轮流导通，负载上就获得交变的输出电压 u_L。输出电压 u_L 的频率由正、反两组整流器的切换频率所决定。

交—直—交变频器是一种间接变频器，由整流器和逆变器组成，如图 8-62 所示。如果令两组晶闸管 V1、V4 和 V2、V3 轮流切换导通，负载上便可得到交流输出电压 u_L。输出电压 u_L 的频率取决于两组晶闸管的切换频率。

变频器广泛应用于异步电动机的变频调速。

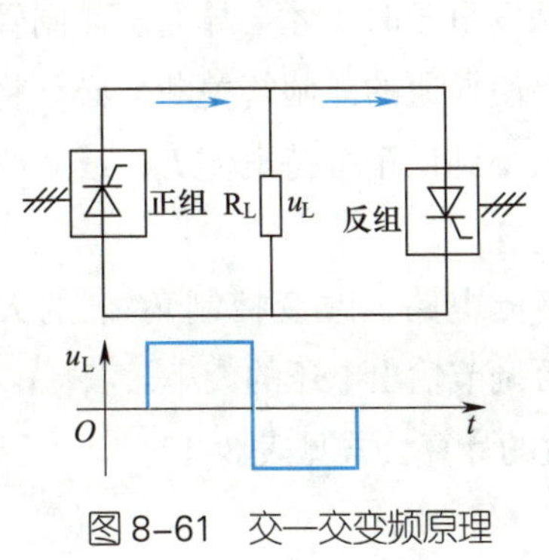

图 8-61 交—交变频原理

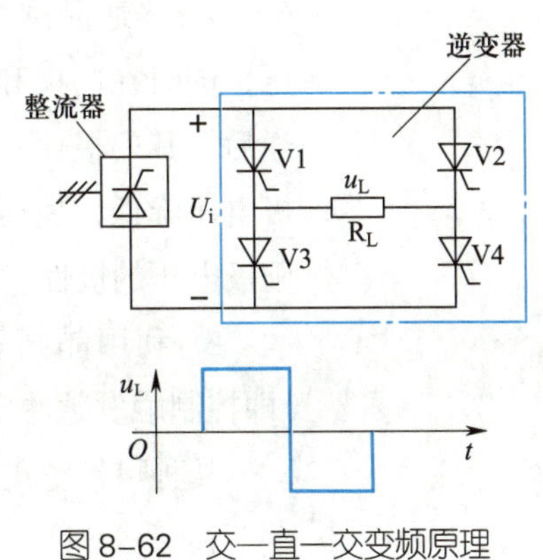

图 8-62 交—直—交变频原理

四、单相交流调压器

交流调压器常用于电动机的调压、调速与正反转控制，以及机场、摄影、舞台灯的调光和加热炉的温度控制等。图 8-63a 所示为用两个反向并联的晶闸管组成的单相交流调压电路。

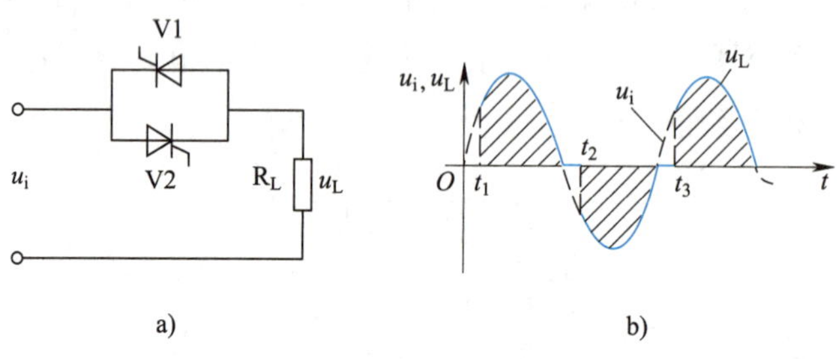

图 8-63　单相交流调压电路及其波形图

a）电路图　b）波形图

当电源电压 u_i 为正半周时，在 t_1 时刻（$\omega t_1=\alpha$）将触发脉冲加到 V2 的门极，V2 被触发导通。当 u_i 过零时，V2 自行关断。当电源电压 u_i 为负半周时，在 t_2 时刻（$\omega t_2=\pi+\alpha$）将触发脉冲加到 V1 的门极，V1 被触发导通。当 u_i 过零时，V1 自行关断。此时，负载上得到的电压波形如图 8-63b 所示。

调节控制角 α 可实现交流调压。

本章小结

1. 晶闸管是一种电力半导体器件，一种可控的电子开关。它的应用使得电子技术的应用从弱电领域扩展到了强电领域。晶闸管主要应用在可控整流、交流调压、大功率变频控制、逆变控制和无触点开关等方面。

2. 普通晶闸管（单向晶闸管）只有在阳极和阴极间加正向电压，同时在门极和阴极间加正向触发电压时，才会导通。晶闸管导通后，其门极便失去控制作用，要使导通的晶闸管关断，必须将阳极电压降低，使通过阳极的电流减小到低于维持电流 I_H，或者改变阳极电压的极性。

3. 利用晶闸管可构成可控整流电路，改变控制角 α 的大小（即控制触发脉冲出现的时刻），可调节输出电压的大小。

几种可控整流电路的有关参数的计算公式见表 8-13。

表 8–13 几种可控整流电路的有关参数的计算公式

电路形式	输出电压的平均值	通过晶闸管的平均电流	每只晶闸管承受的最大电压	控制角的移相范围
单相半波可控整流电路	$U_L=0.45U_2\frac{1+\cos\alpha}{2}$	$I_{t(AV)}=I_L$	$U_{Rm}=\sqrt{2}U_2$	0°~180°
单相半控桥式整流电路	$U_L=0.9U_2\frac{1+\cos\alpha}{2}$	$I_{t(AV)}=\frac{1}{2}I_L$	$U_{Rm}=\sqrt{2}U_2$	0°~180°
三相半波可控整流电路	$0°\leqslant\alpha\leqslant30°$ 时， $U_L=1.17U_2\cos\alpha$； $30°<\alpha\leqslant150°$ 时， $U_L=0.675U_2\left[1+\cos\left(\frac{\pi}{6}+\alpha\right)\right]$	$I_{t(AV)}=\frac{1}{3}I_L$	$U_{Rm}=2.45U_2$	0°~150°
三相半控桥式整流电路	$U_L=2.34U_2\frac{1+\cos\alpha}{2}$	$I_{t(AV)}=\frac{1}{3}I_L$	$U_{Rm}=2.45U_2$	0°~180°

4. 单结晶体管是一种具有负阻特性的半导体器件。利用单结晶体管和 RC 电路组成的自激振荡电路可为晶闸管提供触发信号。振荡电路和主电路采用同一电源变压器（称为同步变压器），这样才能使每半个周期内控制角相等，从而保证输出电压幅度稳定。

5. 晶闸管的缺点是承受过电压和过电流能力差，在使用中，常用阻容吸收保护电路、压敏电阻做过电压保护，用快速熔断器做过电流保护。

6. 选用晶闸管时，主要是根据负载要求计算电路中的电压和电流，然后根据电路形式确定晶闸管的额定电压和额定电流。一般情况下，晶闸管的额定电压和额定电流为

$$U_{RRM}\geqslant(1.5\sim2)U_{Rm}$$
$$I_{T(AV)}\geqslant(1.5\sim2)I_{t(AV)}$$

式中，U_{Rm}——晶闸管在工作中实际承受的反向峰值电压；

$I_{t(AV)}$——实际通过晶闸管的最大平均电流。

7. 晶闸管除应用在可控整流电路之外，还广泛应用于逆变、变频和交流调压等领域。

8. 把直流电转换为交流电的过程称为逆变。交流侧接电网的称为有源逆变，交流侧接负载的称为无源逆变。

9. 实现有源逆变需满足以下两个条件：

（1）要有直流电动势，如直流电机的电枢电势或蓄电池等，其极性和晶闸管的导通方向一致，数值大于 U_d，才能提供逆变能量。

（2）晶闸管的控制角 $\alpha>90°$，使直流侧输出平均电压为负值，才能把直流功率逆变为交流功率返送回电网。

10. 无源逆变有电压型逆变和电流型逆变两种。